U0518328

专利文献研究

先进电子材料

2019

国家知识产权局专利局专利文献部◎组织编写

知识产权出版社

全国百佳图书出版单位

—北京—

图书在版编目（CIP）数据

专利文献研究. 2019. 先进电子材料／国家知识产权局专利局专利文献部组织编写. —北京：知识产权出版社，2020. 8

ISBN 978-7-5130-7095-9

Ⅰ.①专… Ⅱ.①国… Ⅲ.①专利—文集 Ⅳ.①G306-53

中国版本图书馆 CIP 数据核字（2020）第 142177 号

内容提要

本书呈现了国家知识产权局专利局专利文献部组织编写的 2019 年优秀专利文献研究成果集的先进电子材料专题，共 11 篇论文，旨在通过对专题的深入研究，传播、共享专利局各审查部门、各地审查协作中心的专利审查员、专利信息分析人员、专利布局研究人员的最新专利文献研究成果，以期共同推进我国的专利文献专题研究深度及广度。

责任编辑：卢海鹰　　　　　　　　　　责任校对：潘凤越

执行编辑：崔思琪　　　　　　　　　　责任印制：刘译文

封面设计：博华创意·张冀

专利文献研究（2019）

——先进电子材料

国家知识产权局专利局专利文献部　组织编写

出版发行：知识产权出版社 有限责任公司	网　　址：http：//www.ipph.cn
社　　址：北京市海淀区气象路 50 号院	邮　　编：100081
责编电话：010-82000860 转 8730	责编邮箱：cuisiq@126.com
发行电话：010-82000860 转 8101/8102	发行传真：010-82000893/82005070/82000270
印　　刷：三河市国英印务有限公司	经　　销：各大网上书店、新华书店及相关专业书店
开　　本：787mm×1092mm　1/16	印　　张：21
版　　次：2020 年 8 月第 1 版	印　　次：2020 年 8 月第 1 次印刷
字　　数：435 千字	定　　价：88.00 元

ISBN 978-7-5130-7095-9

出版说明

2019 年，习近平总书记在第二届"一带一路"国际合作高峰论坛和中国国际进口博览会等重大场合，对知识产权工作作出一系列重要指示，知识产权在推进国家治理体系和治理能力现代化中扮演着更加重要的角色。当今，制造业已成为全球经济竞争的制高点，只有以创新驱动为核心，促进产业结构转型升级，增强我国制造业的核心竞争力，拓展制造业的市场占有率，才能切实推动供给侧结构性改革，助推"中国制造"向"中国智造"发展。

为贯彻落实党的十九大精神，加快推动知识产权强国建设，挖掘专利文献价值，介绍各技术领域的最新发展态势和研究成果，发挥专利审查员在其所属领域的技术优势，服务国家经济发展与科技创新，《专利文献研究》系列丛书编辑部自 2017 年起紧密围绕重点领域，邀请国家知识产权局专利局相关领域专利审查员开展专利技术综述撰写工作。

《专利文献研究 2019》丛书共分三册，收录了工业传感器、先进电子材料、宽带移动通信网、轨道交通四个技术领域的专利技术综述 28 篇。每篇专利技术综述均以作者检索到的特定技术领域的大量专利文献信息为依据，对该技术领域的发展路线、关键技术、重要专利申请人及发明人等信息进行分析整理，并在此基础上对该技术领域未来的发展趋势进行论述。

当前，我国经济已由高速增长阶段转向高质量发展阶段，制造业处于由大到强的转变期，实现产业升级的根本是制造业能够发展重点领域的关键技术，实现创新驱动发展。衷心希望本书的出版可以为相关领域的制造业从业者和专利工作者提供支持，能够成为助力制造业、将创造力转化为生产力的有力工具。

《专利文献研究 2019》编辑部

2020 年 7 月

目　录

磁性流体及应用专利技术综述*

雷志威　朱　军**

摘　要　磁性流体具有超顺磁性、表观密度随着外磁场强度的增加而增大、在外磁场中表现出非常明显的光单轴晶体性质、声音在其中传播时传播速度和衰减会因施加的外磁场而表现出明显的各向异性等优异的性能，可被广泛应用于光显示、电子技术、航空航天、生物医药等领域。本文从专利角度对磁性流体产业的主要应用分支领域，即密封、润滑、生物医学和传感器四个技术分支在全球及中国的发展规模、发展趋势等进行分析和研究，在一定程度上反映出该产业目前的国内外研究现状以及技术发展的趋势，对相关单位的技术研发、专利布局可以起到重要的参考作用。

关键词　磁性流体　磁流变液　磁性材料

一、概述

（一）研究背景

磁性流体既具有液体的流动性又具有固体磁性材料的磁性，其是由磁性微粒、基载液以及可选的表面活性剂混合构成的一种稳定的固液混合液体，呈现形式通常为悬浮液或胶状，结合了固液两种材料的性质，并在磁场中可表现出其他常规材料不可比拟的优异性能。其中磁性颗粒为微米尺寸时的磁性流体通常称为磁流变液，此种磁性流体在磁场中表现出固体的性质，而撤销磁场后又恢复到流体的状态；而磁性颗粒处于纳米量级的磁性流体由于颗粒的尺寸效应，其颗粒通常为单一磁畴，此时须加入表面活性剂以使其足够稳定以克服颗粒之间的相互作用使之呈现出稳定的悬浮液或胶体，通常称之为磁性液体、铁磁流体。通常，按照磁性颗粒的不同，磁性流体可分为金属磁性流体和化合物磁性流体；按照基载液的不同则可分为水基磁性流体和非水基

＊　作者单位：国家知识产权局专利局专利审查协作四川中心。

＊＊　等同于第一作者。

磁性流体。

基于磁性流体在超顺磁、稳定性、饱和磁化强度、起始磁化率、黏度、蒸气压、磁热、润滑等方面性能的优异性，[1]并且在此基础上提供了受控于磁场可调的流动性以及其磁学性能，其在密封、润滑、传感器、生物医学等领域具有广泛的应用。密封领域是磁性流体应用中较为成熟的一个方向，其主要利用磁性流体在磁场作用下局限于固定位置的特点实现密封的目的，通过对密封结构的设计可以实现静密封和动密封；[2]磁性流体在润滑领域主要用于轴承的润滑，可以根据润滑的需求实时地改变和控制润滑状态，其相比普通轴承在润滑性能、密封性能、传热性能、承载性能以及振动、噪声、转速方面均具有明显的优势；磁性流体在传感器领域的应用主要集中在加速度、倾角测量、核磁共振（NMR）探头、磁畴测量等领域，具有多维、大量程、量程可控、高灵敏度、寿命长等优势；[3]在生物医学领域，磁性流体主要应用于药物的靶向、热疗法、磁共振成像（MRI）、磁性细胞分离等相关应用情景，其中药物靶向的研究较多，通过选择合适的表面修饰，在磁场的导向作用下，可以实现药物的精准的靶向治疗、免疫分析、MRI 等。[4-6]

（二）研究对象

磁性流体具有其他常规材料和高技术材料都不具备的一系列独特的优异性能，如超顺磁性、表观密度随着外磁场强度的增加而增大、在外磁场中表现出非常明显的光单轴晶体性质、声音在其中传播时传播速度和衰减会因施加的外磁场而表现出明显的各向异性等，可广泛应用于光显示、电子技术、航空航天、生物医药等领域。

本文从专利角度，通过对磁性流体的主要应用分支领域，即密封、润滑、生物医学和传感器四个技术分支的全球及中国发展规模、发展趋势等进行分析和研究，可以一定程度上反映出该产业目前的国内外研究现状以及技术发展的趋势，对相关单位的技术研发、专利布局可以起到重要的参考作用。

（三）研究方法

本文中专利申请数据来源为 Incopat 全球专利数据库（以下简称"Incopat"），样本囊括领域内所有国内外专利，数据采集截至 2019 年 06 月 30 日，文中涉及的均为专利公开号。

本文中构建的检索要素以及各技术分支的检索式、数据筛选方式如表 1 和表 2 所示。

表 1 磁性流体检索要素构建

技术分支	关键词	分类号
磁性流体	磁性液体，磁流体，铁磁流体，磁流变液，magnetic fluid ＊，magnetorheological fluid ＊，MRF ＊，nano-magnetic fluid ＊，nanomagnetic fluid ＊，ferrofluid ＊	H01F 1/44, C10M, C10N, A61K 49, C09K 3/10, H01F 27/33, F16J 15, G01P, H02K 44
密封	密封，seal，sealing，sealed，encapsulate，encapsulating，encapsulated，encapsulation，hermetic	
润滑	润滑，lubricate，lubricating，lubricated，lubrication	
生物医学	生物，医学，质粒提取，提取，DNA，RNA，蛋白质，靶向，成像，提纯，纯化，plasmid，plasmids，protein，targeted，target，targeting，imaging，image，MRI，MRS，magnetic resonance，purification，purify，purified，purifying，extraction，extract，extracted，biology，biological，medicine，medical	
传感器	传感器，传感元件，transducer，sensor	

表 2 磁性流体检索式及数据筛选方式（Incopat 原始数据库合并申请号）

技术分支	检索式	专利族数量/件
磁性流体	（（（TIAB＝（磁性液体 or 磁流体 or 铁磁流体 or 磁流变液 or "magnetic fluid ＊" or "magnetorheological fluid ＊" or "MRF ＊" or "nano-magnetic fluid ＊" or "nanomagnetic fluid ＊" or "ferrofluid ＊"）） and （（ipc-subclass＝（C10M or C10N or G01P）) or （ipc-group＝A61K49 or H02K44 or F16J15）or （ipc-subgroup＝（H01F27/33 or C09K3/10）)))) or ipc-subgroup＝H01F1/44) and （AD＝[19600101 to 20190630])	7156
密封	（（（TIAB＝（磁性液体 or 磁流体 or 铁磁流体 or 磁流变液 or "magnetic fluid ＊" or "magnetorheological fluid ＊" or "MRF ＊" or "nano-magnetic fluid ＊" or "nanomagnetic fluid ＊" or "ferrofluid ＊"）） and （（ipc-subclass＝（C10M or C10N or G01P）) or （ipc-group＝A61K49 or H02K44 or F16J15）or （ipc-subgroup＝（H01F27/33 or C09K3/10）)))) or ipc-subgroup＝H01F1/44) and （AD＝[19600101 to 20190630]) and full＝（密封 or seal or sealing or sealed or encapsulate or encapsulating or encapsulated or encapsulation or hermetic）	3795
润滑	（（（TIAB＝（磁性液体 or 磁流体 or 铁磁流体 or 磁流变液 or "magnetic fluid ＊" or "magnetorheological fluid ＊" or "MRF ＊" or "nano-magnetic fluid ＊" or "nanomagnetic fluid ＊" or "ferrofluid ＊"）） and （（ipc-subclass＝（C10M or C10N or G01P）) or （ipc-group＝A61K49 or H02K44 or F16J15）or （ipc-subgroup＝（H01F27/33 or C09K3/10）)))) or ipc-subgroup＝H01F1/44) and （AD＝[19600101 to 20190630]) and full＝（润滑 or lubricate or lubricating or lubricated or lubrication）	1066

续表

技术分支	检索式	专利族数量/件
生物医学	(((TIAB=(磁性液体 or 磁流体 or 铁磁流体 or 磁流变液 or "magnetic fluid∗" or "magnetorheological fluid∗" or "MRF∗" or "nano-magnetic fluid∗" or "nanomagnetic fluid∗" or "ferrofluid∗")) and ((ipc-subclass=(C10M or C10N or G01P)) or (ipc-group=A61K49 or H02K44 or F16J15) or (ipc-subgroup=(H01F27/33 or C09K3/10)))) or ipc-subgroup=H01F1/44) and (AD=[19600101 to 20190630]) and full=(生物 or 医学 or 质粒提取 or 提取 or DNA or RNA or 蛋白质 or 靶向 or 成像 or 提纯 or 纯化 or plasmid or plasmids or protein or targeted or target or targeting or imaging or image or MRI or MRS or magnetic resonance or purification or purify or purified or purifying or extraction or extract or extracted or biology or biological or medicine or medical)	2284
传感器	(((TIAB=(磁性液体 or 磁流体 or 铁磁流体 or 磁流变液 or "magnetic fluid∗" or "magnetorheological fluid∗" or "MRF∗" or "nano-magnetic fluid∗" or "nanomagnetic fluid∗" or "ferrofluid∗")) and ((ipc-subclass=(C10M or C10N or G01P)) or (ipc-group=A61K49 or H02K44 or F16J15) or (ipc-subgroup=(H01F27/33 or C09K3/10)))) or ipc-subgroup=H01F1/44) and (AD=[19600101 to 20190630]) and full=(传感器 or 传感元件 or transducer or sensor)	845
中国原创	选取申请人国别为中国	
申请人排名	选取排名前50申请人后对实质相同申请人进行合并	
技术目标国	专利公开国别	
技术原创国	申请人国别	

二、研究内容

在全面检索相关专利的基础上进行定性定量分析，对国内外相关专利申请发展态势、领域分布、重点技术等专利申请情况进行分析研究，从专利角度对磁性流体产业发展存在的主要技术问题以及发展趋势进行综合性评价。

（一）磁性流体产业规模与发展趋势

1. 产业专利申请整体情况

一般来说，一项技术发展前景好，受关注程度高，则相关专利申请数量会明显上升。产业专利数量越大，通过专利申请情况来分析产业的发展情况就越精准。

如图1所示，从申请规模来看，截至2018年，全球在磁性流体产业共有专利申请7112件，整体规模较小，目前主要以理论研究为主，实验研究相对较少，应用相对不是很成熟。经历了20世纪80年代的研究热点之后，自2012年开始，该产业的全球专利申请量又整体开始呈现上涨的趋势，属于近年的热点研究产业；中国国内直到 20 世纪 80 年代才有一定量的磁性流体相关的专利申请出现，在该产业的研究起步比较晚，目前中国国内专利申请总量为 1039 件，占全球申请总量的 14.61%，但是自 2012 年以来，中国在该产业的专利申请量增长迅速，申请总量占到了全球申请总量的一半以上，呈现赶超趋势。

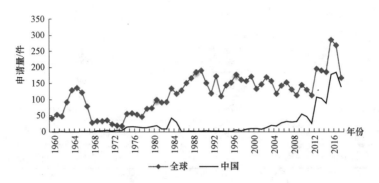

图 1　磁性流体产业全球及中国申请人专利申请量趋势

2. 技术原创国及技术目标国

如表 3 所示，目前，中国、美国和日本是全球主要的磁性流体产业的技术原创国以及技术目标国。通过对近十年全球专利申请的技术原创国的分析来看，磁性流体产业中国申请人的专利申请总量已经大幅度领先于该产业的传统强国美国和日本的专利申请总量，占比超过了全球申请总量的一半，属于近年国内研究比较热门的产业；从技术目标国来看，中国也是目前世界上最大的目标市场国，其次是美国，日本已经比较明显地呈现出其技术向外国转移的趋势。全球对中国的市场都比较看好。

表 3　近十年（2009~2018 年）磁性流体专利申请技术原创及目标国前八位分布情况

技术原创国	中国	日本	美国	韩国	俄罗斯	波兰	德国	法国
申请量/件	962	226	157	93	84	76	41	23
占比	57.88%	13.60%	9.45%	5.60%	5.05%	4.57%	2.47%	1.38%
技术目标国	中国	美国	韩国	日本	俄罗斯	德国	法国	英国
申请量/件	971	165	105	104	84	17	3	2
占比	66.92%	11.37%	7.24%	7.17%	5.79%	1.17%	0.21%	0.14%

3. 重点申请人

表 4 中列出了全球和国内申请人在磁性流体产业专利申请量排名前十位的分布情况。

表4　磁性流体产业全球和国内专利申请量排名前十位分布情况

全球申请人	专利数量/件	国内申请人	专利数量/件
日本铁流体公司	181	北京交通大学	154
北京交通大学	154	广西科技大学	134
日本诺克公司	154	埃慕迪磁电科技（上海）有限公司	26
广西科技大学	134	南昌航空大学	18
美国洛德公司	110	清华大学	17
波兰克拉科夫大学	91	马鞍山福来伊环保科技有限公司	17
美国 AVCO 公司	82	东南大学	12
日本精工株式会社	79	自贡兆强密封制品实业有限公司	12
美国 IBM	79	中国科学院电工研究所	11
日本日立	77	中山大学	10

　　全球范围内，磁性流体产业全球专利申请量排名第一的为日本铁流体公司，其技术布局重点在密封领域；日本诺克公司和美国洛德公司分别排名第三和第五，他们的技术布局重点则在磁性流体的组成和制备上。国内申请人以高校为主，其中北京交通大学和广西科技大学的专利申请总量分别排名全球第二和第四。另外，再除去排名第六的波兰克拉科夫大学，全球申请量排名前十的其他申请人均为日本和美国公司，反映这两国属于该产业的技术强国。北京交通大学、广西科技大学在专利申请量上非常具有优势，但其申请的时间多为2000年以后，起步比较晚，涉及的技术内容多为磁性流体应用于密封领域，属于比较常规的技术，技术核心主要集中在密封设备结构的改进上，对于磁性流体的组成、制备和具体应用缺少原创性核心技术。

　　4. 全球技术分布

　　从图2中所展示的磁性流体产业全球专利申请技术分布来看，中国、美国和日本是该产业的主要技术产出国。整体上，H01F（主要涉及磁性流体的组成和制备方法）属于该产业最大的研究方向，其次为F16J（主要涉及磁性流体应用于密封）和H02K（主要涉及磁性流体应用于电机润滑、密封）。

　　而从图3中所展示的近十年的专利申请技术分布情况来看，中国已经成为全球最大的磁性流体产业专利产出国，在专利申请数量最大的三个技术领域F16J、H01F 和 H02K中，中国申请量全部占到了全球申请总量的一半以上。从各技术领域专利申请量的分布可以看出，F16J 已经取代了H01F 成为全球以及中国最大的研究方向，这也在一定程度上反映出磁性流体产业已经开始由试验研究向着产业应用转型，掀起了新的研究热潮。

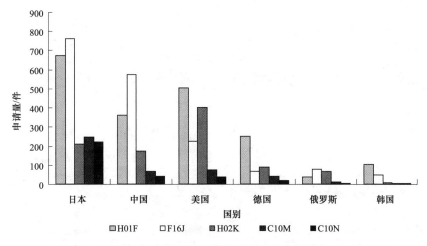

图2 磁性流体产业全球专利申请技术分布

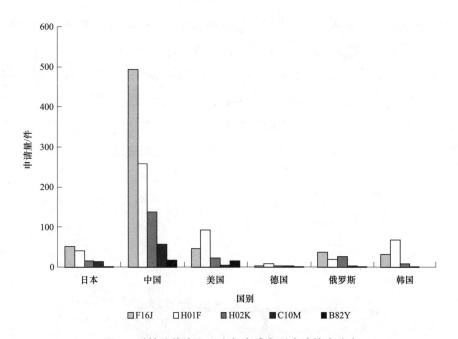

图3 磁性流体产业近十年全球专利申请技术分布

（二）磁性流体产业各分支领域产业规模与发展趋势

1. 全球及国内外各分支领域专利申请趋势及分布

如图4所示，全球范围内，磁性流体产业各应用分支领域，即密封、润滑、生物医学和传感器的专利申请趋势与该产业的整体专利申请趋势类似，经历了20世纪80年代的研究热点之后趋于平缓，2012年开始，该产业的全球专利申请数量又整体开始呈现上涨的趋势。从各分支所占的比重来看，密封一直是磁性流体的最主要的应用领域，基本占到产业整体的50%左右；其次为生物医学，占到产业整体的20%~30%。

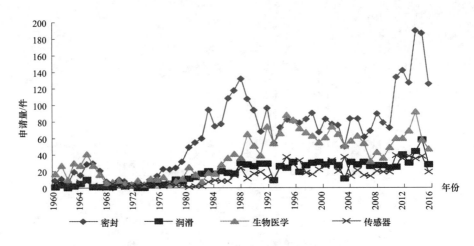

图4 磁性流体各分支领域全球专利申请量趋势

从图5所示的磁性流体各分支领域中国申请人专利申请量趋势来看，中国国内直到20世纪80年代才有一定量的磁性流体产业相关的专利申请出现，在该产业的研究起步比较晚，也是直到2013年，各应用分支领域的专利申请量才出现明显的上升，其中在密封领域的专利申请量最大，在2016~2018年的产业专利申请总量中均占到60%以上，增速也最快，2017年的专利申请量是2012年的7倍以上；其他三个应用分支的专利申请趋势相对平缓，申请量比较小，分布也比较平均，看不出明显的研究热点趋势。

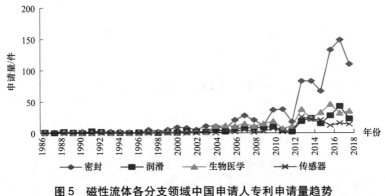

图5 磁性流体各分支领域中国申请人专利申请量趋势

而从图6中所示的国外磁性流体产业主要国家（美国、日本、德国和韩国）的专利申请量趋势来看，1990年前后是磁性流体产业研究最热门的时期，其间技术产出主要集中在密封领域的研究上。在该分支领域的研究热潮之后基本呈现持续下降后趋于平稳的态势，一定程度上反映出在该分支领域的技术目前已经趋于成熟。近年来，在国外（主要为美国和韩国），专利申请量增加相对明显的应用领域为传感器和生物医学，而密封和润滑分支领域的专利申请趋势比较平滑。生物医学的应用主要是受近年来高指向性靶向药物、高精度"磁波刀"、高清晰度显影剂等技术的热门需求所带动，因为磁性流体是上述技术很常规也很热点的应用原材料。磁性流体应用于传感器中，是利用了磁性流体在外加磁场条件下磁性、黏性的变化从而引起电介质性质的变化作为传感器检测的基础，具有高灵敏度、高精度、高效率的特点，之前一定程度上受限于产品制作难度和制作成本，近些年来随着科学技术的发展，又重新开始成为热门的应用研究领域。

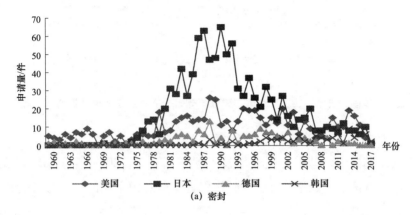

(a) 密封

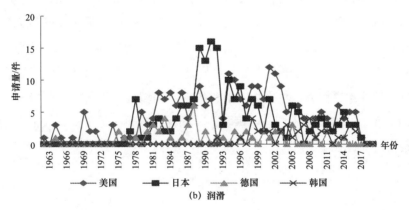

(b) 润滑

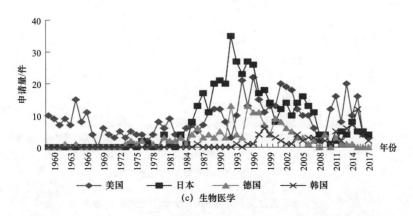

(c) 生物医学

图6　美国、日本、德国和韩国在磁性流体各分支领域专利申请量趋势

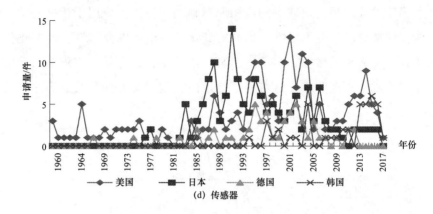

(d) 传感器

图 6　美国、日本、德国和韩国在磁性流体各分支领域专利申请量趋势（续）

2. 各分支领域技术原创国及技术目标国

从图 7 所示的磁性流体各分支领域技术原创国来看，2009 年至 2018 年的十年间，中国、美国、日本的申请总量在各分支领域都处于绝对领先地位，占据了磁性流体产业市场的较大份额。其中，中国在各个分支领域的专利申请量均大幅超过了传统技术强国日本和美国，技术发展非常迅速，其中密封又是磁性流体产业最重要的研究领域，占到了产业专利申请总量的 56.6%；而在国外研究比较热门的生物医学和传感器分支领域分别占 20.1% 和 9.7%。美国的技术分布相对均衡，各分支领域间专利申请数量差距相对不大，相对比较注重磁性流体在生物医学和传感器领域的应用研究，其专利申请量占比分别为 32.1% 和 19.7%。日本则与中国类似，同样以密封作为规模最大的研发领域，其专利申请量占比为 51.1%。

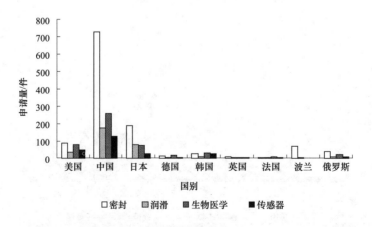

图 7　磁性流体各分支技术原创国近十年专利申请分布情况

从图 8 所示的磁性流体产业各技术分支的技术目标国专利申请数量情况，可以看出：从 2009 年至 2018 年的十年间，仍然是中国、美国、日本的申请总量在密封、润滑、生物医学和传感器四个分支领域均处于领先地位，尤其是中国，在密封、润滑、生物医学和传感器四个分支领域中的专利申请量分别占到中国、美国和日本专利申请量总和的 80.1%、77.9%、66.4% 和 68.8%，这也可以体现出在磁性流体产业市场中，中国具备绝对的市场地位优势。

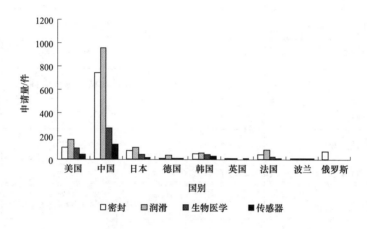

图 8　磁性流体各分支技术目标国近十年专利申请分布情况

中国的磁性流体产业在近十年来快速发展，技术创新能力大幅提升，这得益于国内各企业知识产权保护意识的加强，以及国家对于企业核心技术和知识产权发展的重视。本国企业技术的迅速发展，开启了从学习、引进技术到本国技术创新发展的转变。总体来说，中国的磁性流体产业具有技术起步晚、技术进步快、产业规模大等特征。

3. 重点申请人

从表 5 所示的磁性流体各技术分支领域全球主要专利申请人来看，磁性流体各分支领域申请量排名前十的申请人，主要来自美国和日本，中国、韩国、德国和波兰在不同分支有少量申请人进入前十。其中，在密封分支领域，除第二、第四位为中国的北京交通大学和广西科技大学，第五位为波兰克拉克夫大学外，其余排名前十的申请人全部为日本公司，说明日本在该分支领域的技术优势明显，掌握了大部分关键技术，占据了技术制高点；润滑分支领域的前十位申请人基本为美国和日本公司；生物医学和传感器分支作为近些年的热门研究领域，竞争情况相对激烈，各申请人在专利申请数量上差别不大，前十位申请人分布于日本、美国、德国、韩国和中国。从专利申请实际涉及的技术内容上说，日本铁流体公司作为磁性流体产业全球实力一流的公司，其技术相对侧重于密封组件结构的改进上，也在磁性流体的组成和制备上进行了一定的专利布局；日本诺克公司和美国洛德公司则侧重于对磁性流体的组成和制备的改进；北京交通大学和广西科技大学也重点聚焦于密封组件机构的改进。

表5　磁性流体各分支全球排名前十申请人分布情况

	申请人	专利数量/件		申请人	专利数量/件
密封	日本铁流体公司	175	润滑	美国洛德公司	62
	北京交通大学	147		日本铁流体公司	56
	日本诺克公司	145		日本伊格尔工业	44
	广西科技大学	134		日本诺克公司	33
	波兰克拉科夫大学	110		日本精工株式会社	20
	日本伊格尔工业	73		日本三菱	17
	日本精工株式会社	64		美国 IBM	15
	日本日立	61		日本日立	12
	日本电报电话公司	31		德国科勒研究有限公司	12
	日本三菱	30		美国德尔福科技公司	9
	申请人	专利数量/件		申请人	专利数量/件
生物医学	日本诺克公司	60	传感器	北京交通大学	28
	美国洛德公司	47		美国伊纳拉伯斯技术公司	18
	法国罗纳普朗克化工集团	34		美国洛德公司	12
	美国 IBM	32		德国卡尔弗罗伊登贝格公司	10
	德国巴斯夫公司	29		美国 IBM	10
	日本铁流体公司	25		日本内燃机公司	9
	美国通用电气	25		日本丰田汽车	9
	北京交通大学	20		韩国 CK 高新材料有限公司	8
	德国科勒研究有限公司	15		日本总研电气	8
	日本东芝	15		美国 AVCO 公司	8

如表6所示，国内方面，各技术分支的专利申请人主要以高校为主。北京交通大学和广西科技大学在密封领域具有绝对的技术优势，其中北京交通大学的专利申请量占据

了四个技术分支的第一位，综合实力最强。润滑、生物医学和传感器技术分支各其他申请人之间的专利申请量差距不大。

表6　磁性流体各分支中国排名前十申请人分布情况

密封		润滑	
申请人	专利数量/件	申请人	专利数量/件
北京交通大学	147	北京交通大学	9
广西科技大学	134	中山大学	7
埃慕迪磁电科技（上海）有限公司	26	广西科技大学	6
马鞍山福来伊环保科技有限公司	17	昆明理工大学	6
清华大学	13	东南大学	5
自贡兆强密封制品实业有限公司	11	北京航空航天大学	5
中国科学院电工研究所	10	清华大学	5
自贡兆强环保科技股份有限公司	10	湖南维格磁流体股份有限公司	5
南昌航空大学	9	自贡兆强环保科技股份有限公司	5
杭州慧翔电液技术开发有限公司	9	湖南博海新材料股份有限公司	5
生物医学		传感器	
申请人	专利数量/件	申请人	专利数量/件
北京交通大学	20	北京交通大学	28
南昌航空大学	10	浙江工业大学	6
中山大学	8	中国科学院电工研究所	4
同济大学	7	天津大学	4
浙江大学	7	清华大学	4
中国矿业大学	6	重庆科技学院	4
华东师范大学	6	华南理工大学	3
天津大学	6	南京大五教育科技有限公司	3
广西科技大学	6	南昌航空大学	3
四川大学	5	大连大学	3

（三）国内外技术发展

1. 国外技术发展

（1）密封

磁性流体密封具有密封性高、泄漏率低、寿命长、可靠性高、无污染的特点。国际商业机器公司（IBM）1963 年的专利 US3111407A 中出现了磁性流体可能用于密封的记载。日本铁流体公司随后在专利 US3620584A 中，提出了具体利用磁性流体来实现转动组件之间密封的方式，即利用磁性流体在永磁磁极的作用下，通过导磁的轴，从而形成液体"O"形环，实现高效密封。其后磁性流体密封成为研究热点，主要聚焦于磁性流体组成的改进以及其主要在电机、轴承等传动装置中的密封应用（US4171818A、US4254961A、US5713577A、US7672129B1）。磁性流体的密封应用领域比较固定，通过对磁性流体组成的改进以改善流体的分散性、黏性、耐高温性等从而提高其密封效率成为一直以来的研究重点（US4094804A、US4609608A、US5705085A、US4430239A、US5354488A、US2004105980A1）。通过对 2010 年之后磁性流体在密封领域应用的专利的研究发现，其重点仍然主要集中在对磁性流体本身组成和制备方式的改进（具体主要包括磁性颗粒的制备方式、基载液以及表面活性剂的选择，涉及公开的专利如 JP2012067379A、DE102010026782A1、US2015014572A1、US2016064126A1）以及使用其的密封组件结构的改进（US2011198814A1、JP2011174547A、US2012018958A1、US2013193647A1、TW201623845A）上。

目前，磁性流体就其本身在密封领域的应用上来说，技术已经比较成熟，进入了技术瓶颈期，国外的研究热度已经开始下降，期待新的技术突破。

（2）润滑

磁性流体作为一种新型的润滑剂，相对于传统润滑剂，其在外加磁场条件下，薄膜的承重能力会得到显著增强，随着磁场梯度变化，薄膜承载能力也将会有一定的改变，可以实时改变和控制润滑状态。国外对于磁性流体在润滑领域的研究一直比较平稳，专利 US3167525A 中提及了磁性流体可应用于组件间的润滑。因为流体的黏度、稳定性、耐磨性等对其在润滑领域的应用影响非常大，后续直到现在，对于磁性流体在润滑领域中的应用大部分集中在对于磁性流体黏度、机械特性等的改进之上，包括基载液选择、磁性颗粒结构和形貌、表面活性剂选择等（US5382373A、US4992190A、US5667715A、US2004105980A1、WO2013035025A1、JP2017092120A），也有对于组件结构改进的研究（US4692826A、US2004182099A1、JP2011174547A）。从发现磁性流体可应用于组件间润滑到现在，大部分研究都集中在轴承润滑领域，需要为外加磁场的永久磁铁设计特定的空间，这在一定程度上制约了磁性流体润滑的应用推广，基于如何在微小机械的有限空间内设计加工永磁体以产生高效的磁场，1996 年，专利 WO9715058A1 中提出了基于磁性流体润滑下磁性表面织构的设计方案，即在摩擦副表面设计加工微小永磁体单元阵列，使其表面能够产生周期性梯度磁场，磁场的作用使磁性流体聚集成磁性微小液滴，使其具有支撑力且该支撑力与摩擦表面滑移速度无关，同时该磁场力又能够将磁性流体吸附于摩擦副表面形成持久润滑，从而获得良好的润滑效果。此后，对于基于表面织构的构思的技术研究（US2015179321A1、US2019096555A1）一直未中断，其对于微细机械领域的润滑应用具有重要意义。

基于磁性流体的可控性，其作为润滑剂在润滑领域的应用研究已具有相当的深度和广度。拓宽磁性流体的种类，研发满足各类工况，特别是面向空间等极端工况的低价位磁性流体是今后的研发重点。

（3）生物医学

专利 US3592185A 中实质性提出了磁性流体在生物医学领域中的实际应用，其作为造影剂用于疾病的诊断和治疗，具体实现方式为利用外磁场的作用使得磁性流体或磁性颗粒表面负载有特定造影成分的磁性流体到达需要进行诊断的特定部位，进行精确的诊断。其后又发展出多种应用，例如，利用磁性颗粒与 DNA、抗体、酶和其他生物分子结合形成载体，通过磁场的靶向作用，可以方便地把载体定向到靶部位，以期实现精准的靶向治疗、免疫分析、MRI 等（US4101435A、US4452773A、US5698271A、US5916539A、US6120856A）；利用悬浮磁性颗粒之间的相互作用和悬浮介质的相互作用引起的相位现象来实现高效的生物分离（US5512332A、US5541072A）；利用磁性颗粒表面特定改性物与重金属离子如铅、汞等的高结合性来实现废水净化（US4285819A、US5670077A）；纳米磁性颗粒进入肿瘤细胞后，利用磁性颗粒在外加交变磁场作用下产生的热量，使细胞升温至一定温度达到热疗的目的。[7]

受限于成本、医疗设备精度、表面负载物活性控制以及磁性颗粒的非生物活性等问题，磁性流体在生物医学领域的应用价值虽然得到了充分的认可，但实际应用程度不高，研究热度也是中规中矩。直到近些年，随着科学技术的发展以及"精准医疗"概念的火热，磁性流体在生物医学领域的研究热度才又开始明显提高。就磁性流体本身来说，其研究重点是集中在对流体本身的制备方法（EP2704154A1、WO2019103741A1）以及吸附性（EP2546841A1）、稳定性（JP2010123984A、DE102012201774A1、JP2016207879A）、生物相容性和可操作性（US8883471B2、KR20160011276A、WO2017173352A1、KR1020180068220A）等的改善之上。

磁性流体自身性质的改进仍是其在生物医学领域应用的研究重点，稳定、高效、低毒、高滞留性是其在生物医学领域应用的优势，也是其在实际应用中需要重点关注的特性。目前，基于磁性流体的靶向药物、磁疗等已经开始进行实际应用。

（4）传感器

磁性流体传感器中惯性质量通常被包裹在磁性液体中，因此几乎没有机械摩擦和静摩擦，具有高灵敏度、高可靠性、响应时间快、低频响应好、结构简单等优点，很容易实现如质量悬置、弹性恒定、惯性质量、比例阻尼、磁液漂移、磁浮循环等功能，故特别适合于加速度传感器和倾角传感器的设计和制造。

基于磁性流体特殊性质的传感器结构最早在 20 世纪 60 年代就被提出了，1969 年，基于磁性流体二阶浮力原理的磁性液体加速度传感器结构被提出。[8] 1976 年，专利 US4047439A 中提出了磁性流体用于线性加速传感器，使基于磁性流体的加速度传感器走向实际应用迈进了一大步。到了 20 世纪 80 年代，专利 US4676103A 提出了电容式二维磁性流体加速度传感器，专利 US4984463A 提出了霍尔式磁性流体加速度传感器，突破了加速度测量局限在一个自由度的局限。2007 年，专利 US7296469A 提出了一种新的传感器结构，其可以测量 6 个自由度的加速度，取得了重大技术突破。早在 1983 年开始，Alpacke 应用技术公司就将磁性流体倾角传感器应用于航空航天实验的震动测试，解决了航空航天等领域应用时条件特殊、环境恶劣等问题。[9] 其后，专利 US4676103A、JP62033146A、US5703484A 等也致力于传感器结构的设计以提高倾角传感器测量敏感性的研究。

近年来，基于磁性流体的传感器技术已经越来越成熟，技术上暂时并未有突破性的进展出现，研究重点仍集中在对传感器结构的改进上（US2012137777A1、DE102010053038B4、WO2018023033A1、US2019046274A1）。

虽然磁性流体传感器技术得到了快速的发展，但是目前的实际应用并不多，无法取代传统的传感器，主要需要克服的技术问题在于传感器的体积较大、多自由度测量结构较为复杂以及容易受到外界磁场的干扰，这也是后续研发需要致力解决的技术问题。

2. 国内技术发展

（1）密封

采用磁性流体进行密封，是磁性流体在国内的主要应用领域。其发展主要涉及密封装置结构的优化，对磁性流体的组成、制备的优化以利于提高密封能的研究相对较少。

专利 CN2211517Y 中提出在轴套上采用齿形对顶的密封结构，提高了磁性流体与密封面的接触面积，改善间隙的磁场分布，提高了密封能力，提高了无磁性轴体的密封以及可维护性。为进一步提高高压力差下磁性流体的密封能力，专利 CN1184906A、CN2447582Y 中提出了采用高导磁套筒串联到磁回路中，使低导磁材料的轴体可能造成的磁化漏磁降低，采用这种方式可进一步将密封装置应用于要求更高的液体介质的密封中。专利 CN2479295Y 中通过选择磁性流体的饱和磁化强度、注入量以及间隙宽度实现了 4~10 公斤压力差的动密封。采用传统密封与磁性流体密封结合也是一个研究方向，北京航空航天大学（CN2391058Y）提出采用气体螺旋密封与磁性流体密封相结合的两级密封，其可在动密封和静密封时实现可靠的密封，并可在密封件在高速旋转时阻止磁性流体的飞溅和挥发；专利CN103115152A提出磁性流体与迷宫交替式组合密封的方案解决大间隙条件下的旋转密封问题。而针对往复轴密封过程中，磁性流体易于损耗、失效的技术问题，北京交通大学（CN154690A、CN2660236Y）提出了将纳米减摩材料镀在轴体的凹槽，以及采用不同宽度的左、右极靴提高了往复轴的密封性能以及磁性流体在该过程中的均匀分布。另外，将磁性流体密封应用于制冷设备（CN2447583Y）、低温大小直径轴体密封（CN1544834A、CN102720841A）、高温水冷装置（CN200943707Y）、大间隙密封结构（CN103115152A）、超高真空设备（CN104948744A、CN101388270A）等具体应用场景的相关研究也有不少，同时其中也都给出了相应的密封结构；专利CN102927283A、CN103574041A通过整合水冷确系统和磁性流体密封结构降低了磁性流体密封器件在受热场景中的热损坏。而涉及磁性流体材料本身的改进以提高密封能力的研究相对较少（CN1959871A、CN101599335A、CN104124031A、CN104673475A）。

总体来说，国内磁性流体在密封领域的应用的改进主要涉及密封结构的优化设计，在磁性流体密封属于相对较成熟的领域的情势下，改进的技术要求较高，较难有技术突破。

（2）润滑

磁性流体由于其在磁场下的响应特性而作为一种新型的润滑剂。国内将磁性流体作为润滑剂的应用领域主要集中在轴承的润滑以及作为动密封时轴体的润滑。各大高校和研究所在20世纪90年代逐渐开展了相关的研究，而其中国内的研究在理论方面相对比较集中，针对其在润滑剂方面的改进的研究也主要体现在磁性流体的抗沉降、稳定性、零场黏度、重分散性等方面。专利CN1330982A将基载液选择为传统的润滑脂或半流体润滑脂，获得了在不同温度环境下表观黏度的在线连续调节。对磁性颗粒表面的修饰也是获得优异润滑效果的一条常规途径，专利CN1632891A、CN1658341A、CN101928626A、CN103215113A中将固体润滑剂、碳纳米管、黄原胶作为添加剂引入了磁性流体中，一定程度上改善了磁性流体的抗沉降性能以及抗氧化性，进一步改善了其润滑性能。专利CN101928626A、CN1023174342A进一步选择氮化羰基铁粉、碳包覆磁性颗粒作为磁性颗粒减少了氧化带来的性能恶化，提供了一种稳定的润滑剂。针对具体的应用情景，对润滑结构、磁场的施加方式的改进也有相关的研究。

由上可见，国内关于磁性流体作为润滑剂的研究主要集中在磁性流体本身的稳定性等方面，这与磁性流体在其他领域的研究改进是一致的。磁性流体在磁场中可表现出连续可变的黏度是相对于传统润滑剂的一大优势，相信随着对磁性流体的研究的不断深入，国内也能在该领域具有更多的研究和应用。

（3）生物医学

磁性流体广泛用于临床诊断、磁性流体热疗、生化物质、细胞病毒、药物靶向、成像等生物医药方面。国内的高校、研究所针对该领域的研究主要集中在提高磁性材料的生物相容性上。专利 CN1737956A 中提出采用聚丙烯酸酯类的稳定剂可以获得高稳定性的水基磁性流体。作为药物载体的磁性流体研究中，专利 CN1783363A 中将海藻酸钠加入磁性混悬液中获得具有超顺磁性、稳定性好的磁性流体加入药物后可用于制备载药海藻酸钠－四氧化三铁磁性流体，可用于多个生物医学领域。专利 CN1702782A、CN1773636A、CN1913054A 采用羧甲基壳聚糖、羧基多糖、聚乙烯二醇和聚天冬氨酸或聚谷氨酸的嵌段共聚物、医用明胶等来制备水基磁性液体，提高了磁性液体作为药物载体时的生物相容性；专利 CN1750183A 中提出采用天然高聚物以及导向肽之间的偶联可实现磁性流体的双重功能；专利 CN101209860A、CN104528837A 对水基磁性流体的制备做了改进，获得了基于水基的生物相容性高的超顺磁磁性流体，拓展了其应用能力。

除磁性流体在生物相容性方面的改进外，国内针对磁性流体在热疗、药物靶向、成像等方面的应用研究相对较少。针对在热疗中磁性液体的加热机制及其温度均匀性，大连大学李雪慧研究组就磁性液体场致效应及其机制进行了研究，得到了升温速率与磁场强度、磁极换向频率呈正相关的相关结论。[10]河北工业大学刘丹研究组，通过三维仿真模型分析了磁性液体注入量、注入点对肿瘤组织中温度场的影响，并进行了相关实验，实验结果与仿真结果温和性较好。[11]针对药物靶向，田神武研究小组，通过建立磁性液体靶向药物模型，计算了相关的参数，得到磁性液体层与絮流相互转换的规律。[12]

总的来说，国内关于磁性流体在生物医药领域的研究起步较晚，针对磁性液体本身性能的研究相对比较集中，而如何将其在该领域进行具体应用的相关技术研究目前还处在起步阶段，主要研究集中在理论分析，鲜有成熟的应用。

（4）传感器

国内磁性流体在传感器中的研究起步比较晚，2000 年左右才开始起步。研究热点主要集中在加速度传感器，其他研究相对比较少。在加速度传感器应用领域，为获得量程可控、灵敏度高、工作寿命长的加速度传感器，国内的高校、研究所均做了一些相关的研究。华南理工大学（CN1924590A、CN101246182A、CN101246184A、CN101246183A）对磁性流体加速度传感器开展了研究，相继提出了轴向、准二维、二维的加速度传感器，其中涉及根据位置感测、压力感测加速度的相关技术，新颖性地将压电元件引入了加速度传感器相关参数的测量当中。北京交通大学（CN103149384、CN103344784A、CN103675351A、CN103675342A、CN104849495A）也在加速度传感器的改进上做了不少工作，他们通过将温度传感器与加速度传感器结合可使其工作在稳定的工作温度环境下，通过电感测量、采用磁屏蔽等改进获得结构更加简单、体积小、装配方便的加速度传感器。另外，也有少量的工作涉及了磁性流体在倾角传感器方面的应用。

国内对磁性流体应用于传感器的研究多集中在低自由度传感器，而对高自由度传感器的研究相对较少，研究目前主要集中在理论分析和实验研究阶段。

三、总结

磁性流体属于比较传统的技术产业，虽然规模不大但属于很有发展前景的产业。密封属于其最大的应用领域，磁性流体在密封和润滑领域的应用在国外已经比较成熟，研究热度比较平稳，期待技术上的突破；生物医学和传感器是目前国外磁性流体研究较热门的应用领域，生物医学方面的研究主要集中在磁性液体在精准医疗（靶向、磁疗、成像等）方面的应用，主要聚焦于通过对磁性颗粒的制备方式以及结构、基载液和表面活性剂的选择来改进磁性流体本身的性质（可控性、生物相容性等）；传感器方面的研究则主要聚焦于多自由度传感器器件结构的改进上，以期能缩减器件体积、简化器件结构、提高抗干扰能力，实现在如微纳电子器件上对传统传感器的替代。

目前，中国虽然已经成为全球最大的磁性流体产业专利产出国以及市场国，发展非常迅速，但是国内申请人多集中在高校、研究所等科研机构，专利申请较多涉及基础研究层面的技术，且各分支领域发展态势较为不平衡。如何实现技术转化，从实验室研究迈向产业应用，实现产业链的逐步完善，最终服务实体经济，将成为该领域后续的发展重点。

在国外已经将磁性流体的研究热点往生物医学和传感器倾斜的情况下，密封领域相关技术的研究热度在国内持续升温，但是目前仍处于技术追赶阶段，虽然缩小了与发达国家的技术差距，却也在短期内无法取得实质性的技术突破。在此情况下，基于市场的实际需求，国内科研机构及企业可以考虑将研究重心从密封领域向生物医学和传感器领域适当转移，原因在于磁性流体在这两个领域的应用相对不成熟，国外亦多处于技术研发阶段，鲜有成熟的应用，是中国企业和科研机构最有希望在短期内赶超国外研究者，获得自主核心技术的产业方向。具体地，在生物医学领域中，应注重磁性流体本身性质的改进，开发新型磁性流体，注重提高应用时的操作精度和操作有效性；而在传感器领域则要加强对多自由度传感器的研究，同时向小尺寸、高精度的方向发展。

参考文献

[1] DEVICENTE J，KLINGENBERG D J，HIDALGO-ALVAREZ R. Magnetorheological Fluids：a Review

〔J〕. Soft Matter, 2011, 8: 3701-3710.

〔2〕KANNO T, KOUDA Y, TAKEISHI Y, et al. Preparation of Magnetic Fluid Having Active-gas Resistance and Ultra-low Vapor Pressure for Magnetic Fluid Vacuum Seals〔J〕. Tribology International, 1997, 30 (9): 701-705.

〔3〕RAJ K, MOSKOWITZ R. Commercial Applications of Ferrofluids〔J〕. Journal of Magnetism and Magnetic Materials, 1990, 85 (1-3): 233-245.

〔4〕JOHANNSEN M, THIESEN B, JORDAN A, et al. Magnetic Fluid Hyperthermia (MFH) Reduces Prostate Cancer Growth in the Orthotopic Dunning R3327 Rat Model〔J〕. Prostate, 2005, 64 (3): 283-292.

〔5〕JORDAN A, SCHOLZ R, WUST P, et al. Magnetic Fluid Hyperthermia (MFH): Cancer Treatment with AC Magnetic Field Induced Excitation of Biocompatible Superparamagnetic Nanoparticles〔J〕. Journal of Magnetism and Magnetic Materials, 1999, 201 (1-3): 413-419.

〔6〕CASULA M F, FLORIS P, INNOCENTI C, et al., Magnetic Resonance Imaging Contrast Agents Based on Iron Oxide Superparamagnetic Ferrofluids〔J〕. Chemistry of Materials, 2010, 22 (5): 1739-1748.

〔7〕徐雪青, 沈晖, 许家瑞, 等. 纳米水基磁性液体在肿瘤治疗领域的研究进展〔J〕. 化工进展, 2006, 5: 480-484.

〔8〕BAILEY R L. Lesser Known Applications of Ferrofluids〔J〕. Journal of Magnetism and Magnetic Materials, 1983, 39 (1-3): 178-182.

〔9〕王欢. 磁性液体倾角传感器的理论与实验研究〔D〕. 北京: 北方工业大学, 2019.

〔10〕李玉彬, 惠兆春, 楚明华, 等. 磁性液体场致热效应及其机制分析〔J〕. 微纳电子技术, 2014, 7: 425-428.

〔11〕杨晓锐, 杨庆新, 杨文荣, 等. 磁性液体肿瘤热疗的磁场设计和温度分布研究〔J〕. 功能材料, 2017, 10: 10089-10093.

〔12〕李强, 袁作彬, 杨永明, 等. 磁性液体靶向药物的磁场-流场耦合数值模拟研究〔J〕. 湖北民族学院学报（自然科学版）, 2014, 32 (3): 305-310.

黄铜矿型光伏材料专利技术综述[*]

智　月　李介胜[**]　齐　哲[**]　马曦晓[**]　杨子芳[**]

摘　要　随着石化资源枯竭和传统能源对环境污染的日趋严重，太阳能光伏发电材料越来越受到世界各国的重视。黄铜矿型光伏材料由于具有光电转换效率高、无污染、成本低、性能稳定等优点而成为近年来光伏产业研究的重点。本文对黄铜矿型光伏材料在全球及中国的相关专利申请进行了研究，从申请趋势、区域分布、主要申请人、重点技术等多个角度进行了较为系统和深入的分析，重点选取了对光伏电池转换效率影响较大的吸收层技术分支进行具体分析；提供了黄铜矿型光伏材料领域的重要专利，并通过梳理黄铜矿型光伏材料技术的核心专利，找出黄铜矿型光伏材料、黄铜矿型光伏材料的主要制备方法溶液法和磁控溅射法三个技术分支的技术发展路线，绘制了专利技术路线演进图，梳理了黄铜矿型光伏材料领域的技术现状及发展趋势，为我国光伏材料的研发和产业化发展提供了建议。

关键词　CIGS　光伏材料　专利分析

一、概述

随着石油资源枯竭和传统能源对环境污染的日趋严重，世界各国越来越重视对太阳能光伏发电材料的研究。近年来，黄铜矿型光伏材料由于其具有光电转换效率高、无污染、成本低、性能稳定等优点而受到人们的广泛关注。因此，非常有必要对这类光伏材料进行专利分析，以掌握其发展趋势及关键技术。下面将对黄铜矿型光伏材料国内外的技术发展现状做简要介绍。

（一）黄铜矿型光伏材料的发展现状

黄铜矿型光伏材料主要指的是 I - III - VI 族化合物对应的（Cu/Ag）（Al/In/Ga）（S/Se/Te）三元或四元体系，尤以 Cu（In/Ga）（S/Se）材料为代表。这类材料具有黄铜矿

＊　作者单位：国家知识产权局专利局电学发明审查部。

＊＊　等同于第一作者。

结构，禁带宽度为 1.50eV，吸收系数较大，并且不含任何有毒的成分。以铜铟镓硒（CIGS）为例，它是一种直接带隙半导体，吸收系数高达 $10^5 cm^{-1}$，具有本征缺陷自掺杂、非计量比偏移容忍度大、结构缺陷电中性等特性。通过 Na 掺杂可以显著提高电池光电转换效率，采用铝（Al）部分替代铜铟硒（CIS）中的铟（In），可以增大禁带宽度，改善黄铜矿型表面太阳能电池的性能，根据理论计算预测，铜铟铝硒（CIAS）表面太阳能电池的转换效率可达 42%。

迄今为止，关于黄铜矿型光伏电池（太阳能电池）材料，国内外已经开展了相当数量的理论计算研究工作。对于黄铜矿型光伏材料本征点缺陷的理论计算研究已经开展得相当广泛和深入。掺杂本质上属于杂质点缺陷，因此引入了异类原子并取代原有体系中的部分原子，目前以 $CuInSe_2$ 为基础的掺杂材料是国内外的一个研究热点。为了达到最佳的匹配和吸收效果，人们需要通过掺杂等手段来调整 $CuInSe_2$ 的禁带宽度。例如，在 $CuInSe_2$ 中掺杂 Ga 形成的 $CuIn_{1-x}Ga_xSe_2$ 四元黄铜矿半导体光伏材料，从一开始便展现出了较高的光电转换效率。但是，由于 In、Ga、Se 为稀有元素，在地壳中含量少、价格昂贵，这已成为限制黄铜矿型薄膜太阳能电池发展的一个瓶颈。为此，用地壳中含量丰富、价格低廉的常见元素代替或者部分代替这些稀有元素一直是国内外研究人员探索和努力的方向。目前试验中发现可采用 Al 掺杂 $CuInSe_2$ 形成的 $CuIn_{1-x}Al_xSe_2$[1-4]、S 掺杂 $CuInSe_2$ 形成的 $CuIn(Se_{1-x}S_x)_2$ 等。此外，还发展了一类通过掺杂 Zn 和 Sn 完全取代 $CuInSe_2$ 中铟元素而形成的新型光伏材料 $Cu_2ZnSnSe_4$，这类材料原料成本低廉，具有理想的禁带宽度和高的光吸收系数，因此逐步受到研究人员的关注。[5-6]

黄铜矿型光伏电池起始于 20 世纪 70 年代，初步发展于 80 年代。1974 年，美国贝尔实验室的 Wagner 等首先研制出光电转换效率6.6 %的 CIS 太阳能电池。之后，美国可再生能源实验室（NREL）在 CIS 材料中掺入镓（Ga）和硫（S）元素，使之与太阳光谱更加匹配，发明了拥有更高转换效率的 CIGS 电池，即现代 CIGS 太阳能电池的雏形。1982 年，美国波音公司报道了采用 $Cd_{1-x}Zn_xS$ 代替 CdS，使得黄铜矿型薄膜太阳能电池的光电转换效率提升至10%。[7] 1985 年，黄铜矿型薄膜太阳能电池中出现了一种采用一薄层 CdS 加一层 ZnO 的新结构[8]，这种结构改善了电池的短波响应能力并成为目前黄铜矿型薄膜太阳能电池的基本结构，如图 1-1

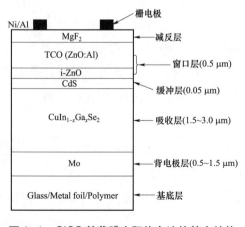

图 1-1　CIGS 基薄膜太阳能电池的基本结构

所示，其中 $CuIn_{1-x}Ga_xSe_2$（CIGS）为吸收层，CdS 为缓冲层，ZnO 为窗口层。通过研究发现，吸收层与缓冲层和窗口层之间的能带带阶匹配差对电池的光电转换效率影响极大，因此吸收层、缓冲层和窗口层的材料及制备工艺的改进是黄铜矿型太阳能电池光电转换效率提升的重要方面。

（二）黄铜矿型光伏材料制备工艺的发展现状

作为吸收层的黄铜矿材料薄膜是黄铜矿型光伏电池的核心部分，其薄膜质量对电池性能至关重要，而黄铜矿型材料薄膜质量与制备工艺紧密联系。常见的黄铜矿型光伏材料的制备方法主要包括：多元共蒸法、预置层后硒化法、磁控溅射法、电沉积法和溶液法。目前效率超过 18% 的黄铜矿型电池的吸收层基本都是采用共蒸法制备的[9]，现多元共蒸法形成了一步法、二步法、三步法。预置层后硒化法是利用溅射沉积工艺在衬底上首先沉积一层 Cu、In、Ga 元素分布合理的薄膜层，然后在含硒气氛下对 CIG 预置层进行后处理，得到满足化学计量的薄膜。[10-12] 磁控溅射法是直接溅射合金靶材制备黄铜矿型光伏材料的方法，优势在于可以省去硒化过程，一次成型制备出黄铜矿型光伏材料，降低了环境污染。[13] 电沉积法是在溶解有化合物成分的电解质水溶液中，插入两个电极，通电后在负极基板上可析出化合物薄膜，[14] 沉积过程一般在酸性溶液中进行，电沉积法沉积温度低，因此薄膜中不存在残余热应力问题，有利于增强薄膜与基片之间的结合力。溶液法是一种重要的制备黄铜矿型材料的工艺方法，相比于共蒸法、溅射法这些耗能高、设备复杂的制备方法，溶液法温度低、非真空、能耗低、工艺简单，[15] 极具成本优势，是实现低成本制造黄铜矿型光伏器件的重要途径。

目前，在国际上，人们对于黄铜矿型光伏材料的研究主要是从工艺途径以及成分结构等方面进行改进来提高光伏电池的光电转换效率。例如，改善吸收层的沉积参数，加入 Ga、S 等元素改善吸收层的带隙，提高吸收层的结晶质量等都属于典型的改进措施。此外，通过两步法或三步法沉积得到富铜或贫铜的吸收层，不但可以改善电池 PN 结的电学性能，而且可以得到良好的微观结构和令人满意的光电性能。在规模化生产方面，作为全球 GIGS 薄膜太阳能电池板的领先开发商之一，德国的 Avancis 公司于 2016 年 5 月公布其生产的 CIGS 薄膜太阳能电池组的转换效率达到 17.9%，比中国台湾半导体巨头台积电之前创下的 16.5% 的转换效率又有所提升，并且超过了德国 Manz 集团的 16%。[16]

与国际上的研发力度、规模以及先进水平相比，国内对黄铜矿型光伏材料的研究要相对落后。中国对黄铜矿型光伏材料的研究主要以高校研究为主，产业化程度较低。国家比较重视对黄铜矿型光伏材料的研发，组织了"863"项目 CIGS 课题研究，帮助南开大学等研究团队研究光伏材料技术，启动和推动产业化步伐。[17] CIGS 薄膜太阳能电池技术被列为国家节能减碳的绿色环保型鼓励型项目，为国家重点扶持项目之一，同时也是国家"十二五"的重点发展项目，提高光电转换效率、开发真空共蒸镀电池制造技术和规模化制造关键技术是加速 CIGS 薄膜太阳能电池技术发展及产业化的重要目标。

在国内，早先开展研究黄铜矿型光伏材料的单位只有南开大学、北京大学、清华大学、浙江大学和中国科技大学等，其中只有南开大学能制备大面积的 CIS 薄膜太阳能电池。[18] 以产业化为目标的研究项目有南开大学光电子所的"863"项目 CIGS 课题"2001年能源技术领域后续能源技术主题太阳能薄膜电池"，其最终目标是建成 0.3 兆瓦的中试线。在产业化方面，2012 年 6 月和 2013 年 1 月，我国的汉能控制集团先后完成了对德国光伏巨头 Q-Cells 旗下的全资子公司 Solibro 和美国硅谷 MiaSolé 公司的并购，使得汉能控制集团获得了全球转换率最高的 CIGS 薄膜太阳能电池技术。2014 年 4 月，德国 Manz 集团宣布将向中国太阳能光伏市场输出整线 CIGS 交钥匙工程，包括 CIGS 薄膜太阳能电池生产设备即生产技术，使得 CIGS 表面太阳能电池组件的量产模块转换效率突破 14.6%。

黄铜矿型光伏材料的实际工程应用背景决定了国内外目前对于其的研究主要侧重在实验室研发、工艺试验、生产技术等实际层面上，而对于其基础理论的研究则相对滞后，也很不完善。尤其是国内，我们还处于需要对黄铜矿型光伏材料进行大量基础研究的阶段，要缩小黄铜矿型光伏材料的实验室制品与工业化产品之间光伏转换效率的较大差距，单靠实验手段是不能够完全解决问题的，必须同时深化对材料和电池的基础理论研究。

二、黄铜矿型光伏材料全球专利状况

通过在德温特世界专利索引数据库（DWPI）中进行检索，检索到 4402 篇专利文献，数据截止日期（公开日）为 2019 年 6 月 15 日。下面将从专利申请量变化趋势、区域分布、目的地、申请人分布等方面进行具体分析。由于数据库中所收录的数据有时间滞后性，并且专利申请从提出申请到被公开具有一定的时间间隔，因此 2018 年和 2019年的数据有所偏差，均少于实际的申请量。其中，"EP"表示在欧洲专利局申请的专利。

（一）申请趋势

最早的黄铜矿型光伏材料专利申请是在 1974 年（申请号 US19740492394A）由贝尔实验室在美国提交的，1974 年至 1989 年间每年专利申请量均在 10 项以下。图 2-1 显示了 1990 年至 2019 年专利申请量按年度的分布状况。

1990 年至 2005 年，专利申请量缓慢增长，年申请量均在 100 项以下；2006 年至

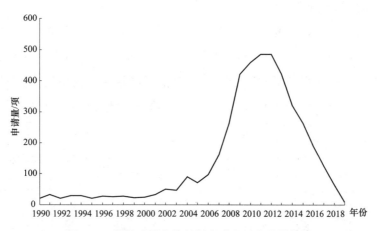

图 2-1　黄铜矿型光伏材料全球专利申请量趋势

2012 年，专利申请量快速增长，2011～2012 年年申请量达到峰值，接近 500 项；之后，专利申请量有较大幅度下降。由于发明专利申请自申请日起 18 个月才能被公开，实用新型专利申请授权后才能获得公布，PCT 专利申请可能自申请日起 30 个月甚至更久才能进入到国家阶段，因此数据中会出现 2018 年之后的专利申请量比实际申请量少的情况，反映在趋势图中，为 2018 年之后出现明显下降。

（二）申请区域分布

图 2-2 显示了黄铜矿型光伏材料全球专利申请量的区域分布，其中申请区域在本文中定义为专利首次申请的国家/地区，在首次申请的国家/地区的专利申请通常是在本国家/地区原创的专利申请，反映了各国家/地区的技术研发实力。从图中可以看出，该领域的专利申请区域主要为日本、中国、美国和韩国，共 4023 项，占总申请量的 91.39%。在日本提交的专利申请量为 1215 项，占 27.60%，位居全球第一；在中国提交的专利申请量为 1171 项，占 26.60%，位居全球第二；在美国提交的专利申请量为 998 项，占 22.67%，位列全球第三；在韩国提交的专利申请量为 639 项，占 14.52%，位列全球第四；专利申请量次之的为德国，这些都是世界上经济较为活跃的国家/地区。可见，虽然日本、中国起步晚于美国，但总申请量已超过美国，分别排名全球第一、第二。

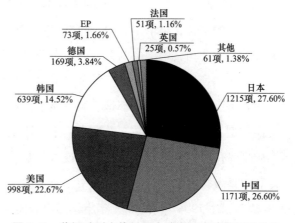

图 2-2　黄铜矿型光伏材料全球专利申请量区域分布

（三）申请目的地分布

图 2-3 示出了黄铜矿型光伏材料全球专利申请量的目的地分布，其中目的地在本文中定义为全球申请人进行专利布局的国家/地区，反映了申请人对这些国家/地区市场的重视程度。从图中可以看出，全球专利申请目的地主要为中国、美国、日本和韩国。可见，美国、日本、中国和韩国既是最主要的技术原创国，也是最受申请人重视的市场。

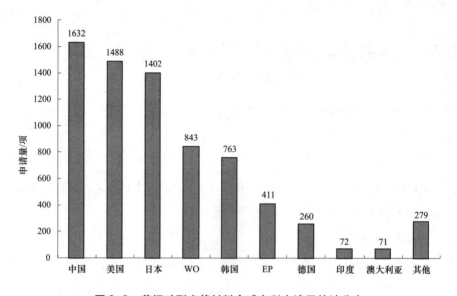

图 2-3　黄铜矿型光伏材料全球专利申请目的地分布

（四）全球主要申请人

图 2-4 列出了全球主要申请人的申请量分布状况。从图中可以看出，申请量最多的是日本的松下，申请量达 100 项；申请量排名并列第二的是韩国的 LG 和美国的 IBM，申请量均为 92 项；申请量排名第四的是日本的富士胶片，申请量为 81 项；申请量排名第五的是日本的京瓷，申请量为 69 项。排名前 20 位的申请人中，有 9 家是日本的公司，有 6 家是美国的公司，中国的两个申请人中国电子科技集团公司第十八研究所（下文简称为"中电十八所"）和山东建筑大学的申请量分别位列第 12 名和第 16 名。可见，日本、韩国和美国的主要申请人都是公司，而中国申请人以科研院所和大专院校为主。此外，黄铜矿型光伏材料专利技术的技术集中度不高，第一名也只有 100 项申请，可见目前黄铜矿型光伏材料并没有形成明显的技术垄断。

专利申请量排名前五位的申请人中，松下的专利申请开始最早，第一件专利申请于 1982 年提交，在 1994 年和 2003 年申请量两次达到峰值，分别为 10 项和 11 项，但在 2013 年之后申请量为零，其可能对技术发展中心进行了转移；LG 的专利申请始于 1994

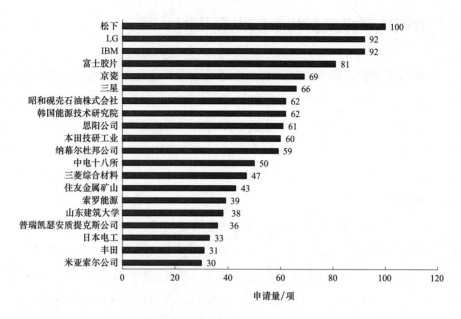

图 2-4　黄铜矿型光伏材料全球主要申请人申请量分布

年，2005 年至 2015 年申请较为集中，2009 年和 2011 年的申请量分别达到 20 项和 23 项；IBM 的申请始于 1997 年，2007 年至 2017 年申请量较为平均，2012 年达到年度申请量最高值 19 项；富士胶片自 1999 年至 2010 年申请量快速增加，2010 年申请量为 31 项，达到年度申请量的最高值；京瓷于 2002 年提交了第一项专利申请，在黄铜矿型光伏材料领域的专利申请起步较晚，但 2010 年和 2011 年提交的专利申请量分别达到了 15 项和 16 项。

专利申请量排名前五位的申请人均优先本土布局，大部分申请都集中在本国家，因此，日本、韩国、美国也是主要的布局国家。

（五）小结

黄铜矿型光伏材料专利申请起步较早，1974 年出现第一件专利申请，之后的 30 余年一直处于缓慢发展期，直到 2006 年开始进入快速发展期，2011~2012 年年申请量达到峰值近 500 项，之后进入平稳发展阶段，申请量也随之下滑。黄铜矿型光伏材料领域专利申请的主体集中在中、日、美、韩，四国的申请量接近总量的九成，同时它们也是专利申请的主要目标地。排名前 20 位的申请人中，有 9 家是日本的公司，有 6 家是美国的公司，中国的两位申请人中电十八所和山东建筑大学的申请量分别位列第 12 位和第 16 位。

三、黄铜矿型光伏材料中国专利状况

通过在中国专利数据库（CPRSABS）中进行检索和筛选，检索到 1262 篇专利文献，数据截止日期（公开日）为 2019 年 6 月 15 日。下面将从申请量变化趋势、申请类型、法律状态、主要申请人分布以及技术分布等方面进行具体分析。由于数据库中所收录的数据有时间滞后性，并且专利申请从提出申请到被公开具有一定的时间间隔，因此 2018 年和 2019 年的数据有所偏差，均少于实际的申请量。

（一）申请趋势

图 3-1 示出了我国黄铜矿型光伏材料专利申请量趋势。从图中可以看出，该领域中国专利和全球专利的趋势大致相同，1996 年有了第一件专利申请，在 2004 年前处于萌芽状态，申请量很少，每年的申请量都在个位数；2005～2009 年经历了第一次发展，申请量开始明显增加；2010 年开始经历了第二次发展，年申请量达到 120 件以上；一直到 2013 年，年申请量达到峰值 174 件，随后申请量开始逐渐下降，这可能是因为经过高峰期的持续研发，使得 2013 年之后的技术成熟度较高，所以创新难度增加，但仍然保持着年申请量几十件的水平。

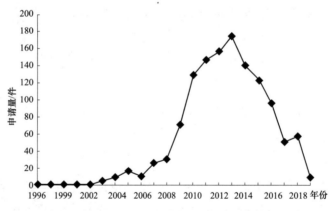

图 3-1　黄铜矿型光伏材料中国专利申请量趋势

（二）申请类型和法律状态

表 3-1 示出了黄铜矿型光伏材料中国专利申请的申请类型和法律状态。可以看出，国内申请驳回占比 9%，授权 38%，这些领域产业化程度还不够高，研发的原创性较高。而国外来华申请相对国内申请，驳回比例更低，只有 5%，授权比例达到 44%，说明国外申请人的专利申请原创性更高一些，基于美国作为相关领域的原创地区，以及日本各大公司竞相展开投入和研发的事实，这些结果也是可以预期的。

表 3-1 黄铜矿型光伏材料中国专利申请概况 单位：件

	国内			国外来华		
	发明	发明（PCT）	实用新型	发明	发明（PCT）	实用新型
授权	339	1	31	16	88	1
驳回	89	0	0	4	8	0
视撤	255	0	0	10	57	0
权利终止	128	0	36	11	25	0
实质审查	107	0	0	4	15	0
总计	918	1	67	45	193	1

从表 3-1 可以看出，黄铜矿型光伏材料中国专利申请中，绝大多数为发明专利申请。而且，国外来华申请中只有 1 件实用新型，可见国外申请人来华布局的专利往往是其具有竞争力的技术，申请人希望寻求更长的保护期。国外来华的 PCT 申请是非 PCT 发明申请的 4 倍多，说明外国公司对相关领域的专利布局范围较广，着眼全球布局。另外，国内申请的有效案件比例明显低于失效案件，而国外来华申请的有效案件和失效案件比例差别不大。

（三）申请区域分布

图 3-2 显示了黄铜矿型光伏材料中国专利申请量的国家/地区分布，中国申请人申请量占据绝对优势，表明中国申请人优先在本国进行专利布局；日本申请人和美国申请人分别占据第二、第三位，体现了黄铜矿型光伏材料技术研发的两个主要国家对于中国市场的高度重视；韩国排在第四位，说明韩国相关企业也比较重视在中国的专利布局；欧洲的德国和英国分别位列第五和第六。

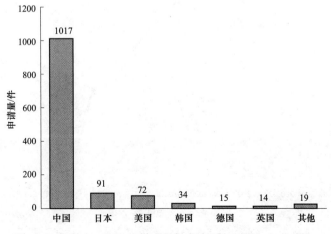

图 3-2 黄铜矿型光伏材料中国专利申请量国家/地区分布

1. 国外来华申请分析

（1）区域分布

图 3-3 显示了黄铜矿型光伏材料国外来华申请量区域分布情况。可以看出申请量分布比较集中，美、日、韩申请量占据了国外来华申请量的绝大部分，其中，日本申请人申请量最多，占 37%；其次是美国，占 29%；韩国排在第三位，占 14%；然后就是欧洲的一些经济比较发达的国家，包括德国、英国、法国；其他国家占据的份额很小，只有 5%。

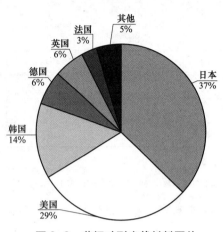

图 3-3　黄铜矿型光伏材料国外
来华申请量区域分布

（2）申请趋势

图 3-4 显示了黄铜矿型光伏材料主要来华国家的专利申请量趋势。其中，日本来华申请量在 2009 年之前很少，2005 年出现一个小的波动，但也仅有 5 件申请，2010 年出现了显著的上升，申请量达到两位数，并且两位数的申请量一直保持到 2014 年，这是日本申请的高产时期，说明日本在此阶段对中国市场持续布局，2015 年之后，申请量下降到 5 件以下。美国来华申请量在 2009 年之前很少，除 2005 年、2007 年、2009 年为 5 件外，其他年份均在 5 件以下，而到了 2010 年猛增至峰值 21 件，并保持到 2011 年，在 2012 年之后迅速下降到 5 件以下，这可能和美国相关公司的发展状况和策略有关，其在 2010 年、2011 年两年间进行了中国市场的集中布局。而韩国来华的申请量相较日本和美国波动略小，除了 2014 年达到的峰值 11 件，其他年份都在 5 件以下。

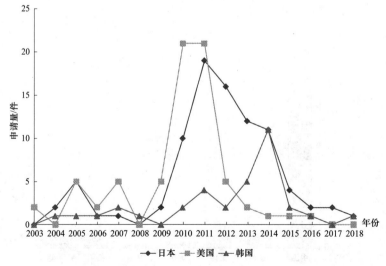

图 3-4　黄铜矿型光伏材料主要来华国家申请量趋势

（3）技术分布

图 3-5 示出了黄铜矿型光伏材料主要来华地区申请量技术分布，主要从黄铜矿型光伏材料的吸收层、缓冲层和窗口层这三个技术分支进行分析。从图中可以看出，几个主要来华国家申请均集中在吸收层方面，其中以日本在吸收层这一子领域申请量最大，高达 80 件。此外，日本在缓冲层领域也在华进行了一定布局，相关的专利申请量达 11 件，在窗口层领域未在华布局。值得注意的是，美国和韩国在吸收层、窗口层和缓冲层三个子领域均有在华布局，可见这两个国家非常重视黄铜矿型光伏材料在华申请的全面布局，而英国则只针对吸收层领域在华进行了专利布局，数量也并不多，仅有 14 件。

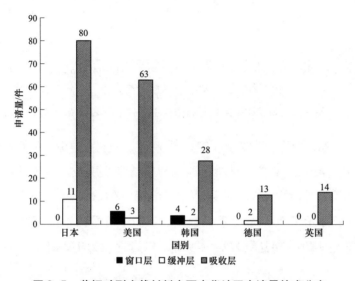

图 3-5　黄铜矿型光伏材料主要来华地区申请量技术分布

2. 国内申请分布

图 3-6 显示了黄铜矿型光伏材料国内主要省市的专利申请量趋势，其中主要省市指的是申请量排名前四位的省市。从图中可以看出，广东、北京、上海、和江苏分别是国内申请人最为活跃的区域。2002 年至 2013 年，黄铜矿型光伏材料的专利申请量总体呈波动上升趋势，除北京在 2018 年年申请量达到峰值外，其他三省市基本在 2012 年左右年申请量达到峰值，之后略呈现出波动下降趋势。其中，2018 年，四个主要省市年申请量逐步呈缩减态势的情况下，来自北京的申请人该年度的申请量达到 23 件，较其他主要省市的申请量以及北京之前的申请量都有了明显的增加。由此可看出近年北京的相关申请人在黄铜矿型光伏材料方面的研究取得了较多进展。

（四）技术分支分析

对在中国专利数据库（CPRSABS）中检索并筛选获得的 1262 篇专利进行了标引，其中选取了对黄铜矿型光伏电池转换效率影响较大的吸收层、缓冲层和窗口层三个技术分支进行了具体分析。通过分析发现，中国专利申请中，改进吸收层的专利申请 1140 件，占申

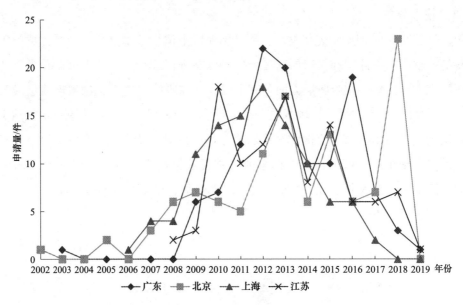

图 3-6　黄铜矿型光伏材料国内主要省市专利申请量趋势

请总量的 90.3%，其次是缓冲层 83 件、窗口层 39 件，分别占申请总量的 6.6% 和 3.1%。

图 3-7 示出了黄铜矿型光伏材料中国专利申请吸收层技术分支的申请量趋势。在 1996 年开始出现第一件改进在于吸收层的专利申请，在 2002 年之前申请量都是零星数量，因此图 3-7 仅展示了 2003 年之后的数据。从图中可看出，在 2006 年之后，申请量呈稳定增长趋势，到 2013 年达到发展的顶峰，申请量达到 165 件，之后申请量呈下降趋势。

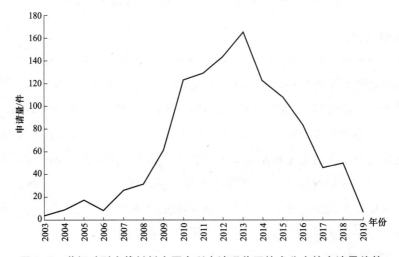

图 3-7　黄铜矿型光伏材料中国专利申请吸收层技术分支的申请量趋势

此外，在窗口层方面，2008 年之前只在 2002 年有 1 件专利申请，从 2009 年开始才逐步有少量专利申请，在 2011 年申请量最多，总量为 10 件，之后申请量又回落为每年仅有 2~4 件专利申请。可见，在窗口层方面申请量较小，相关研发并不活跃。在缓冲层方面，与窗口层相类似，在 2008 年之前申请量较小，共有 5 件，从 2009 年开始逐步有相关专利申请提出，在 2014 年申请量达到峰值 16 件，之后又有一定回落，可见缓冲层这一技术分支的技术研发活跃度也较低。

1. 吸收层的材料

在中国专利申请中，黄铜矿型光伏材料以 CIGS、CIS、含 ZnSn 的黄铜矿型光伏材料（下文简称为"含 ZnSn 材料"）为主，此外还包括含铝的黄铜矿型光伏材料、多层的黄铜矿型光伏材料及其制备方法（不涉及材料）。此处主要从 CIGS、CIS、含 ZnSn 材料方面进行分析。其中，CIGS 这一技术分支的申请量最多，总量达 508 件；含 ZnSn 材料次之，总量达 254 件；其次是 CIS，申请总量为 213 件。

图 3-8 示出了黄铜矿型光伏材料中国专利申请吸收层的三个主流分支的申请量趋势。2003 年之前，三种主流材料的专利申请量都极少，因此图中仅示出了 2003 年之后的专利申请量情况。从图中可以看出，改进 CIGS 材料的专利申请从 2003 年开始逐步发展，在 2005 年申请量呈现一个小峰值（申请量超过 10 件），之后从 2006 年开始稳定增长，到 2012 年和 2013 年达到峰值的 70 件，之后呈现波动下降趋势。关于 CIS 材料在 2007 年之前已经开始有零星申请，从 2007 年之后申请量明显有所增长且呈稳定上升趋势，在 2011 年达到峰值 38 件，之后申请量急剧下降，在 2014 年下降到不足 5 件，虽然 2015 年又有小幅上升，但之后仍呈逐步下降趋势。关于含 ZnSn 材料在 2007 年之前均未有相关申请，从 2007 年开始逐步发展，在 2014 年达到峰值（接近 50 件），之后申请量逐渐回落。从图中可看出，CIGS、CIS 这两个技术分支的光伏材料均在 2009~2013 年之间呈较好的发展态势，这也与全球及中国黄铜矿型光伏材料的专利申请趋势相一致。

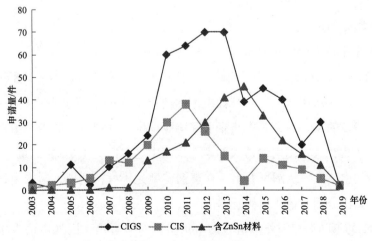

图 3-8　黄铜矿型光伏材料中国专利申请吸收层的三个主流技术分支的申请量趋势

2. 吸收层的制备方法

黄铜矿型光伏材料作为一种重要的光伏材料，其制备方法的改进也是各大申请人的主要研究方向。本节将着重分析黄铜矿型光伏材料的主要制备方法：溶液法、预置层后硒化法、磁控溅射法、多元共蒸法和电沉积法。其中，溶液法的专利申请量最大，有285件之多，然后依次是预置层后硒化法223件、磁控溅射法175件、多元共蒸法81件和电沉积法43件。

图3-9示出了黄铜矿型光伏材料中国专利申请吸收层制备方法的申请量趋势。从图中可看出，这几种制备方法基本都是在2008年之后呈现明显的上升趋势，并在2013年左右达到峰值，之后呈波动下滑趋势。值得注意的是，在2013年之后，申请量总体呈下滑趋势，但在2015年左右，溶液法、预置层后硒化法、磁控溅射法和多元共蒸法的年申请量均出现小幅反弹。

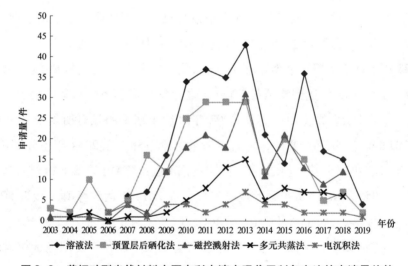

图3-9　黄铜矿型光伏材料中国专利申请中吸收层制备方法的申请量趋势

（五）申请人分析

1. 不同类型申请人申请量分布

图3-10和3-11分别显示了黄铜矿型光伏材料中国专利申请不同类型国内外申请人的申请量分布情况。从图3-10可以看出，国内申请人的申请量主要集中在大专院校，占据国内总申请量的42.7%，其次是企业和科研单位，分别占据国内总申请量的37.1%和11.1%，个人申请人在国内申请人的申请量当中也占据了4.6%的比重，而剩余4.5%属于其他类型的申请人。从图可看出，在黄铜矿型光伏材料领域，国内申请人中大专院校最为活跃，其次分别为企业和科研单位。

从图3-11的不同类型国外申请人的申请量分布可看出，国外申请人中企业申请人申请量所占比例高达87.76%，远高于个人、科研单位、大专院校和其他类型申请人的总和。由图可看出，在黄铜矿型光伏材料领域，国外企业在所有类型申请人当中活跃度最高。需要注意的是，与此相比，国内企业的研发活跃度较低。

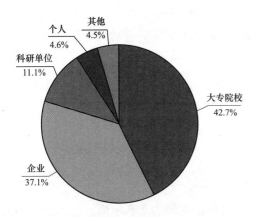

图 3-10　黄铜矿型光伏材料中国专利申请不同类型国内申请人的申请量分布

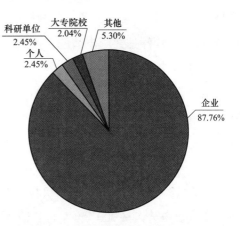

图 3-11　黄铜矿型光伏材料中国专利申请不同类型国外申请人的申请量分布

2. 主要申请人排名

图 3-12 列出了黄铜矿型光伏材料中国专利申请的主要申请人申请量排名情况。从图中可看出，中国专利申请量排名前 15 位的申请人，以国内申请人为主，申请量最大的申请人是中电十八所，申请量为 50 件。国外申请人包括来自日本的申请人三菱，申请量为 19 件，与其他三位国内申请人并列第六位；来自韩国的 LG，申请量为 16 件，与中南大学并列第 11 位。可见，在黄铜矿型光伏材料领域，国外申请人尚未在中国进行大量专利布局。

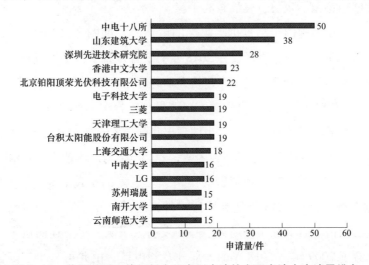

图 3-12　黄铜矿型光伏材料中国专利申请的主要申请人申请量排名

此外，值得注意的是，虽然图中示出的皆为单个申请人的数据，但是，其中深圳先进技术研究院和香港中文大学作为联合申请人共同申请了大部分申请。究其背景可知，深圳先进技术研究院是中国科学院、深圳市人民政府及香港中文大学友好协商后在深圳市共同建立的研究院，因此，在专利申请过程中，两位申请人通常作为共同申请人联合申请。其中，排名第三、第四位的深圳先进技术研究院和香港中文大学的 28 件和 23 件申请中，有 20 件是共同申请的，由此也能看出两位申请人研究合作的关系非常密切。

3. 主要申请人分析

结合申请人的申请量及其所处国家/地区的情况，选择比较有代表性的五位申请人作为主要申请人进行进一步的分析，包括中电十八所、山东建筑大学、深圳先进技术研究院、三菱和 LG。

（1）申请量趋势分析

图 3-13 示出了黄铜矿型光伏材料主要申请人在华申请量趋势。从图中可看出，上述五位主要申请人从 2007 年左右开始黄铜矿型光伏材料领域的专利申请。总体上，五家主要申请人的申请量在发展初期均呈逐步上升趋势，在 2014 年之后总体呈现缓降态势，该申请趋势与上文讨论的国内主要申请省市的专利申请趋势基本一致。

中电十八所从 2008 年之后专利申请量呈现波动上升趋势，其在 2012 年和 2013 年申请量均有 9 件，达到了峰值，在经过 2014 年的小幅下降之后，在 2015 年又有所回升。深圳先进技术研究院申请量总体也较为平稳，在 2009 年出现第一件专利申请，之后平稳上升，在 2013 年达到峰值 9 件，之后便只有零星申请。中电十八所和深圳先进技术研究院作为科研单位，在黄铜矿型光伏材料领域的专利申请有一些共同点，包括研究团队不完全依赖于某一位或几位发明人，相关申请的发明人之间不存在固定和必然联系，专利申请与总体数据趋势相一致等，发展较为平稳。

山东建筑大学作为国内申请量排名第二的申请人，如图 3-13 所示，其申请主要集中在 2016 年，达 20 件之多，之后仅在 2018 年有 2 件申请。经研究发现，该申请人的发明人团队是刘高科团队，刘高科是山东建筑大学的研究生导师。山东建筑大学的所有黄铜矿型光伏材料的专利申请均由该团队申请，申请量年度分布不均，且与国内专利申请峰值在 2012 年左右的数据相比有所滞后。这也体现出我国高校专利申请的普遍特点：专利申请主要依赖一位或几位重要发明人或其所在团队，专利申请与总体数据趋势相比稍显滞后。

三菱和 LG 是分别来自日本和韩国的申请人。三菱的申请总量达 19 件，申请量从 2009 年开始逐渐增加，在 2013 年达到峰值 4 件，之后平稳下降。经研究发现，三菱的发明人主要包括以梅本启太和张守斌为中心的发明人团队，以上述两位发明人为核心的发明人团队贯穿了 2009 年到 2018 年的大部分专利申请，由此可看出三菱核心研发团队具备一定的稳定性。而 LG 提出专利申请时间较早，2006 年在中国提出第一件专利申请，之后逐步发展并在 2014 年达到峰值 7 件，之后仅在 2015 年有 2 件专利申请。LG 的发明人以李豪燮、尹锡喜、尹锡炫和朴银珠为核心。在 2016 年之后，LG 便不在中国继续布

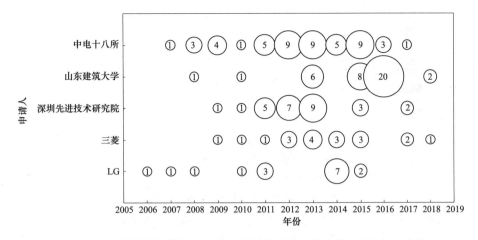

图 3-13　黄铜矿型光伏材料中国专利申请主要申请人的申请量年度变化

注：图中数字表示申请量，单位为件。

局黄铜矿型光伏材料专利申请，这可能与公司发展策略有关。

（2）技术分布

表 3-2 示出了黄铜矿型光伏材料中国专利申请主要申请人的技术分布。从表中可以看出，五位主要申请人的主要申请方向均是吸收层。其中，中电十八所和深圳先进技术研究院两位申请人在窗口层和缓冲层方向也有少量申请，LG 有 4 件专利申请涉及窗口层的改进，山东建筑大学和三菱都是仅涉及吸收层这一技术分支。由此可以看出，如何对吸收层自身进行改进以提高光伏电池的光电转换效率仍是各申请人的关注焦点。

表 3-2　黄铜矿型光伏材料中国专利申请主要申请人的技术分布　　单位：件

技术分支	中电十八所	山东建筑大学	深圳先进技术研究院	三菱	LG
吸收层	43	38	22	19	12
窗口层	4	0	2	0	4
缓冲层	3	0	4	0	0

图 3-14 示出了黄铜矿型光伏材料中国专利申请主要申请人在吸收层领域的技术分布情况。从图中看出，中电十八所最关注的是 CIGS，有 38 件专利申请，对于含 ZnSn 材料也有一些研究，共提出 5 件专利申请。山东建筑大学对于 CIS 和 CIGS 的重视程度相当，各有 16 件专利申请；对含 ZnSn 材料和含 Al 材料也有一定研究，分别提出了 2 件和 4 件专利申请，可见山东建筑大学对黄铜矿型光伏材料吸收层的研究较为全面。此外，深圳先进技术研究院主要关注对 CIGS、含 ZnSn 材料以及含 Al 材料的研发；三菱的关注点在于 CIGS 和 CIS 两种材料；LG 则对 CIGS、CIS 和含 ZnSn 材料均有研究，且侧重点在于含 ZnSn 材料。

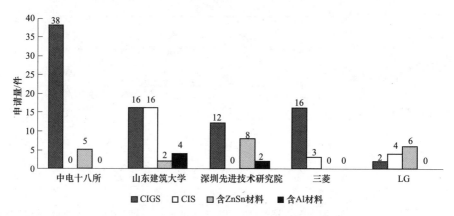

图 3-14　黄铜矿型光伏材料中国专利申请主要申请人吸收层的技术分布

表 3-3 是黄铜矿型光伏材料中国专利申请主要申请人吸收层制备方法的技术分布情况。从表中看出，中电十八所的研究方向较为多样化，对掺杂、多元共蒸法和预制层后硒化法均有较多研究，提出的专利申请量分别为 10 件、15 件和 15 件。山东建筑大学对吸收层的制备方法主要为溶液法，有 28 件专利申请；此外对预置层后硒化法也有一定研究，提出了 10 件专利申请。深圳先进技术研究院在吸收层制备方法领域技术发展也较为全面，在多元共蒸法、预置层后硒化法、磁控溅射法以及对吸收层的后处理这四个研究方向均有涉足，其中以多元共蒸法为主，占据了申请量的一半以上。三菱的研发重点在磁控溅射法，有 17 件专利申请；LG 的研发重点在溶液法，有 11 件专利申请。

表 3-3　黄铜矿型光伏材料中国专利申请主要申请人吸收层制备方法的技术分布

单位：件

制备方法	中电十八所	山东建筑大学	深圳先进技术	三菱	LG
掺杂	10	0	0	1	0
多元共蒸法	15	0	12	0	0
后处理	3	0	3	0	0
预置层后硒化法	15	10	4	0	1
溶液法	0	28	0	1	11
磁控溅射法	0	0	3	17	0

（3）专利申请法律状态及重点专利技术分析

1）中电十八所

图 3-15 显示出中电十八所黄铜矿型光伏材料国内申请的法律状态。从图中可看出，中电十八所的 50 件专利申请中，处于授权状态的专利申请为 23 件，占总申请量的 46%，略高于黄铜矿光伏材料领域国内申请人的总体数据中 44% 的专利权有效比例。但是值得

注意的是，中电十八所处于公开未决状态的专利申请为 1 件，仅占其申请总量的 2%，低于该领域国内申请人的总体数据中 11% 的公开未决比例，也体现出中电十八所近年对该领域的研发进展较慢。

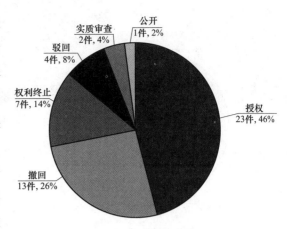

图 3-15　中电十八所黄铜矿型光伏材料
国内申请的法律状态

中电十八所的主要研究方向在于黄铜矿型光伏材料的制备方法，主要包括预置层后硒化法、多元共蒸法和掺杂法，其较为重要的专利申请包括已授权并维持有效的专利申请：CN101459200A、CN105655235A 和 CN102943241A。其中，专利申请 CN101459200A 提供了一种吸收层的制备方法，在柔性衬底上磁控溅射形成 Mo 电极，之后将固态硒源所在区域温度控制在 180~300℃ 进行硒化处理，使得金属预制层转变为半导体薄膜，通过该工艺能够减少硒化/硫化过程中硒/硫的用量，过程简单可控。专利申请 CN105655235A 公开了一种基于连续蒸发工艺制备梯度带隙光吸收层的方法和装置，该方法和装置基于连续蒸发工艺，通过控制 Ga、In 和 Cu 等金属蒸发源的蒸发速率，设计各元素的蒸发顺序以及工艺流程，可在柔性衬底以及刚性衬底上连续制备出具有合适带隙梯度的大面积 CIGS 吸收层。同时，通过设计连续蒸发的工艺流程可控制元素扩散等薄膜生长过程，能够制备出具有较好结晶质量的 CIGS 薄膜，提高柔性 CIGS 薄膜太阳电池的性能。相比于先前的专利，该方法涉及的工艺步骤少，技术方案简单，得到的 CIGS 薄膜带隙梯度结构简单、连续，而且易于实现吸收层的连续化沉积。专利申请 CN102943241A 公开了一种在柔性 PI 衬底上制备掺钠吸收层的方法，通过调整共蒸法的工艺参数，各蒸发源蒸发后的各元素能够在 PI 衬底的背电极 Mo 上很好地化合，形成厚度均匀、掺 Na 的 CIGS 膜，Na 完全均匀掺入到大面积的吸收层中，增强吸收层的附着，并能提高电池开路电压和改善电池电学性能。上述申请均处于专利权有效状态，且被引用次数较多，分别为 24 次、3 次和 10 次，由此也可看出上述专利申请在黄铜矿光伏材料领域的重要性。

2）山东建筑大学

图 3-16 示出了山东建筑大学黄铜矿型光伏材料国内申请的法律状态。从图中可见，山东建筑大学总共有 16 件、占总量的 42.1% 的专利申请处于实质审查阶段，由此处看出，该申请人的近半数相关专利申请皆为近两三年提出的，还未有审查结果。处于其他法律状态的申请：撤回为 10 件，占比 26.3%；权利终止为 7 件，占比 18.4%；驳回为 5 件，占比 13.2%，可以看出，山东建筑大学在黄铜矿型光伏材料领域的专利申请状态并

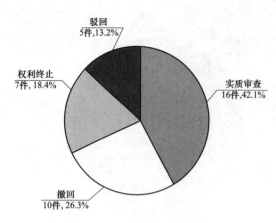

图 3-16　山东建筑大学黄铜矿型光伏
材料国内申请的法律状态

不乐观。

山东建筑大学的主要研发方向在于黄铜矿型光伏材料的制备方法，具体为溶液法和预置层后硒化法。例如，专利申请 CN102034898A 公开了一种采用溶液法制备铜铟硒光电薄膜的方法，包括步骤：将 $CuCl_2 \cdot 2H_2O$、$InCl_3 \cdot 4H_2O$、SeO_2 放入溶剂中，并调整 pH 至 7.5，再烘干得到前驱体薄膜放入有水合联氨的可密闭容器，使前驱体薄膜样品不与联氨接触，最后进行干燥，得到铜铟硒光电薄膜。这种方法不需要高温高真空条件，对仪器设备要求低，得到的铜铟硒光电薄膜有较好的连续性和均匀性，主相为 $CuInSe_2$ 相，且容易控制目标产物的成分和结构，可帮助实现大规模的工业化生产。

3）深圳先进技术研究院

深圳先进技术研究院的 28 件专利申请中授权的专利为 23 件，占比高达 82%，可见其专利申请的质量很高；驳回 3 件；另外 2 件处于实质审查阶段。

深圳先进技术研究院对含 ZnSn 的黄铜矿材料研究较多，公开号为 CN103343318A 的专利申请，公开了一种预置层后硒化法制备铜锌锡硫（硒）的方法，包括制备铜锌锡硫（硒）前驱体薄膜；制备层叠于前驱体上的锡覆盖层，得到层叠有锡覆盖层的铜锌锡硫（硒）薄膜前驱体；及在无氧条件下及硫化氢（硒）气氛中，将层叠有锡覆盖层的铜锌锡硫（硒）薄膜前驱体进行高温退火，由此获得铜锌锡硫（硒）层。锡覆盖层能够阻止在高温退火中前驱体内 SnS_2 或 $SnSe_2$ 的挥发，有效抑制 Sn 的流失。公开号为 CN102769047A 的专利申请，公开了一种多元共蒸法制备铜锌锡硫硒薄膜的方法，包括：采用蒸镀法或者溅射法，分别产生铜蒸气、锌蒸气及锡蒸气，并通过蒸镀法加热硫源及硒源，产生硫蒸气及硒蒸气，将铜蒸气、锌蒸气、锡蒸气、硫蒸气及硒蒸气同时沉积在所述背电极层上；调节所述硫源及所述硒源的加热温度，使所述硫蒸气与所述硒蒸气的摩尔比值随时间逐渐下降，直至沉积所得薄膜的厚度达所需厚度。调整材料中硫与硒的摩尔比值的变化，使禁带宽度梯度变化趋势，避免光生载流子之间的复合，延长光生载流子的寿命。

4）三菱

三菱的 19 件专利申请中，处于审查阶段的专利申请有 7 件，已经审结的 12 件专利申请中，获得授权的专利有 8 件，撤回 3 件，驳回 1 件，专利申请的质量较高。且其专利申请通常具有多个同族专利。三菱在黄铜矿方面的研发主要以磁控溅射生长 CIGS 材料为主，公开号 CN103534381A 的专利申请公开了一种磁控溅射制备 CIGS 材料的方法，包括将由 NaF 化合物粉末、Na$_2$S 化合物粉末、Na$_2$Se 化合物粉末中的至少一种和 Cu-Ga 合金粉末的混合粉末，或 NaF 化合物粉末、Na$_2$S 化合物粉末、Na$_2$Se 化合物粉末中的至少一种和 Cu-Ga 合金粉末和 Cu 粉末的混合粉末组成的成型体在真空中、惰性气氛中或还原性气氛中烧结的步骤，由此获得的溅射靶中含有钠且氧含量很低，有助于提高 CIGS 薄膜型太阳能电池的光吸收层的光电转换效率。

5) LG

LG 的 16 件专利申请包括授权的 14 件和撤回的 2 件，其专利申请通常具有多个同族专利。LG 的主要研发方向是溶液法制备黄铜矿材料，包括铜锌锡硫（硒）和 CI（G）S。公开号为 CN105308758A 的专利申请公开了通过溶液法制备的三层核-壳型纳米颗粒，其包括：含铜（Cu）硫属化物的核，和含锡（Sn）硫属化物的第一壳以及含锌（Zn）硫属化物的第二壳，或含锌（Zn）硫属化物的第一壳及含锡（Sn）硫属化物的第二壳。在核-壳结构的情况下，通过控制构成核与壳的材料的比例可容易地控制颗粒中 Cu、Zn 和 Sn 的比例。因此，可容易地控制最终铜锌锡硫薄膜的组成比，从而可形成具有各种组成比的铜锌锡硫薄膜。公开号为 CN104488091A 的专利申请公开了一种制备 CI（G）S 纳米颗粒的方法，包括：将至少一种第Ⅵ族来源和铟（In）盐溶解在溶剂中以制备第一溶液，所述第Ⅵ族来源选自包含硫（S）、硒（Se）或其组合的化合物；使第一溶液反应以形成第一前体颗粒；将铜（Cu）盐溶解在溶剂中以制备第二溶液；使第二溶液与在其中形成第一前体的第一溶液混合以制造混合物；以及在通过使混合物反应合成 CI（G）S 纳米颗粒后纯化合成的 CI（G）S 纳米颗粒。该方法可自由控制颗粒组成并均匀合成具有预定直径的球状颗粒，解决 CI（G）S 薄膜的局部组成不均匀性。

（六）小结

黄铜矿型光伏材料中国专利申请趋势和全球专利申请的趋势大致相同：1996 年有了第一件专利申请，在 2004 年前处于萌芽状态，2006 年开始了第一次发展，申请量开始有明显增加，2010 年开始了第二次发展，年申请量达到 120 件以上，2013 年年申请量达到峰值后开始下滑。

中国申请人占据中国专利申请的绝对优势，优先在本国进行专利布局；日、美、韩三国是国外来华申请的主要国家，在这三个主要国家中日本的申请量位列第一，美国第二，韩国第三，其中日本和美国申请人在 2010~2011 年两年间集中进行了中国市场的布局。

吸收层是黄铜矿型光伏材料的核心，是国内外申请人研究的重要技术分支，在中国专利申请中占总申请量的 90.3%。2006 年之后吸收层这一技术分支的申请量呈稳定增长趋势，在 2013 年年申请量达到峰值，中、日、美、韩、德、英六国都在这一重要技术分支进行了专利布局。美国和韩国在吸收层、窗口层和缓冲层三个子领域均有布局，日本在缓冲层技术分支也进行了一定布局。CIGS、CIS、含 ZnSn 材料是吸收层的三种主流材料，其中 CIGS 技术分支申请量最多，超过 CIS 和含 ZnSn 材料的申请量之和，CIGS、CIS 这两个技术分支的光伏材料均在 2009~2013 年之间呈现出较好的发展态势；多元共蒸法、预置后硒化法、溶液法、磁控溅射法是制备吸收层的最主要的方法，其中，溶液法申请量最多，预置后硒化法和磁控溅射法申请量次之，这几种制备方法基本都是在 2008 年之后呈现明显上升趋势，在 2013 年左右达到峰值。

国内区域中，广东、北京、上海和江苏的申请量排名前四位。国内申请人以大专院校和科研院所为主，国外申请人以企业为主，说明国内的产业化程度还不够成熟。国内申请人以中电十八所、山东建筑大学、深圳先进技术研究院为代表，国外申请人以三菱、LG 为代表，它们在吸收层材料和制备工艺的研究方面各有侧重。国内申请人对黄铜矿型光伏材料进行的研究更为全面，而三菱、LG 的研究方向针对性更强。

四、技术发展路线及趋势

黄铜矿型光伏材料最初为 CIS 三元材料，在提高转换效率的探索中，为了使吸收层与太阳光谱更加匹配，人们通过掺杂 Ga 和 S 得到了 CIGS 材料；为了替代或者部分替代稀有元素 In、Ga、Se，用 Al 掺杂 $CuInSe_2$ 形成的 $CuIn_{1-x}Al_xSe_2$ 和用 Zn 和 Sn 掺杂完全取代 $CuInSe_2$ 中的铟元素形成的 $Cu_2ZnSnSe_4$，由于其成本低廉且具有理想的禁带宽度和高的光吸收系数而被广泛应用。

黄铜矿型材料的制备工艺决定了其薄膜质量，常见的黄铜矿型光伏材料的制备方法主要包括：多元共蒸法、预置层后硒化法、磁控溅射法、电沉积法和溶液法。多元共蒸法制备得到的吸收层可以实现较高的转化率，但随着产业化发展，在大面积组件中其均匀性及速率的要求得不到很好地满足；预置层后硒化的方法，是将 CIG 预置层在含硒的气氛下进行热处理，但将预置层输送至硒化炉增加了工艺步骤，并且硒源 H_2Se 易挥发且有剧毒；磁控溅射法通过直接溅射 CIGS 合金靶，可以减少硒化过程，简化工艺，降低了环境污染；电沉积法沉积温度低，薄膜中不存在残余热应力问题，有利于增强薄膜与基片之间的结合力；溶液法相比于上述方法，温度低、非真空、能耗低、工艺简单，极具成本优势。

引证频次、同族数量、全球主要国家/地区专利布局情况可以相对客观地反映出专利的重要程度，在此基础上，对全球黄铜矿型光伏材料数据进行分析，并结合重点申请人等相关因素，分析黄铜矿型光伏材料技术的核心专利，旨在了解黄铜矿型光伏材料技术的整体发展趋势和关键技术。采用上述方法，对黄铜矿型光伏材料技术所有专利进行相关筛选，下文主要对黄铜矿型光伏材料、溶液法制备黄铜矿型光伏材料、磁控溅射法制备黄铜矿型光伏材料三个技术分支进行了详细分析。图4-1为黄铜矿型光伏材料重点专利技术演进。

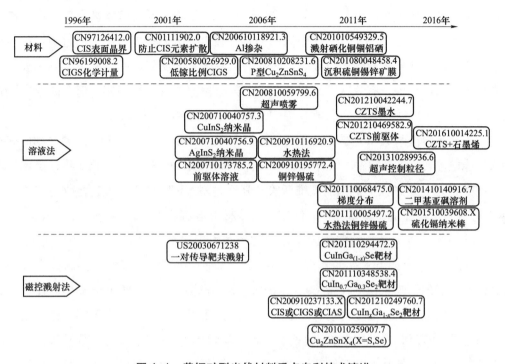

图4-1　黄铜矿型光伏材料重点专利技术演进

（一）黄铜矿型光伏材料专利技术发展路线

黄铜矿型光伏材料指的是 I - III - VI 族化合物对应的（Cu/Ag）（Al/In/Ga）（S/Se/Te）三元或四元体系，尤以 Cu（In/Ga）（S/Se）材料为代表。这类材料具有黄铜矿结构，禁带宽度为 1.50eV，吸收系数较大，并且不含任何有毒的成分。

国际上，最早的黄铜矿型光伏材料 CIS 出现在 1974 年，由美国贝尔实验室的 Wagner 等人首先研制得到光电转换效率 6.6% 的 CIS 太阳电池。在中国，第一件 CIS 专利申请出现在 1997 年，申请号为 CN97126412.0，申请人为日本的松下电器，该专利申请主要涉及在 CIS 上表面设置高阻薄膜或岛状高阻材料，以改善 P 型黄铜矿半导体薄膜表面晶界，从而改善黄铜矿型光伏电池的转换效率。

之后，在中国提出的 CIS 光伏材料的专利申请大部分都是对其制造方法的改进，以改进 CIS 吸收层的可靠性、均匀性、电特性以及简化制备工艺，更方便在工业上制造。其中 CIS 吸收层的一件重要专利在 2001 年由日本的松下电器提出，申请号为 CN01111902.0，其公开了一种太阳能电池结构，第一太阳能电池包括：导电性的基体；

在基体的一主表面上形成的第一绝缘层；在所述基体的另一主表面上形成的第二绝缘层；以及在所述第一绝缘层的上方配置的光吸收层；其中，光吸收层由包含Ⅰb族元素、Ⅲb族元素和Ⅵb族元素的半导体组成。上述太阳能电池中，在形成光吸收层时，可以通过第一绝缘层防止Ⅵb族元素（特别是Se或S）与基体进行反应而使基体变脆，得到特性和可靠性高的太阳能电池。此外，可以防止因Ⅵb族元素与基体进行反应形成硫硒碲（硫属）化合物所导致的生产率下降。而且，在上述太阳能电池中，通过绝缘层可以防止构成基体的元素扩散到光吸收层。该效果在基体由金属组成的情况下尤其重要。该项专利申请目前仍处于有效状态，其在日本、美国和德国有3件同族申请，同族申请被引用次数高达108次，该项专利申请在CIS光伏材料领域的重要性可见一斑。

为了使吸收层与太阳光谱更加匹配，人们在CIS材料中掺入Ga和S元素，如此获得的太阳能电池转换效率更高。在中国，第一件CIGS专利申请出现在1996年，申请号为CN96199008.2，申请人为美国的戴维斯等，其通过对CIGS制备方法进行改进，改善了CIGS材料的化学计量，其制备方法包括：在基材上电沉积$Cu_xIn_yGa_zSe_n$（$x=0\sim2$，$y=0\sim2$，$z=0\sim2$，$n=0\sim3$）的前体膜，基材是例如用钼涂覆的玻璃，之后单独的或与Ga结合地进行Cu+Se或In+Se的物理气相沉积。物理气相沉积可以精确控制整个膜的组成，以使生成的薄膜与化学计量$Cu（In，Ga）Se_2$非常接近。这两个步骤都可在具有大表面积的基材上进行，因此可以有效地生产具有大面积、高效率的太阳能电池。该项专利申请也是CIGS吸收层领域的一项重要专利，其同族申请多达12件，且同族被引用次数多达207次，虽然目前处于权利终止状态，但其专利寿命达到了158个月，可见该项专利申请的重要性。在CIGS吸收层领域，2005年由日本的昭和砚壳石油株式会社提出的申请CN200580026929.0，公开了一种光吸收层材料以及制备方法，包括：衬底和以下列顺序层叠其上的金属背电极、光吸收层、界面层（缓冲层）、窗口层和上电极，其中该光吸收层包括由式$Cu_x（In_{1-y}Ga_y）（Se_{1-z}S_z）_2$表示的、具有黄铜矿型结构且成分比例满足$0.86\leqslant x\leqslant0.98$（优选$0.90\leqslant x\leqslant0.96$）、$0.05\leqslant y\leqslant0.25$和$0\leqslant z\leqslant0.3$的化合物，该光吸收层在低温下通过硒化方法形成。由此，即使光吸收层中的Ga比例y（$y=Ga/（Ga+In）$）低，该化合物半导体薄膜太阳能电池也能具有高转换效率。另外，光吸收层通过低温硒化方法形成，不仅提高了生产率和减少了生产能耗，并且衬底材料可从更广的范围选择。该项专利申请在7个国家/地区有同族申请，且同族被引证次数达120次。

由于In、Ga、Se为稀有元素，在地壳中含量少、价格昂贵，限制了黄铜矿型薄膜太阳电池的发展，为此，人们尝试用地壳中含量丰富、价格低廉的常见元素代替或者部分代替这些稀有元素。因此提出了一种用Al掺杂$CuInSe_2$形成的$CuIn_{1-x}Al_xSe_2$，该种原料由于成本低廉且具有理想的禁带宽度的高的光吸收系数，受到研究人员的关注。在中国，第一件在吸收层中掺Al的专利申请出现在2006年，申请号为CN200610118921.3，申请人为复旦大学，该申请公开了一种制备 P 型半导体透明硫化物薄膜的方法，包括利用掺锌硫化铜铝化合物靶，在适当的氩气压、基板温度、脉冲电流和脉冲电压下，采用 CSA 方法制备 $CuAlS_2$：Zn 薄膜。该薄膜具有高透射率和高载流子迁移率等优良的光电特性。在 2010 年，由深圳丹邦投资集团有限公司提出的申请 CN201010549329.5，提出了一种柔性薄膜太阳电池的制备方法，包括：①采用直流磁控溅射法在聚亚酰胺基底上沉积 $0.3\sim3.0\mu m$ 的钼背电极；②采用溅射硒化法在钼背电极上沉积 $0.5\sim5.0\mu m$ 的铜铟铝硒薄膜；③在铜铟铝硒薄膜上采用射频反应溅射法生长硫化锌薄膜；④采用直流磁控溅射法在硫化锌薄膜上生长氧化锌铝薄膜；⑤采用蒸发法掩膜沉积镍铝合金薄膜。由此能减少稀贵金属和有毒元素的使用，且具有结构及制造工艺简单、光电转化效率高且稳定性良好等优点。该专利申请目前处于专利权有效状态，被引用次数为 9 次。

此外，还发展出一类通过掺杂 Zn 和 Sn 完全取代 $CuInSe_2$ 中的铟元素而形成的新型光伏材料 $Cu_2ZnSnSe_4$，这类材料原料也具备成本低廉、具有理想禁带宽度和高光吸收系数等优势。中国第一件含 ZnSn 光伏材料的专利申请在 2008 年由上海太阳能电池研究与发展中心提出，申请号为 CN200810208231.6，其公开了一种铜锌锡硫化合物半导体薄膜太阳能电池及其制备方法，该制备方法包括 P 型 Cu_2ZnSnS_4 吸收层的特殊后处理，特殊后处理包括：C1. 将沉积好的 P 型 Cu_2ZnSnS_4 吸收层样品放进真空退火炉中抽真空，然后通入 N_2+H_2S（5%～20%）气体，加热，以 5℃/min 的速率使退火炉中的温度从室温升到 550～600℃，保温 2.5～3.5 小时；然后以 5℃/min 的速率使炉温降至 200℃，接着自然降至室温；C2. 对热处理好的 P 型 Cu_2ZnSnS_4 吸收层样品进行蚀刻，将样品放入去离子水或乙醇或氨水中浸泡 10～30 分钟，去掉 Cu_2ZnSnS_4 吸收层表面的金属氧化物颗粒。该方案的优势在于，将 CZTS 替代 CIGS 作为新型薄膜太阳电池吸收层材料，其具有与太阳光谱非常匹配的直接带隙（1.4～1.5eV）和对可见光的高吸收系数（$104cm^{-1}$），且 CZTS 中 Zn 和 Sn 元素在地壳中的丰度分别为 75 ppm 和 2.2ppm，资源丰富且不含毒性成分，对环境友好。该专利作为中国的首件含 ZnSn 光伏材料的专利申请，被引用次数达 39 次，专利寿命 84 个月。此外，在 2010 年 IBM 提出了一件专利申请，申请号为 CN201080048458.4，其公开了一种沉积硫铜锡锌矿膜的方法，该膜包括下式的化合物：$Cu_{2-x}Zn_{1+y}Sn(S_{1-z}Se_z)_{4+q}$，其中 $0 \le x \le 1$，$0 \le y \le 1$，$0 \le z \le 1$，$-1 \le q \le 1$。该方法包括：使联氨、Cu 源、S 与 Se 的至少一种的源接触以形成溶液 A；使联氨、Sn 源、S 与 Se 的至少一种的源和 Zn 源接触以形成分散体 B；在足以形成包括含 Zn 固体颗粒的分散体的条件下，使溶液 A 和溶液 B 混合；施加该分散体于基材上，以在该基材上形成该分散体的薄层；及在足以形成该硫铜锡锌矿膜的温度、压力及时间长度下退火。该专利申请在 6 个国家/地区有同族申请，同族被引用次数达 68 次，目前处于授权有效状态。

（二）溶液法制备黄铜矿型光伏材料的专利技术发展路线

溶液法是一种重要的制备黄铜矿型材料的工艺方法，我们知道共蒸法、溅射法这些方法耗能高、设备复杂，相比之下，溶液法温度低、非真空、能耗低、工艺简单，极具成本优势，是实现低成本黄铜矿型光伏器件的重要途径。2007 年，在黄铜矿型光伏领域，国内出现了第一件关于溶液法的专利申请，这比其他的比如溅射法制备工艺都要晚，主要是因为这种无机晶体材料的溶液化需要更长的研究时间，而且由于溶液法自身的特点，想要获得可以和共蒸法、溅射法比拟的器件性能，也需要更长的时间。

最早的两件专利申请都来自于上海交通大学，专利申请 CN200710040757.3 提出了 $CuInS_2$ 的溶液法制备方法，首先将铜盐、铟盐、硫源及烷基胺分散于溶剂中，制备反应液，然后将配制好的反应液进行溶剂热处理，即可得到形貌规则的 $CuInS_2$ 纳米晶，用于太阳能电池中，这种方法简单、成本低，可以大规模的合成；另一件专利申请 CN200710040756.9 涉及 $AgInS_2$ 的制备，其方法和前述申请类似，反应原料将铜盐换成银盐，得到 $AgInS_2$ 纳米晶。前述申请涉及的都是黄铜矿纳米晶的制备，这种纳米晶后续还要分散到溶剂中去制备薄膜，也就是说它们并不是光伏器件的吸收层薄膜的直接制备工艺，而是一种间接的制备工艺。同一年的晚些时候，中国科学院上海硅酸盐研究所提出了吸收层薄膜的溶液法直接制备工艺（专利申请 CN200710173785.2），将铜、铟、镓的硫族化合物或卤族化合物，和硫、硒的单质或胺类盐或肼类盐溶解于含有强配位基团的溶剂中，并加入一定的溶液调节剂，形成稳定的铜、铟、镓、硫、硒的源溶液，然后所得到的各种源溶液按铜铟镓硫硒薄膜太阳电池光吸收层所需的配比配制成混合溶液，然后在衬底上涂覆前驱薄膜并经干燥退火后，即可形成铜铟镓硫硒化合物薄膜，该方法采用配置前驱体溶液的方法，直接得到了吸收层薄膜。

在 2008 年，浙江大学又提出了另一种直接制备薄膜的溶液法工艺（专利申请 CN200810059799.6），将含硫、含铟和含铜离子的化合物配置成混合水溶液，利用超声喷雾装置使溶液雾化，在加热的衬底上进行一次性超声喷雾成膜，然后在通载气的条件下经原位热处理，自然冷却即可。后来针对溶液法制备工艺的研究，基本上都是围绕晶体/粉体的制备（间接法）以及薄膜的直接制备工艺展开，人们不断提出了各种新的方法，以进一步降低制备成本以及提高器件性能。

专利申请 CN200910116920.9 提出了一种水热法制备工艺，将 $CuCl_2 \cdot 2H_2O$、$InCl_3 \cdot 4H_2O$ 和硫脲混合并加入到乙醇胺溶剂中，将得到的溶液倒入反应釜中在 170 ~ 210℃的烘箱中反应 12 ~ 24 小时，随后自然冷却至室温得到固体粉体，由于水热法非常简单，因此水热法制备得到很多研究者的关注。

专利申请 CN200910195772.4 则关注了另一种重要的黄铜矿型光伏材料铜锌锡硫的溶液法制备，将锌盐、锡盐、铜盐、硫粉混合，加入油胺，然后加热并纯化产物，得到铜锌锡硫纳米粒子。由于铜锌锡硫自身的特性，其非常适合采用溶液法制备，而且后来的溶液法的相关申请也更多地集中在了铜锌锡硫这种材料上。

专利申请 CN201110005497.2 将水热法应用到了铜锌锡硫材料上，将 CuCl、$ZnCl_2$、$SnCl_4 \cdot 5H_2O$ 以及过量的硫脲混合，置于反应釜中，然后放入干燥箱中升温并保持 18～30 小时，然后使其自然冷却至室温得到了铜锌锡硫固体。镓含量的梯度分布也是提高性能的一个重要途径，溶液法也可以实现这个目标。专利申请 CN201110068475.0 提出了一种非真空预定量涂布法，将铜、铟、镓的硒化物和硒单质粉末分别形成稳定的铜、铟、镓、硒的四种源溶液，将上述源溶液分别按需要的化学计量比，配制成不同化学计量比的稳定前驱体溶液，然后按照镓的含量在衬底上逐层涂覆形成镓元素梯度分布的薄膜，实现了溶液法制备薄膜的梯度分布。

关于铜锌锡硫薄膜的直接制备工艺，CN201210042244.7 提出了一种铜锌锡硫光吸收层薄膜的溶液法制备方法，将金属铜、锌、锡和硫单质按照化学计量比混合，加入分散剂充分混匀，然后球磨，得到均匀稳定分散的 CZTS 纳米墨水，将 CZTS 纳米墨水涂覆于衬底上，在空气气氛中烘干除去分散剂，得到 CZTS 薄膜。前述申请虽然也是 CZTS 薄膜的直接制备方法，但是前驱体仍然涉及球磨工艺，流程较为复杂，专利申请 CN201210469582.9 又提出了一种更为直接的方法，将金属源及硫源溶解在一定的溶剂中形成金属盐前驱体溶液，将金属盐前驱体溶液喷涂于衬底上，经退火处理后即可得到铜锌锡硫薄膜。

为了进一步改进溶液法存在的问题，专利申请 CN201310289936.6 通过调节超声功率来实现对 Cu_2ZnSnS_4 纳米颗粒的可控制备，以形成太阳能电池所需的粒径尺寸，提高器件性能；专利申请 CN201410140916.7 以二甲基亚砜作为溶剂配制，采用二甲基亚砜这种易挥发的低碳有机物作为溶剂，可以克服以往铜锌锡硫纳米晶墨水合成过程中碳、氧元素的引入。

溶液法不仅可以制备单一的黄铜矿型材料，利用溶液法还可以制备多种功能层的组合，比如专利申请 CN201510039608.X 利用溶液法制备的 P 型铜铟镓硒吸光材料和 N 型硫化镉纳米棒，与传统的平面异质结相比，基于这种新型的体相异质结结构的薄膜光电池的转换效率提高了 15% 以上；专利申请 CN201610014225.1 利用溶液法制备了 Cu_2ZnSnS_4/石墨烯复合半导体薄膜，提高了器件性能。

（三）磁控溅射法制备黄铜矿型光伏材料的专利技术发展路线

吸收层的制备方法中，多元共蒸法制备得到的吸收层可以实现较高的转化率，但随着产业化发展，其在大面积组件中均匀性及速率的要求得不到很好地满足。因此，提出了预置层后硒化的方法，将 CIG 预置层在含硒的气氛下进行热处理，但将预置层输送至硒化炉增加了工艺步骤，并且硒源 H_2Se 易挥发且有剧毒，而通过磁控溅射法直接溅射

CIGS 合金靶，可以减少硒化过程，简化工艺。

磁控溅射形成 CIGS 薄膜时为了调节成分含量可溅射不同成分的靶材，如铜含量不同的各层通过分别溅射富铜靶和贫铜靶获得等。美国米亚索尔公司的专利申请 US20030671238 公开了沉积至少一个 P 型半导体吸收体层，其中 P 型半导体吸收体层包括基于二硒化铜铟的合金材料，合金材料从一对传导靶共溅射形成，第一靶包括铜和硒的混合物，第二靶包括铟、镓和硒的混合物；或者第一靶包括铜和硒的混合物，第二靶包括铟、铝和硒的混合物；可以在第一靶和第二靶之间调节功率比，以使所沉积的 P 型半导体吸收体层贫铜；或者以连续方式从两对或更多对传导靶共同溅射合金材料，其中每对传导靶的组成相对于其他对传导靶不同，以使所沉积的 P 型半导体吸收体层有分级的带隙。中国建材国际工程集团有限公司和蚌埠玻璃工业设计研究院的专利申请 CN201110294472.9 采用 $CuIn_xGa_{(1-x)}Se$ 四元靶材，通过磁控溅射法制备 CIGS 光吸收层，在光吸收层的溅射过程中采用 GaCu 靶或 Ga 靶间歇式溅射，并且间歇式溅射时间呈梯度分布，在整个区域内形成 Ga 浓度的梯度分布，从而形成整个光吸收层中的梯度能级分布。

溅射不同成分的靶材以获得不同成分的 CIGS 靶材时，至少要配备两种靶材及两个射频电源、两套控制系统，增加了靶材的消耗和设备的成本，也提高了工艺控制难度。西南交通大学和成都欣源光伏科技有限公司的专利申请 CN201110348538.4 将 $CuIn_{0.7}Ga_{0.3}Se_2$ 靶材交替进行低功率密度溅射和高功率密度溅射，每次交替中均先进行低功率密度溅射形成一层含 Cu 量高的沉积层，后进行高功率密度溅射形成含 Cu 量低的沉积层；最后在真空中热处理形成含 Cu 量分层变化的 CIGS 光吸收层薄膜；通过不同阶段溅射功率密度的变化，形成表层为贫铜层，而薄膜内部含有富铜层的铜铟镓硒光吸收层薄膜，在制备过程中，只使用一种溅射靶材，从而也只需一套射频电源及其控制系统，制备方法简单，对设备要求低。

清华大学和张家港保税区华冠光电技术有限公司的专利申请 CN200910237133.X 采用真空磁控溅射法制备 CIS 或 CIGS 或 CIAS 吸收层，溅射靶材直接采用铜铟硒（$CuInSe_2$）、铜铟镓硒（$CuIn_{1-x}Ga_xSe_2$，$0 \leq x \leq 1$）或铜铟铝硒（$CuIn_{1-x}Al_xSe_2$，$0 \leq x \leq 1$）合金靶材，靶材成分与所需吸收层成分一致，硒元素直接掺入吸收层内，因此可省去硒化工艺；采用均一成分的靶材时可得到成分分布均匀的吸收层，而连续溅射一系列具有不同成分比率的靶材易于获得具有不同带隙梯度的吸收层。对于调控成分梯度分布，有些工艺方法比较难以一步到位的实现。中国台湾申请人林刘毓和张准的专利申请 CN201210249760.7 采用多次分步溅射的方法制备铜铟镓硒吸收层，采用的溅射设备将 N 个溅射腔级联串在一起，每一个溅射腔内都安装一个 $CuIn_xGa_{1-x}Se_2$ 合金靶，比如从溅射腔 1 至溅射腔 5 对合金靶材进行溅射的过程中，当衬底从溅射腔 1 传送至溅射腔 2 并溅射完成时，Ga 浓度在衬底内部形成阶梯式的梯度，接着从溅射腔 2 到溅射腔 3、从溅射腔 3 到溅射腔 4 以及溅射腔 4 到溅射腔 5 之后，形成多个阶梯式的 Ga 浓度梯度，经过退火处理之后，由于热扩散作用，Ga 离子会从浓度高的部分向浓度低的部分扩散，阶梯式梯度逐渐不明显并最终形成直线式分布的梯度。

铟元素的资源稀缺性也限制了 CIGS 太阳能电池的大规模应用，华东师范大学的专利申请 CN201010259007.7 公开了铜锌锡硫或铜锌锡硒薄膜太阳能电池吸收层 Cu_2ZnSnX_4（X＝S，Se）四元化合物半导体，利用储量丰富且廉价的金属元素 Zn 和 Sn 取代贵重金属 In 和 Ga，以 Cu、Zn、Sn、S 或 Se 单质粉末为原料，或以 Cu_2S、ZnS、SnS_2 或 Cu_2Se、ZnSe、$SnSe_2$ 粉末为原料，或以 Cu_2S、ZnS、Sn、S 或 Cu_2Se、ZnSe、Sn、Se 粉末为原料，按固相合成方法得到 Cu_2ZnSnX_4 粉末，加工得到靶材，通过磁控溅射一步直接制备得到铜锌锡硫或铜锌锡硒太阳能电池吸收层薄膜。

五、主要结论及技术发展趋势预测

（一）专利分析主要结论

1. 黄铜矿型光伏材料全球专利申请由早期的缓慢发展转为快速发展后呈下降趋势，但年申请量仍保持较高水平，美、日、中、韩四国专利申请量占九成以上，美国为黄铜矿型光伏材料的发源地，日本、中国申请量超过美国分别位居全球第一、第二位。

1974 年全球最早的黄铜矿型光伏材料专利申请由贝尔实验室向美国提出。1990～2005 年，专利申请量缓慢增长；2006～2012 年，专利申请量快速增长，2012 年申请量达到峰值接近 500 项；之后，专利申请量有较大幅度的下降，但仍保持较高的年申请量。

该领域的专利申请区域主要为日本、中国、美国和韩国，其申请量共 4023 项，占总申请量的 91.39%，日本提交的专利申请量为 1215 项，占 27.60%；中国提交的专利申请量为 1171 项，占 26.60%；美国提交的专利申请量为 998 项，占 22.67%；韩国提交的专利申请量为 639 项，占 14.52%；专利申请量次之的为德国。

美国作为黄铜矿型光伏材料的发源地，申请量也一直保持较高水平，总申请量排名全球第三；日本的相关申请虽然起步晚于美国，但总申请量已超过美国，排名全球第一；中国的总申请量排名全球第二。全球专利申请目的地主要为美国、日本、中国和韩国，它们既是最主要的技术原创国，也是最受申请人重视的市场。

2. 黄铜矿型光伏材料的全球主要申请人以日本、美国企业为主，韩国有 2 家企业进入前六名，松下、LG、IBM、富士胶片等申请人技术优势突出，整体上呈现多方竞争的态势。

黄铜矿型光伏材料全球专利申请量居第一位的是日本的松下，申请量达 100 项；申请量排名并列第二的是韩国的 LG 和美国 IBM，申请量均为 92 项；申请量排名第四的是日本的富士胶片，申请量为 81 项；申请量排名第五的是日本的京瓷，申请量为 69 项。

全球专利申请量排名前 20 位的申请人中，有 9 家是日本的公司，有 6 家是美国的公司，中国的两个申请人中电十八所和山东建筑大学的申请量分别位列第 12 名和第 16 名；虽然排名前 20 位的申请人中韩国申请人占比不高，但有 2 家韩国企业进入前六位。日本、韩国和美国的主要申请人都是公司，而中国申请人以科研院所和大专院校为主。

黄铜矿型光伏材料专利技术的技术集中度不高，目前并没有形成明显的技术垄断。专利申请量排名前五位的申请人均优先本土布局，大部分申请都集中在本国家，因此，日本、韩国、美国也是主要的布局国家。

3. 黄铜矿型光伏材料的中国专利申请变化趋势与全球申请变化趋势大致相同，中国申请人申请量位居第一，优势明显，日本、美国和韩国的申请人分别占据第二、第三、第四位，日、美两国在 2010 年、2011 年两年对中国市场进行集中布局。

中国的第一件黄铜矿型光伏材料专利申请出现于 1996 年，比全球最早的专利申请晚了二十多年；2006 年起，中国专利申请量显著提高，2013 年年申请量达到峰值 174 件，随后申请量逐渐下降，但仍然保持着年申请量几十件的水平，与全球专利申请的趋势大致相同。

在中国专利申请中，中国申请人申请量位居第一，占据绝对优势，表明中国申请人优先在本国进行专利布局；日本、美国和韩国申请人申请量分别占国外来华申请人申请总量的 37%、29% 和 14%，分别占据中国专利申请总量的第二、第三、第四位，体现了黄铜矿型光伏材料技术研发的主要国家对于中国市场的高度重视；欧洲的德国和英国分别位列第五和第六。日本来华申请量在 2009 年之前很少，2010 年出现了显著的上升，申请量达到两位数，并且两位数的申请量一直保持到 2014 年，日本在此阶段对中国市场持续布局；美国来华申请量在 2009 年之前很少，除 2005 年、2007 年、2009 年为 5 件外，其他年份均在 5 件以下，而到了 2010 年猛增至峰值 21 件，并保持到 2011 年，在 2012 年之后迅速下降到 5 件以下，其在 2010~2011 年两年间进行了中国市场的集中布局；而韩国来华的申请量相较日本和美国波动略小。

4. 中国黄铜矿型光伏材料专利申请中，广东、北京、上海和江苏申请量排名前四位，国外申请人企业占比高，且 PCT 申请比例远高于中国申请人。

国内省市广东、北京、上海和江苏申请量排名前四位，国内申请人以大专院校为主，国外申请人以企业为主，说明国内的产业化程度还不够成熟，应进一步加强产、学、研的结合。

中国专利申请中排名前 15 位的申请人，以国内申请人为主，国内申请人以中电十八所、山东建筑大学、深圳先进技术研究院为代表，申请量最大的申请人是中电十八所，申请量为 50 件；国外申请人以三菱、LG 为代表，其中三菱申请量为 19 件，与其他三位国内申请人并列第六位；LG 申请量为 16 件，与中南大学并列第 11 位，在黄铜矿型光伏材料领域，国外申请人尚未在中国进行大量专利布局。

国外来华的 PCT 申请是非 PCT 发明申请的 4 倍多，外国公司对相关领域的专利布局范围较广，着眼全球。国内申请的有效案件比例明显低于失效案件，专利布局主要在国内，因此，国内申请人应提高核心技术水平，重视在国外的专利布局。

5. 中国黄铜矿型光伏材料专利申请中 CIGS、CIS 和含 ZnSn 材料是吸收层的三种主流材料，CIGS 技术分支申请量最多，CIGS、CIS 两个技术分支的光伏材料均在 2009~2013 年呈现较好的发展态势，溶液法是制备吸收层的最主要的方法。

国外来华主要国家的在华申请均主要集中在吸收层方面，但在其他技术分支缓冲层和窗口层也有一定的布局。中国专利申请绝大部分在于对吸收层的材料和制备方法的改进。

吸收层是黄铜矿型光伏材料的核心，是国内外申请人研究的重要技术分支，在中国专利申请中占总申请量的 90.3%，2006 年之后吸收层这一技术分支的申请量呈稳定增长趋势，2013 年年申请量达到峰值，中、日、美、韩、德、英六国都在这一重要技术分支进行了专利布局。美国和韩国在吸收层、窗口层和缓冲层三个子领域均有布局，日本在缓冲层技术分支也进行了一定布局。

CIGS、CIS、含 ZnSn 材料是吸收层的三种主流材料，其中 CIGS 技术分支申请量最多，超过 CIS 和含 ZnSn 材料的申请量之和，CIGS、CIS 这两个技术分支的光伏材料均在 2009~2013 年呈现较好的发展态势；多元共蒸法、预置后硒化法、溶液法、磁控溅射法是制备吸收层的最主要的方法，溶液法申请量最多，预置后硒化法和磁控溅射法申请量次之，这几种制备方法基本都是在 2008 年之后呈现明显上升趋势，在 2013 年左右达到峰值。

（二）对我国黄铜矿型光伏材料研发和产业化的建议

目前我国涉及黄铜矿型光伏材料研究的单位主要有中电十八所、山东建筑大学、深圳先进技术研究院、香港中文大学和北京铂阳顶荣光伏科技有限公司，科研院所和大专院校居多，研究方向涉及吸收层的材料及制备方法。根据中国的发展现状，对黄铜矿型光伏材料技术提出以下建议：

1. 我国知识产权相关部门应及时发布黄铜矿型光伏材料行业专利预警信息，为我国光伏电池制造行业提供决策信息支撑。

作为重要的光伏发电材料之一的黄铜矿型光伏材料，在我国正处于研究性阶段，专利申请量快速增长，及时掌握国内外黄铜矿型光伏材料相关专利的发展动向，掌握黄铜矿型光伏材料的技术发展趋势，对重点技术进行跟踪和预警，有利于指导我国黄铜矿型光伏材料行业优化研发方向，提高研发效率。

2. 加强企业与高校、科研院所之间的合作，形成产、学、研联动格局，促进产业化不断走向深入。

我国黄铜矿型光伏材料的研发力量主要集中在高校和科研院所，他们在理论研究和技术前沿跟踪方面具有明显优势，而企业立足于市场，拥有产业化的资源和经验，应加强企业与大学、科研院所的合作，形成产、学、研相互促进的研发氛围，提高我国黄铜矿型光伏材料的技术核心竞争力。

3. 黄铜矿型光伏材料发展前景广阔，应从制备工艺方向找准切入点。

黄铜矿型光伏材料的制备工艺非常重要，其决定了薄膜质量，国内企业应从多元共蒸法、预置层后硒化法、磁控溅射法、电沉积法和溶液法这几种制备方法中寻求技术突破，满足大面积组件均匀性及速率要求的同时，降低环境污染。

4. 提高专利保护意识，对重要专利及时进行全球布局，做好对潜在竞争对手的预警防范。

目前，我国黄铜矿型光伏材料技术的专利布局主要在国内，对国外的市场重视程度不够。我国申请人应该提高专利保护意识，学习和借鉴国外先进企业的专利申请和保护策略，注意自身专利技术的挖掘，对国外潜在市场进行合理的专利布局，同时做好对潜在竞争对手的分析预警及防范。

参考文献

[1] PAULSON P D, HAIMBODI M W, MARSILLAC S, et al. $CuIn_{1-x}Al_xSe_2$ Thin Films and Solar Cells [J]. Journal of Applied Physics, 2002, 91: 10153.

[2] GEBICKI W, IGALSON M, ZAJAC W, et al. Growth and Characterisation of $CuAl_x In_{1-x}Se_2$ Mixed Crystals [J]. Journal of Physics D: Applied Physics, 1990, 23: 964-965.

[3] REDDY Y B K, RAJA V S, SREEDHAR B. Growth and Characterization of $CuIn_{1-x}Al_xSe_2$ thin films deposited by co-evaporation [J]. Journal of Physics D: Applied Physics, 2006, 39: 5124-5132.

[4] SRINIVAS K, KUMAR J N, CHANDRA G H, et al. Structural and Optical Properties of $CuIn_{0.35}Al_{0.65}Se_2$ Thin Films [J]. Material Science: Mater Electron, 2006, 17: 1035-1039.

[5] WU X K, LIU W, Cheng S Y, et al. Photoelectric Properties of Cu_2ZnSnS_4 Thin Films Deposited by Thermal Evaporation [J]. Journal of Semiconductors, 2012, 33 (2): 1-4.

[6] CHEN S Y, GONG X G, Walsh A, et al. Defect Physics of the Kesterite Thin-film Solar Cell Absorber Cu_2ZnSnS_4 [J]. Applied Physics Letters, 2010, 96: 021902.

[7] MICHELSEN R A, CHEN W S. Polycrystalline Thin-film $CuInSe_2$ Solar Cells [R]. Moscow: 16th IEEE Photovoltaic Specialists Conference, 1982: 781-785.

［8］ Potter R R, Eberspacher C, Fabick L B. Device analysis of CuInSe$_2$/（Cd, Zn）S/ZnO Solar Cells ［R］. Las Vegas：18th IEEE Photovoltaic Specialists Conference, 1985：1659-1664.

［9］ 杜园. CIGS 薄膜太阳电池研究进展［J］. 电源技术, 2012 , 5, 136（5）：748-753.

［10］ 孙保平. Cu（In, Ga）Se$_2$薄膜和 CuInSe$_2$/CdS 复合薄膜的制备及光电性能表征［D］. 开封：河南大学, 2012.

［11］ 罗派峰. 铜铟镓硒薄膜太阳能电池关键材料与原理型器件制备与研究［D］. 合肥：中国科学技术大学, 2008.

［12］ 褚家宝. 铜铟镓硒（CIGS）薄膜太阳能电池研究［D］. 上海：华东师范大学, 2009.

［13］ 梅迪. 单靶磁控溅射一步法制备 CIGS 薄膜［D］. 成都：电子科技大学, 2011.

［14］ 肖健平, 何青, 陈亦鲜, 等. CIGS 薄膜材料研究进展［J］. 西南民族大学学报（自然科学版）, 2008, 34（1）：189-193.

［15］ 李建军, 邹正光, 龙飞. CIS（CIGS）太阳能电池研究进展［J］. 能源技术, 2005, 26（4）：164-167.

［16］ OFweek 太阳能光伏网. 17.9%！Avancis 光伏组件转换效率刷新纪录［EB/OL］. http：//solar. ofweek. com/2016-05/ART-260008-8140-29093180. htm1.

［17］ 章诗, 王小平, 王丽军, 等. 薄膜太阳能电池的研究进展［J］. 材料导报, 2010, 24（5）：126-128.

柔性非氧化物透明导电薄膜材料专利技术综述[*]

罗囡囡　王　卓　高晓薇　岳瑞娟

摘　要　具有高导电性和高透明度的透明导电薄膜（Transparent conductive film，TCF）是各种电子器件中必不可少的部分，被广泛应用于触控面板、平板显示、电磁屏蔽、太阳能光伏器件、汽车加热窗、变色玻璃等领域。随着电子器件向轻便化、小型化和柔性化方向的不断发展，传统的透明导电薄膜，例如氧化铟锡（ITO），因其薄膜本质上脆性的缺点，限制了在柔性显示屏幕方面的发展，越来越无法满足应用的需求。因此，研究具有优异性能的非氧化物透明导电薄膜成为当前的热点。本文通过对非氧化物透明导电薄膜中的金属线透明导电薄膜、碳材料透明导电薄膜的总体专利申请态势、技术功效、重点申请人、重点专利等多方面进行分析，给出了金属线透明导电薄膜、碳材料透明导电薄膜领域专利技术文献分析的主要结论和专利预警建议，为国内透明导电薄膜企业的发展方向提供技术支持，有助于他们提高知识产权的创新和保护等方面的能力。

关键词　透明导电薄膜　纳米银　碳材料　石墨烯　碳纳米管

一、概述

（一）研究背景

由于高禁带宽度（>3eV）和低电阻率（$<10^{-5}\Omega \cdot m$），自 1960 年以来，ITO 成为透明导电膜材料的主体，是目前应用最广的透明导电薄膜，尤其是在平板显示器件中。氧化铟锡对可见光的透过率高达 95% 以上，对紫外线的吸收率在 85% 以上，对红外线的反射率在 70% 以上，膜层硬度高且耐磨、耐化学腐蚀，被广泛地用作平板显示器的透明电极材料。[1]

到了 21 世纪，电子器件越来越朝轻薄化方向发展。随着可穿戴设备、智能衣服、

---

* 作者单位：国家知识产权局专利局专利审查协作北京中心。

电子皮肤、传感器、可拉伸的聚合物太阳能薄膜电池、柔性显示等柔性器件以及智能家电等柔性显示产品的普及（参见图 1-1），人们对柔性透明导电薄膜的需求日益增长。磁控溅射工艺制备的 ITO 导电膜暴露了自身的缺点：①ITO 化学性质和热学性质不稳定，难以应用于大功率器件；②锡、铟均为稀有金属，价格逐渐攀升；③ITO 非常脆，当弯曲 2%～3% 时就会出现裂痕且该裂痕会延伸进而大大影响其电学性能，需要沉积在刚性衬底上，降低了产品的可靠性，撞击时更易破碎；④铟有剧毒，在制备和应用中会对人体有害；⑤锡、铟的原子量较大，成膜过程中容易渗入基材内部，毒化基材；⑥在高温磁控溅射制备过程中只有 3%～30% 的铟能有效利用，导致资源浪费、增加制备成本。[2]

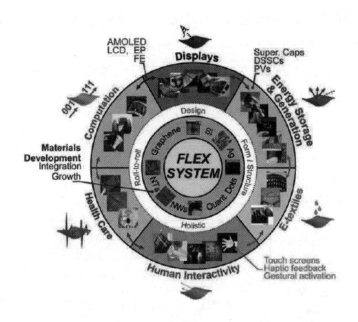

图 1-1　下一代柔性电子技术基础和主要相关应用领域[3]

　　市调机构（Research and Markets）2017 年预估全球透明导电膜的市场从 2017 年到 2026 年平均年成长率超过 9%，透明导电膜市场正处于高速发展阶段。[4]另外 ID TechEx 对未来十年透明导电膜市场发展趋势的研究结果显示（见图 1-2），预计到 2027 年，替代 ITO 的新型透明导电薄膜将占全部市场份额的 45%。[5]由此可见，未来透明导电膜市场的高速发展将是由 ITO 替代材料带动的。现阶段，ITO 替代材料制备的导电薄膜得到了广泛的研究和迅速的发展，新材料技术应用范围越来越广，以其制备的透明导电薄膜的方阻值、延伸性、弯曲性甚至透光性均有望优于 ITO 膜，成为兼具优异光电性能、应用广泛，又具有量产成本优势的柔性透明导电薄膜原料。

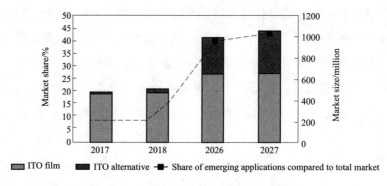

图 1-2　未来几年透明导电薄膜发展趋势

（二）研究对象

透明导电薄膜可分为金属氧化物和非氧化物。金属氧化物（如 ITO）透明导电薄膜由于成本、毒性、性能等方面的原因，已难以满足柔性电子器件的需求。目前非氧化物透明薄膜中的聚合物透明导电薄膜、金属纳米透明导电薄膜、碳材料透明导电薄膜逐渐替代金属氧化物透明导电薄膜。关于透明导电薄膜的技术分解参见表 1-1。

表 1-1　透明导电薄膜技术分解

一级分类	二级分类	三级分类	四级分类	五级分类
透明导电薄膜	金属氧化物	氧化铟锡、掺杂氧化锌		
	非氧化物	金属纳米材料	金属纳米网格、金属箔、金属纳米网栅、金属纳米线	纳米银线、纳米铜线、纳米银颗粒
		碳材料	石墨烯、碳纳米管	
		导电聚合物	聚苯胺、聚吡咯、PEDOT：PSS	

表 1-2 对不同透明导电薄膜的光电和机械性能以及成本进行了对比，在性能特点和成本等方面几种非氧化物透明导电薄膜各有优缺点。[6]本文主要研究非氧化物透明导电薄膜中的银纳米线、碳材料透明导电薄膜。下面对其发展概况进行介绍。

表 1-2　不同种类透明导电薄膜的性能比较

薄膜材料	厚度（nm）	透光率（%）	面电阻（Ω/squ）	断裂伸长率（%）	成本
ITO	100~200	>90	10~25	1.4	120 美元/m²
PEDOT：PSS	15~33	80~88	65~176	3~5	2.3 美元/mL

薄膜材料	厚度（nm）	透光率（%）	面电阻(Ω/squ)	断裂伸长率(%)	成本
AgNW	~160	92	100	~1.2	40 美元/m²
CNT	7	90	500	~11	35 美元/m²
石墨烯	0.34	90	~35	~7	45 美元/m²

1. 银纳米线透明导电薄膜

将银生长成一维的纳米线，制备的银纳米线薄膜具有较高的透光率，并能实现近于以及优于 ITO 的性能。银纳米线透明导电薄膜的制备方法简单，可以通过低成本的溶液法制备。主要的制备方法有滴涂法、浸渍法、抽滤法、旋涂法、提拉法、卷轴法、Mayer 棒涂法、喷印法、印刷法等，这些方法适合制备大面积的薄膜，工艺简单，成本较低。

AgNW 透明导电薄膜具有电阻率低，制备工艺简单，弹性适中，抗弯折能力出众，适宜大尺寸、大规模制备，光电性能优异等特点，为实现柔性、可弯折 LED 显示和触摸屏等提供了可能，已有大量的研究将其应用于薄膜太阳能电池。此外，由于银纳米线的大长径比效应，其在导电胶、导热胶等方面的应用中也具有突出的优势。

透明导电薄膜的基本性质是透明和导电，银纳米线透明薄膜是由纳米线搭接形成的随机金属网络，作为电子传输通道，电子传输通道越多导电性能越好，而网络之间的孔隙作为光子通道，空隙越多从而透明性越高，从物理学的角度来看，物质的透明性和导电性相互矛盾，但是能够实际应用的透明导电膜需要同时具有优异的光学以及电学性能。

导电性的主要评价参数为方阻 Rs，也称为薄层电阻，单位 Ω/squ；评价透明性的主要参数为可见光透过率 T 以及雾度，银纳米线的直径、银纳米颗粒直径和雾度具有指数变化关系。因而其性能主要取决于银纳米线的尺寸（直径以及长径比）、线间接触情况以及线的分布情况。如何平衡高透过率、高电导率、低雾度三者之间的关系则成为高性能透明导电膜的关键。其他性质，例如对气候与温度的稳定性、对基底的附着性、耐水耐溶剂性、耐磨性、抗弯折防断裂、方阻的均匀性和影响清晰度的 a* 与 b* 值等也是在实际应用时需要解决的问题。

2. 碳纳米材料透明导电薄膜

碳纳米材料是一种具有良好机械性能和光电性能的纳米材料，在制备柔性透明导电薄膜方面具有良好的发展前景。

（1）石墨烯透明导电薄膜

石墨烯作为一种新型的二维碳材料，具有独特的晶体结构，在电学、光学、热学等方面具有优异的性能，可应用于储能、催化、传感、显示等领域。石墨烯薄膜同时具有超强的导电性、极高的透明度等优点，可用来制作显示面板的透明电极，并且其因丰富的资源、低廉的成本，被认为是替换铟锡氧化物薄膜最具有潜力的透明导电薄膜材料，在显示领域具有巨大的应用潜能。

石墨烯的制备方法可分为非合成法和合成法两大类。非合成法主要依靠物理化学的剥离作用，主要有机械剥离法、电化学剥离法、氧化还原法等。合成法包括化学气相沉积（CVD）法、外延生长法和有机合成等。采用 CVD 法制备的石墨烯具备良好的光电性能，但该方法对设备的要求较高且成本高昂。氧化还原法制备的石墨烯，成本低、产量高，但导电性能较差。

石墨烯透明导电薄膜可以通过液相法进行成膜，将石墨烯制备成一定浓度的氧化石墨烯分散液，然后通过真空过滤、棒涂法、旋涂法、喷涂法、层层自组装等制成导电膜前体，再进行热处理、化学还原或激光还原等获得导电薄膜。但是，由于石墨烯纳微结构的缺陷，石墨烯导电薄膜在具备高透光率的同时，还面临如何提高电阻值的问题。[7]

（2）碳纳米管透明导电薄膜

碳纳米管是一维管状结构的碳纳米材料，按能级结构可以分为半导体性碳纳米管和金属性碳纳米管。碳纳米管具有良好的机械性能、电学性能、优异的柔韧性等。但是，碳纳米管透明薄膜的面电阻和粗糙度较高，影响了载流子的迁移从而缩短器件的寿命，因此，需要开发生产高导电、低粗糙度的碳纳米管薄膜的方法。通常制备出碳纳米管透明薄膜后，还需要对其进行适当的后续处理，以改善透明薄膜的性能，例如通过热处理降低碳纳米管导电薄膜的表面电阻，也可以用掺杂等方式改变碳纳米管透明薄膜的光电性能等。

（三）研究方法

1. 数据来源和范围

本综述的全球专利数据和中国专利数据主要以国家知识产权局专利检索与服务系统（S 系统）中国专利文摘数据库（CNABS）为信息来源，进行检索后与 S 系统中的德温特世界专利索引数据库（DWPI）检索出的结果合并、筛选后得到。

检索截止时间为 2019 年 7 月 12 日。因各国专利申请满 18 个月才公开，因此 2018 年和 2019 年的数据因为部分专利申请未公开而不准确。

2. 检索策略的制定

根据表 1-3 检索要素表构建检索式，共获得金属纳米线透明导电薄膜全球专利申请 1472 件，获得碳材料透明导电薄膜全球专利申请 3467 件。

表 1-3　检索要素表

检索要素	金属纳米线	碳材料	导电薄膜
关键词	银纳米线、纳米银线、银线、金属纳米线	石墨烯、碳纳米管、碳材料、碳薄膜、碳膜	导电膜、导电薄膜、透明导体、透明电极、复合膜、复合薄膜、柔性电极、导电油墨、导电墨水、导电涂料、图案
英文	nanowire、AgNw、metal、metallic、nanowires、silver、	Graphene、GN、carbon、nanotube、CNT、MWCNT、SWCNT	Film、electrode、transparent dispersion、layer、conductor、coating、pattern、network、ink
IPC分类号		C01B 31/04、C01B 31/02、C01B 32	H01B 1/04、H01B 5/14、H01B 13/00、H01B 1/24、C08、C09D 11、C03C 17、C02F
IPC分类号	C23C、B82Y、B22F、B82B、B32B、B05D、C23D		

二、银纳米线透明导电薄膜的专利分析

（一）银纳米线透明导电薄膜的专利申请分析

1. 银纳米线透明导电薄膜全球专利申请量趋势分析

银纳米线透明导电薄膜最早出现在 2001 年（以下日期在有优先权的情况下均指优先权日），其发展历程大致可以分为以下三个阶段，具体见图 2-1。

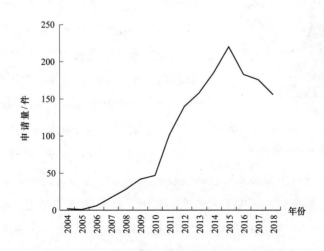

图 2-1　银纳米线透明导电薄膜的全球专利申请量趋势

第一阶段（2004~2010年）为技术萌芽期。从2004年出现金属线纳米制备的导电薄膜以来，全球范围内每年专利申请数量缓慢增长，到2010年达到47件，表明在此阶段，各国科研人员和相关企业对于该领域的关注度缓慢提高，研发相对不活跃。

第二阶段（2011~2015年）为技术高速发展期。2011年的银纳米线透明导电薄膜的专利申请数量激增至102件，之后总体的申请量显著增长，到2015年达到220件，申请量平均年增长率大于20%。随着智能手机、平板电脑的普及，以及透明导电材料在柔性穿戴产品等领域广阔的应用前景，替代ITO的柔性纳米银线透明导电薄膜的市场潜力不断被挖掘，各国在银纳米线导电薄膜的研究与开发上投入了大量资金和技术，并将研究结果申请专利保护。

第三阶段（2016年至今）为技术稳定期。2016年专利申请量较2015年有小幅回落后每年均有小额的降幅，专利申请数量保持在156~183件/年范围内。薄膜的制备、应用研发日趋成熟，部分公司开始实现银纳米线透明导电薄膜的量产，针对中游的薄膜的研发热度有所下降。

2. 银纳米线透明导电薄膜全球专利申请区域分布

从各个国家/地区申请量的分布来看（见图2-2），申请主要集中在中国、韩国、日本、美国。其中中国专利申请数量居首位，共申请624件，绝大多数涉及银纳米线的改性、银纳米线薄膜以及复合膜的制备以及在其柔性电极、传感器中的应用。紧随其后的是韩国、日本这些在光学材料显示器件领域有显著优势的国家。美国虽然拥有天材创新材料科技股份有限公司（CAMBRIOS TECHNOLOGIES CORP）、锐珂医疗有限公司（CARESTREAM HEALTH INC）、C3nano这些生产银纳米线、墨水的上游企业，但是其对中游的银纳米线透明导电膜的研发不及中国、日本、韩国活跃。

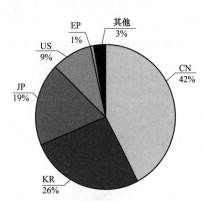

图2-2 银纳米线透明导电薄膜的全球专利申请量区域分布

为了研究银纳米线透明导电薄膜在主要国家的申请量随时间的变化情况，对采集的申请量数据按申请的优先权国家进行统计。图2-3显示了银纳米线透明导电薄膜主要技术原创国的发明申请数量与时间的关系。可以看出，中国在银纳米线透明导电薄膜的研发上起步晚了几年，但是2015年起迅速超过其他国家。到目前为止，中国专利申请数量居于首位。可见，薄膜的研发热度在中国还处于持续增长中。而随着银纳米线透明导电膜的逐渐量产，其已成为标准产品走向市场，日、美、韩等国家已经转向对薄膜的下游产品的应用、开发等其他领域的研究中。

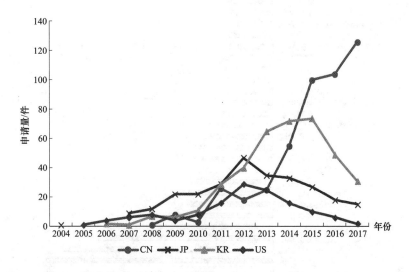

图 2-3　银纳米线透明导电薄膜的全球专利申请量随时间的变化

注：由于 2018~2019 年的不少申请尚未公开，因此未检索到相关申请。

3. 银纳米线透明导电薄膜全球主要申请人分析

银纳米线透明导电膜的市场潜力巨大，全球很多知名企业均竞相参与研发。图 2-4 分析了银纳米线透明导电薄膜申请量排名前 25 位的申请人及其申请量。在排名前 25 位的申请人中，除中国的申请人集中在科研院所、高校外，美国、日本、韩国的申请人基本集中在化学、光电材料、显示器件领域的知名公司中。排名前四位的申请人三星、中国科学院、富士胶片以及 LG 的专利申请数量占比较大，约占总申请量的 15%。紧接其后的主要为世界知名的大企业，依次是东友精细化工（SUMITOMO CHEMICAL CO LTD）、柯尼卡美能达（KONICA MINOLTA INC）、锐珂医疗有限公司（CARESTREAM HEALTH INC）、同和电子（DOWA HOLDINGS CO LTD）、韩国科学技术院（KOREA ADVANCED INSTITUTE）、电子科技大学、东丽（TORAY INDUSTRIES INC）、重庆文理学院、天材创新材料科技股份有限公司（CAMBRIOS TECHNOLOGIES CORP）、合肥微晶、昭和电工（SHOWA DENKO K K）、哈尔滨工业大学、成均馆大学（SUNGKYUNKWAN UNIVERSITY FDN FOR CORPORATE COLLABORATION）、日东电工（NITTO DENKO CORP）、DIC 集团（DIC CORP）、京东方、松下（PANASONIC CORP）、迪睿合电子材料有限公司（DEXERIALS CORP）、中山大学、浙江大学以及 TCL。中国专利申请量虽然居首位，但是申请人主要集中在中国科学院等多个高校和科研院所，企业申请人较为分散，而中国科学院由 14 家分支研究机构组成，研究领域较为分散，与实际应用关联不甚紧密。

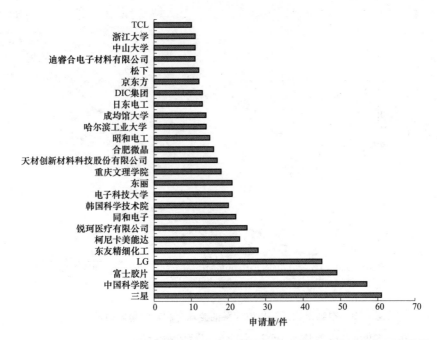

图2-4　银纳米线透明导电薄膜申请量排名世界前25位的申请人及其专利申请量

4. 银纳米线透明导电薄膜国内专利申请量趋势分析

国内对银纳米线透明导电薄膜的研究起步略晚，从图2-5可以看出，自2008年出现申请开始至2010年，专利申请数量基本上为个位数，研发不活跃。从2011年开始，专利申请数量迅速上升，增长势头较猛。对柔性屏幕、智能家居、柔性穿戴等新的应用领域的开发，推升了银纳米线透明导电薄膜的研发热度。

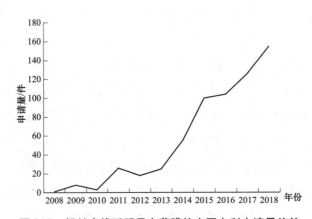

图2-5　银纳米线透明导电薄膜的中国专利申请量趋势

5. 银纳米线透明导电薄膜国内专利申请人分析

图2-6展示了银纳米线透明导电薄膜中国专利申请量排名前22位的申请人及其申

请量。其中有 11 位申请人是科研院所和高校，与企业数量相当。由于导电薄膜与上游的银纳米线生产以及下游应用产业关系密切，因此，科研单位与有研发实力的应用企业、上游的银纳米线材料企业均参与了薄膜的制备、改性以及应用的研究。除了京东方、TCL、乐凯等光学材料以及显示器件制造企业外，国内还涌现出了一批纳米银线、导电油墨、导电薄膜供应商。

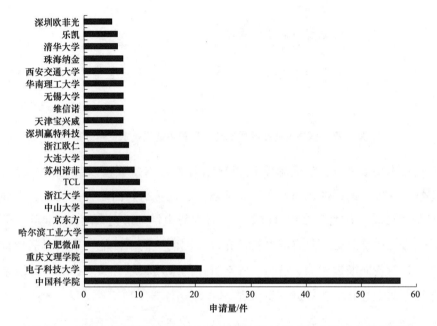

图 2-6　银纳米线透明导电薄膜申请国内前 22 名的申请人及其专利申请量

（二）银纳米线透明导电薄膜的专利技术分析

1. 银纳米线透明导电薄膜全球技术主题分布

对主要申请国家的申请文件的主分类号进行统计、排序得到图 2-7。从分类号的集中程度可以看出，中国、美国申请人在银纳米线的制备和优化（B82Y、B22F）、银纳米线墨水（C09D）、薄膜的制备方面（H01B）的研究比较集中，而韩国、日本的申请人还对层状复合材料（B32B）、银纳米线透明导电薄膜制备的电极（H01B、B82B）、传感器和触摸屏幕（G06F）、薄膜太阳能电池（H01L）等薄膜在器件方面的应用领域的研发比较重视。这与日、韩的主要申请人多为柔性的 OLED 面板制造商、可穿戴设备提供商以及下游的应用器件制造商有关，其技术方案紧紧贴合应用实际。

2. 银纳米线透明导电薄膜专利技术功效

从专利申请涉及的领域来看，66.7% 的申请涉及薄膜、电极产品，24.3% 的申请涉及油墨和分散体，43.4% 的申请涉及器件的具体应用（传感器、电池、触摸屏幕、电容器等），18.9% 涉及制备方法以及性能优化，还有 8.3% 的申请涉及复合膜及其制备。

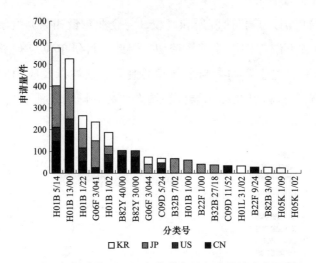

图2-7 银纳米线透明导电薄膜专利申请量技术主题分布

从专利技术功效来看，银纳米线透明导电薄膜申请主要涉及导电性、透光率、柔性、稳定性、雾度、耐用性、附着力、力学强度、抗弯折防断裂、抗氧化、表面耐磨这11方面性能的改善。从图2-8中可以看出，针对导电性、透光率的改进是导电薄膜的研究重点。由于导电薄膜必须具有导电和透光性，因而这两个性能一般同时需要优化，而耐磨性能、抗弯折防断裂性能、清晰度等与具体的应用领域有关。在后面的重要申请人分析部分还会对上述技术功效进一步梳理。

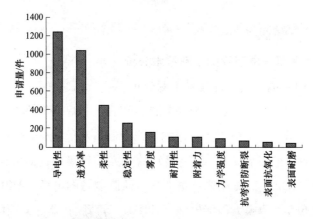

图2-8 银纳米线透明导电薄膜不同专利技术功效的申请量

3. 银纳米线透明导电薄膜领域国内外重要申请人分析

银纳米线透明导电薄膜处于上游的银纳米线以及下游的太阳能电池、柔性穿戴设备和柔性显示器等应用的中间，因而其研发与实际应用密切相关。笔者重点分析了美国、韩国、日本、中国的几家企业，力求对银纳米线透明导电薄膜的专利技术现状进行梳理。

（1）天材创新材料科技股份有限公司（CAMBRIOS TECHNOLOGIES CORP.）

从2004年创立伊始，天材创新材料科技股份有限公司就专注于银纳米线领域的技术创新，成为银纳米线行业的领军者。其已成功将银纳米线应用到触屏手机、大面积 OLED 照明设备、一体机触摸屏、医疗影像设备、太阳能电池、柔性屏领域，拥有从银纳米线、墨水合成、膜到触控装置等全领域的专利布局。

从 2005 年开始申请银纳米线透明导电薄膜领域的专利到 2018 年，天材创新材料科技股份有限公司共申请导电薄膜专利 16 个，涉及涂覆成膜方法（CN101292362A）、蚀刻（CN101589473A）、包含金属氧化物或者碳材料的复合导体（CN101689568A）、喷涂法（CN102015922A）、高低长径比银纳米线的富集方法（CN102575117A）、提高薄膜耐久性和光稳定性的薄膜（CN102460600A 和 CN105283782A）、含有导电聚合物的高耐用性导电薄膜（US20120104374A1）、化学蚀刻图案化的方法（CN102834936A）、光蚀刻的墨水组合物（CN102834472A）、降低漫反射的导体结构（CN104067351A）、提高平面电阻均匀性的方法（印刷法 CN103889595A、涂布法 CN104094365A）以及导电薄膜形成的导电器件（US9801287B2）。

可以看出，天材创新材料科技股份有限公司关于透明导电膜的申请主要涉及导电墨水配方以及对涂覆、蚀刻方式的改进，而不涉及具体应用时对薄膜的改进，其主要产品 Clearohm™ 也是银纳米线油墨。天材创新材料科技股份有限公司将自己定义为银纳米原料墨水供应者，并积极与中游的薄膜生产商——日本大仓工业株式会社、日立化成株式会社、东丽、信越聚合物株式会社、3M 公司合作，分别打造不同应用的银纳米线导电薄膜。同时致力于银纳米线全产业链的上位专利布局，天材创新材料科技股份有限公司积极与苏州诺菲进行专利许可，在晋江、厦门建设银纳米线生产基地以满足亚洲市场对银纳米线导电薄膜原材料的需求。由于天材创新材料科技股份有限公司的银纳米线专利布局较上位、全面，每一个专利均涉及几十个同族，并覆盖世界主要经济体，因此，如果其他企业涉及银纳米线的制备、应用，难免会触碰其专利权的边界。2019 年天材创新材料科技股份有限公司就对 C3Nano 的核心专利 US9183968B1 提出多方无效程序，主张其专利权无效。

（2）三星

1）专利申请概况

三星在银纳米线透明导电薄膜领域的研发十分活跃，是申请量最大的申请人。图 2-9 示出了三星银纳米线透明导电薄膜申请量随时间的变化。三星从 2006 年涉足柔性银纳米线透明导电薄膜的研发领域至今，共申请专利 61 件，这与其在柔性显示面板领域强大的技术实力是相对应的。经过短暂的技术开发期后，从 2010 年开始申请量逐年上升，经 2013 年的小幅震荡后，2014 年迅速达到申请量 11 件，且在 2015 年达到最高峰 18 件。之后申请量逐年降低，由于对薄膜的技术挖掘基本成熟，后期三星更多关注多层复合薄膜电极以及其在触摸屏等具体应用的研发上。

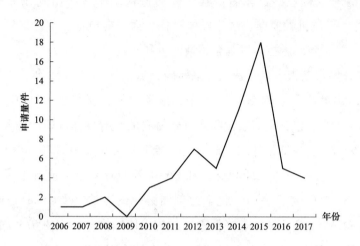

图2-9　三星银纳米线透明导电薄膜申请量随时间的变化

2）重点专利

参见图2-10，对于薄膜性能的改进，除了关注导电薄膜的导电性、透光性这些导电薄膜基本的性能外，三星还重点关注导电层的组成以及复合导电层的制备对清晰度、色彩、色差 b^* 和 a^* 值的影响。

US2015294751A1公开了具有极性的 ζ 电位的碳纳米管分散溶液和相同极性的 ζ 电位的金属纳米线溶液以及表面活性剂制备的透明电极，电极透射率均达到96%以上，雾度较低。

CN104575700A公开了透明导体包含基层以及包含银纳米线和基质的导电层，导体的反射 a^* 值为-0.3～+0.3，反射 b^* 值为-2～0，基质层含有最大吸收波长为450～550nm 的第一染料和最大吸收波长 350～449nm 的第二染料；这一方案解决了导电层视觉上发黄以及呈现乳白色混浊的现象，使得导电层图案化时图案不可见。

CN103730187A公开了导电层由金属纳米线、导电聚合物、可 UV 固化不饱和化合物、热固化剂和光引发剂组成，导电聚合物可以补偿单独使用银纳米线由分布不均导致的电阻偏差，并提供小于1.78 的色差坐标 b^*，从而减小乳白色。还可以通过涂覆基质层保持导电网络的形状以得到稳定的导电性，防止湿气、耐腐蚀、耐摩擦，并提升与基质的附着性。

CN105278787A公开了将导电层与非导电层交替地堆叠形成的电极，导电层分别选自银纳米线、碳材料、二维导电材料，这一结构显著减小了电阻，雾度与单层银纳米线膜的雾度基本上相同。

除了改良导电层的组成外，三星还通过导电层上涂覆基质层、基底层或蚀刻溶液的选择进一步改善透明导体的光学性能。

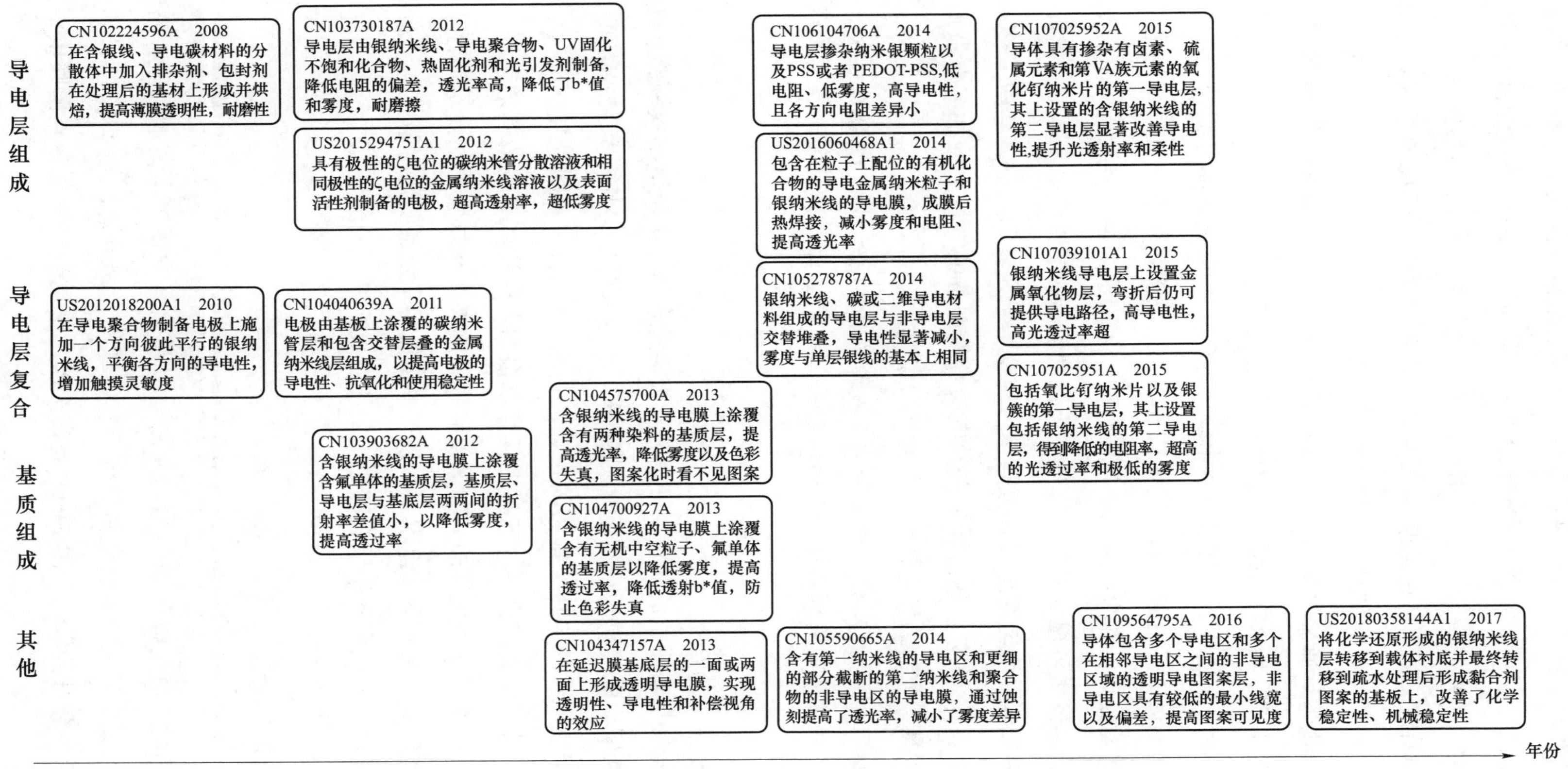
导电层组成
导电层复合
基质组成
其他
CN102224596A 2008
在含银线、导电碳材料的分散体中加入排杂剂、包封剂在处理后的基材上形成并烘焙，提高薄膜透明性，耐磨性
CN103730187A 2012
导电层由银纳米线、导电聚合物、UV固化不饱和化合物、热固化剂和光引发剂制备，降低电阻的偏差，透光率高，降低了b*值和雾度，耐磨擦
US2015294751A1 2012
具有极性的ζ电位的碳纳米管分散溶液和相同极性的ζ电位的金属纳米线溶液以及表面活性剂制备的电极，超高透射率，超低雾度
CN106104706A 2014
导电层掺杂纳米银颗粒以及PSS或者 PEDOT-PSS,低电阻、低雾度，高导电性，且各方向电阻差异小
US2016060468A1 2014
包含在粒子上配位的有机化合物的导电金属纳米粒子和银纳米线的导电膜，成膜后热焊接，减小雾度和电阻、提高透光率
CN107025952A 2015
导体具有掺杂有卤素、硫属元素和第VA族元素的氧化钌纳米片的第一导电层，其上设置的含银纳米线的第二导电层显著改善导电性,提升光透射率和柔性
US2012018200A1 2010
在导电聚合物制备电极上施加一个方向彼此平行的银纳米线，平衡各方向的导电性，增加触摸灵敏度
CN104040639A 2011
电极由基板上涂覆的碳纳米管层和包含交替层叠的金属纳米线层组成，以提高电极的导电性、抗氧化和使用稳定性
CN105278787A 2014
银纳米线、碳或二维导电材料组成的导电层与非导电层交替堆叠，导电性显著减小，雾度与单层银线的基本上相同
CN107039101A1 2015
银纳米线导电层上设置金属氧化物层，弯折后仍可提供导电路径，高导电性，高光透过率超
CN107025951A 2015
包括氧化钌纳米片以及银簇的第一导电层，其上设置包括银纳米线的第二导电层，得到降低的电阻率，超高的光透过率和极低的雾度
CN103903682A 2012
含银纳米线的导电膜上涂覆含氟单体的基质层，基质层、导电层与基底层两两间的折射率差值小，以降低雾度，提高透过率
CN104575700A 2013
含银纳米线的导电膜上涂覆含有两种染料的基质层，提高透光率，降低雾度以及色彩失真，图案化时看不见图案
CN104700927A 2013
含银纳米线的导电膜上涂覆含有无机中空粒子、氟单体的基质层以降低雾度，提高透过率，降低透射b*值，防止色彩失真
CN104347157A 2013
在延迟膜基底层的一面或两面上形成透明导电膜，实现透明性、导电性和补偿视角的效应
CN105590665A 2014
含有第一纳米线的导电区和更细的部分截断的第二纳米线和聚合物的非导电区的导电膜，通过蚀刻提高了透光率，减小了雾度差异
CN109564795A 2016
导体包含多个导电区和多个在相邻导电区之间的非导电区域的透明导电图案层，非导电区具有较低的最小线宽以及偏差，提高图案可见度
US20180358144A1 2017
将化学还原形成的银纳米线层转移到载体衬底并最终转移到疏水处理后形成黏合剂图案的基板上，改善了化学稳定性、机械稳定性
年份

图 2-10 三星银纳米线透明导电薄膜重点专利介绍

CN104700927A 公开了含银纳米线的导电膜上涂覆含无机中空粒子、氟单体的基质层，由于无机中空粒子、氟单体具有低折射率，因而可以减小基质的折射率，校正透明导电层的色差，防止导体的投射 b* 值降低造成的色彩失真，并降低雾度。

CN104347157A 公开了在延迟膜基底层的一面或两面上形成的透明导电膜，在实现透明性、导电性的同时起到补偿视角的作用并提高了可见度。选择具有高长径比的银纳米线并涂覆导电层后通过热焊接进一步提升导点性，最终导电膜的各项性能均衡。实施例 1 中雾度为 1.04，导电性为 50~60Ω/squ，透光率为 90.27%。

CN105590665A 公开了含有第一纳米线的导电区和更细的部分截断的第二纳米线和聚合物的非导电区的导电膜，第二纳米线的表面上设置氯化银和氧化银的绝缘膜。涂覆基质膜以及光刻胶后，在次氯酸钠溶液中蚀刻。采用这一蚀刻液没有影响银纳米线直径的显著变化，未发生可视性减损，降低了因蚀刻引起的透光度以及雾度差异。

此外，对导电层均匀度的改善也是该公司技术研究方向之一，其中 US2012018200A1 被其他专利引用了 15 次，其公开了在导电聚合物制备的电极上施加方向彼此平行的银纳米线，以平衡各方向的导电性，增加触摸灵敏度。

CN106104706A 通过向导电层掺杂纳米银颗粒以及 PSS 或者 PEDOT-PSS，降低薄层电阻、雾度，通过纳米银颗粒的加入得到各方向电阻差异小的导电薄膜，且蚀刻后电阻变化较小。

3）小结

2019 年折叠屏幕手机的问世，使得三星在柔性显示技术领域再次领跑。通过对三星在银纳米线透明导电薄膜领域技术功效的分析，可以看出，其专利技术方案非常多样：既有对银纳米线形状的选择、排布的设计，基底、导电层、基质层组分的优化、掺杂；又有对焊接、蚀刻步骤的打磨。三星尤其注重银纳米线透明导电薄膜的色泽、色差以及光电稳定性，以期将性能优异的导电薄膜应用于触屏面板以及柔性显示器件中，显示出三星对 OLED 显示领域的不断追求。积累了多年银纳米线透明导电薄膜领域的研发经验，三星在折叠屏幕、柔性穿戴领域会有更广阔的发展前景。

（3）富士胶片

1）专利申请概况

富士胶片从 1934 年诞生起，就开始了对银的研究。在 2009 年开始生产金属银网格薄膜。由于其对"卤化银"和"精密涂布"以及化合物领域丰富的经验，富士胶片从 2008 年开始大量申请银纳米线透明导电薄膜领域的专利申请，至 2012 年共申请 48 件，然后停止了这一领域的申请。图 2-11 是富士胶片银纳米线透明导电薄膜申请量随时间的变化。

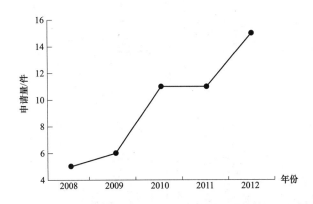

图 2-11　富士胶片银纳米线透明导电薄膜申请量随时间的变化

2）重点专利

富士胶片的专利梳理见图 2-12，其主要技术手段体现在对导电层组成、导电薄膜结构以及制备方法的优化上。

对导电层组成的优化：富士胶片通过在导电层中掺杂化合物（CN104205244A、US8883045B2、JP2012089361A）、加入黏合剂（US20140048131A1）以及对聚合物（US20120024572A1、US20100264378A1）、分散剂（JP2011228243A）、黏合剂（US20140048131A1）进行选择，提供了性能均衡且具有良好耐候性能、高分辨率的导电薄膜。

CN104205244A 在银纳米线导电层中加入能吸附在金属上或能够与金属离子配位的含磷、含硫化合物，使得导电薄膜暴露在高温、高湿度或臭氧存在等苛刻的条件下仍能保持优异的导电性。

JP2012089361A 导体层含有吡啶亚胺类和四唑类化合物、1mol 银和 $1×10^{-4}\sim1×10^{-2}\,mol$ 的金属，实现透明导体低雾度、低反射率和反射视角依赖性、具有优异的可视性。

US20140048131A1 在基材上形成包含黏合剂和银纳米线的导电层，黏合剂为四烷氧基化合物和烷氧基化合物水解缩聚物，导电薄膜具有优异的透明性、导电性、耐久性、强度、图案化性能以及对缺陷和磨损的高耐受性。

US2012024572A1 含有银纳米线和选自丙烯酰基和甲基丙烯酰基侧链含烯基生物水不溶性聚合物，其导电性、透射率、雾度、耐用性各项性能较均衡。

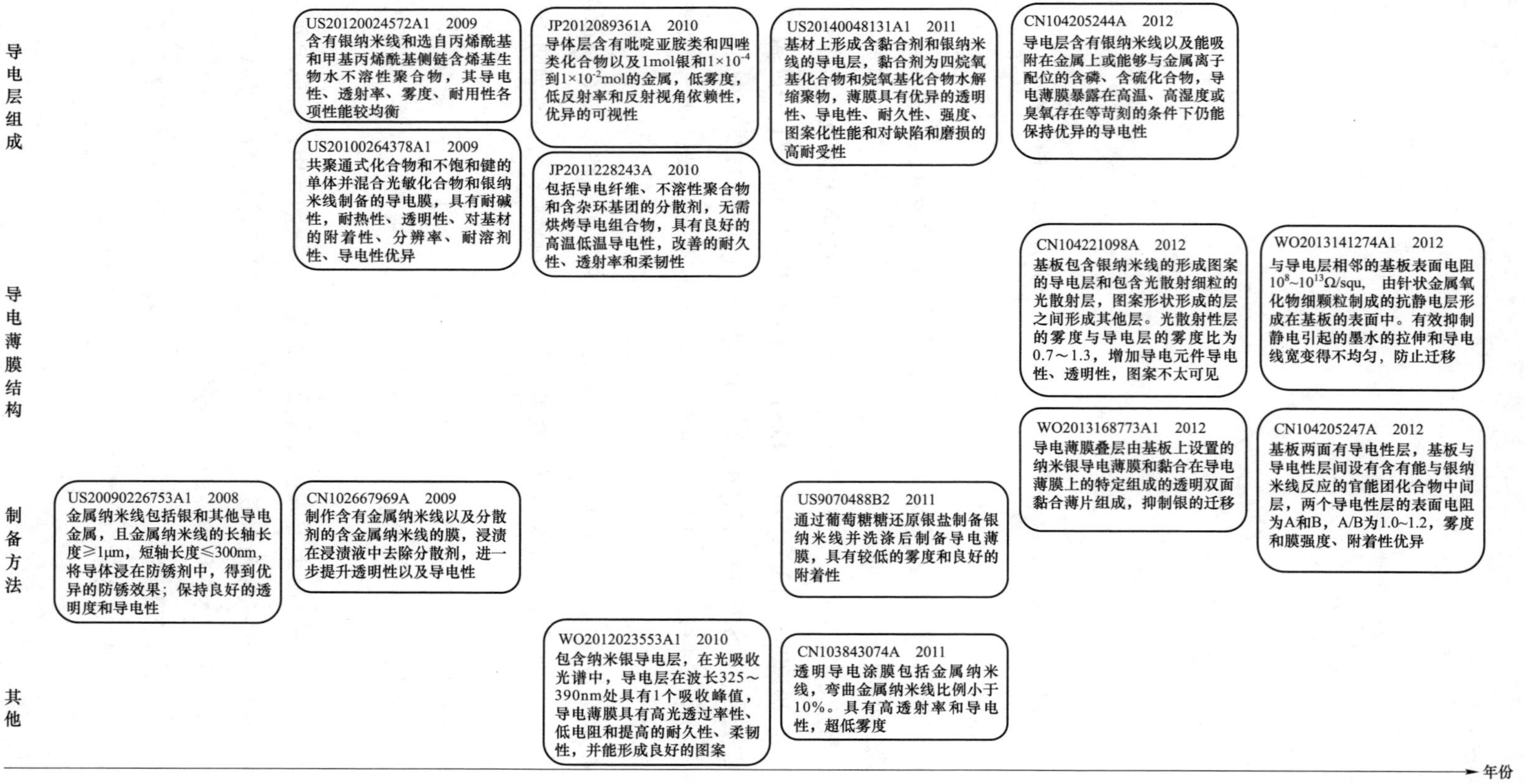

年份

CN104205244A 2012
导电层成分含有银纳米线以及能吸附在金属上或能够与金属离子配位的化合物、含氟化合物、高温度等苛刻的条件下防能保持优异的导电性

US20140048131A1 2011
基材上形成含有银和银纳米线的导电层，都含有烷氧基化合物水解基的化合物缩聚物，薄膜具有优异的透明性、耐久性、强度，图案化性能和对膜的磨蚀和磨损的高耐受性

JP2012089361A 2010
导电层含有吡啶亚胺类化合物和四唑类化合物以及1mol银和1×10⁻⁴剂1×10⁻²mol银的金属，低雾度，低反射率和反射视角依赖性，优异的可视性

JP2011228243A 2010
包括导电性纤维、不溶性化合物和含杂环基团的分散剂，具有良好的和含杂环基组合物、无需烘烤低温导电性，改善的耐久性、透明低雾度性

US20120024572A1 2009
含有银纳米线和造自丙烯酸酯基和甲基丙烯酸酯侧链含乙烯基基生物水不溶性聚合物，其电电性、雾度、透射率，耐用性各项性能较均衡

US20100264378A1 2009
共聚通式化合物和不饱和化合物和键的单体并混式制备的导电膜，具有耐高温性，耐热性、对基材的附着性、分辨率、导电性优异

CN102667969A 2009
制作含有金属纳米线的膜的方法以及分散剂的金属纳米线的膜，浸渍在浸渍液中去除分散剂，进一步提升透明性以及导电性

US20090226753A1 2008
金属纳米线包括银和其他导电金属，且金属纳米线的长轴长度≥1μm，短轴长度≤300nm，将导电体层在防锈剂中，得到优异的防锈效果，保持良好的透明度和导电性

WO2013141274A1 2012
与导电层根邻的基板表面电阻10⁸~10¹³Ω/squ，由针状金属氧化物细颗粒分散制成在基板的表面有效抑制静电引起的墨水的拉伸和导线宽度变化不均匀，防止迁移

CN104205247A 2012
基板两有导电性层，基板与导电层中间导电反应有能固团化合物的表面电阻，两个导电性层为银纳米线，A/B为1.0~1.2，零度和膜强度，附着优异

CN104221098A 2012
基板包含银纳米线和含有光散射图案的导电层，图案为光散射形成的光散射、图案形成状态层之间形成比为0.7~1.3，增加导电元件导电，雾度与导电层的雾度比为透明性、图案不太可见

WO2013168773A1 2012
导电薄膜蚕层由基板上设置的纳米银导电薄膜和黏合成的透明双面薄膜上的特定组成成，抑制和银的迁移纳米银薄片组成，导电薄片以及良好的导电

US9070488B2 2011
通过葡萄糖还原还原银盐制备含银纳米线并洗涤后制得导电银薄膜，具有较低的雾度和良好的附着

CN103843074A 2011
透明导电涂膜包括金属纳米线，弯曲金属纳米线比例小于10%，具有高透过率和导电性；导电薄膜具有高的耐久性，来制低电阻和提升雾度，超低雾度

WO2012023553A1 2010
包含银纳米线导电层，在光吸收光谱中，在波长325~390nm处具有1个吸收峰值，导电薄膜具有高透过率和高导电，低电阻和高透过率和提升雾度，来制性，并能形成良好的图案

导电层组成　导电薄膜结构　制备方法　其他

图2-12 富士胶片银纳米线透明导电薄膜重点专利介绍

US2010264378A1 通过共聚通式化合物和不饱和键的单体并混合光敏化合物和银纳米线制备导电膜，具有优异的耐碱性、耐热性、透明性、对基材的附着性、分辨率、耐溶剂性、导电性。

JP2011228243A 包括导电纤维、不溶性聚合物和含杂环基团的分散剂，无需烘烤导电组合物就具有良好的高温低温导电性，改善的耐久性、透射率和柔韧性。

对导电薄膜结构的优化，在导电层上设置光散射层、黏合薄膜，或者在基材与导电层间设置抗静电层、中间层使得雾度降低、透明性提高，能有效防止银的迁移。

CN104221098A 在图案化的导电层上设置包含光散射细粒的光散射层，光散射性层的雾度与导电层的雾度比为 0.7~1.3，增加导电元件导电性和透明性，图案不太可见。

WO2013141274A1 由针状金属氧化物细颗粒制成的抗静电层形成在基板的表面使得基板表面方阻达到 $10^8 \sim 10^{13} \Omega/squ$，有效抑制静电引起的墨水的拉伸和导电线宽变得不均匀，防止迁移。

WO2013168773A1 导电薄膜叠层由基板上设置的银纳米线透明导电薄膜和黏合在导电薄膜上的特定组成的透明双面黏合薄片组成，有效抑制银的迁移。

CN104205247A 基板两面有导电性层，基板与导电性层间设有能与银纳米线反应的官能团化合物中间层，两个导电性层的表面电阻为 A 和 B，A/B 为 1.0~1.2，降低了雾度，膜强度、附着性优异。

通过制备方法的优化，选择葡萄糖还原剂以还原银盐（US9070488B2）、选择浸渍步骤以进一步除去银纳米线分散体中的分散剂（CN102667969A）、限定导电膜中弯曲金属纳米线比例（CN103843074A）以及银纳米导电层在波长 325~390nm 处具有 1 个吸收峰值（WO2012023553A1）以得到优异光电性能的导电膜。

3）小结

通过分析富士胶片的专利申请可以看出，富士胶片的申请从 2008 年开始就比较偏重于透明导电薄膜在光伏电池方面的应用（US20120024572A1、WO2012033103A1、WO2012108220A1 等），因而十分注重对银纳米线透明导电薄膜耐久性、对高低温的导电性的变化、耐热性、耐碱性、耐溶剂性能等可靠性、耐老化性方面的改进，以期在太阳能薄膜电池领域能得到应用。但是到了 2011 年、2012 年申请开始转向银纳米线膜在触摸屏领域的应用（CN104205247A、JP2012089361A、CN104221098A、WO2013141274 等），2012 年之后，富士胶片停止了对银纳米线透明导电薄膜专利的申请，并于 2016 年将聚合物多层太阳能电池背板推向市场。由此可见，富士胶片没有成功将银纳米线透明导电薄膜应用于太阳能薄膜电池领域。在银纳米线导电膜中分散着大量密集的银纳米线团簇，每根银纳米线直径只有几十纳米，会在应用中不断吸收环境中的紫外线，致使银氧化以及聚合物键的断裂，从而劣化导电层的性能。笔者认为，银纳米线透明导电薄膜的稳定性是影响其应用的很重要的原因，可能使得富士胶片放弃了这一领域的研究。

（4）合肥微晶

1）专利申请概况

合肥微晶成立于2013年1月，专业从事石墨烯和银纳米线等纳米新材料的开发和应用，其银纳米线透明导电薄膜的专利申请始于2016年，起步较晚，其石墨烯银纳米线复合柔性透明导电膜已经在2016年底实现量产。从2016年到2018年合肥微晶共申请16件银纳米线透明导电薄膜专利，其中13件集中在2018年。合肥微晶的专利申请主要关注银纳米线导电层的石墨烯量子点掺杂、蚀刻工艺以及导电薄膜的颜色控制。

合肥微晶专注于石墨烯以及石墨烯量子点与银纳米线的复合导电薄膜，其制备的透明导电膜透明性非常高、雾度极低、导电性优异，比银纳米线透明导电薄膜的光电性能更出色，因此，复合柔性导电薄膜可能会有更大的应用前景。合肥微晶在追求薄膜性能的同时，也越来越关注银纳米线透明导电薄膜的色泽、视觉效果方面的改进。因为其除了柔性透明复合导电薄膜外，还参与智能调光膜、智能电脑、会议和教学一体机等下游产品的应用，可见其后续申请还会继续对可视化效果进行改善。合肥微晶的申请中基本没有外国同族，同族专利国家也仅为中国，这可能与企业的布局有关，也反映了这一新成立的中国技术型企业目前没有国际化的诉求。

2）重点专利

CN109337560A公开了在柔性基材涂布石墨烯量子点/银纳米线复合水性导电墨水上形成导电层，在其上涂布热固性聚氨酯保护层。热固型保护层效果较UV保护层更优异，耐老化效果更佳。雾度为0.6%，透光率为89.8%，方阻为42Ω/squ。CN109294333A将含有光固化树脂的量子点/银纳米线复合溶剂型导电油墨通过微凹涂布工艺，涂布在柔性基材上，经烘干、UV固化形成透明导电膜层。UV树脂官能度高，固化后交联网络致密，透水率和透氧率低，其还具有疏水性，提高了银纳米线的光热稳定性，并降低了通电时的阳极氧化。透明导电薄膜的雾度为0.6%，透光率为90%，方阻为50Ω/squ。石墨烯量子点表面富电子，可以与银纳米线配位结合，对银纳米线表面起到保护作用，提高其耐光热稳定性；而且由于其具有导电性，可有效降低银纳米线之间的接触电阻，从而降低导电膜方阻；石墨烯量子点表面含有反应性官能团，可以与基材表面基团通过氢键和化学键结合，提高导电膜的附着力，还可以与UV树脂里的羟基或羧基通过氢键和化学键结合，提高导电膜耐弯曲性能。

为了优化焊接方法，CN105702381A将柔性银纳米线透明导电薄膜在硝酸银和葡萄糖混合溶液中浸泡后进行化学焊接，降低薄膜的接触电阻，提升了电阻的稳定性，最后进行光敏树脂封装，封装提高了薄膜在耐胶带粘贴性能、耐高温高湿度性能和抗弯折疲劳的性能。CN108428494A 将微波吸收剂加入到导电墨水中，涂布时微波吸收剂集中吸附在导电网络结点处，使其稳定；进行微波焊接时，微波吸收剂会快速加热升温完成焊接；最后在导电层表面涂布一层 UV 保护层，透明导电薄膜的电阻低至 5Ω/squ，透光率大于 90%，雾度低于 0.7；而且耐弯曲性能优异，弯曲直径低至 1mm，耐弯曲次数大于10 万次，此外还具有优异的耐候性。

CN108461212A 在透明基底上涂布含环氧乙烯型表面活性剂的银纳米线导电油墨并烘干，然后再在表面涂覆偶氮类金属络合染料溶液或氯金酸溶液并烘干，具有可控的染色深度，优异的日晒牢度和湿处理牢度，解决了银纳米线透明导电薄膜颜色偏黄的问题。CN108346493A 通过在导电墨水中加入酚，与银纳米线表面 PVP 氢键结合，抑制银纳米线表面等离子体共振，从而降低导电膜黄度值；还可以进一步设置含酚类化合物的保护层，进一步降低黄度值。导电膜 b^* 值降低至 0.8，彻底解决了导电薄膜偏黄问题，透光率、导电性、雾度优异。

CN108399977A 在基材与银纳米线透明导电层之间设置功能层。功能层与银纳米线透明导电层的雾度差小于 0.1，使得电极区与非电极区边缘刻蚀痕完全消失。功能层含有经过表面处理的具有强漫反射性的金属纳米颗粒，通过对功能层厚度的调整，可以使其雾度与导电层差值小于 0.1，制得的透明导电薄膜电极区功能层被导电层覆盖，导致功能层漫反射消失，功能层自身雾度消失，显示为导电层雾度，从而使功能层裸露在外的非电极区与导电层裸露在外的电极区的雾度差小于 0.1，消除了电极区与非电极区的视觉差异，使得电极区边缘刻蚀痕肉眼不可见。

三、碳材料导电薄膜的专利分析

（一）碳材料导电薄膜的专利申请分析

1. 碳材料导电薄膜全球专利申请量趋势分析

碳材料应用于导电薄膜的发展历程大致可以分为以下三个阶段（参见图 3-1）。

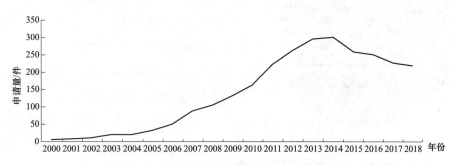

图 3-1 碳材料导电薄膜全球专利申请量趋势

第一阶段（2004年以前）为技术萌芽前。在此期间，全球范围内每年专利申请量在0~20件之间。尽管已出现富勒烯、碳纳米管等性能优异的碳材料，但业界对碳材料的研究还集中在对其自身制备技术和性质上，对于将其应用在透明导电薄膜上的研究较少，仅有的少量研究也局限在将碳材料作为改性填料等应用。

第二阶段（2004~2010年）为技术缓慢发展期。2004年首次出现单层石墨烯以来，全球范围内专利申请量以每年20%左右的速度增长，到2008年专利申请量突破了100件，到2010年专利申请量达到163件。随着对碳材料研究的逐渐成熟，尤其对石墨烯、碳纳米管等碳材料的导电性能的研究不断深入，引发了业界将其作为导电材料的兴趣和研发。随着智能手机、平板电脑的普及，对于柔性透明导电薄膜的需求量飞速增长，寻找ITO替代材料的需求愈发强烈。

第三阶段（2011~2014年）为技术迅猛发展期。2010年首次大规模制备出石墨烯透明导电薄膜，使将石墨烯作为导电薄膜实现商业化生产和应用成为可能。与此同时，2010年安德烈·海姆和康斯坦丁·诺沃肖洛因对石墨烯的开创性研究获得诺贝尔物理学奖，由此引爆了业界对石墨烯的研究热情，对石墨烯、碳纳米管等碳材料作为导电薄膜的研究也进入白热化阶段。2011年，全球范围内专利申请量突破200件，之后每年专利申请量均在200件以上，到2014年达到了301件。

第四阶段（2015年至今）为技术稳定期。2015年较2014年专利申请量有较大幅的回落，之后每年专利申请量均有小幅下降，专利数量保持在每年227~259件范围内。在此期间，碳材料导电薄膜由研发阶段逐渐转向量产阶段，研究方向也逐渐转向对碳材料导电薄膜性能的改进和优化。

2. 碳材料导电薄膜全球专利申请区域分布

从碳材料导电薄膜各个国家/地区申请量的比较来看（见图3-2），申请主要集中在中国、日本、韩国、美国。其中，中国专利申请数量居首位，共1127件，占全球专利申请量的42%；紧随其后的是韩国和日本，专利申请量和全球专利申请量占比分别为655件和25%、592件和22%；美国专利申请量和全球专利申请量占比分别为218件和8%；欧洲专利申请量和全球专利申请量占比分别为65件和2%。

从中国、美国、日本、韩国、欧洲的专利申请量趋势来看（见图3-3），2007年以前，日本专利申请量领先于其他国家/地

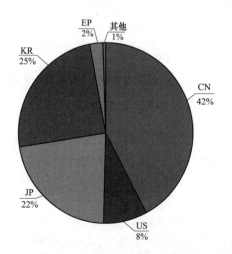

图3-2　碳材料导电薄膜全球专利申请量区域分布

区；2007 年至 2012 年，中国、日本、韩国的专利申请量快速提升，远超美国和欧洲，这三国呈现齐头并进的趋势；2012 年之后，中国专利申请量迅猛提升，其余国家/地区则呈现出稳中有降的趋势。

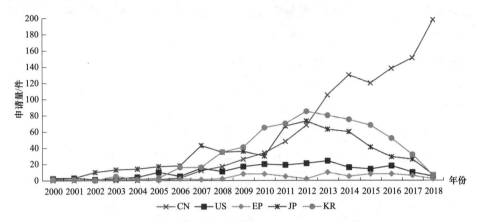

图 3-3　碳材料导电薄膜主要国家/地区专利申请量趋势

由此可见，欧洲在该领域发展缓慢，这一方面与其整体经济发展水平相关，另一方面体现了其下游市场对碳材料导电薄膜的需求量较小。美国作为最有实力的创新主体，在该领域发展趋于稳定，没有表现出对该领域的特别关注和投入。中国、日本、韩国在碳材料导电薄膜领域具有最强的研发实力，是最主要的创新主体。日本和韩国是该领域的传统强国，整个上、中、下游的产业都处于全球领先水平。随着中国经济的发展，中国高校、科研院所和企业的创新能力日益增强，智能手机等下游产业对导电薄膜的巨大需求，这促使中国研发主体加大了对该领域的投入和研发，体现为中国在碳材料导电薄膜领域的高速发展。

3. 碳材料导电薄膜技术原创国/地区和目标市场分布

技术原创国/地区是指一项技术的原始产出国/地区，技术目标国/地区一方面体现出原创国/地区对于目标市场的定位，另一方面也体现出专利申请的创新价值。

将中国、美国、日本、韩国、欧洲的专利布局情况进行对比分析，由图 3-4 可以看出，尽管美国和欧洲的专利申请量少，但美国和欧洲的专利布局意识较强，美国比较重视在中国、日本、韩国的专利布局，在上述国家的专利申请量与本国基本相当；欧洲则更关注美国和日本市场，在上述国家的专利申请量超过本地区的专利申请数量；中国、日本、韩国虽然拥有绝对领先的专利申请数量，但上述国家主要关注本国市场，在本国的专利布局数量远超海外。值得注意的是，中国的专利申请量远超其他国家/地区，但是其他国家/地区在华的专利布局数量远低于其他国家/地区。这一方面体现了市场定位和发展水平，美国和欧洲作为较早建立专利制度的国家/地区，其知识产权保护意识强，注重海外市场的布局。美国是科技大国，其市场也受到各国的广泛关注；日本和韩国在该领域技术领先，发展速度快，是各个国家/地区比较重视的市场；中国尽管在该领域投入大量力量进行研发，但尚未形成由创新到产业化的有效转化，因此，其市场尚未得到广泛关注。这另一方面也体现了创新主体对专利价值的预期，创新主体对于高价值的专利成果具有更高的市场预期，因此很可能更重视海外布局，由此可以看出，美国、欧洲等国家/地区对于本国/本地区专利申请抱有更高的市场价值预期，中国、日本、韩国的高价值专利申请在专利申请总量上的占比较小。

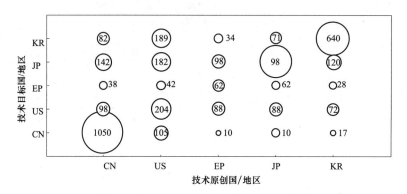

图 3-4　碳材料导电薄膜专利申请技术原创国家/地区和目标市场分布

注：图中数字表示申请量，单位为件。

4. 碳材料导电薄膜主要国家/地区专利申请人类型

由图 3-5 可以看出，中国、韩国的专利申请人以高校和科研院所、企业为主体，日本、美国、欧洲的专利申请人以企业为主体。其中，日本的企业申请人拥有的专利申请数量与中国的企业申请人相当。中国和韩国的申请人类型分布一方面体现了中国和韩国政府对该领域发展的重视和支持，另一方面也体现了上述国家相关企业具有较高水平的研发实力，日本和美国的申请人类型体现了上述国家相关企业拥有强大的研发实力，对该领域的商业前景有较高的预期，是主要的创新主体。

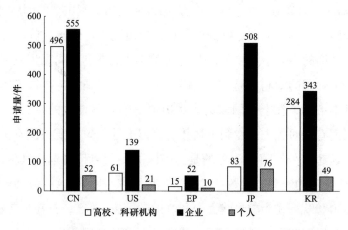

图 3-5　碳材料导电薄膜主要国家/地区专利申请人类型分布

5. 碳材料导电薄膜核心专利申请分布

核心专利的确定应当综合考虑其技术价值、经济价值以及受重视程度等多方面因素，选择可一定程度上反映这些因素的指标对专利数据进行识别和筛选，包括专利被引频次、同族专利成员计数、同族专利国家/地区计数。由图 3-6 可以看出，各主要国家/地区中，核心专利申请拥有量最高的是日本，达到 276 件，远高于其他国家/地区；中国、韩国、美国拥有的核心专利申请量基本相当。在核心专利申请所占总专利申请量百分比方面，欧洲以 90.8% 占居首位，美国和日本也分别达到了 75.7% 和 46.6%，韩国为 29.0%，中国仅以 16.5% 居于末位。由此可见，日本、欧洲、美国的专利布局与市场的发展和需求匹配度高，专利申请具有较高的综合价值，研发投入产出比较高；中国和韩国虽然拥有较多数量的核心专利申请，但仍有大量的专利申请没有被关注，研发投入产出比较低。

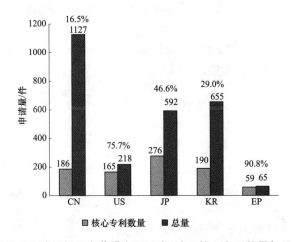

图 3-6　碳材料导电薄膜主要国家/地区核心专利数量与总量

注：图中百分比表示核心专利数量占总量的百分比。

6. 碳材料导电薄膜全球主要申请人排名

图 3-7 显示了碳材料透明导电薄膜领域世界排名前十位的申请人信息。可以看出均为韩国、中国、日本的企业和研发机构。其中，中国科学院的申请量最大，占 4.57%，后面依次为东丽、三星、韩国电子通信研究院、富士康、日本产业技术综合研究所、LG、韩国科学技术院、清华大学以及成均馆大学。对于碳材料导电薄膜这一领域，各国研发机构以及大型企业均给予高度重视，纷纷加入研发行列。因此，申请人较为分散，前十位申请人也只占总体申请量的 22.34%，集中度不高。

7. 碳材料导电薄膜国内主要申请人排名

通过对国内申请人的申请量进行分析（见图 3-8）可以看出，中国科学院在这一领域投入较大，除了第二位的富士康、第五位的 TCL 外，其余申请人均为国内研发机构，说明国内高校和科研院所对碳材料导电薄膜领域重视度高。

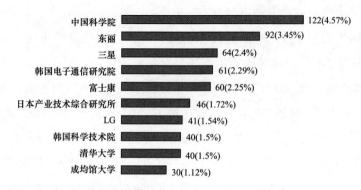

图3-7　碳材料导电薄膜申请量排名世界前十位的申请人专利申请量

注：图中数字表示申请量，单位为件；括号内百分比为该申请人的申请量占总申请量的百分比。

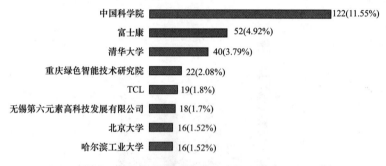

图3-8　碳材料导电薄膜申请国内主要申请人专利申请量

注：图中数字表示申请量，单位为件；括号内百分比为该申请人的申请量占总申请量的百分比。

（二）不同类型碳材料导电薄膜的专利申请趋势

1. 不同类型碳材料导电薄膜技术的范畴与分类

根据专利申请数量和产品的重要性，首先将碳材料导电薄膜划分为碳纳米管、石墨烯和其他碳材料三个一级分支。按照不同的改进方向，将碳纳米管、石墨烯、其他碳材料分别进一步分为产品改进、方法改进、应用三个二级分支，对于重点的碳纳米管、石墨烯的产品和方法改进又作了进一步分类。具体技术分解如图3-9所示。

2. 不同类型碳材料导电薄膜全球专利申请趋势

由图3-10可以看出，2011年之前，碳纳米管导电薄膜专利申请量远超石墨烯导电薄膜；2011年至今，石墨烯导电薄膜专利申请量飞速增长，并且以绝对的增长优势超过碳纳米管。其他碳材料在2005年之前与碳纳米管、石墨烯专利申请数量相当，2005年之后也仅保持着每年较低的专利申请量。碳纳米管首次出现在1991年，单层石墨烯出现在2004年。在碳纳米管、石墨烯出现以前，包括碳纳米纤维、富勒烯、石墨等在导电薄膜领域的应用仅仅局限在作为导电填料使用。直到碳纳米管出现，因其具有优异的导电性能和机械性能，自出现就引起了业界的广泛关注。碳纳米管出现时间早于石墨烯，对

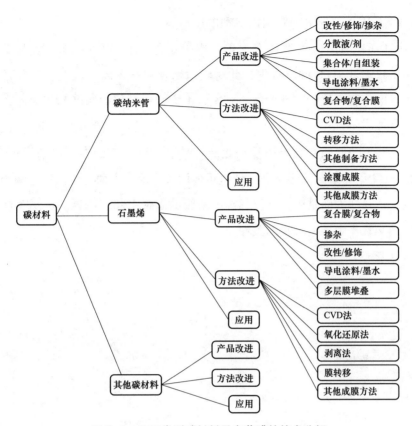

图 3-9　不同类型碳材料导电薄膜的技术分解

其性能和制备的研究开展较早，因此，在 2004 年至 2010 年之间，碳纳米管导电薄膜专利申请量飞速增长。当石墨烯出现后，业界把关注更多投向石墨烯。石墨烯不仅具有更好的导电性，其制备、分离、成膜工艺也更简单，克服了碳纳米管容易聚集、难以分散的缺陷。尤其是自 2010 年首次大规模制备出石墨烯导电薄膜以来，石墨烯就成为碳材料家族中最有潜力和价值的导电薄膜材料。

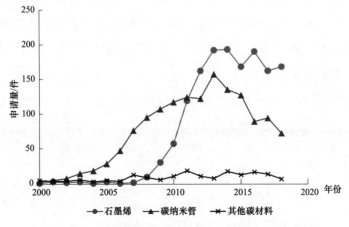

图 3-10　不同类型碳材料导电薄膜全球专利申请量趋势

3. 不同类型碳材料导电薄膜国内专利申请趋势

由图 3-11 可以看出，在 2010 年之前，中国专利申请量较少，各个类型碳材料导电薄膜每年申请量均低于 20 件。首先，此时碳纳米管和石墨烯还在性能和制备的研究阶段，未得到导电薄膜领域的广泛关注；其次，中国的专利保护制度起步较晚，专利保护意识较弱。从 2010 年至今，碳纳米管导电薄膜和石墨烯导电薄膜专利申请量迅猛增长，尤其是石墨烯导电薄膜的专利申请量在此期间暴增，2011 年的专利申请量比 2010 年翻了一倍，从 2012 年开始，每年专利申请量迅速增长。这一方面与中国导电薄膜领域的快速发展相吻合，另一方面是由于石墨烯导电薄膜的出现引起了业界的广泛关注，同时也带动了对碳纳米管作为导电薄膜的关注。

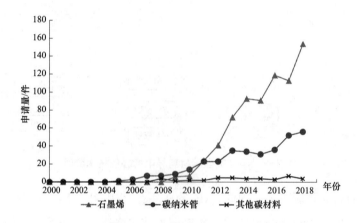

图 3-11　不同类型碳材料导电薄膜国内专利申请量趋势

4. 主要国家/地区不同类型碳材料导电薄膜专利申请量

由图 3-12 可以看出，中国石墨烯导电薄膜专利申请量约为碳纳米管专利申请量的 1.8 倍，韩国、美国的石墨烯专利申请量与碳纳米管专利申请量基本相当，日本碳纳米管导电薄膜专利申请量是石墨烯专利申请量的 2.3 倍左右。碳纳米管首次出现在日本，日本对于碳纳米管的研究较为成熟，掌握了最先进的制备工艺，是碳纳米管世界第一大国。自 2001 年以来，在日本已经公开碳纳米管制造专利的企业有东芝、索尼、NEC、伊势电子工业公司等，成熟的碳纳米管制备技术为其作为导电薄膜材料的应用奠定了基础。

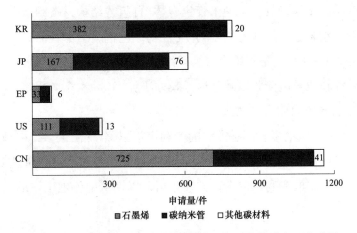

图 3-12 主要国家/地区不同类型碳材料导电薄膜专利申请量

（三）碳材料导电薄膜的专利申请技术演进

1. 碳纳米管导电薄膜专利技术分析

碳纳米管是日本科学家 SUMIO IIJIMA 于 1991 年发现的。其为管状的纳米级石墨晶体，是由单层或多层石墨烯层围绕中心轴卷曲而成的一维纳米结构，单层碳原子以 SP^2 键无缝结合，分为单壁和多壁碳纳米管。碳纳米管具有优异的导电性、柔韧性以及化学稳定性，特别是单壁碳纳米管在柔性导电薄膜中表现出高电导率、透光率及机械柔韧性。[8]

从申请人来看，东丽、富士康的研发方向主要是碳纳米管材料，而不是石墨烯导电薄膜，而中国科学院更关注石墨烯导电薄膜的研发，其他在碳材料导电薄膜领域排名靠前的公司则比较均衡（申请人排名见图 3-13）。这与企业的市场战略关系紧密。

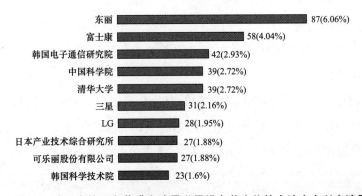

图 3-13 碳纳米管导电薄膜申请量世界排名前十位的申请人专利申请量

注：图中数字表示申请量，单位为件；括号内百分比为该申请人的申请量占总申请量的百分比。

从专利技术领域分布来看，碳纳米管导电薄膜专利申请主要涉及产品改进、方法改进和应用这三大类，其中关注重点为产品改进和方法改进两大类。将产品改进具体分为化学改性/修饰/掺杂碳纳米管，碳纳米管集合体/自组装结构，碳纳米管分散液/剂，碳纳米管与聚合物、纳米金属形成的复合物/复合膜，包含碳纳米管的导电涂料/墨水；将方法改进具体分为CVD法制备碳纳米管，碳纳米管其他制备方法，碳纳米管薄膜的转移方法，碳纳米管涂覆成导电薄膜以及其他成膜方法。

（1）碳纳米管导电薄膜方法改进

由图3-14可见，碳纳米管制备方法的专利申请以CVD法最多，申请量达到39件；由碳纳米管制备导电薄膜的方法中以涂覆成膜为主，其专利申请数量达到了61件。以下分别对五种技术主题的专利申请进行详细分析，以期从中梳理出碳纳米管方法改进专利申请的技术演进。

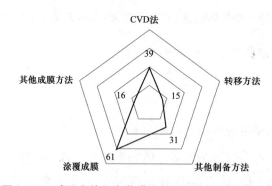

图 3-14　碳纳米管导电薄膜方法改进专利申请量分布

注：图中数字表示申请量，单位为件。

1）制备方法

①基板CVD法

名古屋大学和东丽在JP特开2006-298713A中公开了含碳化合物与固载型过渡金属催化剂相接触，在透明基底上正交方向导向生成三层结构的碳纳米管。所述金属催化剂包含平均直径小于10nm的金属粒子，制得的碳纳米管具有优异的耐力性能和高度的线性结构，所述制备方法的产率高。

威廉马什赖斯大学在US20120145997A1中公开了以热丝CVD法制备垂直单壁碳纳米管的方法。将催化剂置于碳纳米管生长的基底表面，在反应室中与氢气和气态烃混合气相接触，加热温度超过2000℃，活化气体，垂直单壁碳纳米管在基底上生长。所述垂直碳纳米管具有超长的尺寸、单一的长度，同时碳纳米管之间排列整齐，是制备导电薄膜的理想材料。

日立和东京大学在CN103153849A中公开了通过使包含乙炔、二氧化碳及不活泼气体的原料气体在承载有催化剂的支承体上流通，从而在支承体上合成碳纳米管的合成工序。在原料气体中，乙炔的分压为$1.33 \times 10^1 \sim 1.33 \times 10^4$ Pa，二氧化碳的分压为$1.33 \times$

$10^1 \sim 1.33 \times 10^4$Pa，且乙炔和二氧化碳的分压比（乙炔/二氧化碳）为 $0.1 \sim 10$。所述方法解决了高浓度供给乙炔的情况能够抑制催化剂活性的技术问题，无需微量控制，可防止催化剂原子的表面扩散，避免催化剂粒子粗大化，制得长条且稳定的碳纳米管，可以实现大量生产，同时将碳纳米管平均直径的变化控制在 2nm 以下，能高速生长，可以在短时间内使碳纳米管生长成 300μm 以上的长度。

②浮动催化气相 CVD 法

日本产业技术综合研究所在 CN101707904A 中公开了在低温下大规模制备单壁碳纳米管薄膜的方法和装置。利用流动气相 CVD 法将原料源合成为单壁碳纳米管，并且连结于反应管的腔室内，使合成的碳纳米管直接附着于基板上而在基板上成膜。上述方法克服了传统 CVD 法需要高温加热，因此只能采用耐热性高的基板，而无法应用聚合物材质及不耐热的无机材质的基板的缺陷，获得的碳纳米管薄膜堆积均匀，适合用于透明导电薄膜。

中国科学院金属研究所在 CN107527673A 中公开了碳焊结构单壁碳纳米管薄膜及其制备方法。在浮动催化气相 CVD 法生长单壁碳纳米管的过程中，降低催化剂和碳源浓度及在恒温区的停留时间，使得部分被催化剂分解的碳源形成 SP^2 碳岛，焊接在单根单壁碳纳米管间的交叉点，形成具有 SP^2 碳岛焊接结构的单壁碳纳米管薄膜，有效解决了普通单壁碳纳米管薄膜中管间接触电阻大及管束对光的大量吸收的问题，获得的单壁碳纳米管柔性透明导电薄膜在 90% 透光率下，方阻仅为 41Ω/squ。该结构薄膜具有优于柔性基底上 ITO 薄膜的光电性能、化学稳定性和柔性。

③电弧放电法

索尼在 CN101683976A 中公开了在催化剂和助催化剂存在下，通过电弧放电法由碳源生产碳纳米管的方法。所述助催化剂包括能降低在催化剂上碳纳米管生长位点的表面能的元素单质，所述助催化剂包括硒、碲或锗或其组合，所述催化剂选自镧系金属的氧化物、过渡金属或者镍和稀土元素的混合物，所述方法能够高效地制备出高纯度（纯度大于 99%）和直径分布窄（直径分布主要为 $1.47 \sim 1.53$nm）的碳纳米管。

东洋炭素株式会社在 CN101631744A 中公开了使用至少含有碳和金属催化剂的原料作为阳极，通过电弧放电法制备含有碳纳米管的碳材料。对上述碳材料进行卤素处理工序，使所述碳材料与含有卤素及/或卤素化合物的气体接触，在卤素处理工序之后，使所述碳材料与含氧的气体接触。所述精制方法可以抑制碳纳米管损伤或切断、抑制碳纳米管固化成块状，同时可以除去金属催化剂或碳纳米管以外的碳，也适用于多壁碳纳米管和在 1400℃ 结构变化显著的单层碳纳米管。

④拉伸法+激光烧蚀法

北京富纳特创新科技有限公司在 CN103159204A 中公开了以碳纳米管阵列为原料，

从中拉取碳纳米管初级膜，并将所述碳纳米管初级膜固定于旋转轴，旋转旋转轴，所述碳纳米管初级膜连续地从所述碳纳米管阵列中拉出并缠绕于所述旋转轴形成碳纳米管层，采用激光装置沿所述碳纳米管层上的切割线聚焦照射一段时间，使该切割线上的碳纳米管因高温烧蚀而断开，形成碳纳米管薄膜。所述方法可快速制备碳纳米管膜，方便将碳纳米管膜从旋转轴脱离，可控制旋转轴的转速，获得大的旋转速度，制备的碳纳米管膜厚度大、尺寸大、强度高、韧性大，并且碳纳米管基本沿同一方向延伸，碳纳米管间紧密相连，导电性能好。

⑤剥离法

设计纳米管有限责任公司（DESIGNED NANOTUBES LLC）在 CN102387922 中公开了剥离的碳纳米管及其制备方法。将碳纳米管悬浮在包含第一量的纳米晶体材料的溶液中，从所述溶液沉淀第一量的剥离的碳纳米管，分离所述第一量的剥离的碳纳米管，碳纳米管选自单壁碳纳米管、双壁碳纳米管、多壁碳纳米管及其组合，组合物还可包含与碳纳米管结合的电活性材料。

2）成膜方法

①涂覆成膜

涂覆成膜法的关键在于解决碳纳米管在溶液中的分散性，将碳纳米管分散液在基底上涂覆成膜。这类专利申请改进点与碳纳米管分散液部分重合，因此将在碳纳米管分散液部分着重列举。

中山大学在 CN103700430A 中公开了有序分布的导电薄膜，包括基板与设置在基板上的导电层，还包括一用于取向的配向膜层；所述导电层由导电填料涂覆在配向膜上形成，以形成有序分布的结构，所述方法仅使用少量的线性导电填料形成有序分布的网络结构，就可以制作高透光率、低表面电阻的透明导电薄膜，导电层薄膜的透光率可以达到95%以上，其方阻值低至45Ω/squ 以下，可以同时实现优良的透光性与导电性。

②喷涂成膜

天津工业大学在 CN104021879A 中公开了强附着力的碳纳米管柔性透明导电薄膜的制备方法。对对苯二甲酸乙二醇酯 PET 基底依次进行硝酸浸泡、水洗和晾干的预处理，将放有 PET 的加热板加热至 60~90℃预喷涂温度，低速喷涂 10~20 次，随后升温至 100~130℃，高速喷涂 30~50 次制得 FTCFs。所述方法能提高基底对碳纳米管溶液的亲和性能，使得喷涂过程中碳纳米管更加均匀地分布，增强附着力，对环境无污染。

③过滤成膜

索尼在 CN101508432A 中公开了制造柔性透明导电碳纳米管（CNT）膜的方法，以及由所述方法制备的碳纳米管膜。将碳纳米管分散在表面活性剂中形成分散体，用薄膜过滤器过滤该分散体并在薄膜过滤器上形成碳纳米管膜，用缓冲液除去碳纳米管膜正面上基本上所有的表面活性剂，优选除去碳纳米管膜正面和反面上的表面活性剂，优选使用蒸气除去薄膜过滤器，该缓冲液优选为三（羟基甲基）氨基甲烷盐酸盐（Tris-HCl）缓冲液。所述方法能够快速和完全地除去薄膜过滤器，而不破坏所得到的碳纳米管。

④电沉积成膜

中国科学院金属研究所在 CN101654784A 中公开了柔性碳纳米管透明导电薄膜材料的制备方法和电沉积装置。利用碳链中碳原子个数为 10~16 的烷基硫酸盐、烷基磺酸盐或烷基苯磺酸盐中的阴离子型表面活性剂在超声波作用下分散在水溶液中，离心后取上清液作为镀液，用氨水调节镀液 pH 为 8~14，采用电沉积的方法，在外加电场的作用下，使碳纳米管均匀沉积在抛光的不锈钢电极表面上，得到膜厚在 20~200nm 范围内的均匀碳纳米管薄膜，用热压的方法将碳纳米管薄膜转移到柔性透明聚合物基片表面，构成柔性透明导电薄膜，用酸洗的后处理方法去除附着在碳纳米管表面的残余表面活性剂以提高透明导电薄膜的导电性。所述方法得到的导电薄膜解决了现有碳纳米管透明导电膜与基材黏附性差的问题，形成透光性良好的大面积镀膜，镀膜表面粗糙度小。

（2）碳纳米管导电薄膜产品改进

由图 3-15 可见，产品改进中专利申请量最多的是碳纳米管与其他物质形成的复合物/复合膜，其次是碳纳米管分散液/剂。在方法改进中提到，碳纳米管溶液涂覆制备透明导电薄膜是应用最广泛的成膜方法。碳纳米管容易聚集并且溶解性较差。提高碳纳米管在溶液中的分散性，使其在导电薄膜中分布均匀是关键。因此，这类型的专利申请数量也较多。另外，包含碳纳米管和其他填料的导电涂料/墨水的专利申请、对碳纳米管结构进行化学改性/修饰的专利申请量也不少。以下分别对五种技术主题的专利申请进行详细分析，以期从中梳理出碳纳米管方法改进专利申请的技术演进。

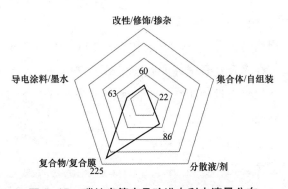

图 3-15　碳纳米管产品改进专利申请量分布

注：图中数字表示申请量，单位为件。

1）碳纳米管复合物/复合膜

复合物/复合膜中碳纳米管和纳米金属线复合膜专利申请数量最多，达到 53 件；碳纳米管与金属氧化物导电薄膜复合也是目前受关注度较高的导电薄膜材料，专利申请数量达到 35 件；另一大类是碳纳米管与聚合物形成的复合膜，专利申请数量达到 27 件，其中包括碳纳米管作为导电填料与聚合物单体混合后聚合成膜、碳纳米管膜与导电高分子膜复合等。银纳米线、碳材料、导电高分子（PEDOT：PSS）是目前最有潜力的 ITO 替代材料。这三类材料具有不同的优缺点，PEDOT：PSS 膜电导率低，稳定性差；银纳米线膜透光率和雾度较差；碳材料分散性差、表面粗糙度高。将这三类材料复合使用，可以弥补各自的不足，例如，PEDOT：PSS 膜与银纳米线、碳材料复合成膜不仅可以克服银纳米线、碳材料表面粗糙度差的问题，还可以提高 PEDOT：PSS 膜的电导率。

①碳纳米管与金属复合导电薄膜

可乐丽股份有限公司在 WO2009035059A1 中公开了碳纳米管和银纳米线的复合导电膜。在包含碳纳米管的导电层中分布着银纳米线编织成的导电网格。所述复合导电膜具有优异的透光率、柔韧性和基底的附着力以及低表面电阻，所述导电膜的制备方法温和、成本低，适合大规模生产。

华南师范大学、深圳市国华光电科技有限公司、深圳市国华光电研究院在 CN107527675A 中公开了柔性的导电膜及其制备方法，包括导电层和覆于所述导电层上的液态金属层。所述导电层为碳纳米管层、金属导电层或金属氧化物导电层，当导电层为有损伤或缺损的导电层时，液态金属具有流动性，可以修补导电层的损伤。而且因为液态金属具有很好的导电性能，不但可以实现导电层的修复，还能够提高导电膜的导电性能。液态金属层本身氧化后能够很好地附着在导电层上，所以只需将液态金属涂覆在受损的导电层上，就能达到修复导电层的导电性能的目的。

弗林德斯大学在 WO2016019422A1 中公开了金属纳米线和碳纳米管组成的导电网格包裹在 PEDOT：PSS 导电膜中，形成复合透明导电薄膜。所述复合导电薄膜的表面光滑，方阻低，仅为 50Ω/squ，透光率可达到 70%。

清华大学、鸿富锦精密工业（深圳）有限公司在 CN109019563A 中公开了碳纳米管与多孔金属复合结构，在多孔复合金属的表面机械固定纳米管，所述碳纳米管结构包括多根碳纳米管，多孔金属复合结构包括多个褶皱部。所述多孔金属复合结构具有良好的韧性、导电性，发生皱缩时不容易脆断。

②碳纳米管与金属氧化物复合导电薄膜

庆熙大学在 KR2011032468A 中公开了在 ITO 透明导电薄膜上复合碳纳米管导电薄膜，有助于改善 ITO 导电膜的脆性。

韩国机械与材料科学院（KOREA INSTITUTE OF MACHINERY & MATERIALS）在 WO2011145797A1 中公开了单壁碳纳米管嵌入金属氧化物形成复合导电薄膜。将金属氧化物和稳定剂溶解在乙醇中形成金属氧化物溶胶凝胶溶液，加入单壁碳纳米管，使其在金属氧化物溶胶凝胶中分散均匀，在基底上通过旋转、喷涂、棒涂等方法成膜，得到含有金属氧化物和碳纳米管的复合导电薄膜。所述复合导电薄膜具有改进的电转换效率和耐久性，可以作为有机太阳能电池的 N 型导电层。

韩国机械与材料科学院在 WO2011078537A2 中公开了单壁碳纳米管和金属氧化物的复合导电薄膜。将单壁碳纳米管分散在有机溶剂中，在溶液中接入金属氧化物，对溶液进行充分分散得到包含复合物溶液，在基底上沉积得到复合导电薄膜。所述导电薄膜可以作为有机太阳能电池的 P 型导电层。

③碳纳米管与聚合物复合膜

法国阿科玛公司（ARKEMA INC）、国家科学研究中心（CENTRE NATIONAL DE LA RECHERCHE SCIENTIFIC）、波尔多大学（UNIV BORDEAUX）以及波尔多理工大学（INST POLYTECHNIQUE BORDEAUX）在 WO2015063417A2 中公开了包含碳纳米管和电解质（共）聚合物的组合物。该聚合物包括对应于式 1 的单体，其中 X 是氢或甲基，Y 是如式 2 所示结构或芳基，Z 是式 3 所示结构。所述聚合物通过自由基聚合制备，用于制备透明导电电极。

式 1　　式 2

式 3

日本国家先进工业科学技术研究所（NATIONAL INSTITUTE OF ADVANCED INDUSTRIAL SCIENCE AND TECHNOLOGY）在 JP2017130276A 中公开了包含聚合物、碳纳米管和离子液体的复合导电薄膜。所述聚合物为具有氧化或还原性的导电高分子聚合物，制备包含导电高分子、碳纳米管、离子液体和溶剂的分散溶液，由该分散液制备得到所述导电薄膜。

2）碳纳米管分散液/剂

碳纳米管溶解性差，容易聚集。解决其在导电薄膜中的分散性是技术难点，也是决定其是否能作为优异的导电薄膜材料的关键。

韩国电子技术研究院（KOREA ELECTROTECHNOLOGY RESEARCH INSTITUTE）在 EP1993106A1 中公开了碳纳米管分散液及其制备方法。对单壁/双壁/多壁碳纳米管进行酸处理，对酸处理后的碳纳米管进行纯化，将纯化后的碳纳米管溶解在极性或非极性溶液中，超声分散，得到包含碳纳米管的分散液，将分散液与树脂胶黏剂混合，用于制备导电薄膜，提高了导电薄膜的透光率、电导率、化学稳定性等，可以用于多个领域。

日本宇部兴产公司（UBE INDUSTRIES LTD）在 JP2013154337A 中公开了将聚酰氨酸作为碳纳米管分散剂，所述聚酰胺酸具有式 4 结构的重复单元，其中 A 为式 5 所示结构，将上述分散剂与碳纳米管、氨基化合物极性溶剂混合，超声分散，得到包含碳纳米管的分散液。

式 4　　　　　　　　　　　　　式 5

日产在 WO2012161307A1 中公开了作为碳纳米管分散剂的高支化聚合物，所述聚合物具有式 6 或式 7 表示的重复单元，所述聚合物在有机溶剂中能够使碳纳米管分散到其单独尺寸，同时能够改善导电薄膜的导电性。

式 6　　　　　　　　　　　　　式 7

3）碳纳米管导电涂料/墨水

清华大学、鸿富锦精密工业（深圳）有限公司在 CN102093774 中公开了含有碳纳米管的导电墨水，具体包括：质量百分比为 0.5% ~ 5% 的碳纳米管、质量百分比为 7% ~ 25% 的鳞片石墨、有机载体、黏结剂、分散剂、薄膜增强剂以及溶剂；其中，碳纳米管表面带有亲水性的功能团，该功能团包括羧基、羟基、醛基以及氨基中的一种或多种；碳纳米管和鳞片石墨作为导电体，所述碳纳米管及鳞片石墨与黏结剂以及薄膜增强剂之间具有较好的结合性，导电薄膜从而较好地附着在基底表面形成导电薄膜，该导电墨水在应用时，可以直接形成导电薄膜于基底表面，工艺简单，成本低。

百奥尼株式会社（BIONEER CORPORATION）在 WO2015005665A1 中公开了可用于制备导电膜的陶瓷糊剂组合物。所述陶瓷糊剂组合物包含碳纳米管或碳纳米管-金属复合体及硅黏合剂，并且所述硅黏合剂包含 45wt% ~ 65wt% 的二氧化硅及 0.1wt% ~ 10wt%

的硅烷醇基，并且甲基∶苯基重量比为 1∶0.3~2.5；所述陶瓷糊剂组合物具有表面电阻低的特征，并且通过该特征可以实现优异的发热特性及屏蔽、吸收或导电特性；所述组合物在 300℃ 以上的高温下也不会产生物理性质的变化，并且在制备涂覆膜形态的导电性膜时，也不会产生脱离，表面电阻低，可实现优异的发热特性及屏蔽、吸收或导电特性。

中国民航大学在 CN104072958 中公开了导电性莲蓬形微孔发泡功能薄膜及其制备方法。薄膜由以重量份计的下列组分组成：多壁碳纳米管 0.010~0.030、聚合物 9.0~29.0、发泡剂 0.5~1.5 和有机溶剂 100，所述导电性莲蓬形微孔发泡功能薄膜是将多壁碳纳米管与聚合物利用发泡剂在有机溶剂中共混发泡而制成。由于该发明是利用发泡剂在聚合物内形成气泡并成型而制成微孔发泡功能薄膜，无需模板，操作简单、成本低。所述薄膜具有导电性，闭孔发泡孔隙率高，透湿性、导气性、过滤性好，并且具有较好的拉伸强度和断裂伸长率。

4）碳纳米管的改性/修饰/掺杂

设计纳米管有限责任公司在 WO2011163129A2 中公开了改性的碳纳米管及其改性方法。所述改性的碳纳米管包含碳纳米管纤维，所述碳纳米管纤维具有约 25 至约 500 的长径比，以及约 3wt% 至约 15wt% 的氧化水平。具体方法为：将缠结的非离散多壁碳纳米管纤维悬浮在酸性溶液中一段时间，经搅拌、超声处理、过滤和离心处理得到改性的碳纳米管。其易分散，产率高，具有优异的对基体的附着力或/和黏着力。

索尼在 JP2012124107A 中公开了透明导电薄膜及其制备方法。将碳纳米管和亲水性导电聚合物混合并分散在溶剂中，所述碳纳米管的表面上被导入有亲水基，由此获得碳纳米管与导电聚合物复合分散液，在所述碳纳米管与导电聚合物复合分散液中，所述亲水性导电聚合物与所述碳纳米管的重量比为 0.5 以上且 4 以下，所述碳纳米管的浓度为 0.1g/L 以上且 2.0g/L 以下；以及将所述碳纳米管与导电聚合物复合分散液附着至透明基板上，能够制造出浅色或无色且透明导电性高的透明导电膜和透明导电纤维，并能够提供高性能的电子装置。

韩国科学技术研究院在 US20100084007A1 公开了聚合物改性碳纳米管的方法。聚合物 TEMPO-PSSNa 和碳纳米管通过化学键连接，得到改性后的碳纳米管 MWNT-g-PSSNa，改善了碳纳米管的分散性。

5）碳纳米管聚集体

北京富纳特创新科技有限公司在 CN103373718A 中公开了具有较高透光度的碳纳米管膜，其包括多个碳纳米管线以及多个碳纳米管团簇，该多个碳纳米管线间隔设置；该多个碳纳米管团簇通过该多个碳纳米管线隔开，且位于相邻的碳纳米管线之间的多个碳纳米管团簇间隔设置，其透光度高，具有好的强度及稳定性，不易破裂，制备方法可控制碳纳米管线之间的间距及碳纳米管线的直径，可控制碳纳米管膜在各个方向上的电阻，具有导电异向性。

索尼在 JP2009295378A 中公开了碳纳米管导电材料，其中多个碳纳米管二维堆积且彼此部分接触，其中导电材料是透光导电材料，仅由碳纳米管组成，并且在透光支撑体的表面和与该表面接触的碳纳米管之间以及彼此接触的碳纳米管之间形成直接结合。

（3）碳纳米管导电薄膜的总结

通过对碳纳米管的制备方法和成膜方法的专利分析可以看出，浮动催化 CVD 是目前最具发展前景的制备方法。该方法不仅克服了传统高热条件不允许使用柔性基底的缺陷，同时完成了碳纳米管制备和成膜两个步骤，克服了电弧放电法、激光烧蚀法等传统方法得到的产品难分散、品质差的缺陷。

在产品改进方面，一部分专利申请致力于将碳纳米材料与其他优秀的导电材料复合，增加优势，弥补缺陷；一部分专利申请仍致力于提高碳纳米管的分散性、溶解性，使其在溶液中分散均匀，利用市场上产业化生产的碳纳米管，通过更简单、更低成本的方法改善产品的性能，使其在导电薄膜的应用更为成功。

2. 石墨烯导电薄膜专利技术分析

石墨烯是由单层碳原子以 SP^2 杂化轨道构成的六角形蜂巢晶格的平面二维材料，由英国曼彻斯特大学的科学家安德烈·盖姆（Andre Geimi）和康斯坦丁·诺沃肖洛夫（Konstantin Novoselov）于 2004 年通过机械剥离手段得到的，随后于 2009 年这两位科学家在单层和双层石墨烯体系中分别发现了整数量霍尔效应及常温条件下的量子霍尔效应，他们也因此获得 2010 年度诺贝尔物理学奖。石墨烯的电学性能优异，存在双极性场效应，通过改变栅偏压能够使费米面移动，致使面内的载流子在空穴和电子之间切换，在透明导电薄膜领域，导电性和透光率是两个对立的参数，而石墨烯兼具高电导率（106S/m）和高透光率，同时，石墨烯还具有高强度和柔性，其优异的性能使其成为最有潜力和最受期待的导电薄膜材料。

通过分析申请人（参见图 3-16）可以看出，中国科学院尤其重视石墨烯导电薄膜的研发，其申请量远超第二名的三星；韩国研发单位（韩国电子通信研究院、韩国科学技术院、成均馆大学）也对石墨烯薄膜的研发充分重视，三星、LG 等光电器件供应商也参与其中；而日本只有东芝比较关注石墨烯导电薄膜的研发。

从专利技术所述领域分布来看，石墨烯导电薄膜专利申请主要涉及产品改进、方法改进和应用这三大类，其中重点关注产品改进和方法改进两大类，将产品改进具体分为石墨烯化学改性/修饰、掺杂、石墨烯复合膜/复合物、石墨烯导电涂料/墨水/分散液/剂、多层石墨烯膜堆叠；将方法改进具体分为 CVD 法、液相剥离法、氧化还原法、膜转移方法以及其他成膜方法。

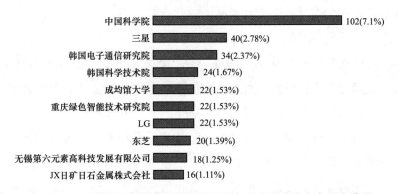

图 3-16 石墨烯导电薄膜申请量世界排名前十的申请人专利申请量

注：图中数字表示申请量，单位为件；括号内百分比表示该申请人的申请量占总申请量的百分比。

（1）方法改进

由图 3-17 可以看出，CVD 法专利申请量最多，达到了 128 件；氧化还原法次之，达到 70 件；石墨烯膜转移方法专利申请量也达到 52 件；液相剥离法专利申请量为 30 件；另外 50 件专利申请涉及其他成膜方法。以下分别对这五项展开分析。

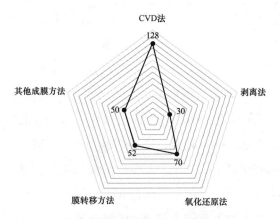

图 3-17 石墨烯导电薄膜方法改进专利申请量分布

注：图中数字表示申请量，单位为件。

1）CVD 法

CVD 法是目前最主要的石墨烯合成方法，实现了石墨烯的可控制备，将金属薄膜或金属单晶基底置于高温可分解的含碳气体中，高温加热使碳原子沉积在基底表面上形成石墨烯，除去金属基底，制备得到的石墨烯膜面积大、结构完整、质量高，缺陷是合成过程中需要高温条件和膜转移步骤，成本高，工艺复杂。

三星电子株式会社在 KR1020090043418A 中公开了用 CVD 制备石墨烯方法，具体方法为：形成膜，该膜包含石墨化催化剂，在存在石墨化催化剂的情况下，热处理气态碳源以形成石墨烯，冷却石墨烯以形成石墨烯片，所述催化剂包含镍、铜、铁等金属，所述气态碳源是具有 1 个碳原子至 7 个碳原子的化合物，首次公开了 CVD 法制备石墨烯，实现了制备大尺寸石墨烯薄膜。

三星泰科威株式会社和成均馆大学在 WO2012105777A2 中公开了 CVD 法制备石墨烯以及卷对卷成膜的方法和设备，所述方法包括：将催化剂金属以水平方向或者垂直方向装载到室中；通过加热催化剂金属来增大催化剂金属的颗粒的尺寸；在催化剂金属中提供气相碳源的同时，升高室内部的温度，以及通过冷却催化剂金属来形成石墨烯，所述石墨烯合成设备包括：框架，包括容纳空间，容纳空间用于容纳沿着竖直方向或者水平方向延伸的催化剂金属；以及辊单元，支撑并传送催化剂金属，使得催化剂金属被布置成在容纳空间的内部彼此分隔开。

JX 日矿日石金属株式会社（JX NIPPON MINING & METALS CORPORATION）在 WO2012165051A1 公开了用于 CVD 法制备石墨烯的铜箔以及石墨烯制备方法，所述铜箔以 1000℃加热 1 小时之前，利用扫描电子显微镜进行表面元素分析所测定的直径为 0.5μm 以上的氧化物和硫化物的总计个数为 15 个/mm² 以下，制造铜箔时铸造品中产生的氧化物、硫化物若被加热至作为石墨烯的制造温度的 1000℃左右，则产生凸起、凹陷、凹坑而在铜箔表面产生凹凸，可通过限制这些存在于铜箔表面（或铜箔内部）的氧化物、硫化物的大小与个数而制造高品质的石墨烯。

该公司在 WO2012111840A1 也公开了通过控制铜箔表面粗糙度实现制备高品质石墨烯的技术方案，具体为石墨烯制造用铜箔，其压延平行方向及压延垂直方向的 60 度光泽度均为 500%以上，在含有 20 体积%以上的氢且剩余部分为氩的气氛中于 1000℃加热 1 小时后的平均结晶粒径为 200μm 以上，所述铜箔为压延铜箔。

兰州大学在 CN102496421A 中公开了大面积柔性石墨烯薄膜的制备方法，包括以下步骤：在硅片的上面生成一层二氧化硅形成衬底，利用物理气相沉积（PVD）技术在衬底上沉积催化剂薄膜；将上述沉积催化剂薄膜的衬底置入 CVD 设备中，通入大流量的氩和氢气体，同时将 CVD 温度快速升到 800～1100℃，然后通入甲烷气体，持续几分钟时间后，关闭甲烷气阀，将 CVD 设备快速降温至室温，便得到了石墨烯薄膜样品；将上述石墨烯薄膜样品放入刻蚀剂中，刻蚀掉部分催化剂薄膜；利用转移印刷技术将上述石墨烯薄膜从衬底转移印刷到柔性衬底上，实现制备导电性好、可折叠弯曲的大面积柔性导电薄膜的目的，同时又可避免制备过程的高温环境对柔性衬底造成的损伤。

中国科学院上海微系统与信息技术研究所在 CN102344131A 中公开了在钼基衬底上制备石墨烯薄膜的方法，包括：将钼催化剂放入无氧反应器中，使催化剂的反应温度达到 500～1600℃；向无氧反应器中通入含碳气体，在 0.1～760torr 下反应 0.1～9999min，待炉内温度冷却至室温，得到含有石墨烯薄膜的钼金属衬底；去除钼催化剂，即得石墨烯薄膜。该方法重复性高、简单易行；所得石墨烯薄膜具有大面积、层数可控、分布均匀的特点。

该科研机构在 CN102583359A 中公开了 CVD 生长石墨烯的方法。其以液态金属或液态合金作为催化剂，以非金属绝缘材料为基底，通过气态和/或固态碳源利用 CVD 法，在催化剂表面生长出石墨烯，或者在催化剂表面以及催化剂与基底接触的界面上生长出石墨烯。所述方法无需石墨烯转移过程，可利用流动性直接将石墨烯转移到其他基底上，将催化剂离开基底，可通过连续的催化作用实现层数控制，容易控制石墨烯的厚度，制得的石墨烯结晶性好。

2）氧化还原法

氧化还原法是在强氧化剂作用下，使石墨烯层间距扩张，形成片层或者边缘带有含氧基团的氧化石墨烯。这些含氧基团通常具有亲水性，使得氧化石墨烯易于溶于水或其他极性溶液，形成氧化石墨烯分散液，通过成膜法形成导电膜前体，再对其进行还原即可得到石墨烯导电薄膜。该方法的优点是成本低，解决了石墨烯在溶剂中难以分散的技术问题；缺点是还原不完全、还原剂难以去除、结构缺陷多。

卧龙岗大学在 WO2013040636A1 中公开了生产还原（rGO）或部分还原（prGO）氧化石墨烯膜的方法。该方法提供表面包含氧化石墨烯层的基体，选择性地将还原剂溶液印刷到氧化石墨烯层上，使得氧化石墨烯层的选定区域中形成还原或部分还原的氧化石墨烯层。所述还原剂是抗坏血酸。

中国科学院宁波材料技术与工程研究所在 CN102757038A 中公开了氧化还原石墨烯的方法，包括使石墨在氧化剂存在的酸溶液中进行反应得到石墨烯。所述方法工艺简单、反应条件温和，所使用的氧化条件弱于传统的溶液相氧化还原方法，在低氧化程度下，无需经过还原步骤即可制备出石墨烯，而且制得的石墨烯结构缺陷少，导电性能优良。

中国科学院兰州化学物理研究所在 CN104692364A 中公开了液氮冷淬制备超分散石墨烯的方法。氧化石墨烯溶液在液氮中冷淬：将浓度为 0.5~8 mg/ml 的氧化石墨烯溶液加热至 30~100 ℃后放入液氮中冷淬，直至溶液完全结冰后将其取出，进行原位冷冻干燥至氧化石墨烯完全干燥；超分散氧化石墨烯还原：将干燥的氧化石墨烯通过加热或者化学还原的方式将其中的含氧官能团去除，从而得到超分散石墨烯粉体。所述方法能够有效组织石墨烯在制备过程中的重新堆叠，同时能够减少石墨烯的制备周期，对化学法制备宏量石墨烯具有非常重要的意义。

国家纳米科学中心在 CN105225766A 中公开了还原石墨烯薄膜的方法。将固态的氧化石墨烯薄膜与还原剂溶液充分接触，进行还原反应，将氧化石墨烯薄膜在保持薄膜状态不变的状态下还原为石墨烯薄膜，之后经过洁净处理，去除还原剂、溶剂等杂质，干燥后得到石墨烯薄膜。所述具有还原性的金属盐溶液中，还原性金属离子起到还原作用，将氧化石墨烯还原为石墨烯，而还原剂溶液的溶液状态能够促使还原性金属离子均匀分布在氧化石墨烯的表面，并在离子作用下与氧化石墨烯的氧原子接触进行还原反应。所述方法可以进行大面积连续化制备，操作简便；以金属离子溶剂为还原剂溶液，能够稳定存放，使用安全，制备得到的石墨烯透明导电薄膜透光性及导电性能优异。

3）膜转移方法

石墨烯膜转移技术是制约石墨烯在导电薄膜领域发展的关键因素。膜转移的难点在于转移过程中容易造成石墨烯膜污染，很难保持石墨烯膜结构完整。聚甲基丙烯酸甲酯（PMMA）是目前常用的转移介质，能够较好地保持石墨烯的完整性，但去除 PMMA 需要使用有机溶剂，容易造成污染，在石墨烯表面会残留金属氧化物，影响石墨烯薄膜导电性能；热释放胶带可以实现 30 英寸大面积石墨烯的转移，该方法操作温度较高，难以将石墨烯转移至玻璃、硅片类脆性基底上，同时，胶带残留也会影响石墨烯导电性能。

成均馆大学在 WO2011046415A2 中公开了石墨烯卷对卷转移方法和装置，使其上形成有石墨烯层的所述衬底与第一柔性衬底一起经过第一辊单元，以便形成包括所述衬底、所述石墨烯层和所述第一柔性衬底的层叠结构；以及在将所述层叠结构浸入刻蚀溶液的同时，使所述层叠结构经过第二辊单元，从而通过所述刻蚀溶液从所述层叠结构上移除所述衬底并且在使所述层叠结构经过所述刻蚀溶液的同时将所述石墨烯层转印到所述第一柔性衬底上。

无锡菲格电子薄膜科技有限公司在 CN104016335A 中公开了石墨烯转移方法，包括在生长衬底上生长石墨烯，用黏性膜贴附生长衬底上生长出的石墨烯层后，刻蚀除去衬底，得到黏附有石墨烯层的黏性膜，将黏性膜贴合在目标基底上，石墨烯层朝向目标基底，将黏性膜进行降黏处理，去除黏性膜，得到转移在目标基底上的石墨烯层。所述黏性膜为有机硅压敏胶黏性膜或丙烯酸压敏胶黏性膜。所述降黏处理采用烘烤的方法，通过加热烘烤使石墨烯层与黏性膜的结合力降低，与目标基底的结合力增加，去除黏性膜，是一种实现了转移介质易于分离，成本低，绿色环保，石墨烯完整性好的转移方法。

索尼在 WO2012093443A1 中公开了转移石墨烯膜的方法，包括用树脂层黏合第一基板上形成的一层或多层石墨烯膜与第二基板，该树脂层包含重量小于 1% 的挥发性成分且具有黏性，去除第一基板，其中所述树脂层设置在所述一层或多层石墨烯膜与所述第二基板之间，所述方法可防止产生缺陷，可以优良的黏附性转移到所希望的基板上，不产生气泡。

4）剥离法

复旦大学在 CN105293476A 中公开了大尺寸氧化石墨烯或石墨烯的制备方法，主要包括石墨在插层剂和膨胀剂的作用下，充分释放层间空间以削弱层间相互作用力，得到石墨烯聚集体，采用氧化剂对其氧化后，采用柔和的机械作用在水中使其剥离，得到大片的氧化石墨烯分散液，采用还原剂或热处理对剥离的氧化石墨烯进行还原，得到高导电率的石墨烯，所述方法，反应条件温和，工序简单，反应时间短，能耗低，制备的氧化石墨烯或石墨烯尺寸大、电导率高。

皇家墨尔本理工大学（RMIT UNIVERSITY）在 WO2015164916A1 中公开了还原石墨烯的方法，包括提供插入有含氧基团的可膨胀石墨；将可膨胀石墨在足以导致可膨胀石墨膨胀和包括含氧基团的膨胀石墨形成的条件下加热；使膨胀石墨与一氧化碳接触以还原含氧基团的至少一部分和形成包括还原石墨烯阵列的还原的膨胀石墨。其中，将膨胀石墨在与一氧化碳接触期间在至少 80℃ 的温度下加热；可使膨胀石墨与一氧化碳接触至少 1 分钟的时间段；在加热期间照射插入有含氧基团的可膨胀石墨。

中国科学院上海微系统与信息技术研究所在 CN104803380A 中公开了石墨烯制备方法。以天然石墨或人造石墨为原料，在水相环境下进行边缘氧化插层，不破坏面内石墨结构，增大石墨片边缘层间距离，采用气泡剥离法对其进行剥离，从边缘逐渐扩大石墨片层之间的层间距离，使石墨片层间相互脱离，达到剥离效果，获得水溶性的石墨烯。所述方法简单、安全、无污染，制得的石墨烯质量高。由于该发明获得的石墨烯具有水溶性、完美结构和可控尺寸的优点，可以应用于透明导电薄膜、导热胶、导电浆料、高阻隔复合材料等领域。

5）其他成膜方法

燕山大学在 CN102424532A 中公开了在玻璃基底上制备石墨烯透明导电薄膜的方法。主要是对玻璃基底进行表面修饰，使玻璃表面带有氨基基团，采用浸泽提拉方法使其表面涂覆上带有氨基基团的石墨烯薄膜，通过低温真空热处理过程使得玻璃表面的氨基团和石墨烯薄膜表面的氨基团以共价键相结合，从而制备出与玻璃基底以共价键相结合的玻璃基底石墨烯透明导电薄膜。所述方法制备出的玻璃基底石墨烯薄膜具有良好的透光性和导电性，且在玻璃上铺展均匀，膜层牢固，可适合作为太阳能电池的电极材料使用。

KUJI TOSHIRO 在 WO2013031688A1 中公开了溅射法制备含石墨烯导电薄膜，具体为：同时使用含镁靶材和含碳靶材在基底上形成含有镁和碳的透明导电薄膜，所述透明导电薄膜可以用化学式 $Mg(OH_{1-x}C_x)_2$ 表示。

国家纳米科学中心在 CN103903818A 中公开了大面积石墨烯透明导电膜的制备方法。采用多种非刻蚀的物理方法对金属基底上的石墨烯进行剥离，通过超声形成分散液，并加入高电导率的导电高分子进行稳定化处理，得到稳定的分散液。将所得到的分散液用线棒涂膜、喷涂或刮涂等成膜方式在透明基底上成膜，即可得到厚度可控的石墨烯透明导电膜。所述方法可以实现 CVD 过程中金属基底的循环利用，无需后续转移步骤，并且将 CVD 法制备的高质量石墨烯与连续化液相制膜的工艺结合起来，能够大量制备高质量的石墨烯基透明导电膜。

（2）产品改进

由图 3-18 可以看出，产品改进中专利申请量最多的是石墨烯与其他物质形成的复合物/复合膜，其次是包含石墨烯的导电涂料/墨水/分散液。对于石墨烯结构的改性/修饰，以及对石墨烯掺杂也是专利申请量较多的改进方向。另外，石墨烯膜自身复合成膜也存在一定量的专利申请数量。以下分别对五种技术主题的专利申请进行详细分析，以期从中梳理出石墨烯产品改进专利申请的技术演进。

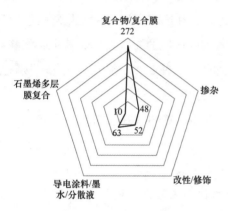

图 3-18　石墨烯导电薄膜产品
改进专利申请量分布

注：图中数字表示申请量，单位为件。

1）复合物/复合膜

国家纳米科学中心在 CN104882223A 中公开了氧化石墨烯/银纳米线复合透明导电薄膜及其制备方法。所述方法包括如下步骤：在基底上涂覆银纳米线，获得银纳米线导电层，在银纳米导电层上继续涂覆氧化石墨烯，获得氧化石墨烯层。所述复合透明导电薄膜的导电性和透光性良好，方阻达到 $32\Omega/squ$，透光率高达 93%。

该机构在 CN102569432A 中公开了含有金属和石墨烯复合导电材料。该材料包括基片和附着在该基片上的导电层，该导电层含有石墨烯与金属，所述导电层的方阻为 $0.001\sim1000\Omega/squ$，所述导电层的在可见光区域的透光率为 70%～98%，在红外光区域的透光率为 70%～98%。采用上述材料制备的透明电极因为含有金属和石墨烯的复合结构，使得其不仅具有高透光性、低电阻的优异性能，并且因为石墨烯的加入加强了透明电极的结构稳定性和耐弯曲性，改善了透明电极的导电性。

北京大学在 CN10598991A 中公开了石墨烯和金属纳米线复合透明导电塑料薄膜。将铜基底/石墨烯薄膜复合结构中的石墨烯薄膜和金属纳米线/塑料衬底复合塑料膜中的金属纳米线贴合，热压印，得到铜基底/石墨烯薄膜/金属纳米线/塑料衬底复合结构，去除铜基底，可实现卷对卷宏量制备石墨烯。

加利福尼亚大学董事会（THE REGENTS OF THE UNIVERSITY OF CALIFORNIA）在 WO2017048923A1 中公开了纳米线复合材料。其中以金属纳米线为线芯，石墨烯包覆在金属纳米线外部。具体制备为：将包含金属粉末和石墨烯粉末的混合物在微波下辐射处理，得到的复合材料可以作为制备透明电极的墨水组分。

2）导电涂料/墨水/分散液

PPG 工业俄亥俄公司在 US2015159024A1 中公开了包含石墨烯的分散液。其中包含共分散于溶剂和至少一种聚合物型分散剂中的至少两种类型的石墨烯碳颗粒。所述聚合物型分散剂可以包括与羧酸反应的锚固嵌段。该锚固嵌段包括（甲基）丙烯酸缩水甘油基酯、（甲基）丙烯酸 3,4-环氧基环己基甲基酯、（甲基）丙烯酸 2-(3,4-环氧基环己基）乙基酯、烯丙基缩水甘油基醚及其混合物。该羧酸包括 3-羟基-2-萘甲酸、对-硝基苯甲酸、己酸、2-乙基己酸、癸酸和/或十一烷酸。该聚合物型分散剂也可包括包含至少一种（甲基）丙烯酸烷基酯的至少一个尾部嵌段。

积水化学工业株式会社（SEKISUI CHEMICAL CO LTD）、神户大学（KOBE UNIVERSITY）在 WO2017145940A1 中公开了含有石墨烯的复合材料，包含碳材料以及以物理或化学方式结合在碳材料上的导电性分散剂，其中，导电性分散剂由有机高分子构成，有机高分子是具有噻吩骨架的高分子，导电性高分子的数均分子量为 2000 以上、100000 以下，碳材料的 C/O 比为 4 以上、20 以下。

浙江理工大学在 CN107474469A 中公开了制备聚 3,4-乙烯二氧噻吩-聚苯乙烯磺酸-石墨烯导电材料的方法。用 ABS 树脂、二氯甲烷制得油性成膜溶液；用石墨烯、聚苯乙烯磺酸溶液、3,4-乙烯二氧噻吩、氯化铁溶液等制得导电复合材料，加水溶液，得水性导电溶液，与油性成膜溶液混合，得水油导电溶液。

3）改性/修饰

韩国电子技术研究院在 WO2014163236A1 中公开了高导电碳纳米材料。所述碳纳米材料含有氢键和超分子结构，与金属纳米材料复合，形成高导电性金属-石墨烯复合材料。所述碳纳米材料为石墨烯，采用含氢键的基团对碳纳米材料进行改性。

北京大学在 CN102849732A 中公开了实现单层石墨烯双面非对称修饰的方法。在衬底上制备石墨烯，在石墨烯表面进行共价化学修饰，得到单面修饰的石墨烯，将 PMMA 溶液旋涂至单面修饰的石墨烯表面，烘烤 PMMA 形成聚合物薄膜，然后在氢氟酸水溶液中刻蚀衬底，使石墨烯与衬底分离，以 PMMA 薄膜作为保护性基底，对单面修饰后石墨烯的另一侧进行不同方法的共价化学修饰，实现石墨烯的双面非对称修饰，将双面非对称修饰的石墨烯转移至另一衬底表面，除去 PMMA 薄膜，得到双面非对称修饰的石墨烯，首次实现了单层石墨烯双面非对称共价修饰，适用于任何石墨烯共价修饰方法。

广东纳路纳米科技有限公司在 CN106229081A 中公开了采用硅烷偶联剂一端的巯基与石墨烯螯合连接，使石墨烯表面化学修饰偶联剂，同时偶联剂另一端的硅氧烷基与 PET 表面上的硬化层相结合，以化学键合的形式将石墨烯固定附着于 PET 表面，使制备的石墨烯透明导电薄膜的附着力得到大幅提高。

4）掺杂

北京大学在 CN108950683A 中公开了高迁移率氮掺杂大单晶石墨烯薄膜。氮原子以石墨型氮掺杂于石墨烯晶格中；氮原子的掺杂形式为簇状掺杂，至少 3 个氮原子与碳原子形成簇状结构镶嵌于石墨烯薄膜中，氮掺杂大单晶石墨烯薄膜的制备方法包括如下步骤：采用还原性气体和含氮碳源气体作为生长气氛，利用 CVD 法在生长基底上生长单晶石墨烯岛，在氧化性气氛中对单晶石墨烯岛进行钝化处理；钝化处理结束后，利用 CVD 法进行石墨烯再生长即得，所述薄膜具有超高载流子迁移率。

杭州高烯科技有限公司、浙江大学在 CN109003702A 中公开了氮杂石墨烯。以碳酸氢铵作为交联剂和氮源，氧化石墨烯分散液通过刮膜技术后转移入碳酸氢铵溶液中进行凝结，然后在水热反应过程中进行还原，形成高度取向、高度褶皱的结构，掺杂入高浓度的氮，所述石墨烯膜具有明显的褶皱结构，密度为 $1.68g/cm^3$，X 射线光电子能谱显示含氮原子摩尔比例为 8.6%，以吡咯氮为主。

上海交通大学在 CN104240792A 中公开了高氮掺杂石墨烯与超薄 $MoSe_2$ 纳米片的复合材料及其制备方法。通过将溶解于水和乙二醇的钼源、硒源和低氮掺杂石墨烯充分混合后，在作为活性剂的乙二胺作用下进行溶剂热反应，使得超薄 $MoSe_2$ 纳米片均匀生长到石墨烯上的同时，低氮掺杂石墨烯被深度掺杂，最终得到高氮掺杂石墨烯 - 超薄 $MoSe_2$ 纳米片复合材料。

5）石墨烯多层膜复合

日本半导体能源研究所（SEMICONDUCTOR ENERGY LABORATORY CO LTD）在 WO2012165358A1 中公开了电极中使用包含 1 至 100 个石墨烯片的网状石墨烯代替以往使用的导电助剂及黏合剂。具有二维的展宽及三维结构的网状石墨烯更容易与活性物质粒子或其他导电助剂接触，由此导电性及活性物质粒子之间的结合力得到提高，通过在混合氧化石墨烯和活性物质粒子之后，在真空或还原气氛中对该混合物进行加热，得到这种网状石墨烯。

（3）石墨烯导电薄膜的总结

通过对石墨烯的制备方法和成膜方法的专利分析可以看出，自从三星和成均馆大学、索尼分别完成了 CVD 法制备大尺寸石墨烯薄膜开始，CVD 法逐渐成为最受关注的制备方法。不同申请人对于 CVD 法改进选择的方向各有异同，例如：JX 日矿日石金属株式会社从催化剂铜箔自身寻找影响石墨烯产品的原因，通过改进催化剂来改进石墨烯产品的质量；其他申请人选择改变催化剂种类、碳源、加热条件等来进一步改进 CVD 法。石墨烯膜转移作为 CVD 法的后处理工艺，也是需要克服的技术难点。大部分申请人致力于对转移介质的研究。氧化还原法也是受专注热度较高的制备方法，对于还原剂的改进是其中最受关注的热点，使还原效率更高、选择更绿色环保的还原剂是发展的新方向。

在产品改进方面，将石墨烯与其他优秀的导电材料复合仍是专利申请中的重中之重，尤其是和银纳米线、导电高分子制备的复合膜更是该领域现在及未来发展的方向。同时，对石墨烯结构的化学改性/修饰/掺杂也是近期专利申请的方向，其从微观的角度对石墨烯的性能进行更深入研究，通过改变其微观结构提高其导电性。

四、总结与建议

（一）专利分析结论

1. 银纳米线透明导电薄膜

（1）银纳米线透明导电薄膜全球发展概况

从全球专利申请量趋势、全球专利申请量地域分布以及重要申请人申请量变化等因素综合分析，目前，银纳米线透明导电薄膜领域的研究已经趋于成熟。

该领域的全球专利申请量和主要国家申请量以及重要申请人的申请量经历快速增长期之后，近年来，美国、韩国、日本的申请量均显著下降。

部分申请人开始撤出该技术市场的竞争，如总申请量排名世界前三的富士胶片从2012年的每年申请十几件锐减到零件申请，开始撤出该技术市场的竞争。

世界排名前25位的申请人大多为国际主要的光电器件生产商以及材料供应商，其资金、研发团队、资源等方面都具有先天优势，且在银纳米以及薄膜领域起步略早，尤其是美国的天材创新材料科技股份有限公司掌握着银纳米线（膜）相关的上位专利，会对在后的权利申请产生一定的影响。

与天材创新材料科技有限公司合作的日本大仓株式会社现今停止了导电薄膜的量产制备，与天材创新材料科技有限公司合作的 TPK 也没有最终实施量产银纳米线导电薄膜的业务。不排除这与天材创新材料科技有限公司销售的银纳米线油墨的价格高有关，更可能与销售情况不佳、应用领域受限有关。锐珂医疗有限公司2012年推出 FLEXX 银纳米线导电薄膜产品，该产品经历了严苛的老化性、稳定性、环境条件、银迁移、UV 老化测试并具有优异的性能，该公司一直积极在市场推广 FLEXX 产品，更新了几代产品，如今却销声匿迹了。

（2）国内发展现状分析

透明导电薄膜在触摸屏、教育医疗、可穿戴设备、柔性光伏电池、智能家居领域潜力巨大。中国是柔性导电薄膜的重要生产地和消费主力军。从我国的银纳米线透明导电薄膜专利申请情况和全球对比来看，我国在该领域专利布局、技术实力与国外差异较大。

我国银纳米线透明导电薄膜虽然发展较晚，但是开始发展后申请量增速快，超过其他国家/地区，到目前为止申请量最大。目前中国银纳米线透明导电薄膜风头正盛，反映出我国在光电材料领域紧跟世界的步伐。

由于技术门槛不高，国内很多高校、科研机构、中小企业均参与到透明导电薄膜的研发、应用上来，申请人分散且申请的产业化价值不高。

国内可以生产银纳米线透明导电薄膜的企业，如合肥微晶、苏州诺菲、宁波科廷光电、华科创智、珠海纳金等具有研发实力，也开始逐渐量产，但是上述银纳米线透明导电薄膜制造企业大都并没有器件制备能力，而针对不同的应用领域的不同需求，需要紧跟应用及时对薄膜技术进行调整。相较于三星更关注于银纳米线透明导电薄膜的显示效果以及耐用性，富士胶片更侧重于性能的均衡，尤其是抗老化性能以及稳定性，国内企业研发的薄膜除光电性能外，对其他性能研究得较少。

国内研发的应用方向主要为触摸屏幕以及大型显示设备，对其他领域的挖掘很少，银纳米线透明导电薄膜研发企业有关器件应用、应用领域挖掘方面的专利申请量非常少。

2018年宁波科廷光电年产百万平米的银纳米线透明导电薄膜生产线投入使用，2019年天材创新材料科技有限公司在厦门的导电墨水生产基地正式投产，苏州诺菲进一步扩大银纳米线透明导电薄膜的产量以及宽度，华科创智也于2018年提升产能。这与其他国家的企业纷纷缩减这一领域在本国的投入完全相反，国内外企业纷纷看好银纳米线导电薄膜在中国的发展前景。

国内银纳米线透明导电薄膜的上下游产业以及供应链已经趋于成熟，并开始应用于电子终端产品。

2. 碳纳米材料透明导电薄膜

（1）碳材料透明导电薄膜全球发展概况

经过了2010年以前技术萌芽期和2011年至2014年的技术迅猛发展期，从2015年开始，碳材料透明导电薄膜专利申请呈现下滑和趋于稳定之势。一方面，对于碳纳米管、石墨烯等先进碳材料的基础性能研究和制备工艺逐渐成熟，实现了量产，研究方向转向其下游应用领域；另一方面，市场对产品性能、制备工艺的要求逐步提高，同时也对研发实力提出了更高要求。

欧洲在该领域发展水平缓慢，一方面与其整体经济发展水平相关，另一方面体现了其下游市场对碳材料透明导电薄膜的需求量较小。美国作为最有实力的创新主体，在该领域发展趋于稳定，没有表现出对该领域的特别关注和投入。中国、日本、韩国在碳材料透明导电薄膜领域具有最强的研发实力，是最主要的创新主体。日本和韩国是该领域的传统强国，整个上、中、下游的产业都处于全球领先水平。随着中国经济的发展，中国高校、科研机构和企业的创新能力日益增强，智能手机等下游产业对透明导电薄膜的巨大需求，促使中国研发主体加大了对该领域的投入和研发，目前，中国在碳材料透明导电薄膜领域处于高速发展阶段。

（2）国内发展现状分析

中国在专利申请数量方面遥遥领先其他国家/地区，但中国在海外专利布局的数量远远低于国内专利申请数量；同时，其他主要国家/地区在华专利布局数量也低于美国、日本、韩国。由此可见，一方面，尽管中国在该领域大量投入研发，但尚未形成由创新到产业化的有效转化，其市场尚未得到广泛关注；另一方面，这也反映出申请人对专利申请质量的期望值、国内申请人对于其专利申请的价值预期较低，将其进行海外布局的动力较低。

在核心专利数量与专利申请量比例方面，中国仅以 16.5% 居于主要国家/地区的末位，由此反映出创新水平与专利申请量不相匹配，部分专利申请应用价值不高，不能将创新成果进行有效的商业或产业转化。2018 年 3 月 31 日，中国首条全自动量产石墨烯有机太阳能光电器件生产线在山东菏泽启动。2019 年 6 月 6 日，由浙江大学高超教授团队成果转化并建设的全球首条纺丝级单层氧化石墨烯十吨生产线试车成功，并获得国际石墨烯产品认证中心颁发的全球首个产品认证。中国在高品质石墨烯产品生产领域表现出强劲的实力，这必然对研发和创新产生促进作用。

（二）非氧化物透明导电薄膜领域专利预警建议

1. 研发贴近市场走向

新材料是国家整个制造业转型升级的产业基础，对制造强国建设和经济转型升级有重要战略意义。透明导电材料作为当下市场中最为抢眼的新材料之一，在商用大屏幕、智能教育、智能手机、军事国防领域都表现出了不俗的成绩。随着党的十九大对建设智慧城市的号召和 2018 年国家教育信息化 2.0 对智能会议、触摸一体机等电子产品统一替代传统教学形式的推进，智能会议和教育用交互白板市场将是一片蓝海，预计有千亿元人民币的市场潜力。而 ITO 由于脆性以及稳定性的问题，难以应用到 21 寸以上中大屏幕市场，这正给了其替代材料以广阔的发展空间。

金属纳米线透明导电薄膜已经进入产业化时期，碳材料透明导电薄膜也加速进入产业化阶段，以后的竞争不仅是 ITO 替代材料与 ITO 之间的竞争，更是 ITO 替代材料之间的竞争。非氧化物透明导电薄膜的技术研发向复合型、具体应用器件制备的方向发展。因此，ITO 替代材料的研发应该紧跟其应用的市场需求，开发产品线，以应对不同应用需求以满足不同的客户体验。与此同时，应当密切关注国外非氧化物透明导电薄膜企业的研发动向，追踪前沿技术，及时跟进，并调整自己的产品结构、布局，积极开发新的应用方向，以顺应瞬息万变的市场走向，减少企业的风险。

2. 研发机构和企业强强联合

国内高校、科学院所在银纳米线以及碳材料基础研究领域有丰富的科研成果，企业应该加大与研究机构的合作，例如清华与富士康共同建立了清华-富士康纳米科技研究中心。利用科研机构的信息、人才、设备优势并结合企业对产品性能以及市场的准确把握，从大批的可用技术中筛选出具有应用价值的技术，减少技术流失，通过合作的方式开展以中试为目标的研发，促进成果的应用、转化，借外力推动产业的创新。借此，企业和高校、科学院所联盟将会大幅提升技术集中度，并以市场需求作为研究导向，获得更多有商业价值和市场前景的创新成果，促进我国新型透明导电薄膜领域的稳步发展。

3. 加强对专利技术的布局，制定适合的专利策略

首先，2008年，中国制定了《国家知识产权战略纲要》，把保护知识产权提升为国家战略。知识产权也是企业重要资产的概念在国内渐渐成熟，各产业开始通过专利来保护研发成果，并积极转化来促进产业发展，有些企业开始透过侵权诉讼、专利无效和专利授权等方法直接或间接获利。因此在研发的过程中，不仅要考虑到发明的独创性以及产业利用性，对于他人专利之尊重与防范，如何回避自己的研发产品落入他人专利的专利权中，也需要成为现在各大企业研发过程中的考虑要素。

其次，我国市场是各国企业专利布局的热点之一，存在大量专利申请，尤其是国外申请人在我国布局了大量基础性的专利。我国企业在将产品推向市场之前，还应做相关领域的专利检索，避免侵权。

最后，目前我国总申请量虽然排名世界前一，但进入美、日、欧、韩的申请却寥寥无几，与其他国家/地区差距明显。国外公司通常以核心上位技术专利为基础，构建完整的多角度多层次的专利保护壁垒。通过外围专利和后续专利的布局可获得市场利益的最大化。从美国的天材创新材料科技有限公司在世界范围的专利布局以及针对其他公司发起的无效宣告程序可以看出，知识产权壁垒对于占领市场和保护市场的作用正在不断涌现。

我国企业可以采取走出国门的策略，对创新成果积极申请国外专利，在全球范围内进行专利布局，以借助知识产权优势协助产品走向海外市场，只有正视知识产权全球化的趋势，才能在全球化竞争中获胜。此外，还可以像苏州诺菲那样采用与天材创新材料科技有限公司进行交叉专利授权或购买专利的灵活策略，在竞争与合作的共存中不断求得发展。

4. 科技创新，知识产权先行策略

我国乃至世界经济由增量时代逐渐转向博弈时代。提高自身发展固然重要，但关注对手，放眼世界，在博弈中发现机遇，抢占市场在现阶段显得尤为重要。毋庸置疑，科技创新是企业乃至整个国家的生命线，知识产权保护战略不仅是自身创新成果的保护防

御机制，更是在行业中掌握主导权和话语权的有利武器，拥有核心专利和先进专利数量最多的主体，在整个行业中就拥有难以撼动的地位。我国专利制度相对于欧美国家起步较晚，专利保护和专利布局意识仍需加强。而且，企业应加强与科研机构的合作，让创新服务于市场，让市场推动创新进步。另外，关注行业中领军企业的专利成果和专利布局，了解行业先进技术，寻找突破壁垒发展自身的机会。同时，要放眼全球，整体把握行业上中下游的发展状况，准确定位目标市场，进行有效的专利布局，让专利保护战略为企业甚至国家经济的发展保驾护航。

参考文献

［1］文友. 铟锡氧化物薄膜的生产、应用与开发［J］. 稀有金属与硬质合金，1997（3）：56-60.

［2］刘海燕. 柔性透明电极关键技术的研究［D］. 成都：电子科技大学，2016.

［3］吴智聪. 基于银纳米线网络的柔性透明电极优化设计与性能研究［D］. 武汉：华中科技大学，2018.

［4］柔性电子崛起 | 说一说这个关键材料——柔性透明导电膜［EB/OL］.［2018-05-09］. https：//www. sohu. com/a/231043779_ 159067.

［5］导电膜市场：ITO 坚守龙头位置的 ITO 材料脱颖而出［EB/OL］.［2018-07-10］. https：//www. sohu. com/a/240369288_ 281264.

［6］LEE Y B, et al. Graphene-based Transparent Conductive Film［J］. Journal of Korean Ceramic Society，2013，8（3）：1-16.

［7］苗锦雷. 石墨烯基透明导电薄膜的制备及其性能研究［D］. 天津：天津工业大学，2018.

［8］沈科挺. 石墨烯透明导电薄膜的制备与性能［D］. 北京：北京化工大学，2018.

柔性显示专利技术综述[*]

莫　凡　聂　晨　金　曦　李姝昀　陈雪红

黄秋艳　张　陟　刘锦英　廖雪华

摘　要　柔性显示器作为可穿戴设备的重要组成部分，近年来逐渐成为研究热点。柔性显示器之所以不同于传统显示器，是由于柔性显示器的材料和结构设计，使其能实现一定程度的弯曲并具有一定的耐用性。柔性显示器主要结构由基底、功能层、封装三部分组成。基底材料的性能、功能层的结构设计以及封装技术是影响柔性显示器性能的主要因素。本文依托国家知识产权局专利检索与服务系统，以中外专利申请为样本，对柔性显示的专利申请进行了分析，内容包括全球以及国内的专利申请总体变化趋势、地域分布、市场现状和重要专利技术发展路线，并进一步以国内外重要申请人的全球专利申请为基础，进行归类和整理，对技术发展路线、专利申请趋势与布局、技术热点进行了细致分析，希望为国内外企业以及该领域技术人员了解行业现状和技术发展趋势提供参考。

关键词　柔性显示　基底材料　功能层　封装工艺　专利分析

一、概述

（一）研究背景

随着科技的进步，传统的 CRT 显示器早已被 LCD、PDP、OLED 等平板显示器所取代。近些年来的研究热点之一在于将平板显示器柔性化。柔性显示器的柔软、可弯曲、轻薄、外观新颖等特点，对终端用户具有较强吸引力。柔性显示器可弯曲的特性使得产品设计不局限于平面化，可实现多元化外形的显示模式，这一重要特点也使得柔性显示技术在应用场景丰富、外观多变的可穿戴设备中大有用武之地。

（二）柔性显示技术简介

从主体结构而言，柔性显示器主要由基底、功能层、封装三部分组成。[1] 因而柔性

---

[*] 作者单位：国家知识产权局专利局专利审查协作北京中心。

显示技术的一级分支可以分为：基底、功能层、封装。其中基底是柔性显示结构中重要的支撑结构，所有的功能层都在其上形成，并影响后续封装方式，基底材料的柔软性往往决定了整个器件的柔韧性能，而且其对温度的耐受程度也决定了整个制造工艺中允许达到的最高温度。[2]功能层包括了电极层、显示层和保护层，各层的材料性能也有一定要求。对电极层而言，传统显示器中的电极材料氧化铟锡柔韧性不足，逐渐被具有良好导电性能、高透明度、柔韧性强的石墨烯所取代[3]，显示层以有机物自发光材料为主如OLED，其逐渐替换了传统的液晶显示层。保护层起着阻挡层、抗氧、耐磨的作用，为了减少厚度也可以直接以封装材料作为保护层。对于封装技术，除了要考虑阻水、阻氧能力外，还要考虑到封装对器件柔韧性产生的影响。同时，封装技术对于柔性显示器能否大规模生产也具有重要意义。现阶段的封装技术根据封装层数可分为两类：单层薄膜封装技术包括等离子体化学气相沉积、真空镀膜封装等，多层薄膜封装技术包括聚合物和陶瓷层堆叠封装。

由于柔性显示的基底是研发柔性显示器的基础，本文将柔性显示的基底作为二级分支，主要分为五类：聚合物基底、超薄玻璃基底、金属基底和最近引起研究者广泛关注的纸质基底、生物复合薄膜基底。

1. 聚合物基底

聚合物基底被认为具有广阔的前景，其具备透明性、柔性、质量轻、耐用、价格便宜等优点。融入现代精密技术的聚合物基底有助于有机发光聚合物和有源矩阵薄膜晶体管阵列的生长和印刷，为大规模生产柔性电子装置、降低制造成本、提升卷-卷加工的容量提供可能性。聚合物基底一般分为三类：

（1）半结晶热塑性聚合物，如聚酯（PET）、聚苯二甲酸乙二醇酯（PEN）、聚醚醚酮（PEEK）。这些材料作为柔性基底展现了一些重要的特性，包括固有的良好透明性、简单的加工过程、良好的力学性能、较高的阻隔氧气和水汽渗透性能，但是其存在不耐高温的缺陷。低温沉积电极材料时，会导致器件性能降低，若升高沉积温度，聚合物基底会收缩，导致电极膜容易脱落。另外，其表面粗糙度也比较大，沉积的薄膜容易产生缺陷。

（2）非结晶聚合物，如聚醚砜（PES）。PES为非结晶热塑性聚合物，可熔融挤压或溶剂注造。它有良好的透明度和较高的工作上限温度，但是价格昂贵，耐溶剂性差。

（3）非结晶高玻璃化转变温度（Tg）聚合物，如聚芳脂（PAR）、丙二醇丁醚（PNB）、聚酰亚胺（PI），其中PI是一种具有良好的热稳定性、较好的力学性能和化学性能的材料，但是现阶段而言，受制作工艺影响，其透明度低，价格也比较贵。

2. 超薄玻璃基底

玻璃是硬质材料，需要将其薄化才可能具有可挠曲性。目前已做成的超薄玻璃厚

度小于 $50\mu m$，表现出较好的热稳定性和化学稳定性、可弯曲性、可见光透过性、阻水阻氧性，也具有较高的表面光滑度，而且绝缘，是较为理想的柔性显示基底材料，可以实现流水线生产柔性弯曲的 OLED 显示器。[4]但是超薄玻璃韧性较差，经过周期性弯曲后容易出现裂缝。另外超薄玻璃的边缘部位在切割操作时也比较容易产生微裂痕缺陷。

3. 金属基底

金属基底一般应用于透过率要求不是很高的柔性发光显示。如果应用于大型显示器，其材料成本将会上升很多，但如果是应用于小型柔性显示器中，由于用料较少，具有较大的发展前景。金属基底的耐高温性能（至少在 1000℃ 以上）要远远高于聚合物与玻璃基底，在制作柔性显示过程中使用金属基底不会存在耐热方面的问题。所以金属基底也是一种常见的选择，使用的材料包括化学惰性的钛箔片。

4. 纸质基底

在过去几年中，使用纸质基底来制备柔性显示器件开始引起了人们的关注，例如Do-Yeol 等研发了以纸质材料为基底的柔性 OLED[5]，在驱动电压为 13V 时发光强度可以达到 $2200cd/m^2$。纸质基底采用纤维素结构的纸质材料，因为其便宜、轻薄、可以弯曲折叠、能够循环使用，所以作为柔性显示基底，纸质基底也是一种不错的选择。与聚合物基底相比较，纸质基底热膨胀性比较小。考虑到纸质是纤维素结构，表面比较粗糙，化学性能和机械阻隔性比较差，容易吸附一些小分子物质进入多孔结构[6]，因此为了制备柔性显示器件，改善纸质基底接触面的光滑性是非常重要的。另外，在使用纸质基底时需要在纸张表面设置涂层，以提高表面的阻隔性能，防止在纸质基底上设置功能层时，电极材料渗透到纸质基底当中。

5. 生物复合薄膜基底

影响柔性显示卷-卷加工技术大规模应用的一个原因是传统基底的热膨胀系数比较高，例如，大部分聚合物的热膨胀系数在 $50\times10^{-6}K^{-1}$ 左右。在基底沉积功能层热处理时，基底材料和功能层材料的膨胀系数不匹配会造成装置性能的下降。而细菌纤维素纳米纤维薄膜是一种生物复合薄膜材料，其具有热膨胀系数低、可见光透过率高和柔性性能良好的优点，因此近几年也被尝试用来作为柔性显示的基底，在有机光电子领域的应用中引起了广泛的关注。该类生物复合膜基底将聚氨酯基树脂和细菌纤维素制成纳米复合薄膜作为柔性 OLED 基底，但经过初步检索后发现该类型相关申请量较小，本文中不作为重点关注。

（三）柔性显示技术研究对象和方法

在对柔性显示技术进行整理后，本文选择从二级分支柔性显示基底的全球专利文献作为切入口进行研究分析，根据基底选用材料的不同，具体包括聚合物基底、超薄玻璃基底、金属基底、纸质基底这四个技术分支来分析柔性显示技术。

本文的专利文献数据主要来源于国家知识产权局专利检索与服务系统（简称"S系统"）中的德温特世界专利索引数据库（简称"DWPI"），检索文献涵盖了公开日或公告日在 2019 年 6 月 14 日之前的全球发明和实用新型专利申请总计 1306 件，由于专利审查制度的设置，专利文献从申请日到公开日需要一定的时间，所以申请日在 2017 至 2019 年的样本会存在收录不全的问题。

本文针对技术分支确定关键词和分类号，确保检索结果全面且准确。具体使用的分类号包括 IPC、CPC、EC 分类号，基于获得的检索数据进行清理分析字段、数据标引、数据筛选等构建柔性显示基底的专利数据库，从全球专利申请趋势、市场分布、主要申请人等多个维度对柔性显示基底的全球专利申请总体情况进行分析，得到柔性显示基底的专利技术现状和发展趋势。

本文中对相关技术术语的定义和对相关概念的约定如下：

（1）同族专利

同一项发明在多个国家申请专利而产生的一组内容相同或基本相同的专利文献出版物，称为一个专利族或同族专利。从技术角度看，属于同一专利族的多件专利申请视为同一项技术。

（2）关于申请日的约定

在全球专利申请数据分析时，将最早优先权日确定为申请日。

二、柔性显示基底相关专利申请总体情况

本节将对全球专利申请趋势、地域分布、申请人、发明人等信息进行统计分析，以了解全球范围内柔性显示基底的专利申请总体情况。

（一）全球专利申请量趋势分析

图 2-1 示出了全球范围以及部分主要区域从 1992 年至 2017 年的专利申请量随年份变化情况，用来反映本技术领域的技术发展活跃度状况。

从图 2-1 可以看出，自 1992 年起至 2001 年，全球每年与柔性显示基底相关的专利申请量均不足 10 件，这一阶段是该技术的萌芽期。随着产业的发展，业内对柔性显示的关注日益提高。从 2001 年开始，相关技术的全球申请量开始增加，直至 2008 年，申请量不断上升并达到一个小高峰。2008 年以后，受全球金融危机的影响，申请量出现了一个短暂的下降期。随着经济的回暖，柔性显示技术愈加得到重视，在 2010 年至 2013 年相关的专利申请量呈现爆发式增长，2014 年稍有降温之后，申请量增长势头仍然迅猛，显示出全球相关产业对柔性显示技术重要性的认可，仍然认为其具有巨大潜力。

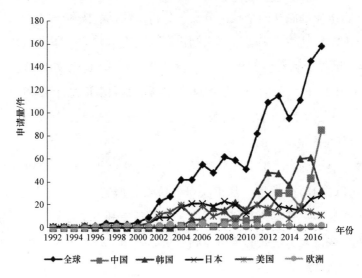

图 2-1　全球、中国、日本、美国、欧洲以及韩国柔性显示基底专利申请量趋势

以申请人为入口，发现全球申请量排名前三位为韩国、日本、美国，分别为 402件、314 件、235 件，中国位于第四位，213 件。日本、欧洲、美国是最早出现柔性显示专利申请的区域，也是最早研究柔性显示的地区，而中国直到 21 世纪初才出现相关专利申请，说明中国对柔性显示技术的研究较晚。美国自 1997 年起柔性显示的申请量开始增加，至 2004 年达到顶峰，至今在小幅度波动的同时仍然保持稳定的申请量，主要的申请人为苹果公司、加利福尼亚大学、3M 创新公司、康宁公司等。日本自 2000 年起柔性显示的申请量开始大幅度增加，直至 2005 年，其年申请量达到平稳状态，可见日本在柔性显示的研究方面开展较早且年专利申请量比较稳定。韩国与中国在柔性显示技术上的研究虽起步较晚，但近几年呈现爆发趋势，从 2010 年起韩国的全球专利申请量超越美、日、欧。中国从 2008 年左右开始布局相关专利，在 2016 年以后超越韩国成为全球柔性显示技术每年专利申请量最多的国家，并且还在持续增长中。从中推断，中国对于柔性显示领域的研究力度逐渐加大，对相关市场的重视程度日益增加。从全球整体来看，该领域已进入了快速发展时期，竞争日趋激烈。

（二）专利申请来源区域及目标区域分析

图 2-2 对专利申请来源区域及目标区域进行分析，以便了解柔性显示基底各主要的专利申请来源区域在主要市场的专利布局情况。

图 2-2 示出了柔性显示基底专利申请来源区域及目标区域申请量分布情况。通过专利申请流向分析，中国、韩国、日本、美国和欧洲的申请人都对本区域的专利布局最为重视。柔性显示基底最大的专利申请来源区域为韩国，体现出本领域韩国申请人的研发投入力度较大且技术实力较强。在市场布局上，韩国积极向国外进行专利布局，体现出较广泛的分布。在本国市场以外，韩国对美国市场最为重视，其次为中国市场。中国申请

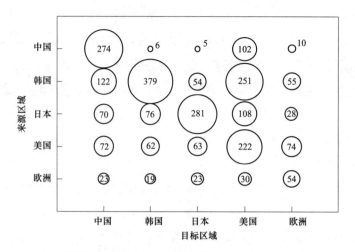

图2-2 柔性显示基底专利申请来源区域及目标区域申请量分布

注：图中数字表示申请量，单位为件。

人的专利申请虽然数量较多，但是在目标区域的布局上表现出很强的不均匀性，主要集中在中国市场；海外市场中，在美国市场有一定分布；但其他国家/地区的分布很少。因此中国申请人的相关产品在"走出去"时可能会因为缺乏足够的专利保护而面临风险。

（三）主要申请人分析

图2-3对本领域的主要申请人进行分析，以便了解各主要申请人的技术规划策略、技术优劣势等情况。

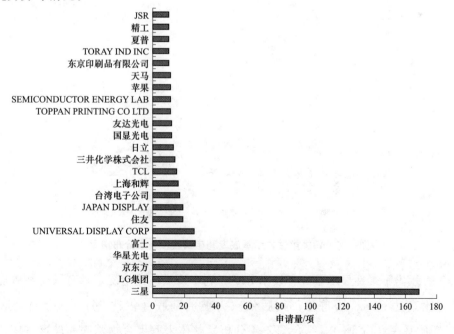

图2-3 柔性显示基底全球主要申请人申请量情况

由图 2-3 可以看出，所列出的全球 24 个主要申请人全部为企业，其中日本企业有 12 家占主要申请人数量的一半。而申请总量排名前二位的企业均来自韩国，三星申请量居榜首，LG 集团排名第二，且这两家企业与其他申请人的申请量相比优势明显。来自中国的申请人有 8 家企业，其中京东方有 59 项专利申请，华星光电有 57 项专利申请，分别排名第三和第四，在申请量上处于国际前列。排名第九和第十的中国台湾电子公司、上海和辉也有一定申请量。

（四）技术分支分析

由图 2-4 可以看出，柔性显示基底早期先后采用了聚合物基底和玻璃基底。2000 年开始出现了金属基底和纸质基底。然而金属基底和纸质基底的专利申请数量一直处于比较低的水平。经分析认为可能的原因在于金属基底和纸质基底的特点导致其应用范围较窄。玻璃基底凭借其透光率的优势，进入 21 世纪后申请量呈现增长趋势，但可能由于玻璃超薄化对生产工艺要求较高等原因，申请量仍低于聚合物基底。聚合物基底的各方面综合性能良好，在柔性基底中的应用领先于其他三种基底材料，并且从 2006 年开始，申请量呈现大幅增长趋势，一直领先于其他几种材料。可以预期，其在今后一段时间内也很可能会继续保持领先地位。

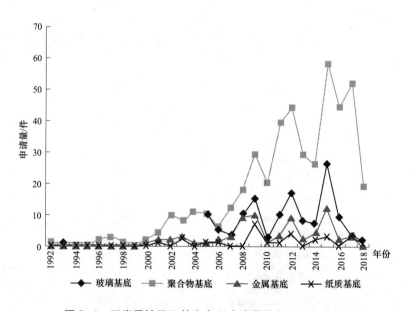

图 2-4　四类柔性显示基底专利申请量按年度分布情况

图 2-5 示出了柔性显示基底各技术分支专利申请量占比情况。针对聚合物基底的专利申请占比高达 63%，居首位；其后依次为玻璃基底（占比 24%）、金属基底（占比 10%）、纸质基底（占比 3%）。结合图 2-4 分析，整体来看聚合物基底和玻璃基底仍是研发和申请的重点。

（五）小结

本节重点分析了全球及各主要区域专利申请量趋势，各主要专利申请来源区域在主要市场的专利布局情况，全球范围内主要申请人、主要技术分支的申请及布局情况。

总体来看，有关柔性显示基底的专利申请日期主要集中在 2000 年以后，在此之前处于技术萌芽期。此期间内主要由日本和美国申请人提交相关专利申请，说明日本和美国对于柔性显示基底的研究较早。而韩国和中国相关专利申请较晚，可以推测出韩国和中

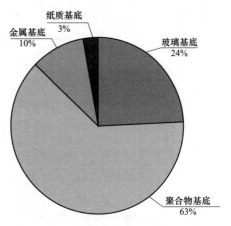

图 2-5　柔性显示基底各技术分支
专利申请量占比情况

国在该领域的研究晚于日本和美国。但进入 21 世纪以来，韩国和中国申请人的相关申请量呈爆发式增长，其中主要专利申请为聚合物基底和玻璃基底。美国、日本和韩国的申请人在各个区域的专利布局较为均衡，而中国申请人主要在中国和美国进行专利布局，忽视了其他市场。这一点应当引起业内足够的重视，对于重要专利技术，应加强全球范围的布局，为产品"走出去"提供充足保护。

三、重点申请人分析

本节将对三星、LG 集团、京东方、华星光电四个主要申请人的专利技术进行分析，以了解全球范围内柔性显示基底领域的专利技术构成、技术发展趋势、重要专利、技术发展路线、最新专利技术的发展情况。

（一）三星

1. 简介

三星成立于 1938 年，显示器是三星主要经营的项目之一。世界上最薄的有机发光二极管显示器（OLED）由三星于 2008 年推出，因其轻薄、明亮且节约能源，可以采用轻薄而柔韧的塑料加工制作，从而产生"柔性显示"这一术语。早在 2011 年，三星就开始布局柔性显示生产线。在 2011 年的 CES 国际消费电子展上，三星推出了柔性显示技术，并于 2012 年的年底公布了一款柔性屏幕 Youm 小样，这款显示屏尺寸仅为 5.5 英寸，分辨率达到 1280×720。2013 年，三星大规模生产柔性显示器，在柔性显示领域取得了一系列突破，积累了大量专利，是全球最早可以量产柔性屏幕的厂商。

2. 专利申请年度趋势

如图 3-1 所示，根据申请人、柔性显示相关的分类号和关键词检索，得到三星在世

界范围内相关的专利申请为 483 件，涉及 173 项专利技术。

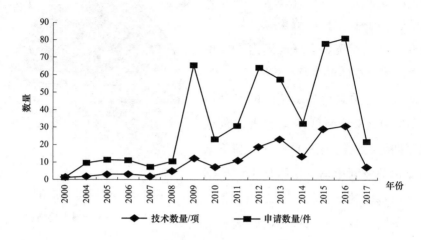

图 3-1　三星柔性显示领域全球申请量趋势

2000 年，三星在柔性显示领域首次提出了相关专利申请，涉及 1 个专利同族，1 件专利申请，以日本为目标申请国，该项申请涉及显示器件技术分支。2000 年至 2008 年，三星的专利申请量呈缓慢增长的态势。这可能是由于该时期柔性显示技术还未成熟，主要是剥离技术和封装技术在发展，同时三星可能也处在学习先进经验的阶段，因此年申请量相对不高。

2008 年以后，封装技术的相应发展使得柔性显示的大规模生产成为可能。三星通过自身的经验积累及学习他人技术，抓住金融危机后世界经济复苏的这一历史机遇。另外，随着多年的发展，三星的自主技术开发和自主产品创新的能力进一步提升，已经逐步成为技术领先者，因此，这一时期三星的年申请量增速较快，申请量在 2009 年达到了一个小峰值 66 件。此后，随着技术上阶段性的进步，专利申请量经历了起伏，在 2016 年达到历史峰值 81 件。

3. 专利申请区域分布及走势

图 3-2 表示了三星在柔性显示领域在各个目标区域的专利申请量占比，美国申请最多，占比达到了 42%，其次为韩国、中国、欧洲、日本，占比分别为 29%、17%、6%、6%。从上述数据可知，三星最注重美国市场，其次是本国市场，有多半专利在美国有申请，这是因为美国市场巨大，而且美国国内没有大型显示面板企业作为竞争对手，所以一般各家公司都会重点在美国进行专利布局。此外，其还重视中国市场，这是因为中国市场前景广阔，而且中国企业柔性显示发展水平较低，竞争相对来说并不激烈。欧洲本身市场有限；日本市场较大，但在日本显示面板领域竞争对手众多，因此三星在日本和欧洲有侧重地进行专利布局。

图 3-3 表示了三星在柔性显示领域在各个目标区域的专利申请量走势，从上述数据可知，美国自始至终都是三星首要的专利申请目标国，中国是三星仅次于美国的第二重要的专利申请目标国。2000 年至 2013 年，随着柔性显示技术的不断发展，三星在各区域的专利申请量迅猛增加，在 2013 年达到了历史峰值。但是 2013 年以后，该领域的专利申请略微下降，这一时期，柔性显示技术发展相

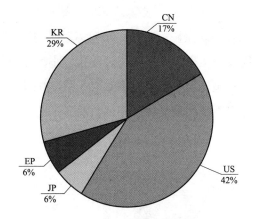

图 3-2　三星柔性显示领域各个
目标国的专利申请量占比

对成熟，并未再出现任何技术上的较大突破，整体专利申请主要涉及细节上的改进。因此三星的年申请量也随之开始下降，然而三星在柔性显示领域仍然保持着技术领先者的地位。

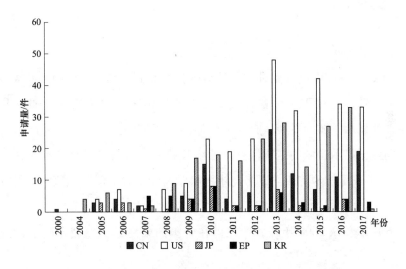

图 3-3　三星柔性显示领域各个目标区域的专利申请量走势

4. 专利申请研究方向分布和技术发展路线

柔性显示领域主要基于以下三个部分展开：基底、封装、功能层（阻挡层、电极、抗氧、耐磨），基底材料的研发是三星柔性显示的核心技术之一。图 3-4、图 3-5 表示了三星在柔性显示领域中所涉及的基底技术分支的占比以及申请量趋势，例如玻璃基底、聚合物基底、金属基底。如图 3-4 所示，玻璃基底、聚合物基底、金属基底的相关占比分别为 27%、67%、6%，玻璃基底、聚合物基底是三星的核心技术，推动了三星基

底技术分支的发展和成熟，三星在纸质基底方面并未申请专利。三星最初采用玻璃基底，但对于柔性显示来说，玻璃基底是刚性较强的材料，柔韧性可能会影响到其密封性，随着对柔性显示装置的轻便化、小型化以及可折叠、柔韧性要求的上升，如图3-5所示，三星转而投向聚合物基底，从2008年开始，三星关于柔性显示的专利申请中，开始大量出现采用聚合物基底的柔性显示装置。

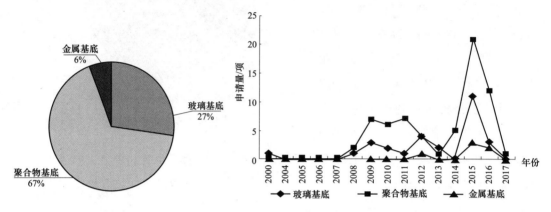

图 3-4　三星柔性显示领域不同类型　　　图 3-5　三星柔性显示领域不同类型基底的申请量趋势

　　　　基底申请量占比

5. 在中国的专利布局

　　自2005年起三星在中国开始进行柔性显示相关专利布局，在中国涉及柔性显示的专利申请量为115件，仅次于三星在韩国、美国的申请量，中国是三星的重要专利布局地，中国在柔性显示领域的发展从时间上整体滞后于韩国。随着中国经济市场的稳定发展，中国市场对于显示领域的需求保持持续增长趋势。作为三星日趋重要并扩大的海外市场，自2008年三星技术院成立以来与中国科学院、清华大学、北京大学等知名院校共同完成了30多项合作课题，并建立了4个联合实验室。

　　如图3-6所示，从2008年开始，三星在中国的柔性显示领域专利申请数量大幅增

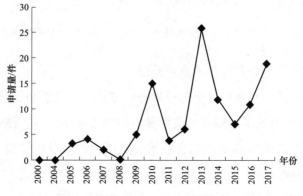

图 3-6　中国三星柔性显示领域相关专利申请量趋势

加。如图 3-7 所示，金属基底分支的申请量相对较少，占比为 13%，而聚合物基底分支的申请量占比达到了 56%。由此可以预见到，在中国国内柔性显示市场，聚合物基底的柔性显示装置成为三星专利布局的重点。

6. 技术热点

作为柔性显示领域的行业巨头，三星对柔性显示技术的研发力度较大，对三星在柔性显示控制领域中涉及的 173 项专利技术进行阅读分析，参考其涉及的技术问题、改进的技术手段、实现的技术效果，可以将其作出如图 3-8 所示的技术主题分类，主要涉及基底材料的改进、封装技术、功能层（阻挡层、电极、抗氧、耐磨）方面。

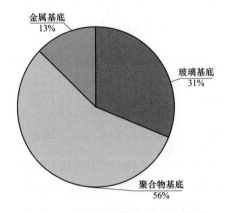

图 3-7　中国三星柔性显示领域相关
专利申请量不同类型基底分支占比

图 3-8　三星柔性显示相关专利的技术主题的申请量

基底材料作为显示终端的载体，其改进是柔性显示领域的核心技术之一，三星在对于基底材料的改进方面申请了大量相关专利，其申请量在柔性显示领域中的占比超过了 1/2。在基底材料的改进方面其主要涉及：①包含聚合物的复合结构作为柔性基底，例如：采用内部含浸着玻璃布的耐热树脂与耐热树脂形成的双层膜结构作柔性基底（CN101877331A）、含透明纤维和树脂的柔性基底（US2013043065A1）；②选择聚邻苯二甲酸乙二醇酯、聚萘二甲酸乙二醇酯、聚碳酸酯、聚芳酯、聚醚酰亚胺、聚醚砜以及聚酰亚胺等聚合物作柔性基底（例如 KR20150092399A、US2016315124A1 等）；③采用聚合物涂层改善基底性能（例如 CN107103841A、US2019112503A1、CN105741686A 等）。

在功能层技术上的专利申请多着眼于以下几个方面的改进：①阻挡层，例如：阻挡膜复合材料（CN102148337A）、有机阻挡层和无机阻挡层交替沉积的阻挡叠层（CN103309162A）；②电极，例如：基底上形成导电图案的方法（US2013106942A1）、导电聚合物为聚-3,4-亚乙基氧基噻吩/聚苯乙烯磺酸盐或聚苯胺的透明导电电极（US2011059232A1）；③耐冲击层，例如：设置在基底和薄膜封装层之间的垫片以防止显示特性因外部冲击而劣化（US2018013092A1）、设置在薄膜晶体管和显示元件之间的钝化膜以耐冲击（CN108933156A）。

在封装技术上的专利申请多着眼于以下几个方面的改进：①显示装置中各元件的布置，例如为了减少干涉条纹效应对显示装置中两个基底、像素层进行交错布置（CN103365242A）；②载体基底与柔性基底的分离方法（例如 US2009266471A1、US2014323006A1 等）。通过对以上多个技术方面有主次的研发投入以及进行相关专利布局，三星形成了自己的技术优势和专利特色，在全球柔性显示基底的市场竞争中，进一步增强公司的技术实力。

（二）LG 集团

1. 简介

LG 集团于 1947 年成立于韩国首尔，是领导世界产业发展的国际性企业集团，事业涉及电子、通信、服务等许多领域。1959 年 LG 集团生产出韩国第一台真空管式收音机 A-501，开辟了韩国电子产业的新纪元，设立了韩国国内第一家综合电子产品工厂；进入 20 世纪 80 年代后，LG 集团主导了彩电、VCR、电脑等高端产品的开发，并集中投资于半导体事业领域，引领了高端技术时代的发展，其中于 1985 年成立的 LG 显示公司（LGDisplay）是世界一流的显示设备集团，既是薄膜晶体管液晶显示器面板、OLED、flexible 显示器的领头制造商、液晶供应商。1995 年，以 TFT-LCD 的研究向 LCD 领域迈进第一步之后的第 8 年，第一次展示了 LCD 模块。基于 LG 集团在显示器领域的深厚底蕴，其在显示器领域中的柔性显示方面的技术居于世界前沿。

2. 专利申请年度趋势

如图 3-9 所示，根据申请人、柔性显示相关的分类号和关键词检索，得到 LG 集团在世界范围内相关的专利申请为 304 件，涉及 119 项专利技术。

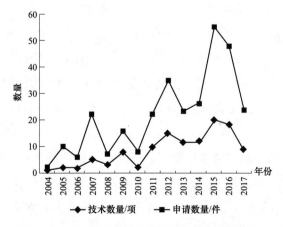

图 3-9 LG 柔性显示基底领域全球申请量趋势

2004 年 LG 集团在柔性显示领域首次提出了相关专利申请，涉及 1 个专利族，2 件专利申请，分别以美国和韩国为目标申请国。从图中可以看出，自 2004 年在柔性显示领域提出相关申请后，直到 2010 年，LG 集团的专利申请量增长较为缓慢，预测这段时期有可能是因为柔性显示技术还未成熟，LG 集团对于柔性显示未来的发展不太确定，研发投入不多，或者是在研究过程中遇到技术瓶颈。因此，在 2004 年到 2010 年之间年申请量一直未有重大改变。

2010 年之后申请量开始迅速攀升，2011 年申请量增长到了 10 项，进入快速增长期，2012 年申请量达到了 15 项，2015 年达到了巅峰值 20 项，这是由于 2010 年之后封装技术发展得相对较为成熟，使得柔性显示屏规模生产成为可能，LG 集团经过多年的发展，其自主创新的能力进一步提升，逐渐成为了柔性显示领域的领先者。2017 年之后的专利申请的公开数据不完整，因此图 3-9 所示申请量有所下降。根据专利数与技术数的比值可知同一项发明在多个区域申请的情况也就是多边申请量，多边申请量，表现出与申请量变化大致相同的趋势，同样从 2010 年以后，多边申请量增长较为明显。申请人提出多边申请比例越高说明专利技术越有价值，说明专利技术的目标市场越多。从多边申请量所占比例来看，LG 集团非常重视多边申请，多数专利都采取多边申请策略，以寻求多个国家/地区的专利保护。

3. 专利申请区域分布及走势

图 3-10 表示了柔性显示领域 LG 集团在各个目标区域的专利申请量占比，韩国本国申请最多，占比达到了 42%，其次为美国、中国、日本和欧洲，占比分别为 22%、18%、9%、9%。

从 LG 集团的专利申请国家/地区分布可以看出，在 LG 集团申请目标区域中，其本国韩国所占的比例最大。LG 集团本身属于韩国本土企业，大量的核心研发人员集中在韩国总部，且在韩国本土市场，其作为柔性显示领域的领头公司之一，需要应对例如三星等显示器研发制造商的激烈竞争，由于韩国的知识产权法律指导较为完善，申请人的利益能够得到较为有效的保护，因此 LG 集团很看重本国市场。美国是韩国之外的第二大目标国，在 LG 集团从 2004 年首次提出柔性显示领域的相关申请后，就将美国作为了其主要的海外申请国，并在之后的十几年时间里为了维持其在美国市场的地位从而以美国为目标国进行了大量的专利布局。这是因为美国市场巨大，且美国没有大型显示面板企业作为竞争对手，所以一般各家企业都会重点在美国进行专利布局。此外，LG 集团针对中国的柔性显示市场，也进行了大量的相关专利申请，可见 LG 集团对人口众多、经济地位日益凸显的中国市场的重视，且中国的企业在柔性显示技术领域的发展晚于韩国，LG 集团想要发挥其优势在中国进行专利布局。LG 集团在欧洲和日本也进行了一定的专利布局，但由于欧洲市场有限，而日本本土企业在柔性显示技术领域在当地有较强优势，因此，在欧洲和日本的专利申请比例相对较低。

4. 专利申请研究方向分布

图 3-11 表示了 LG 集团针对柔性显示的玻璃基底、聚合物基底、金属基底等各个领域研究方向的统计。从图中可以看出，LG 集团针对柔性显示的聚合物基底研究投入了较大的精力，其申请量占比为 69%，其次针对金属基底、玻璃基底，占比分别为 15% 和 16%。可见，聚合基底是 LG 集团的核心技术，推动了 LG 集团在柔性显示技术领域的发展和成熟，但迄今为止 LG 集团并未在纸质基底方面进行相关的研究。

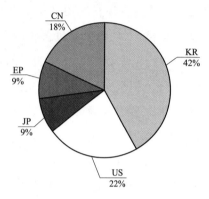
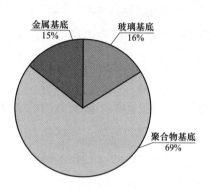

图 3-10　柔性显示领域 LG 集团
在各个目标区域的专利申请量占比

图 3-11　柔性显示领域 LG 集团
不同类型基底申请量占比

LG 集团从 2004 年针对柔性显示领域首次提出申请开始，首先针对柔性显示的封装提出了大量的申请，其次在柔性显示器的基底材料方面主要是针对金属基底的研究较多，这是因为对于柔性显示来说，金属基底是刚性较强的材料，且其导电性能较好，但是随着其柔性显示的研究的深入，其无法满足柔性显示装置轻便化、小型化和可折叠弯曲的要求。LG 集团逐渐将柔性显示器的基底材料方面的研究转向聚合物基底，从 2009 年开始到 2016 年针对聚合物基底提出了 47 件申请。而 LG 集团针对柔性显示功能层的研究一直没减弱，不断优化柔性显示器耐磨、抗氧化、阻挡等各个方面的性能。同时，LG 集团针对柔性显示的玻璃基底也提出了少量的申请，但由于聚合物基底柔韧性较好且制作简单的优势，针对玻璃基底的专利申请并不多。

5. 技术发展路线

LG 集团于 1947 年成立之后，化学和电气电子就是其两大支柱产业。而在柔性显示相关领域里，需要研发新的柔性显示基底和封装技术以适应不断发展的柔性显示需要，LG 集团在柔性显示领域的相关研究中所占比例一直处于优势地位。柔性显示领域主要有以下技术分支：基底、封装、功能层（阻挡层、电极、抗氧、耐磨等），LG 集团的研发主要针对封装和基底进行。从图 3-12 中可以看出，LG 集团 2004 年到 2006 年之间柔性显示技术的研究还属于起步阶段，在柔性基底上并未发现有针对性的专利申请，2007

年首次提出关于柔性显示基底的相关专利申请，最初研究方向主要针对金属基底，这是因为金属基底是刚性较强的材料，且其导电性能较好。随着研究的深入，LG集团逐渐将基底的研究由金属基底转向了聚合物基底，从2009年开始出现了大量有关聚合物基底的专利申请，据统计从2009年开始到2016年之间针对聚合物基底提出了47件申请，远远超出了金属基底、玻璃基底等其他柔性显示基底方面的申请，并呈现出增长的趋势。这是由于聚合物基底柔韧性较好，且具有制作简单的优势，因此针对玻璃基底和金属基底的专利申请并不多。

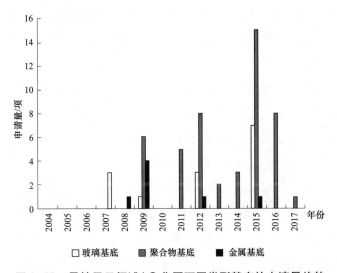

图3-12　柔性显示领域LG集团不同类型基底的申请量趋势

6. 技术热点

聚合物基底作为显示终端的载体，其改进是柔性显示技术领域的核心技术之一，LG集团在基底材料的改进方面申请了大量的相关专利，其申请量在柔性显示领域的占比达到了45%。LG集团在基底材料的改进方面主要涉及：①在柔性显示器中将材料金属箔作为基底（例如：US2011122559、KR20110067405、KR20110068169）；②双向激光划线装置的玻璃基底可用于柔性显示装置的基底（例如：KR20140087482）；③利用形变恢复树脂作为柔性显示基底（例如：JP2017156603）。

封装技术是柔性显示能够规模生产的基础，LG集团在柔性显示领域研究之初，对封装技术的改进方面进行了大量的相关专利申请，其申请量在柔性显示领域总申请量的占比达到了27%。LG集团在封装技术方面的改进主要涉及：①柔性基底的转移方法和用该方法制造柔性显示器（例如：CN1885111A）；②一种柔性显示基底多层结构的制备方法（例如：CN101231972A、KR20070071442、US2008121415）。

功能层的改进是提高柔性显示性能的基础，LG集团针对功能的改进方面的研究也在不断进行。LG集团在功能层的改进方面主要涉及：①设置抗静电的黏合层（例如：

WO2007108659）；②使用具有疏水特性的钝化膜和用于保护的低介电常数材料成分，确保了有机 TFT 可靠性的提高（例如：KR20080111231）；③用于密封有机电子装置的光可固化黏合膜（例如：WO2013073902）；④具有用于补偿包含混合物，该混合物可延缓潮气渗透的单个有机层的有机发光显示装置（例如：KR20160050335）。

（三）京东方

1. 简介

京东方创立于 1993 年 4 月，是一家为信息交互和人类健康提供智慧端口产品和专业服务的物联网公司。京东方的核心事业包括端口器件、智慧物联、智慧医工。其端口器件产品广泛应用于手机、平板电脑、笔记本电脑、显示器、电视、车载、可穿戴设备等领域。

2018 年，京东方新增专利申请量 9585 件，其中发明专利超 90%，累计可使用专利超 7 万件。全球创新活动的领先指标——汤森路透《2016 全球创新报告》显示，京东方已成为半导体领域全球第二大创新公司。美国商业专利数据显示，2018 年京东方美国专利授权量全球排名第 17 位，成为美国 IFI Claims TOP20 中增速最快的企业。世界知识产权组织（WIPO）发布的 2018 年全球国际专利申请（PCT）情况中，京东方以 1813 件 PCT 申请位列全球第七。根据市场咨询机构 IHS 的数据，2018 年京东方液晶显示屏出货数量约占全球的 25%，总出货量全球第一。2019 年第一季度，京东方智能手机液晶显示屏、平板电脑显示屏、笔记本电脑显示屏、显示器显示屏、电视显示屏出货量均位列全球第一。

2. 专利申请年度趋势

如图 3-13 所示，根据不同柔性显示基底的类型以及柔性显示相关的分类号和关键词检索，得到京东方在世界范围内相关的专利申请为 98 件，涉及 59 项专利技术（2017~2019 年申请量未完全收录）。

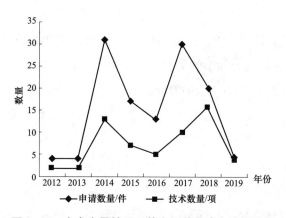

图 3-13 京东方柔性显示基底领域全球申请量趋势

2012 年至 2013 年，京东方的鄂尔多斯第 5.5 代 AMOLED 生产线仍处于起步阶段，京东方提出了相关专利申请，主要涉及树脂材料例如聚酰亚胺树脂或丙烯酸树脂等材料关于弯折性能的改进，分别以美国、欧洲为目标申请区域。

2014 年，京东方投建了面向柔性显示的成都第 6 代 AMOLED 生产线和绵阳第 6 代柔性 AMOLED 生产线，其研究重点从 TFT–LCD 向更为先进的柔性 AMOLED 转变，针对柔性显示基底相关的专利进行全球布局，分别以美国、欧洲、韩国、日本、印度为目标，主要涉及柔性基底与刚性载体的黏结层、激光剥离以及 PI 基底的深层次制备等改进，逐渐建立了具有自主创新和自我发展能力的柔性显示事业，提升了京东方企业竞争力。

2015~2016 年，由于研发技术瓶颈和专利质量管理等原因，京东方关于柔性显示基底的专利申请量较少；而到了 2017 年，随着 AMOLED 产线的相继建设、投产以及良率的不断提升，京东方涉及产线良率提升方面的专利例如辅助剥离的隔离层、保证剥离效果的微导电离型层等相关专利也不断被提出；至 2018 年上半年，AMOLED 产线的综合良率在 6 月末超过 70%，充分体现了京东方在柔性显示方面的能力，这也促成了华为与京东方在柔性显示领域的合作，打破了韩系企业在 AMOLED 屏幕供应方面的垄断，推动了供需平衡的发展，加快了柔性显示终端的普及，京东方为我国的柔性显示产业作出了巨大贡献。

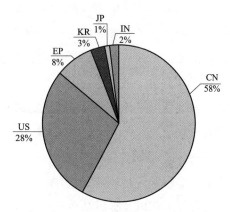

图 3-14　京东方柔性显示基底领域各个目标区域的专利申请量占比

3. 专利申请区域分布及走势

在柔性显示基底领域，京东方始终在全球市场进行专利布局。2012~2019 年，京东方总共提交了 26 件 PCT 申请，其主要集中在 2014~2017 年，此时京东方开始大力布局海外专利市场。图 3-14 表示了京东方在柔性显示基底领域在各个目标国的专利申请量占比，其中，中国申请量最多，占比达到了 58%，其次为美国、欧洲、韩国、印度以及日本，占比分别为 28%、8%、3%、2%、1%。

图 3-15 表示了京东方柔性显示基底领域在各个目标区域的专利申请量走势，除却中国作为本国申请量最多以外，美国从 2012 年至 2018 年都是京东方重要的专利申请目标国。欧洲从 2013 年起作为京东方仅次于美国重要的专利申请目标地区，在此后的时间内京东方在欧洲的专利申请数量保持稳定。京东方在中国国内的专利申请数量展现出持续增长趋势，虽然自 2018 年的专利申请公布数据不全，但依然发现京东方在中国的申请量呈现明显上升趋势，可以预测到京东方在柔性显示领域的研究越来越深入。

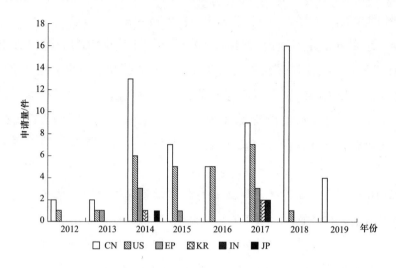

图 3-15　京东方柔性显示基底领域各个目标区域的专利申请量走势

从京东方的专利申请目标区域构成以及目标区域申请趋势可以看出，在京东方专利申请目标国中，中国本土所占的比例最大，在中国本土市场，其作为该领域中的巨头公司，需要面对例如三星、LG 等韩系企业以及华星光电、天马微电子等本土柔性显示制造商的激烈竞争。美国是中国之外第二大目标国，在京东方的全球化历程中，美国是其较早开发经营的海外市场，京东方为维持其在美国市场的占有率，以其为目标国进行了大量的专利布局。

4. 专利申请研究方向分布

柔性显示基底材料是京东方的核心研究方向之一。所涉及的基底技术分支（玻璃基底、聚合物基底以及金属基底）的占比如图 3-16 所示，其中，玻璃基底、聚合物基底、金属基底的相关占比分别为 23%、70%、7%，聚合物基底是京东方的主要改进点。京东方的研究重点始终投放在已经较为成熟的聚合物基底中，对于玻璃基底以及金属基底的研究较少。

5. 在中国的专利布局 & 重要专利申请

在我们国家中的进出口排名中，排在第一的是芯片，而排在第二的就是显示面板，自京东方投建 6 代线柔性 AMOLED 产线以来，柔性显示技术的不

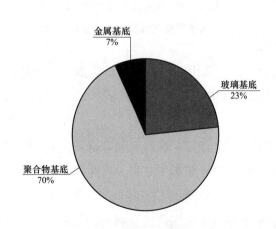

图 3-16　京东方柔性显示领域
不同类型基底申请量占比

断发展，逐渐改变了我们国家"缺芯少屏"的状态，打破了我国柔性显示屏幕长期被三星垄断的现象。

关于柔性显示基底的研究，京东方绝大部分的申请以聚合物基底为对象，在聚合物基底的剥离、多层复合衬底的优化、纳米粒子优化表面抗划伤能力、聚合物掺杂提升弯曲性能等方面的研究占比较多；其中刚性承载基底以及柔性基底的剥离相关的专利更是占据了很大一部分，这是由于柔性 AMOLED 器件在制备初期，需要在承载玻璃上制备柔性面板真正实体的基材，这部分在面板制备完成后需要利用激光照射的热效应给去除掉，故该基材的平整度、耐弯折程度、透过率等特性具有严格的指标，只有这样才能够保证后续制得器件的正常工作。

京东方投产的柔性基底采用的是聚合物基底，以聚酰亚胺（PI）为主，2012 年至 2013 年，京东方关于柔性显示基底的专利申请中，大多数是对于聚合物衬底细节的改进，例如对于显示基底承受应力的优化（例如 CN103545320A 等）；自 2014 年起，京东方涌现了大量柔性基材与承载玻璃剥离相关技术的专利申请，因为剥离工艺对于基底的大规模生产至关重要（例如 CN103700662A，利用气体产生层辅助剥离制程；CN103345084A，利用不同黏结力的复合黏结层来帮助剥离；CN203850300U，利用打底溶解层帮助剥离制程）；2017 年 10 月 26 日京东方成都第 6 代柔性 AMOLED 生产线正式量产，并正式向华为、vivo、小米等十余家客户交付了 AMOLED 柔性显示屏，实现了柔性屏较高良率的量产，因而到了 2017 年至 2018 年，在剥离工艺的优化的基础上，京东方还提交了不少对于聚合物基底性能改进的专利申请，以进一步保证柔性器件的性能和对部分细节性能进行改善（例如 CN107393859A，优化柔性基底的应力匹配；CN109449165A，柔性基底耐弯折能力改善；CN108962962A，柔性基底加入纳米粒子提升表面强度和硬度，改善抗划伤能力）。通过对以上多个技术方面有主次的研发投入以及进行相关专利布局，京东方形成了自己的技术优势和专利特色，在柔性显示基底领域的市场竞争中，进一步增强公司的技术实力。

（四）华星光电

1. 简介

华星光电是 2009 年 11 月 16 日成立的一家高新科技企业。2012 年初，华星光电被认定为"广东省第一批战略性新兴产业基地（深圳 Y 液晶平板显示）"。其主要产品为 28 英寸、32 英寸、48 英寸以及 55 英寸液晶面板，设计产能为月加工玻璃基底 10 万张。2012 年 3 月，华星光电自主研制的全球最大 110 寸四倍全高清 3D 液晶显示屏"中华之星"，展示了华星光电在"集成创新"的道路上所取得的重大创新成果，奠定了依靠自主创新的华星光电在国内显示行业的领先地位，并具备了比肩世界一流企业的创新潜力。

2. 专利申请年度趋势

如图 3-17 所示，根据申请人、柔性显示相关的分类号和关键词检索，得到华星光电在世界范围内相关的专利申请为 84 件，涉及 57 项专利技术。

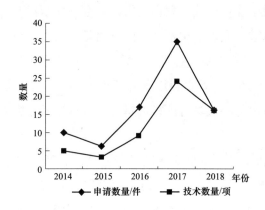

图 3-17 华星光电柔性显示领域全球申请量趋势

华星光电在柔性显示领域于 2014 年首次提出了相关专利申请，其涉及 5 项专利技术，10 件专利申请，分别以中国、美国为目标申请国。

华星光电自建设以来就得到了国家的全力支持，加上华星光电自有的产业链条、人才战略，使得华星光电快速发展起来。从 2015 年到 2017 年，华星光电在柔性显示领域的专利申请量总体呈现快速上升趋势。

2017 年，华星光电与武汉东湖新技术开发区管委会正式签署 6 代 LTPS-AMOLED 项目合作协议，计划投资建设一条月产能达到 4.5 万张的第 6 代 LTPS-AMOLED 柔性显示面板生产线，将采用面向最高端面板产品的柔性基底、柔性 LTPS 制程、高效率 OLED、柔性触控及柔性护盖等先进技术，采用有机蒸镀的生产工艺，主要产品为 3~12 高分辨率的中小尺寸柔性可折叠 AMOLED 显示面板。由于 AMOLED 面板具有轻薄可柔性显示、高对比度以及反应速度快等优异性能，有利于在可折叠智能手机、可穿戴电子设备、车载显示器以及 VR/AR 等显示领域的应用，LTPS-LCD 和 LTPS-AMOLED 在全球智能手机市场的渗透率持续提升，华星光电在柔性显示领域的技术储备进一步增强，2017 年的专利申请量数量是自成立以来的最高。

3. 专利申请区域分布及走势

在柔性显示领域，华星光电主要以中国、美国和欧洲市场进行专利布局。在 2014 年到 2018 年，华星光电总共提交了 24 件 PCT 申请，主要向中国、美国等市场进行了专利布局。

图 3-18 表示了柔性显示领域华星光电在各个目标区域进行的专利申请量占比，其中，中国申请最多，占比达到了 68%，其次为美国和欧洲，占比分别为 30% 和 2%。

图 3-19 表示了柔性显示领域华星光电在各

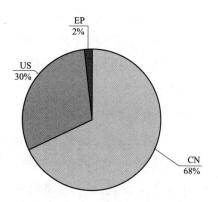

图 3-18 柔性显示领域华星光电各个目标区域的专利申请量占比

个目标区域的专利申请量走势，除了中国作为本国申请最多以外，美国一直都是华星光电重要的专利申请目标国。从 2015 年到 2017 年，该领域的申请在中国、美国都是呈上升的趋势，其中在 2017 年申请数量最多。

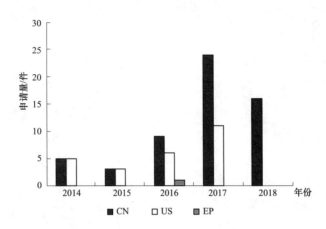

图 3-19　柔性显示领域华星光电各个目标区域的专利申请量走势

从华星光电的专利申请目标区域构成以及目标区域申请量趋势可以看出，在华星光电的专利申请目标区域中，中国所占的比例最大，在中国市场，其作为该领域中的巨头公司，需要应对京东方、天马微电子的激烈竞争。美国是其中国之外的第二大目标国，华星光电为维持其在美国市场的占有率从而以美国为目标国进行了数量较多的专利布局。

4. 技术发展路线

自华星光电成立以来，其最大特色是对提高柔性显示装置品质与性能的研发，柔性基底对于柔性显示器件的发展具有重要的支撑作用，它的性能优劣对于器件的质量与寿命具有重要的影响，柔性显示基底主要分为聚合物基底、玻璃基底和金属基底。

玻璃基底用于柔性显示的困难主要在于如何实现玻璃的薄化，只有薄化的玻璃才具有可挠曲性，玻璃基底具有较好的耐化学稳定性和热稳定性、高透明性和电绝缘性、水汽透过率较低、热膨胀系数低和良好的平整度等优点，但在薄化的同时如何以有效且低成本的方式生产仍是玻璃基底发展的瓶颈。当金属材料薄至 0.1mm 以下时，其优异的可挠特性即可表现出来，金属材料具有优异的耐热性能，而且其热膨胀系数很低，实际运作成本较低，此外，金属材料也不存在水汽透过率问题，因此在柔性显示领域具有一定的应用价值，所以金属箔片可以用作柔性 OLED 的基底材料。阻挠金属基底在柔性显示领域应用的主要原因是其粗糙的表面，表面粗糙度（Ra）成为衡量不锈钢基底质量的关键指标，目前，不锈钢基底的 Ra 大约为 0.6μm，TFT 器件是无法直接在这种表面上制作的，正是这样的原因限制了金属基底的发展。聚合物基底以其优异的综合性能成为研究的热点，其展现出巨大的发展潜力，聚合物材料具有化学结构设计性强的优势，通过合理的分子设计可以得到种类繁多的聚合物基底材料，以适应不同的市场需求。

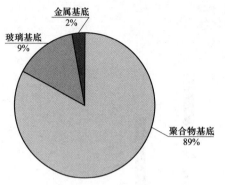

图 3-20　柔性显示领域华星光电
不同基底类型申请量占比

图 3-20 表示了柔性显示领域华星光电以不同类型的基底为对象，例如聚合物基底、玻璃基底和金属基底，所涉及的不同基底类型的占比，如图 3-20 所示，聚合物基底、玻璃基底和金属基底的占比分别为 89%、9% 和 2%。聚合物基底以其优良的耐高温特性、良好的力学性能以及优良的耐化学稳定性而备受关注，其在柔性显示中的应用优势也日趋明显，聚合物基底成为华星光电所采用的主要基底类型，目前柔性显示领域大都采用聚合物材料作为柔性显示器的基底。

5. 技术热点

华星光电依靠自主创新在国内柔性显示行业处于领先地位，对华星光电在柔性显示控制领域中涉及的 57 项专利技术进行阅读分析，参考其涉及的技术问题、改进的技术手段、实现的技术效果，可以将其作出如图 3-21 所示的技术主题分类，主要涉及基底材料、封装技术、功能层（阻挡层、电极、抗氧、耐磨）方面。

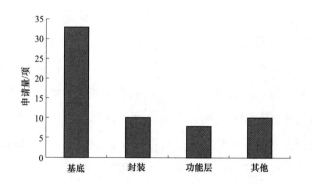

图 3-21　华星光电柔性显示领域相关专利的技术主题申请量

柔性基底材料是柔性显示发展的关键，是柔性显示器件的重要组成部分，华星光电在基底材料方面申请了大量相关专利，其申请量在柔性显示领域中的占比超过了 1/2，在基底材料的改进方面其主要涉及：①以聚合物材料作为柔性基底：采用光敏聚合物作为柔性基底的材料（CN104576692A），柔性基底采用柔性树脂材料制备，例如聚酰亚胺、聚苯乙烯、聚对苯二甲酸乙二醇酯、聚对二甲苯、聚醚砜、聚萘二甲酸乙二醇酯等材料（CN106409873A），在无机物膜层上涂覆聚合物材料聚酰亚胺，形成柔性基底（CN106449711A）；②以玻璃作为柔性基底：柔性基底为超薄玻璃（CN104538557A），柔性基底包括一软玻璃基底（CN105226186A），柔性玻璃基底（CN105185809A）；③以金属作为柔性基底：柔性基底为金属薄片（CN104538557A）。

华星光电在功能层技术上的专利申请多着眼于以下方面的改进：①在柔性衬底上设置顶栅型金属氧化物 TFT，缓冲层与柔性衬底接触的最下层设置氮化硅薄膜，缓冲层的最上层设置氧化铝薄膜，使其具备较好的防水汽能力（CN108493195A）；②在柔性有机层表面形成金属层，经过图案化处理后，形成源电极和漏电极（CN107946247A）。

华星光电在封装技术上的专利申请多着眼于以下几个方面的改进：①制作无机材料与有机材料交替的薄膜封装层（CN106057857A）；②在刚性基底上黏附聚合物膜层，制作 TFT 层与 OLED 器件进行封装（CN106328683A）；③柔性 OLED 显示器件的封装结构及封装方法（CN106848100A）。

通过对以上多个技术方面有主次的研发投入以及进行相关专利布局，华星光电形成了自己的技术优势和专利特色，在全球柔性显示基底的市场竞争中，进一步增强了公司的技术实力。

四、整体技术发展路线分析

在柔性显示技术中，除了基底材料，功能层、封装以及其他技术分支对产品的性能也有重要影响。

以下为了探究柔性显示领域整体技术发展演变情况，了解主要技术路线、现有重点/关键专利技术，进行技术发展路线分析。

1990 年平板显示市场以 TFT-LCD 为代表创造了巨大的改变后，人们对下一代显示装置提出了设想，人们提出使用不易破碎的柔软材料基底来代替易碎的玻璃基底的显示产品。[7] 1992 年首次提出在聚合物基底中添加金属颗粒物来增强基底的柔韧性。1997 年提出使用聚合物材料作为柔性基底，具体可以是聚对苯二甲酸乙二醇、PEN、聚醚砜、聚氯乙烯、聚乙烯、聚丙烯、聚酰胺、聚碳酸酯，并第一次提出对基底提供防氧、防水的保护措施，为柔性基底的产品化奠定基础。随着研究工作的进行，21 世纪初人们提出使用玻璃、石英、硅树脂或陶瓷制作基底的可能性。随后，人们又提出使用包括了钛、铬镍铁合金等材料的金属箔基底来制造柔性基底。随着显示技术的进一步发展，人们又提出对于某些领域的显示可以使用纸质以及纤维素等材料制造的柔性基底。

近年来，人们对柔性基底的生产工艺、材料配比等做了进一步的研究，使得柔性显示离产品化又迈进了一步。研究发现使用聚酰亚胺等聚合物中高耐温性较好的材料作为生产基底的主要材料是非常合适的，这可能会是未来一段时间内的研究趋势。[8]

本文筛选出部分重要专利（不限于有效专利），以此基础，以被引频次、布局情况、保护范围大小、专利有效性、申请人情况、专家意见、纠纷无效诉讼情况等数据作为综合判断因素，确定技术发展演变中的多项重点/关键的专利或专利申请，然后分别以时间和技术分支作为横、纵坐标进行布局排列，绘制技术发展路线（见图4-1）。

图4-1示出了柔性显示技术发展路线，国外较早出现柔性显示相关专利，日本的住友于1992年首次提交的JPH06187834提出在柔性电路板的黏接材料里设置金属颗粒，来增强柔韧性的观点；1997年德国的罗伯特博世在提交的DE19715054中公开了对聚合物薄膜进行柔性、耐刮擦和降低降解的封装方式，对柔性基底的产品化进行尝试。

随后，各国申请人对多种不同材料进行了探索。在2003年日本放送协会申请的专利JP2003255857提出用塑料、玻璃、石英、硅树脂和陶瓷来制备柔性基底的可能性；夏普在US6642092中提出使用钛、镍铬铁等合金来制备金属箔基底的方案；佳能则在US2004212588中提出使用柔性电子纸的方式来制备柔性基底；美国康宁公司在US2006207967中提出挠性玻璃基底的加工方式，使用超薄玻璃作为柔性基底成为可能；东芝在2008年提出柔性基底使用聚丙烯、聚乙烯、聚酰胺或聚偏二氯乙烯作为塑料材料。

此后，聚合物基底成为柔性基底的主流方式，中国台湾"工业技术研究院"在US2011155235中提出一种新型聚酰亚胺聚合物来制备柔性基底；韩国的FOLLRI SCIEN TECH在KR20110118229中提出使用聚芳酯离聚物作为柔性电子器件的基底材料；随后FOLLRI SCIEN TECH又在KR101147197中提出以高耐热透明循环烯烃共聚物作为柔性基底材料；三星在US2014083624中提出使用聚酰胺溶液浇铸制备聚合物膜。

早期聚合物基底无法承受高温的加工方式，当耐高温的聚合物材料出现后聚合物基底的使用得到快速发展。LG显示有限公司在KR20160069575中提出了在丙烯酸基树脂或环氧基树脂的基质中使用了自修复材料，对柔性基底在弯折过程中进行填充修复；京东方在CN107393859中提出对聚合物柔性基底进行优化，并对聚酰亚胺基底的制备工艺进行了进一步的优化处理；云谷科技在CN108417485中提出不同的区域基底具有不同的柔韧性，由于存在柔韧性差异在弯折过程中膜层不易断裂；云谷科技还在CN109300839中提出在柔性基底中添加纤维来分散弯曲应力的方式。

分类		2000年以前	2001~2004年	2005~2008年	2009~2012年	2013~2016年	2017年至今
基底	玻璃基底		JP2003255857 日本放送协会 玻璃、石英、硅树脂和陶瓷密制成基底；US2006207967 康宁公司 热性玻璃基板的多孔加工			US2016623994 LG显示有限公司 基板上设置玻璃变形部	CN108417485 云谷科技 用mask使得不同区域衬底的柔韧性存在差异，膜层不易断裂
	聚合物基底			US200924456 东芝 柔性片材选自聚丙烯、聚乙烯、聚酯胺或聚二氯乙烯的塑料材料	US20111155235 "工业技术研究院" 新型聚酰亚胺聚合物作为柔性电子器件基板材料；KR20110118229 FOLLRI SCIEN TECH 聚芳酯离聚物作为柔性电子器件基板材料；KR101147197 FOLLRI SCIEN TECH 高耐热透明循环烯烃共聚物作为柔性基板材料；US2014083624 三星 聚酰胺溶容液络钠制备聚合物膜	KR2016069575 LG显示有限公司 丙烯酸醇基树脂或环氧基树脂基质中包括自修复材料	CN107393859 京东方 优化多层柔性基板如PI基板的制备技术
	金属基底		US6642092 夏普 基板包括钛、镍铬铁合金或不锈钢可代合金	WO2009139495 新日铁住金商新材料株式会社 金属精基板的制备			
	纸质基底		US2004212588 佳能 柔性电子纸，能够以页页为单位显示				
封装		DE1975054 罗伯特博世 一种柔性、耐刮擦和衬底溶解的封装	WO2006061784 飞利浦 将材料施加到基底上，柔性塑料/金属箔和/或温度敏感基板	US2007096169 惠普浦 压印光刻卷对卷制造工艺			
功能层						KR101513488 LG化学株式会社 同轴双层纤维材料中去除膜状聚合物材料以形成纳米材料，丰通过电防工艺涂覆制造透明电极；CN104332416 京东方 采用熔融挤压的形成来涂覆保护层；CN103474475 京东方 石墨烯半导体制作半导体有膜层	
其他		JPH06187834 住友 显示装置和柔性电膜板的薄玻璃材料里设置金属颗料				US2018374399 三星 复合材料结构至少包含有金属表面和聚合物层来改善表面质量	CN109166881 TCL 石墨烯或氢化石墨烯底基，轻薄化、柔韧性、保证热膨胀性；CN10924238 TCL 复合材料结构至少包括SiO₂纳米管/聚合物基体；CN109300839 云谷科技 柔性基底中含有纤维分散弯曲应力

图4-1 柔性显示技术发展路线

进入 21 世纪后国外企业在聚合物基底的研究上已基本成形，研究方向改为产品化，加工工艺以及产品质量的快速提升上。三星在 US2018374399 中提出对柔性基底的表面质量进行改进的方法。

由上可见，国内外各申请人现在研究的重点不同，各有利弊。对于产品质量及工艺的改进可能帮助企业在短期内快速占领市场，而材料的选用和改进则可能帮助企业少绕弯路。一旦找到最优的材料不但能解决现有产品的技术缺陷，对未来的市场竞争也会提供更多的技术优势。

五、结论

通过对 DWPI 数据库中从 1992 年至今的专利进行统计分析，可以发现聚合物基底是大多数企业的主要研究方向，其次是玻璃基底，金属基底位于第三，纸质基底只有少部分企业涉及且数量可以忽略。其中三星的研究方向主要在于基底结构以及性能，包括为了在基底上更容易形成电极而对基底表面进行改进处理；而 LG 集团提出使用形变恢复树脂材料作为基底，以解决柔性基底在多次弯折后出现不能复原情况的问题；京东方的研究方向主要是以聚酰亚胺作为基底，并针对这种材料的基底做了大量的专利申请；华星光电的研究重点也是以聚合物基底作为基础，并对相应的封装做了改进。依据专利申请来源区域及目标区域分布，发现国内申请人例如京东方、华星光电对于国内市场的专利布局重视程度远大于海外市场，容易造成海外市场的专利侵权纠纷风险，与国外企业例如三星、LG、苹果、住友等专利布局较为平均的做法形成鲜明对比。如果国内企业要成为国际型企业，将自身做大做强，除了加强自身的研发实力外，制定正确的专利布局策略是非常重要的，为产品"走出去"提供充足专利保护。

参考文献

[1] 兰中旭，韦嘉，俞燕蕾. 柔性显示基板材料研究进展 [J]. 华南师范大学学报，2017，49（1）：9-16.

[2] 冯魏良，黄培. 柔性显示衬底的研究及进展 [J]. 液晶与显示，2012（5）：599-604.

[3] 史永胜，刘丹妮，曹中妮，等. 石墨烯柔性透明导电薄膜的制备 [J]. 液晶与显示，2013，28（2）：165-172.

[4] 关丽霞，许军. 柔性显示用纸质基板的研究进展 [J]. 液晶与显示，2018（5）：365-371.

[5] Ha Mi-Young, Do-Yeol, et al. Flexible Green Phosphorescent Organic Light-emitting Devices on Copy Paper Substrates [J]. IEEE, 2016, 6（7）：102-103.

［6］王杏，田大垒，赵文卿，等．OLED 柔性衬底封装材料研究进展［J］．现代显示，2008，19（4）：48-52.

［7］杨根林．精密电子印制基板的材质、结构和热性能要求［C］//2014 中国高端 SMT 学术会议论文集，2014.

［8］刘欢，莫松，杨士勇，等．低膨胀高透明性聚酰亚胺杂化薄膜的制备与性能研究［C］//2015 年全国高分子学术论文报告会论文摘要集，2015.

石墨烯基锂离子电池材料专利技术综述*

刘凌云** 贾 枫** 卫 怡**

摘 要 石墨烯基材料在锂离子电池上的应用是石墨烯储能应用方面的热点研究领域，本文利用专利数据库对石墨烯基锂离子电池材料的全球专利申请情况进行分析，重点从主要技术分支、全球申请量趋势、技术原创国/地区、重要申请人、专利技术发展演进和核心专利技术等多个方面进行了分析，有助于厘清该领域的专利发展现状和发展脉络，对相关领域的研发人员有一定的参考借鉴作用。

关键词 石墨烯 锂离子电池 负极 正极

一、引言

石墨烯是一种由碳原子紧密堆积构成的二维晶体，是世界上现存厚度最薄（0.34nm）、韧性最强、硬度最高的材料，其具有高比表面积、优异的导热和导电性能，在储能、电子信息、生物医药、催化、传感器等诸多领域展现出巨大的应用潜力。[1]近年来，围绕石墨烯的专利申请量在全球范围内呈现高速增长的态势，石墨烯已成为一个热点研究领域，其中石墨烯基材料在锂离子电池上的应用是石墨烯储能应用方面申请量最高的领域。

锂离子电池的主体结构由正极、隔膜、负极、电解液以及集流体等部分构成。正极材料一般是含有可脱出再嵌入的锂离子的材料，如钴酸锂、镍酸锂、高锰酸锂、三元材料等。负极材料在电池的另一极为锂离子的嵌入脱出提供了场所，如商业中常用的石墨和各种碳材料以及其他合金类负极材料等。电解液充满在正负极之间，使得锂离子能够在电池内部自由穿梭，起离子导体的作用。隔膜主要是具有均匀孔隙率的高分子聚合物或陶瓷隔膜，可以使得锂离子自由穿过，同时又隔绝了正负极的接触，避免了电池内部短路，保证了电池的安全性。[2]

---

* 作者单位：国家知识产权局专利局专利审查协作四川中心。
** 等同于第一作者。

随着锂离子电池在电动汽车、手机、数码相机和笔记本电脑等领域的应用越来越广泛，开发高比能、高倍率和长使用寿命的新一代动力锂离子电池成为行业研究的热点。[3]自 2004 年 Geim 等人首次通过机械剥离法制得单层石墨烯，并发现其特殊的电学、力学性质后，从 2005 年开始石墨烯在电池领域的专利申请就开始出现。石墨烯基锂离子电池材料具有以下优点：①石墨烯的超高导电性能快速地传输电子，可以提高锂离子电池的倍率性能；②石墨烯优异的机械和化学稳定性可以提高电池的稳固性和循环寿命；③石墨烯特殊的结构和高比表面积可以提高电池的比容量和能量密度等。

二、石墨烯基锂离子电池材料专利技术分类

（一）数据来源

本文使用的数据来源于德温特世界专利索引数据库（DWPI）和中国专利文摘数据库（CNABS），检索时间截至 2019 年 10 月 31 日。通过检索和去噪，在 DWPI 得到相关专利申请量共 5733 件，在 CNABS 得到相关专利申请共 5097 件。

（二）检索过程

数据分析过程中检索要素的构建和检索式参见表 1 和表 2。

表 1 检索关键词

检索要素	关键词	分类号
石墨烯	石墨烯，单层碳原子，二维碳，graphene+，two-dimensional carbon，monolayer of carbon	
锂离子电池	锂离子电池，摇摆式电池，摇椅式电池，（Li-ion or lithium ion or lithium-ion or rocking chair）2w（cell? or batter???）	
负极	负极，阳极，anode，negative，（过渡金属 or 铁 or 钴 or 镍 or 铜 or 锌 or 镉 or 钛 or 锰 or 锡）s（氧化 or 氮化 or 碳酸 or 磷酸 or 硒化 or 化），Fe_2O_3，Fe_3O_4，Mn_3O_4，CuO，TiO_2，$Li_4Ti_5O_{12}$，MoS_2，Co_3O_4，钛酸锂，钛酸锰，过渡属，SnO，Sn，硅，Si，SiO，氧化硅，二氧化硅，SiO_2，SiC，（transition metal or tin or Sn or Fe or iron or Co or cobalt or Ni or nickel or Cu or copper or Zn or zinc or cadmium or titanium or manganese）s（+oxide or nitide or carbide+ or +phosphide+ or selenide+ or +disulfide）	H01M，H01M 10/0525，H01M 4/36/LOW，H01M 4/139，H01M 4/62/ LOW

续表

检索要素	关键词	分类号
正极	正极，阴极，cathode，Positive Material，Positive electrode?，磷酸亚铁锂，磷酸铁锂，$LiMPO_4$，$LiFePO_4$，$LiMn_2O_4$，Li_2FeSiO_4，$Li_3V_2（PO_4）_3$，磷酸锰锂，磷酸钒锂，硅酸铁锂，钴酸锂，三元，二元，锰酸锂，镍锰酸锂，lithium iron phosphate，lithium manganese phosphate，Lithium vanadium phosphate，Lithium iron silicate，Lithium cobalt oxide，Lithium manganate，Lithium nickel manganate	H01M，H01M 10/ 0525，H01M 4/36/ LOW，H01M 4/139，H01M 4/62/ LOW
导电添加剂	导电材料，导电添加剂，导电剂，添加剂，稳定剂，blinder，filler，conductive material，conductive，additive，additive，stabilizer，active material	
集电体	集电器，集电体，集流器，集流体，铝箔，金属箔，铜箔，镍箔，板栅，栅板，格栅，格栅板，栅状板，极板，双极板 （（collector or（carrier s（electrode））or grid or plate or metal foil or copper foil or nickel foil or aluminium foil）s layer）	

检索式的构建：通过对检索的文献进行分析，发现中文专利对于正极、负极的认定一般比较准确；而外文专利中，对于"anode"，有的文献将其认定为正极，有的文献将其认定为负极，对于"cathode"也同样有不同的认定。为了使检索结果更准确，我们先在 CNABS 中进行了检索，然后将检索结果转库至 DWPI，与 DWPI 中的外文检索结果相"或"得到最终结果。

表2　检索式

主题	检索式	数量/件
石墨烯基锂离子电池材料	CNABS，（（（锂离子电池 or 摇摆式电池 or 摇椅式电池）and（/ic h01M））or（/ic h01m10/0525））and（石墨烯 or 单层碳原子 or 二维碳），转库至 DWPI DWPI，（（（（（（（Li-ion or lithium ion or lithium-ion or rocking chair）2w（cell? or batter???））and（/ic H01M））or（/IC H01M10/0525））and（graphene+ or two-dimensional carbon or monolayer of carbon））or（转库结果））	5733

主题	检索式	数量/件
负极	CNABS, (((((锂离子电池 or 摇摆式电池 or 摇椅式电池) and (/ic h01M)) or (/ic h01m10/0525)) and (石墨烯 or 单层碳原子 or 二维碳)), 转库至 DWPI CNABS, (((((锂离子电池 or 摇摆式电池 or 摇椅式电池) and (/ic h01M)) or (/ic h01m10/0525)) and (石墨烯 or 单层碳原子 or 二维碳)) and ((负极 or 阳极) s (石墨烯 or 单层碳原子 or 二维碳)) and (/IC H01M4/36/LOW OR H01L4/139), 转库至 DWPI DWPI, ((((((((((Li-ion or lithium ion or lithium-ion or rocking chair) 2w (cell? or batter???)) and (/ic H01M)) or (/IC H01M10/0525)) and (graphene+ or two-dimensional carbon or monolayer of carbon)) or (转库结果 1)) and ((anode or negative) s (graphene+ or two-dimensional carbon or monolayer of carbon))) and (/IC H01M4/36/LOW OR H01L4/139)) or (转库结果 2)	2059
正极	CNABS, (((((锂离子电池 or 摇摆式电池 or 摇椅式电池) and (/ic h01M)) or (/ic h01m10/0525)) and (石墨烯 or 单层碳原子 or 二维碳)) and ((石墨烯 or 单层碳原子 or 二维碳) s (正极 or 阴极))) and (H01M4/36/low/ic or h01m4/139/low/ic), 转库 至 DWPI CNABS, (((锂离子电池 or 摇摆式电池 or 摇椅式电池) and (/ic h01M)) or (/ic h01m10/0525)) and (石墨烯 or 单层碳原子 or 二维碳), 转库至 DWPI DWPI, (OPD<=20181231) and ((转库结果 1) or (((((((((Li-ion or lithium ion or lithium-ion or rocking chair) 2w (cell? or batter???)) and (/ic H01M)) or (/IC H01M10/0525)) and (graphene+ or two-dimensional carbon or monolayer of carbon)) or (转库结果 2)) and (OPD<=20181231)) and (H01M4/36/low/ic or h01m4/139/low/ic) and ((cathode or Positive Material or Positive electrode?) s ((Li-ion or lithium ion or lithium-ion or rocking chair) 2w (cell? or batter???)))) not cn/pr))	1227

续表

主题	检索式	数量/件
导电添加剂	CNABS,（（石墨烯 s（导电材料 or 导电添加剂 or 导电剂 or 添加剂 or 稳定剂）））and（（（（（锂离子电池 or 摇摆式电池 or 摇椅式电池）and（/ic h01M））or（/ic h01m10/0525））and（石墨烯 or 单层碳原子 or 二维碳））and（H01m4/62/low/ic）），转库至 DWPI DWPI,（（（转库结果）or（（H01m4/62/low/ic）and（（（（（Li-ion or lithium ion or lithium-ion or rocking chair）2w（cell? or batter???））and（/ic H01M））or（/IC H01M10/0525））and（graphene+ or two-dimensional carbon or monolayer of carbon））and（（graphene）s（blinder or filler or conductive material or conductive additive or additive or stabilizer or active material）））））and opd<20181231）not（（（（＊m1 /pn）or（（（graphene s（collector or（carrier s（electrode）））or grid or plate or metal foil or copper foil or nickel foil or aluminium foil））or（（（collector or（carrier s（electrode））or grid or plate or metal foil or copper foil or nickel foil or aluminium foil）s layer）and（layer s graphene）））and（（（（（Li-ion or lithium ion or lithium-ion or rocking chair）2w（cell? or batter???））and（/ic H01M））or（/IC H01M10/0525））and（graphene+ or two-dimensional carbon or monolayer of carbon））））	831
集电体	CNABS,（（（铝箔 or 金属箔 or 铜箔 or 镍箔 or 集电器 or 集电体 or 集流器 or 集流体 or 板栅 or 栅板 or 格栅 or 格栅板 or 栅状板 or 极板 or 双极板）s 石墨烯）or（（（铝箔 or 金属箔 or 铜箔 or 镍箔 or 集电器 or 集电体 or 集流器 or 集流体 or 板栅 or 栅板 or 格栅 or 格栅板 or 栅状板 or 极板 or 双极板）s（缓冲层 or 导电层 or 导电材料））and（（缓冲层 or 导电层 or 导电材料）s（石墨烯））））and（（（（锂离子电池 or 摇摆式电池 or 摇椅式电池）and（/ic h01M））or（/ic h01m10/0525））and（石墨烯 or 单层碳原子 or 二维碳）），转库至 DWPI DWPI,（（转库结果）or（（（graphene s（collector or（carrier s（electrode）））or grid or plate or metal foil or copper foil or nickel foil or aluminium foil））or（（（collector or（carrier s（electrode））or grid or plate or metal foil or copper foil or nickel foil or aluminium foil）s layer）and（layer s graphene）））and（（（（（Li-ion or lithium ion or lithium-ion or rocking chair）2w（cell? or batter???））and（/ic H01M））or（/IC H01M10/0525））and（graphene+ or two-dimensional carbon or monolayer of carbon））））	859

（三）专利技术构成

石墨烯基材料在锂离子电池上的应用主要分为：负极、正极、导电添加剂以及集流体四个方面。

理想的锂离子电池负极材料应当具备氧化还原电位低、比容量高、电子和离子电导率优良、环境友好、资源丰富等特点。目前，商业化锂离子电池中所采用的是石墨负极，而石墨烯的储锂能力远大于石墨，导电性也极其优越。石墨晶体中每个碳六边形只能与一个锂离子结合形成 LiC_6，其理论比容量为 372mAh/g，而对于单层石墨烯来说，锂离子与石墨烯的结合可以在上下两面形成 Li_2C_6，故其比容量是石墨的两倍，约为 744mAh/g。与石墨相比，石墨烯具有更大的比表面积和更高的缺陷密度，石墨烯的边缘缺陷、空缺和纳米空洞可以作为活性位点与锂离子结合，石墨烯层间的纳米空间也可用于储存锂离子。然而性能优良的石墨烯也具有制备成本过高的缺点，所以石墨烯复合负极材料成为当前研究的热点，以利用不同材料之间的协同作用进行互补。石墨烯基锂离子电池负极材料主要分为：石墨烯直接作负极、石墨烯与金属化合物复合、石墨烯与非金属材料复合、石墨烯与金属-非金属复合四大类。

传统锂离子电池应用较多的正极材料 $LiFePO_4$、$LiMn_2O_4$、Li_2FeSiO_4 以及 $Li_3V_2(PO_4)_3$ 等的电子离子传导率均较低，这严重制约着锂离子电池的性能。石墨烯是电子和离子的良导体，比表面积高，并且具备优异的机械性能以及化学稳定性。将石墨烯引入锂离子电池的正极结构中，通过与石墨烯复合电极材料的比表面积大大增加，从而增加了电解液与活性物质的接触面积，提高 Li^+ 的传输效率，能有效改善正极的导电性和电极结构的稳固性。此外，由于其良好的柔韧性，在复合材料中，石墨烯缓解了锂离子在嵌入和脱嵌活性材料过程中造成的体积效应，抑制了活性物质颗粒的粉碎问题。根据电极需要设计适宜的结构，以石墨烯材料为基础构造电极材料的各种结构，能够有效地提高锂离子电池的电化学性能，例如三维网络结构、核壳结构、层状结构、多孔结构、三明治结构等。从专利文献关注的技术效果来看，石墨烯基正极材料的相关申请主要集中于导电性、比容量、循环稳定性、倍率性、安全性五个方面的性能提高。

石墨烯由于其本身的晶化程度更高，导电性远远高于炭黑、乙炔黑等传统导电材料。采用石墨烯作为电极添加剂，具有以下优势：石墨烯为二维片层结构，与炭黑颗粒和碳纳米管相比，石墨烯可以实现和活性物质"面-点"接触，具有更低的导电阈值，并可以从更大的空间跨度上构建导电网络，实现整个电极上的长程导电；石墨烯具有高柔韧性与超薄特性，相比于其他类型的导电剂，石墨烯的所有碳原子都可以暴露出来用于电子传递，故可以在较少使用量下构成导电网络；石墨烯的加入还能够加强电极材料与集流体间的充分接触，从而能够较好地提高锂离子电池的循环性能和倍率性能。

石墨烯具有质量轻、导电性和机械性能优异的特点，可以直接用作锂离子电池的集流体或者用于修饰传统集流体，从而提高电极材料与集流体之间的电接触，增强电池的电化学性能。石墨烯还可以作为涂层制备功能化集流体，其可以增强活性材料和集流体之间的黏附力；降低电池内阻和内阻在充放电循环过程中的增大速率；抑制电解液对集流体的腐蚀；减小极化，提升电池的倍率性能、循环寿命等。石墨烯基锂离子电池的技术分支如图 1 所示。

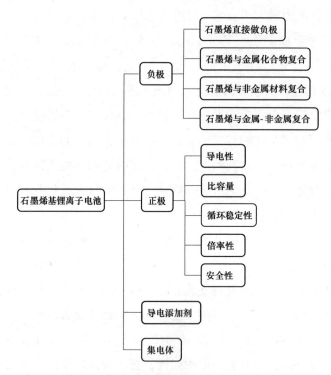

图 1　石墨烯基锂离子电池技术分支结构

　　通过对检索得到的技术分支的专利文献量进行统计分析，可以得到图 2。从图 2 中可以看出石墨烯基锂离子电池材料文献数量最大的技术分支为负极，文献量占比 41%；其次是正极，文献量占比 26%。集电体和导电添加剂专利申请相对较少，分别占比 17% 和 16%。这与锂离子电池的性能有关。如何提高锂离子电池的功率密度一直是该领域的研究热点和难点，制备高效储能的电极材料是解决这一难点的有效途径之一。石墨烯基电极材料同时具有良好的电子传输通道和离子传输通道，能显著提高电池的功率性能，因此电极材料的研发一直是锂离子电池的研究热点。相对而言，将石墨烯用于导电剂和集流体，受石墨烯制备成本、产品价值和工业化程度等因素的制约，专利申请量较低。

　　在石墨烯基负极材料的专利文献中，最多的是石墨烯直接作为负极，其文献量占比 15%。石墨烯单独作为锂离子电池负极材料，容量能达到 $540mAhg^{-1}$ 左右，但是其巨大的比表面积使其具有较大的不可逆容量，电池的容量也衰减很快，在专利文献中很多通过掺杂来改变石墨烯的表面形貌，从而提高电极的导电性和稳定性，常见的有对石墨烯进行掺 B、掺 N 处理。其次是石墨烯与金属化合物复合的专利文献，占比 12%。最常见的是与过渡金属氧化物复合，如 NiO、MnO_2、Fe_2O_3、SnO_2 等，两种材料复合在一起能够优势互补：金属氧化物可以有效阻止石墨烯片层团聚；石墨烯可以改善金属氧化物的

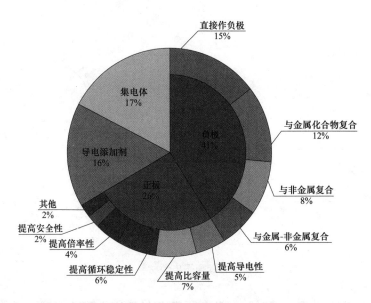

图2　石墨烯基锂离子电池材料各技术分支文献量占比

导电性，并能有效地缓冲金属氧化物在充放电过程中的体积膨胀。石墨烯与非金属的复合占比8%，最常见的是与硅的复合，硅的理论容量高达4200 mAhg^{-1}，且放电平台低，是最有可能商业化应用的下一代负极材料，但Si作为半导体材料，导电性并不好，通过与石墨烯进行复合可以改善其导电性能。其余约6%的文献涉及石墨烯与金属和非金属的同时复合。

锂离子电池正极材料一般是含有可脱出再嵌入的锂离子的材料，石墨烯与正极材料的复合从技术功效上主要有：提高导电性、提高比容量、提高循环稳定性、提高倍率性、提高安全性。其中提高比容量、循环稳定性和导电性是文献量占比最高的三个领域，分别占到7%、6%、5%。除了以上5种性能外，还有接近2%的文献涉及成本、环保等其他方面。由于石墨烯的加入通常会改变不止一方面的性能，因此多数文献同时涉及以上的两种或多种技术功效。

三、石墨烯基锂离子电池材料专利技术分析

（一）全球专利申请趋势

石墨烯基锂离子电池材料全球专利申请量趋势统计结果如图3所示。

第一阶段（2000~2008年）：这一时期申请量不多，研发人员刚刚开始在锂离子电池中尝试使用石墨烯，属于初始研究阶段。

第二阶段（2009~2014年）：申请量显著增加，研究人员以多种方式将石墨烯应用于锂离子电池的正极、负极、导电添加剂和集流体中。各分支领域中均出现了被广泛接

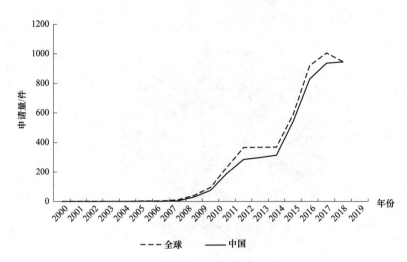

图3　石墨烯基锂离子电池材料申请量趋势

受和使用的基础技术方案。同时，大量专利集中在对这些基础技术方案的优化和改进上。申请量显著增加，越来越多的申请主体加入研发。

第三阶段（2015年至今）：电动汽车利好政策频出，锂离子电池电动汽车快速发展。业界对锂离子电池的能量密度、功率密度提出更高的要求。更多申请主体加入研发中，相关专利集中在如何通过在锂离子电池中使用石墨烯以实现高容量、高倍率、长寿命上。

从图3还可以看出，以中国为目标国的专利申请量占全球专利申请量的绝大多数。这与近年来我国大力发展新能源、新材料密不可分，也与我国相关政策的大力支持有关。

（二）技术原创国/地区分析

石墨烯基锂离子电池材料技术的技术原创国/地区申请量分布如图4所示，中国、美国、日本、韩国以及欧洲申请占据了石墨烯基锂离子电池将近98%的申请量份额，是从事石墨烯基锂离子电池研发的重点区域。其中，中国申请人的专利占到总量的约八成，位居榜首，这与我国大力发展新材料的自主研发有关。在国家发展战略中，电动汽车作为经济转型的新动能备受关注，科研机构和相关企业对锂离子电池技术十分重视，从而带动了中国申请人对石墨烯锂离子电池的研发热潮。

排名第二的美国在该领域的研发较早，并且率先成立了国家纳米材料和石墨烯研究开发基地，并于2009年实现了小规模的产业化。美国申请人的专利占到总量的约一成，虽在数量上少于中国申请人总量。但其中包括不少基础专利，是该领域技术人员从事创新的发明起点，被广泛引用，具有较高价值。

锂离子电池传统制造强国是日本和韩国，二者在石墨烯基锂离子电池领域也有相当的布局量，分别处于全球第三和第四。这两个国家的研发主体多为知名企业，且起步较早，虽然申请数量不大，但持续性高，显示出这些企业在该领域不间断地进行研发投入。

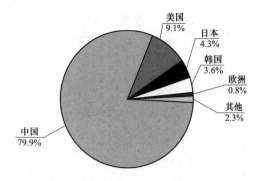

图4 石墨烯基锂离子电池材料技术
原创国/地区申请量分布

（三）主要申请人分析

图5是石墨烯基锂离子电池材料全球主要申请人申请量排名情况。排名第一的是美国的纳米技术仪器公司，海洋王、日本的半导体能源研究所紧随其后。在前十名申请人中，有6位中国申请人，其中包括4所高校。

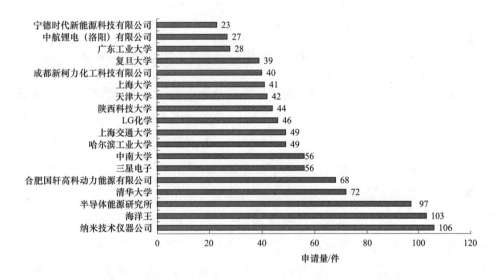

图5 石墨烯基锂离子电池材料全球主要申请人申请量排名

纳米技术仪器公司的CEO和共同创始人是纳米石墨烯专家B.Z扎昂（中文名：张博增）教授。他长期从事材料科学研究工作，发表过300多篇学术论文。B.Z扎昂教授及其团队中其他14位发明人在该领域多个技术分支中进行了专利布局，发明方向集中在锂离子电极的纳米石墨烯加强型复合颗粒及其制备方法、以石墨烯颗粒作为核，键合其他颗粒形成的石墨烯正极材料以及电极活性材料上涂覆石墨烯片等。

B.Z扎昂教授的材料研发工作在早期就开始了产学研结合。纳米技术仪器公司成立于1997年，主要技术是锂离子电池的硅正极技术、石墨烯超级电容器等。2000年后，其团队又广泛地与中国企业和科技园区展开合作。2011年，纳米技术仪器公司与上海利物盛集团合资在上海国际汽车城成立安固强锂电池科技有限公司；2012年，B.Z扎昂教授的团队又加入中国香港正道集团有限公司，负责技术相关工作。

从该团队的年度申请量趋势（见图6）中可以看出，该团队从2007年起就涉足石墨烯锂离子电池领域，并且从2007年起每年都在该领域有新增专利申请，显示其研发工作的持续性较高。

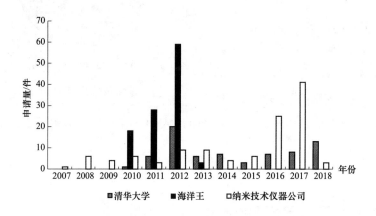

图6 石墨烯基锂离子电池材料领域三个重要申请人的年度申请量

而申请量排名第一的中国申请人海洋王则在专利申请行为上与纳米技术仪器公司存在很大不同。海洋王是一家成立于1995年的民营高新技术企业，主要生产各类照明设备，95%以上的产品拥有自主知识产权。该公司还曾获评广东省知识产权优势企业，同时公司下设研究院，投入研发力量致力于跟进国际前沿技术。可以看到，海洋王在2010年就提交了与石墨烯电池有关的大量专利，与清华大学在该领域的专利布局同步，相较于国内其他企业，可谓目光敏锐。但经过2010~2013年间的研发周期后，海洋王就不再对石墨烯基锂离子电池技术领域进行布局，在2014年后就退出了申请人排行的前十位。目前海洋王的石墨烯基锂离子电池技术仍处于实验室研发阶段，尚未有实际生产。可以看出该公司的知识产权保护意识较强，且善于跟踪前沿热点，但研发持续性不佳，不利于保持其在该领域的竞争力。

中国申请人中高校申请人的数量较多，反映中国石墨烯基锂离子电池领域的研究偏重于科学研究。通常来说，以科学研究为主导的研发工作对于技术成果的转化或产业化关注较少，缺少与产业化开发的衔接。

清华大学是国内石墨烯基锂离子电池研究中比较活跃的高校之一，从2010年起就在该领域进行了一定的专利申请并持续至今，在2016~2017年的申请量也有所增加，可见其研发的持续度较好。清华大学具有独特的学术地位和丰富的产学研经验，许多企业在该领域与清华大学进行了合作研发。清华大学、鸿富锦精密工业有限公司成立了清华-富士康纳米科技研究中心，该中心与鸿富锦精密工业有限公司共同申请了大量专利。此外，清华大学还与湖北融通高科先进材料有限公司、江苏华东锂电技术研究院有限公司等进行了广泛的合作。而其他几所高校的专利申请则较少与企业合作。

从排名前十的申请人在各技术分支的专利申请情况（见图7）中可以看出，申请量排名前三的申请人在技术分支上的布局覆盖面也最广。其中，海洋王在各分支上的涉及面最广，显示出该公司具有较强的专利布局经验。与其他排名第四到第十位的申请人相比，清华大学的专利申请较为集中，大量专利申请都涉及集电体。这是由于清华大学与鸿富锦精密工业有限公司在2011年申请了一项涉及金属箔片上制备石墨烯膜的专利，并在此后围绕该专利申请了一系列关联技术的专利。其他排名第四到第十位的申请人的专利布局情况基本与清华大学相似，都是以某一母专利为基础，围绕其进行更深入的研发。

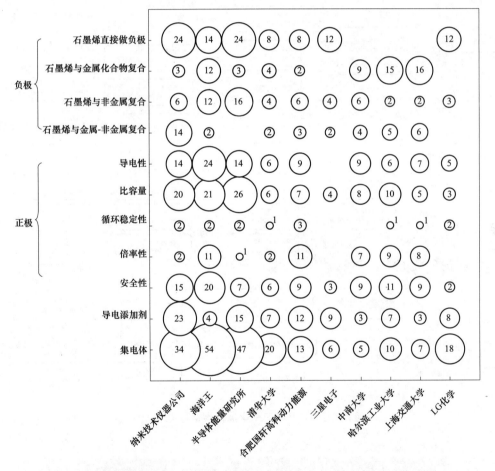

图7 石墨烯基锂离子电池领域排名前十申请人在各技术分支的专利申请情况

注：图中数字表示申请量，单位为件。

四、石墨烯基锂离子电池材料专利技术发展

（一）专利技术演进

本节对石墨烯基锂离子电池材料的专利申请依据年份进行梳理，对该技术的发展脉络进行分析，了解石墨烯基锂离子电池材料的技术演进情况，以便了解该技术的发展脉络。图8显示了由关键专利构成的技术发展路线，图中的时间为申请日或优先权日。

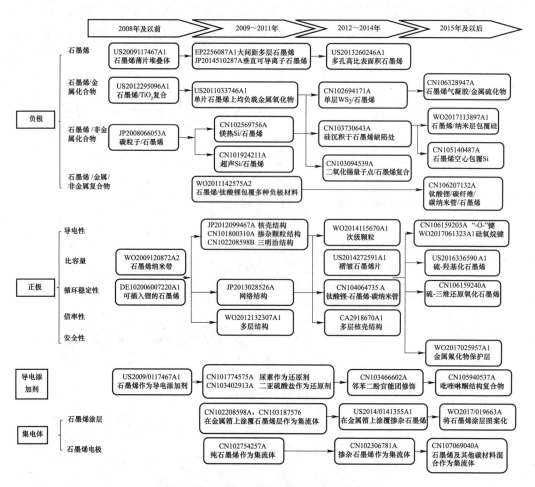

图8　石墨烯基锂离子电池材料专利技术演进

1. 负极

在负极应用分支，2008年及以前石墨烯应用于离子电池负极材料的专利文献较少，处于技术萌芽期，该阶段的专利文献主要利用了石墨烯的高比表面积和高导电性能，进行了石墨烯应用于锂离子电池中的简单尝试。例如2006年提交的专利申请JP2008066053A，在多孔无序的碳负极中穿插进了石墨烯类的纤维碳，制作了一个复合

负极材料，相较于传统的碳负极，显著提高了比容量和循环稳定性。2007 年提交的专利申请 US2009117467A1 中，就使用石墨烯薄片堆叠体单独作为负极材料，进一步利用了石墨烯的特异导电性和高比表面积。专利申请 US2012295096A1 中进行了石墨烯与金属氧化物 TiO_2 进行复合的初尝试，将 TiO_2 沉淀分散在石墨烯中，得到的复合材料的比容量为纯 TiO_2 材料的至少两倍。

在 2009~2011 年，石墨烯应用于锂离子电池中的专利文献开始大量出现，通过改进石墨烯的制备方式以及利用多种负极活性材料的复合，得到多种新型负极材料。在对于石墨烯性能的改进中，专利申请 EP2256087A1 使用将氧化石墨烯分散体热还原的手段，制备出了有更大间距的多层石墨烯，具有更大的插层性质。专利申请 JP2014510287A 将无规分布的缺陷结构引入堆叠的石墨烯片材中，从而在石墨烯片层的垂直方向上也能进行锂离子的传输。石墨烯的单层柔性特性也有利于抵抗锂插层带来的体积变化，而这正是合金类负极材料的最大缺陷，专利申请 CN101924211A 中使用超声混合方式得到了硅/石墨烯复合材料，一定程度上提高了电极的循环性能；专利申请 CN102569756A 中先制备了氧化硅/石墨烯的复合材料，然后使用镁热还原制备出了硅/石墨烯复合材料，不仅利用了石墨烯层的抗体积效应性质，也利用还原工艺为每个硅粒子周围提供了一定的空腔，进一步提高了循环性能。专利申请 WO2011142575A2 使用石墨烯/钛酸锂共包覆了多种负极材料，可以防止充放电过程中的体积效应，也防止了活性粒子的破裂，改善了稳定性、安全性，提高了循环寿命。

在 2012~2014 年，更多的专利着重于方法和催化剂设计的改进，从而可以更大程度上利用多种负极材料的特性，专利申请 US2013260246A1 制备出了表面具有多孔结构，具有更大表面积，具体为表面积超过 $100m^2/g$ 的多孔石墨烯，展现出了更高的比容量。专利申请 CN102694171A 中公开了用水热法制备出单层 WS_2 与石墨烯复合材料，复合纳米材料由单层的 WS_2 与石墨烯复合构成，单层 WS_2 与石墨烯之间的物质的量之比为 1:1~1:4，使用简单的工艺制得的复合材料中，WS_2 可以与石墨烯表面的电子进行传递，进一步增强了电子传递和电荷迁移。专利申请 CN103094539A 将金属氧化物制备成小粒径的量子点，强化了金属氧化物二氧化锡与石墨烯的复合，相较于之前简单超声和原位生长的复合模式，这种模式使金属氧化物均匀分布在石墨烯片的两侧。专利申请 CN103730643A 中使用等离子体先处理石墨烯，在石墨烯表面产生缺陷，然后再进行硅的沉积，根据熵增原理，沉积的硅优先沉积在缺陷处，缺陷可以为硅产生缓冲，该复合材料具有优异的循环性能。

2015 年及以后，石墨烯基负极材料的形貌设计成为了专利文献的研究重点，通过形貌的设计，进一步强化了复合负极的稳定性。专利申请 CN106328947A 使用三维石墨烯气凝胶与金属化合物进行复合，相较于二维石墨烯，避免了片层堆积，而原位生长的金属氧化物更均匀地分布在模板上，从而暴露了更多的活性位点和电子传输通道。专利申请 CN105140487A 公开一种钛酸锂/碳纤维/碳纳米管/石墨烯四元复合材料，其中，碳纤维、碳纳米管和石墨烯形成了化学键连接的三维网状结构包覆在钛酸锂表面，提高了复合材料的稳定性和吸液保液能力，提高了循环性能和倍率性能。专利申请 WO2017113897A1 公开了一种硅复合材料，包括纳米硅、包覆在纳米硅表面的纳米复合层以及均匀包覆在纳米复合层外的石墨烯层，该三层结构进一步降低了纳米硅的体积膨胀并且保持了硅材料的高导电性，提升了离子的迁移率。专利申请 CN105140487A 公开了一种空心包覆结构，直接在包覆结构的核壳中间引入空腔，制备了石墨烯空心包覆纳米硅，既保证了电子导电性，又缓解了体积效应，同时储存了电解液，有利于锂离子的扩散。

2. 正极

在正极应用分支，2008 年及以前关于石墨烯应用于锂离子电池正极材料的专利文献较少，该阶段的专利文献仅限于利用石墨烯自身作为电池的正极材料，石墨烯材料是电子和离子的良导体，比表面积高，并且具备优异的机械性能以及化学稳定性，相对于传统正极材料，石墨烯具有更优异的导电性和稳固性。例如 2006 年提交的申请 DE102006007220A1 公开了采用可插入锂的石墨烯作正极，得到的锂聚合物电池具有优异的效率和 300 次以上的循环稳定性。专利申请 WO2009120872A2 公开了采用石墨烯纳米带作为正极或负极，石墨烯纳米带可具有多种形状，包括片材和圆筒（也称为纳米管），或与多壁纳米管同心布置，制得的电池具有高比容量。

在 2009~2011 年，石墨烯与正极活性物质复合后作为正极材料的专利文献开始大量出现。根据电极需要设计适宜的结构，以石墨烯材料为基础构造电极材料的各种结构，能够有效提高锂离子电池的电化学性能。例如：核壳结构，在能够嵌入和脱嵌锂离子的材料磷酸铁锂、磷酸镍锂、磷酸钴锂或磷酸锰锂等的表面包覆石墨烯制造具有足够电导率的正极活性材料（JP2012099467A、WO2012046669A1）；掺杂颗粒结构，将石墨烯、氧化石墨烯、插层石墨烯复合掺入磷酸铁锂纳米粒子的合成原料中，合成石墨烯、氧化石墨烯搭桥磷酸铁锂纳米粒子结构形式的材料，经性能表征证实能够大大提高电子导电能力（CN101800310A）；三明治结构，在集流体箔材上依次涂覆石墨烯、正极活性物质、石墨烯，使得电极活性材料层被夹设在两层石墨烯层之间，因而，更进一步地提高了导电性能（CN102208598B）；层状结构，正极活性物质层与石墨烯层交替层叠构成多层正极结构，制造具有高放电容量及高功率，并可以高速地进行充放电的锂离子二次电池（WO2012132307A1）；三维网络结构，正极活性物质分布于多个交错排列的多层石墨烯之间，以石墨烯作为支架，增加活性材料的循环稳定性（JP2013028526A）。

2012~2014 年，在石墨烯复合正极材料结构多样化的基础上，越来越多的文献开始关注以上多样化结构带来性能改进同时产生的弊端，并致力于改善以上弊端，同时进一步在复合形态上、多元复合上作出新的改进。专利申请 WO2014115670A1 公开了现有石墨烯包覆活性物质的核壳结构，会抑制锂离子的嵌入脱嵌，该文献提出纳米颗粒尺寸的活性物质与石墨烯进行复合化而形成次级颗粒时，通过将石墨烯滞留在次级颗粒内部而使活性物质在次级颗粒表面露出，由此可以抑制离子传导性的降低。专利申请 CA2918670A1 公开了一种多层核壳结构，正极材料由内而外依次为颗粒状锂化合物、石墨烯包覆层、锂化合物包覆层、第二石墨烯包覆层，可获得车载应用要求的在宽电压范围保持高能量密度和高输出的材料。专利申请 US2014272591A1 公开了制备石墨烯与锂反应性金属颗粒复合的正极材料，其中石墨烯颗粒选用包含弯曲的、卷曲的、有皱纹的或褶皱的、片的石墨烯，具有大于 5:1 的纵横比，该形态的优选可以带来更高的比容量。专利申请 CN104064735A 公开了钛酸锂-石墨烯-碳纳米管复合材料，钛酸锂纳米颗粒及碳纳米管均匀分散在石墨烯的片层结构中，由于石墨烯和碳纳米管具有较高的电导率，且碳纳米管长径较长，可以有效克服无修饰的钛酸锂纳米颗粒作电极材料时循环性能和倍率性能差的问题。

2015 年及以后，在石墨烯与正极活性物质的复合中，如何有效调控复合界面以形成更好的电子与离子通道是构建高性能电极材料的关键，许多专利文献把复合界面的调控作为研究重点。专利申请 CN106159203A 公开了由含锂硅酸盐活性材料与石墨烯通过例如"-O-"键等化学键合连接，利用化学键合作用增强硅酸盐电极材料的锂离子和电子的传输性能，形成的具有高电化学活性的复合电极材料。专利申请 WO2017061323A1 公开了将经硅烷偶联剂处理的正极活性物质与石墨烯复合得到由硅氧烷键进行键合的复合材料，将正极活性物质与石墨烯以面接触牢固地键合，由此提高正极活性物质表面的电子传导及离子传导性。与此同时，在复合材料的选择上也更加多样化。专利申请 CN106159240A 公开了单质硫与三维还原氧化石墨烯复合的正极材料，单质硫与三维还原氧化石墨烯基团之间很强的化学键力使得单质硫不容易脱落，从而大大增加材料的稳定性，该材料应用于锂离子电池正极材料，具有循环稳定性好、比能量密度高等优点。专利申请 WO2017025957A1 公开了使用原子层沉积（ALD）技术在嵌锂石墨烯正极或负极材料表面包覆金属氟化物保护层，以增加高温放电/再充电循环的次数来提高稳定性。专利申请 US2016336590A1 公开了一种硫-羟基化石墨烯正极材料，由表面羟基化石墨烯片和非晶态硫纳米粒子组成，硫纳米粒子通过羟基与石墨烯结合，可以提高电池的能量密度、功率密度、速率能力、容量和电极导电性。

3. 导电添加剂

锂离子二次电池的正极通常采用层状钴酸锂、镍酸锂、镍钴酸锂或尖晶石锰酸锂等作为活性材料。但是这些活性材料本身的导电性差，因此，在形成电极时，往往采用在活性材料中加入导电剂的方法来改善其导电性。

早期技术方案，通常采用颗粒状或纤维状碳材料作为锂离子电池导电剂。其中颗粒状导电剂，例如乙炔黑、碳黑、天然石墨等，它们价格便宜，使用方便。如果充放电速度慢的话，这些导电剂可以发挥性能。但是在大倍率快速充放电时，使用这些导电剂的电极将会产生较大的极化，导致活性物质的利用率下降。和颗粒状导电剂相比，纤维状导电剂，如：金属纤维、气相法生长碳纤维、碳纳米管等，有较大的长径比，有利于形成导电网络，能够提高活性材料之间及其与集电极之间的黏结牢固性，起到物理黏结剂的作用。但是碳纤维材料的价格较高，团聚现象也比较严重。

在 2005 年提交的专利申请 CN1770515A 中，发明人将颗粒状导电剂如乙炔黑或石墨球等，与纤维状导电剂如碳纳米管等进行复合，乙炔黑进入到碳纳米管形成的网状结构中，增加了和电极材料的接触点，从而形成一种协同效应，有效发挥碳纳米管的网状结构和持有电解液、乙炔黑接触点多的优势。另外，乙炔黑和碳纳米管复合后，它们之间互相穿插，能有效地降低碳纳米管的团聚。此外，价格便宜的乙炔黑的加入，有利于降低昂贵的碳纳米管的使用量，有效降低成本。

在此基础上，科研人员没有停止寻找更好的导电添加剂材料。石墨烯具有比其他碳质材料更好的导电性，另外石墨烯是二维的网状结构，能更好地与电极活性物质形成复合的网络结构。基于这些原因和条件，出现了将石墨烯作为电极导电添加剂的技术方案。

例如 2007 年的申请 US2009/0117467A1 将正电极活性材料与作为导电剂的石墨烯以及黏合剂混合在溶剂中，形成的悬浮液涂覆在集流体上，从悬浮液中去除溶剂以形成薄板状电极，并将形成的混合物热压制从而形成正电极。2009 年的申请 CN101794874A 公开了一种制备方法，取正极或负极活性物质与黏结剂聚偏氟乙烯或丁苯橡胶，加入重量百分比为活性物质 1%～30% 的石墨烯后混合，滴加 N-甲基-2-吡咯烷酮或无水乙醇将混合物混合均匀成浆状，烘至半干时将其均匀压制在集流体上，然后将极片在真空条件下 100～150℃烘干。

这一阶段，石墨烯作为导电添加剂被广泛研究和接受。在之后的研究中，技术人员的研发重点放在了如何制备高导电性、易分散的石墨烯材料上。石墨烯的制备方法有机械剥离法、化学气相沉积法、外延晶体生长法、氧化还原法等。在上述方法中，前三种方法工艺复杂，而且生产率低，因此很难大量生产。氧化还原法具有易于大量生产及化学修饰的特征，因此广受注目。

氧化还原法的研究主要集中在通过热还原法或者使用还原剂（例如：肼类物质或其他有机物质）来使氧化石墨烯还原，由此制备石墨烯。用还原剂还原来制备石墨烯的一个公知例是以水合肼为还原剂，在水中 100℃反应 24 小时，使氧化石墨还原，制备石墨烯。但是，肼类还原剂为极毒性试剂，不利于工业应用，且反应时间较长。并且采用热还原法制备的石墨烯具有高结晶性，在片层方向上易出现片层的层叠，也易发生团聚，而作为导电添加剂使用的石墨烯材料必需在溶剂或树脂中容易分散，不易发生团聚。

在 2009~2011 年期间，研发方向多集中在使用还原剂的氧化还原法。以具有高分散性的氧化石墨烯作为原料，可以方便地得到石墨烯分散液。但其本身是绝缘的，不能作为导电剂使用，如果氧化度过高或是还原不充分，则氧化石墨烯被还原，也难以得到符合要求的导电添加剂。

因此，大量研发工作旨在寻找合适的还原剂。其中，具有代表性的是2010 年的申请 CN101774575A，其采用是通过使用含有氨基基团的有机物质，例如尿素作为还原剂，来去除氧化石墨表面的含氧基团，制备石墨烯。这种反应体系具有较低的毒性，但是，尿素作为有机物质，其反应活性较低，氧化石墨的还原不充分。

2010 年的申请 CN103402913A 中使用连二亚硫酸盐作为还原剂，在温和的反应条件下，快速地将氧化石墨烯还原，制备石墨烯。且其锂离子电池的电极可以通过将上述活性材料、聚合物黏合剂、导电剂在适量的溶剂中混合、涂覆在集电体上并干燥而制得。

在 2012 年以后的工作中，科研人员又将研发重点放在如何对石墨烯表面进行修饰，以保证制备得到的石墨烯粉末在电极浆料中不会再次团聚。为了改善石墨烯在极性溶剂中的分散性，围绕对石墨烯实施表面处理开展了广泛研究。2012 年申请的专利 CN103466602A 通过加入含邻苯二酚官能团的化合物来维持石墨烯在有机溶剂中的分散性。具体方法是在氧化石墨烯的分散液中加入含邻苯二酚官能团的化合物和与该化合物不同的还原剂，机械搅拌下进行还原反应。所得产物经过滤、水洗及冷冻干燥后得到石墨烯粉末。石墨烯粉末通过让含儿茶酚基团的化合物适度附着于石墨烯表面，从而赋予其在有机溶剂中的分散性，同时又能维持高导电性。

2015 年申请的专利 CN105940537A 提供了一种包含石墨烯粉末及具有吡唑啉酮结构的化合物的复合物。石墨烯粉末和具有吡唑啉酮结构的化合物彼此混合，由于石墨烯表面具有大 Π 共轭结构，具有吡唑啉酮结构的分子中的苯环结构容易与石墨烯形成共轭相互作用，从而对石墨烯进行了表面改性。这种表面改性方法不会破坏石墨烯表面原有的共轭结构，石墨烯的导电性得以保留。同时具有吡唑啉酮结构的分子具有的极性可以改善石墨烯在 溶剂中的分散性，改性后的石墨烯更容易且更稳定地分散于电极浆料中。

4. 集电体

如前文所述，锂离子电池的电极一般包括集流体、正极或负极活性物、导电剂及黏结剂。正极集流体可以为由铝等制成的金属箔。负极集流体为由铜等制成的金属箔。

石墨烯具有特殊的二维纳米结构和优异的物理化学性质，特别是高导电性和发达的柔性孔隙结构，预示着石墨烯可能是一种高比功率和高比能量的电极材料。将石墨烯作为集电体的技术方案分为两大方向，包括直接以石墨烯作为原料制作电极或是在金属箔表面涂覆石墨烯。

2010年提交的专利申请CN102754257A，采用石墨烯直接作为集流体。该技术方案石墨烯表面有含氧官能团，降低了其导电性和热稳定性。在脱锂时电解液与石墨烯表面的氧会发生反应，可能导致电极的电化学反应过程不稳定。后期出现的专利试图通过掺杂对石墨烯进行改性以解决这个问题。例如专利申请CN102306781A提供了一种掺杂石墨烯为原料的电极，采用化学剥离法制备的石墨烯为原料，在高温的条件下，通入含相应氮或硼掺杂元素的气氛和其他保护气体，调控不同的处理时间，获得不同氮或硼元素含量的掺杂石墨烯。通过氮或硼异质原子在石墨烯晶格的掺杂去除含氧官能团，提高石墨烯的电导性和热稳定性，增加储锂可逆活性位，获得一种大容量、高倍率的石墨烯电极材料。

2016年提交的专利申请CN107069040A将石墨烯、单壁碳纳米管、纳米银、纳米铜、科琴黑、乙炔黑中的至少任意两种与聚偏氟乙烯混合，经搅拌得到浆料。将浆料涂布在正极活性物质层/负极活性物质层的表面，得到锂离子电池极片。以期通过多种碳材料的混合，形成点、线、面复合网络以增强电极材料的吸液能力。

另一发展方向的基础技术方案是在铜箔、铝箔等常见集流体结构上制备石墨烯涂层。如2011年的申请CN102208598A、CN103187576等。以此为起点，产生了许多优化技术方案。例如2013年的申请US2014/0141355A1，该石墨烯电极包括金属箔、覆盖在金属箔上的未掺杂石墨烯层以及覆盖在未掺杂石墨烯层上的掺杂石墨烯层，通过反应气体将欲掺杂的杂原子的气体与其他气体混合，对石墨烯表面进行干式改性处理，通过改性，提升了石墨烯电极的电容量，降低了不可逆电容。

2016年的申请WO2017/019663A提供了一种增大石墨烯层接触面积的技术方案。该方案中，阴极集流体层或阳极集流体层包括多个石墨烯单层，多个石墨烯单层按照阶梯式布置并且根据所述阶梯式布置对多个石墨烯单层进行图案化处理，这种阶梯式布置有助于在界面处提供较高的表面面积与体积比。

（二）核心专利技术分析

基于前期检索结果，我们选取文献量最大的技术分支——负极作为分析对象，选取石墨烯负极材料研发中目前关注度较高的一个关键技术进行分析，包括查找核心专利、追踪核心专利的引用以及被引情况，从而分析该关键技术的发展路线和发展方向。

石墨烯基负极材料最初是使用石墨烯材料直接作为负极，石墨烯的高比表面积带来的活性位点使其在传统碳负极材料中脱颖而出，但是由于石墨烯理论容量的限制，纯石墨烯负极材料鲜有高于1000mAh/g比容量的报道。为了进一步提升电池的容量，人们开始着眼于将石墨烯与其他潜在的负极材料进行复合，其中石墨烯与金属氧化物的复合文献量较大，且石墨烯与金属氧化物的复合，利用了金属氧化物负极材料的高的理论容量，也利用石墨烯弥补了金属氧化物中锂离子扩散率低、电子传导性差以及高充电-放电速率下电极/电解质界面的电阻增大的劣势。材料的复合工艺与复合材料的性能密切相关，也有大量的专利进行复合工艺的改进研究，因此，我们选取石墨烯与金属氧化物具体的复合工艺这一分支进行专利分析（见图9）。

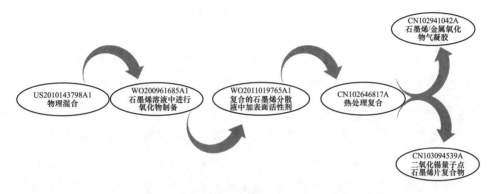

图9 石墨烯-金属氧化物复合负极材料核心专利技术分析

最初的金属氧化物与石墨烯只是通过简单的物理复合，比如 2008 年的申请 US2010143798A1 将纳米金属氧化物活性物质，如纳米粒子、纳米管、纳米线等小尺寸材料与纳米石墨烯片层结构进行球磨复合，并涂覆在碳质基底材料中得到石墨烯片层增强金属氧化物复合材料，增强了金属氧化物材料的循环性能，但是这种物理混合方法的改进效果是非常有限的，并没有充分发挥片层石墨烯的电子导电性能；2007 年纳米技术仪器公司在专利申请 WO200961685A1 中公开了用于锂离子电池的纳米石墨薄片复合阳极组合物，先将膨胀石墨超声处理得到了纳米石墨烯片层，然后在石墨烯片层分散液中进行金属氧化物的制备，制备金属氧化物的方式包括液相沉积法、电沉积法、浸涂法、蒸发法、溅射法和化学气相沉积法，在石墨烯片层存在的条件下原位制备得到的金属氧化物颗粒物理贴附或者化学结合到石墨烯薄片，石墨烯薄片堆叠得到层状材料，石墨烯薄片使活性材料颗粒相互分离或者隔离，显著提高了电子导电性，降低了内阻。

但是由于纳米材料易团聚的固有性质，在石墨烯片层分散液中原位制备金属氧化物材料时，石墨烯片层不可避免地会进行团聚，针对此技术问题，2010 年，巴特尔纪念研究院在专利申请 WO2011019765A1 中提出了在石墨烯片分散液中加入表面活性剂，如十二烷基磺酸钠水溶液，表面活性剂、金属氧化物和石墨烯片的纳米相结构单元协同自组装，得到了独特的三维超结构，首先，表面活性剂以半胶束形式吸附到石墨烯表面以确保石墨烯纳米片分散在表面活性剂胶束的疏水区，同时，阴离子表面活性剂与正电荷金属阴离子结合并与石墨烯自组装形成有序的薄层状中间相，然后金属氧化物在石墨烯之间结晶，产生纳米复合材料，其中石墨烯片层和金属氧化物纳米晶体的交替层自组装成层状超材料，每层包含结合至少一个石墨烯层的金属氧化物。

2011 年中国科学院金属研究所在专利申请 CN102646817A 中提出在原位制备石墨烯金属氧化物复合材料之后进行热处理或者直接使用水热反应进行原位的金属氧化物的制备，这种热处理在金属氧化物和石墨烯片层之间搭构形成多孔体系，进一步增强了离子的传输，也增强了金属氧化物和和石墨烯片层的键合，相较于不进行热处理的原位键合，首次充电比容量提高了 134mAh/g，30 次循环后比容量差更是高达 551mAh/g，显著增强了电极材料的循环性能。

为了增强石墨烯和金属氧化物的结合力，在改进了具体的化学复合工艺后，材料本身的多样性设计也可以在一定程度上提高分散，强化复合，比如北京理工大学 2012 年的专利申请 CN102941042A 公开了一种石墨烯/金属氧化物气凝胶，在金属盐、氧化石墨烯的有机分散液中加入环氧化物，静置得到均匀不流动的杂化凝胶，所述环氧化物作为一种质子捕捉剂，将水中的氢离子捕捉后，留下的羟基与金属离子结合，形成金属氢氧化物，加入环氧化物，将金属离子全部转化为金属氢氧化物，干燥后在惰性气氛保护下烧结得到网络石墨烯/金属氧化物杂化气凝胶，所述杂化气凝胶具有结晶双网络结构，结合了石墨烯优异的物理化学性能、金属氧化物的功能特点以及气凝胶的超轻多孔特性，形成三维网络，强化了石墨烯和金属氧化物的均匀分散和网络键合。

上海大学 2012 年的专利申请 CN103094539A 公开了一种二氧化锡量子点石墨烯片复合物的制备方法，通过控制反应的溶液浓度和复合时间，制备出的二氧化锡量子点大小在 4~6nm，均匀分散在石墨烯片的两侧，石墨烯氧化物包含大量的含氧基团，当锡离子加入后，锡离子与石墨烯表面官能团键合，退火形成复合物，在复合物的形成过程中，石墨烯片状结构阻碍了二氧化锡的团聚，同时，附着在石墨烯片上的二氧化锡量子点也有效地避免了石墨烯片的堆积。

综上所述，这些专利申请从最初的简单混合，到后续工艺和材料结构设计的改进，不断提高了金属氧化物与石墨烯的复合强度，在提高导电性能的同时强化了电极材料的循环稳定性。

五、总结

本文对石墨烯基锂离子电池材料的专利技术进行了统计分析，根据研发方向划分出该领域的技术分支，分析了其专利申请状况、各技术分支技术发展脉络和核心技术领域，有助于相关研究人员全面了解石墨烯基锂离子电池材料领域的专利发展状况和发展脉络，现将文中主要内容总结如下。

（一）申请量呈快速增长趋势，以电极材料的研发为核心

自 2008 年以来石墨烯基锂离子电池材料的研发整体呈逐年增长趋势，2015 年以后随着电动汽车的发展，石墨烯基锂离子电池材料迎来研发热潮。锂离子电池的应用推广为该领域的技术研发带来了契机，同时也对石墨烯基锂离子电池材料的性能提出了更高要求。正负极材料是影响锂离子电池整体性能的关键因素，石墨烯在电极材料上的应用带来的电池性能提高最为显著，成为该领域的研发热点。从国内外申请分布来看，国内外均以负极和正极的研发作为重点。

（二）主要技术原创国产业结构各不相同

在中国、美国、日本、韩国四个主要技术原创国中，美国、日本和韩国均是企业申请人占据主导地位。美国的 B.Z 扎昂团队最早进入该领域的应用研究，拥有大量基础性专利；韩国的 LG 化学为锂离子电池全球最大的供应商之一；日本的半导体能源研究所在该领域具有很强的研发和产业优势。

中国起步相对较晚，但在申请数量上占绝对优势。与国外不同，中国的研发主体以高校和科研机构居多。企业申请人中海洋王在 2010～2013 年间贡献了较多专利申请量，但技术研发持续性差，且未实际投产。清华大学是高校申请主体的典型代表，研发范围广且持续性高，清华大学近年也在寻求与更多企业的合作。整体上来说中国在产业化上与国外还有一定差距，寻求产学研的结合，加快科技成果转化，引进国外先进生产设备是我国需要关注的地方。

（三）未来发展方向预测

通过对各个技术分支的技术演进路线进行分析，可以发现石墨烯在锂离子电池上的应用大致经历了以下几个阶段：石墨烯直接用作锂离子电池功能材料、石墨烯与传统电极材料或导电集电材料复合、复合形态和复合方式趋于多样化多元化、复合材料的特定形貌和界面态设计。同时石墨烯基材料的制备工艺也经历了从传统机械剥离法、化学气相沉积法、外延晶体生长法等向氧化还原法、电化学沉积法等工艺更简单、生产率更高、产品性能更好的新型制备工艺的转变。综合以上技术发展趋势，我们预期在未来的技术研发中微观形态设计和新的制备工艺会是下一阶段的研发重点。因为石墨烯基锂离子电池材料发展到现在，已经有大量文献研究过石墨烯与各种材料的复合，未来很难在新材料的选择上作出改进，相比而言，对石墨烯及其复合材料特殊形貌和化学态的设计可以在相同材料的基础上带来意想不到的新性能。同时要实现石墨烯基锂离子电池的规模化生产，更环保、更高效、更低价的制备工艺也是必须要突破的难题，因此制备工艺的改进也可能会是未来的研究热点。

参考文献

［1］汪倩倩. 石墨烯基材料合成及其锂二次电池中的应用［D］. 杭州：浙江大学，2018.

［2］吴鹏飞. 新型碳基与硅基负极材料应用于锂离子电池的研究［D］. 厦门：厦门大学，2018.

［3］陈家元. 石墨烯/过渡金属氧化物复合材料可控合成及其在锂离子电池中的应用［D］. 北京：中国科学院大学，2018.

石墨烯量子点专利技术综述[*]

刘 佳 杨 坤[**] 姚 希 魏 静

摘 要 石墨烯量子点是碳材料家族的新成员，其除了具有石墨烯的优异性能之外，同时还具有优异的光学性能、光电性能以及生物相容性，在众多领域具有良好的应用性。各国申请人已经开始在该技术领域进行大量的专利布局。本文对现阶段石墨烯量子点相关专利申请的专利技术发展趋势、专利布局、技术构成等进行了细致的分析，同时基于电子材料在当今社会的重要性，深入解读了石墨烯量子点的光电器件领域专利申请的宏观发展态势、主要申请人技术布局、重点专利及技术发展脉络。基于上述对石墨烯量子点及其在光电器件领域应用的分析，对该领域的研究和专利申请发展方向进行了展望，有助于我国企业和科研院所科学合理地开展技术研发与专利布局。

关键词 石墨烯量子点 制备方法 应用 光电器件 专利

一、绪论

（一）石墨烯量子点技术概述与研究意义

石墨烯量子点（Graphene Quautum Dots，GQDs）是碳材料家族的一个新成员，其本质是在两个维度方向上不断减小的石墨烯，其横向尺寸低于100nm，且具有10层以下的石墨烯片段。[1-2]尺寸的减少使得石墨烯量子点综合了石墨烯与量子点的特性，量子点的限域效应与边缘效应使得石墨烯量子点具备了独特的光电传输性能，克服了传统石墨烯材料因无法发光而在光学与光电子领域难以得到良好应用的缺陷。同时，石墨烯量子点还具有良好的生物相容性与低细胞毒性。基于石墨烯量子点独特的理化性能，其在光电器件、生物医药、光催化、离子检测等众多领域均具备良好的应用前景。[3-5]

---

* 作者单位：国家知识产权局专利局专利审查协作北京中心。

** 等同于第一作者。

石墨烯量子点的制备方法按照所选用的原料可以分为两类，分别为自上而下法（Top-down method）和自下而上法（bottom-up method）。其中自上而下法是将大片石墨烯前驱物变小，主要包括强酸氧化法、电化学法、剥离法等；自下而上法是利用含碳有机小分子为前驱体，通过溶液化学法、热解法、气相沉积法等方法促使碳原子重组而制备得到石墨烯量子点。[6]为了改善石墨烯量子点的光电性能，也出现了对其进行功能化的研究[2]，主要是在石墨烯量子点表面引入特定的基团或者元素。这种表面改性弥补了石墨烯量子点的缺陷或者使其具有了更多的理化性能。

石墨烯技术的发展日新月异，各国申请人在新兴的石墨烯量子点领域也进行了大量的专利布局，目前申请量已超过 1000 项。了解目前石墨烯量子点领域的专利技术发展趋势，分析世界各国技术研发重点、主要目标市场布局，研究各国知识产权保护策略，对于我国石墨烯量子点领域专利技术保护和未来参与市场竞争具有重要指导作用，因此，针对石墨烯量子点相关技术的全面专利技术信息的分析研究亟待开展。

同时，全球已经进入了信息时代，对于电子材料市场的争夺已经达到白热化的程度，石墨烯量子点作为新兴电子材料已经引起广泛的关注，因此，针对石墨烯量子点在电子材料领域的相关技术进行专利分析研究，能够为国家产业政策的制定、行业发展方向的确定提供数据支持，具有重要的社会、经济意义，并将有利于我国企业和科研院所科学合理地开展技术研发、专利布局以及进行产业转化。

（二）研究内容和方法

本文的研究对象为石墨烯量子点专利技术，因此检索主题为石墨烯量子点，采用的数据库为中国专利文摘数据库（CNABS）和德温特世界专利索引数据库（DWPI），检索截止日期为 2019 年 7 月 9 日。

检索结果列于表 1-1 中，其中在 CNABS 得到的 1232 项结果为石墨烯量子点在华专利申请的研究基础，在 DWPI 检索得到的 243 项结果为石墨烯量子点国外专利申请的研究基础。

表 1-1 石墨烯量子点专利申请检索结果

	检索式	数据库	检索结果/项
1	石墨烯量子点 or graphene quantum dot? or GQD or GQDs or 石墨烯纳米颗粒 or graphene nanoparticle?	CNABS	1232
2	graphene quantum dot? or GQD or GQDs or graphene nanoparticle?	DWPI	1173
3	2 not CN/PN	DWPI	243

二、石墨烯量子点整体专利态势分析

(一) 专利宏观分析

1. 专利申请趋势分析

图 2-1 显示了石墨烯量子点专利申请量趋势。全球范围内的石墨烯量子点相关申请始于 2008 年,在国外被提出。2011 年开始,国外石墨烯量子点的申请数量开始慢慢上升,该领域进入了发展期,2013~2015 年每年都保持在 20 项左右,2016~2017 年在 40 项左右。2018~2019 年申请数量的减少是部分申请仍未公开的缘故。

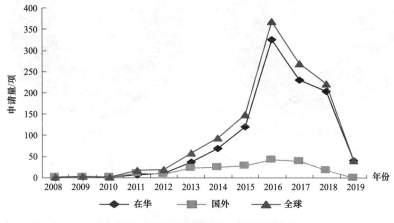

图 2-1　石墨烯量子点专利申请量趋势

国内石墨烯量子点的申请较国外出现时间延后了一些,开始于 2009 年,但国内进入发展期的时间与国外一致,均是从 2011 年起申请数量开始上升。2014 年起国内申请数量快速上涨,2016 年达到了 326 项,2017~2018 年均保持在 200 项以上。由此可知,我国石墨烯量子点技术在 2011 年进入了发展期,2014 年开始进入了快速发展期。

由于在华申请数量在 2014 年以后显著高于国外申请数量,而 2014 年以前在华申请量与国外申请量趋势曲线走势基本一致,因此全球专利申请量趋势基本与在华申请量趋势相同。我国石墨烯量子点相关技术的申请量已经占据了世界首位,且远远领先于其他国家。

2. 专利申请地域分布

(1) 保护地域

专利申请保护地域分布按照在该地域申请的专利数量(件)计算;技术来源地域统计按照一项专利技术,即一个专利族(项)计算。图 2-2 (a) 显示了石墨烯量子点专利申请量保护地域分布。中国以 1049 件专利申请占据了全球首位,占全球相关技术专利申请量的84%。排名第二的为韩国，占据了全球专利申请量的6%。接着是美国，占据全球专利申请量的5%。专利与电子技术传统强国日本在该领域的专利申请量很少，只有4件，落后于印度。欧洲专利申请更少，仅有2件。这说明该技术在日本和欧洲的重视程度不高，未形成有效专利布局。

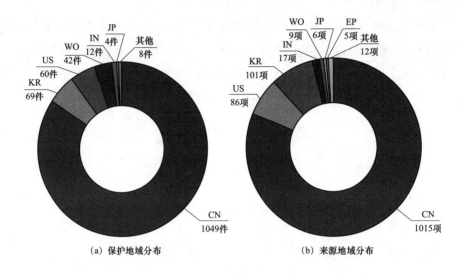

图2-2　石墨烯量子点专利申请量保护地域与来源地域分布

（2）来源地域

图2-2（b）显示了石墨烯量子点专利申请量技术来源地域分布，与申请保护地域相同，中国专利申请量仍占据首位，为1015项，占全球专利申请的81%。美国与韩国的申请数量与占比均有所上升，说明在该领域美国与韩国不仅在本国进行了专利布局，还在本国外进行了专利布局，显示了上述两个国家对相关技术具有较高的研发实力与明确的市场意图。印度占据了全球专利申请技术来源的1%，日本占据全球专利申请技术来源的0.5%，其中印度除本国申请以外向国外输入了5项申请，日本向国外输出了2项，说明印度与日本也开始关注该技术在全球范围内的应用。

（3）中国申请人申请量主要地域分布

图2-3显示了石墨烯量子点中国申请人的申请量主要地域分布状况。其中广东申请量占据首位，达到了253件，占全国申请量的21%。第二、第三名依次为江苏与上海，分别占据全国申请量的13%和10%，其他申请量较多的地域还有山东、浙江、北京与湖南。当前，石墨烯量子点相关技术仍属于前沿科技，上述地域拥有较多申请量的原因应在于其经济较为发达，拥有较多的高校与研究机构，具有较高的科研实力。另外，中国绝大多数地区均提交了石墨烯量子点相关的专利申请，说明全国范围内的创新主体均对该前沿领域显示出了一定的研究热情，并且意识到了其市场价值。

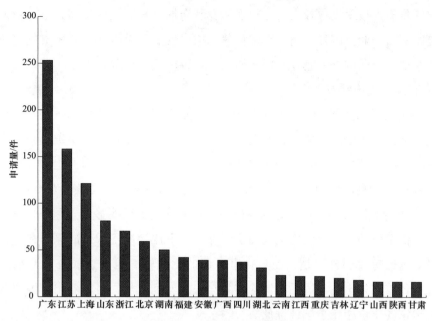

图2-3　石墨烯量子点中国申请人申请量主要地域分布

3. 主要申请人分析

图2-4显示了石墨烯量子点在华与国外主要专利申请人的申请量排名。在申请量较多的申请人中，在华申请人中有5位为高校和研究机构，国外申请人中同样有5位为高校与研究机构，与其现阶段属于前沿科技的技术发展状态相匹配。申请量靠前的在华申请人有4位为佛山市高明区的公司。佛山市高明区属于全国科技创新百强区，说明该地

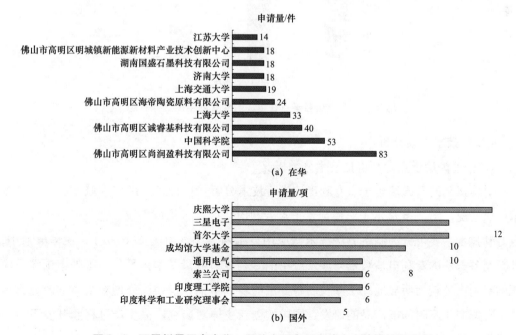

图2-4　石墨烯量子点在华、国外主要专利申请人申请量排名分布

区对石墨烯量子点技术投入较大，有较强的专利布局意识。国内申请人申请量前十中未出现国外跨国大企业。国外申请人申请量前八中出现了三星电子与通用电气这两个传统电子领军企业，说明国外大企业已经开始在该领域进行专利布局。

4. 专利申请法律状态

图2-5显示了石墨烯量子点在华与国外专利申请所处的法律状态。在华申请中在审与失效案件数量远大于国外申请，有效专利数量与国外的差值相对小于其余两个状态的差值。在华专利申请中，有效专利共299件，占比28%；失效专利占比12%；在审专利占比60%。国外专利申请中，有效专利140件，占比71%；失效案件为4%；在审案件为25%。由上述数据可知，在华专利申请的失效案件比例要明显高于国外专利，有效案件比例显著低于国外，在审比例也远高于国外。在审比例高于国外的原因在于我国近期的申请量要远远超过国外申请，而且在审申请的比例较高也会造成有效专利的比例下降。但综合比较在华申请与国外申请的有效与失效专利比例，可以看出，国内石墨烯量子点专利申请的质量相比于国外偏低。

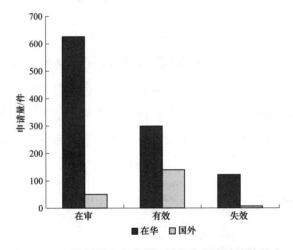

图2-5　石墨烯量子点在华、国外专利申请法律状态

（二）技术构成分析

1. 石墨烯量子点专利申请技术分类概况

对检索到的石墨烯量子点专利申请进行技术分解可以深入了解该领域专利申请的技术构成情况。图2-6显示了石墨烯量子点专利申请的技术构成情况。首先，石墨烯量子点专利技术主要可分为制备方法技术与应用技术两大类。由图2-6可知，在华申请中，涉及制备方法的专利申请数量与涉及应用的专利申请数量基本持平，而国外申请涉及应用的专利申请较为明显地高于涉及制备方法的专利申请，说明国外创新主体的研究重点相对更偏向于高附加值产品的研发，国内的创新主体对研究产品生产过程和开发下游高附加值产品方面的关注度基本等同。

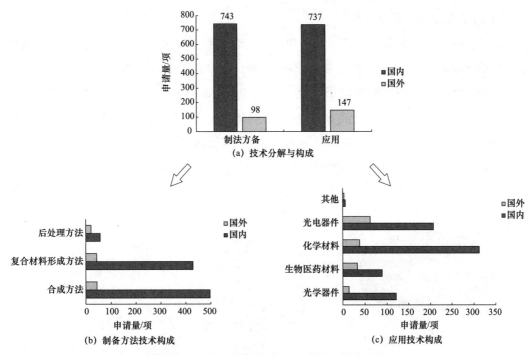

图 2-6　石墨烯量子点专利申请技术构成分析

　　制备方法相关技术包括合成方法、后处理方法与复合材料形成方法。其中合成方法指的是由含碳原料形成石墨烯量子点的方法。这部分专利申请在在华制备方法专利申请中占比 67%，在国外制备方法专利申请中占比 45%。复合材料形成方法指的是将石墨烯量子点与其他材料形成复合物的方法。由于石墨烯量子点的应用往往需要形成相关复合物，因此，该技术分支的专利申请数量也十分可观，在在华制备方法专利申请中占比58%，在国外制备方法专利申请中占比 44%。值得注意的是，大量相关专利申请同时涉及石墨烯量子点的合成方法和复合材料的形成方法，这部分专利申请在在华制备方法专利申请中的占比高达 29%。复合材料形成方法专利申请数量多代表创新主体对于扩宽石墨烯量子点应用范围的需求十分迫切。后处理方法指的是在合成石墨烯量子点后通过物理和/或化学方法对所得到的石墨烯量子点进行改性、修饰、调节、筛选等后处理以改善其性能。相对于合成方法与复合材料形成方法，后处理方法相关专利申请占比较小，在在华制备方法专利申请中占比 8%，在国外制备方法专利申请中占比 21%。

　　相关技术按应用领域的不同可分为光电器件、生物医药材料、化学材料、光学器件以及其他领域。在华申请中，申请量最多的是涉及化学材料的申请，占比 42%；紧接着是光电器件，占比 28%；接下来是光学器件与生物医药材料，分别占比 16% 与 12%。国外申请中，按相关申请量排名依次为光电器件、化学材料、生物医药与光学器件，占比分别为 42%、26%、22% 和 10%。申请量排名的不同显示了国内外对于相关领域技术研发的程度不同，我国在化学材料方面的研发占优，而国外申请人对于光电器件的关注度更高。

2. 制备方法相关专利分析

在石墨烯量子点制备方法相关专利申请中，合成石墨烯量子点的方法在在华与国外申请中的占比均是最高的，并且合成石墨烯量子点的方法也是石墨烯量子点技术的基石。因此，本节对全球石墨烯量子点合成方法相关专利申请的技术分类进行深度解析。图 2-7 显示了石墨烯量子点合成方法的技术分布情况。石墨烯量子点的合成方法按照所选用的原料可以分为自上而下法和自下而上法。在石墨烯量子点合成方法相关专利申请中，采用自上而下法的专利申请数量明显高于自下而上法。

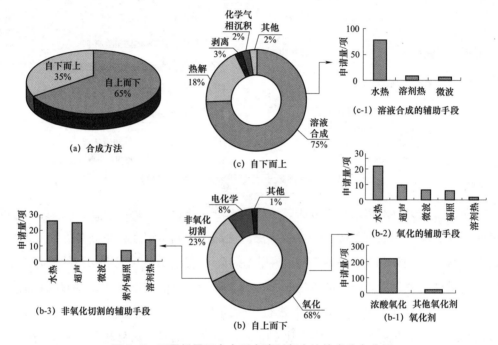

图 2-7　石墨烯量子点专利申请制备方法技术分布分析

自上而下法中，68%的专利申请选用了氧化的方法，采用氧化剂将大尺寸碳材料切割为小尺寸量子点。相关专利申请所采用的氧化剂大多数为强酸，如浓硫酸、浓硝酸等，还有少量专利申请选择了其他氧化剂，如过氧化氢。为了提高氧化效率，部分创新主体在氧化过程中结合了多种辅助方法，包括水热、溶剂热、超声、微波以及辐照。其中结合水热法进行氧化的专利申请最多，其次为结合超声、微波与辐照手段，多数申请是在氧化过程中实施上述辅助手段，少数是在氧化后进行上述辅助手段以提高量子点合成效率或调控量子点的发光性能。23%的合成方法专利申请采用了非氧化切割的方法将大尺寸碳材料切割为小尺寸量子点，切割往往在碱性条件和/或特定的有机溶剂中进行。该合成方法都需要结合相应的辅助手段实施切割，采用较多的辅助手段为水热、超声与溶剂热，其次为微波与紫外辐照。除氧化与非氧化切割方法以外，还有 8%的合成方法专利申请涉及电化学合成以及 1%的合成方法专利申请涉及其他合成方法。

自下而上法中，75%的专利申请涉及在溶液体系中的合成方法，采用水热、溶剂热和微波作为辅助手段协助小分子碳材料逐步合成石墨烯量子点。18%的专利申请采用了热解法，3%与2%的专利申请采用了剥离、化学气相沉积的方法，还有2%的专利申请采用了其他方法。

3. 应用相关专利分析

本节旨在对涉及石墨烯量子点应用技术的专利申请进行进一步分析。图2-8显示了石墨烯量子点专利申请应用技术分布情况。在全球专利中，涉及应用于化学材料的专利申请占比最大，其主要应用方向为利用石墨烯量子点的特殊物化性能形成功能助剂，如模板剂、润滑剂、缓蚀剂等，或将其作为功能助剂用于化学组合物中，如涂料、油墨等。部分专利申请涉及将石墨烯量子点与其他材料形成复合增强材料，如增强纤维、增强树脂等。还有部分专利申请主要利用了石墨烯量子点的光催化性能形成石墨烯量子点光催化剂。申请量排名第二的领域为光电器件领域，该领域的应用种类比较丰富，包括光电传感器（又称为光电探测器、光电探针）、发光二极管（LED）、太阳能电池、其他电池（除太阳能电池以外的电池材料）、存储器以及其他。其他应用包括电容器器件、激光器件等。光学器件与生物医药材料的申请量相差不大。光学器件主要是光学传感器（又称为光学探测器、光学探针），与光电传感器相同，主要用于检测一些特定物质的含量。生物医药材料主要包括生物成像材料、药物载体、活性药物以及其他。其中生物成像材料主要利用的是石墨烯量子点的光学与生物相容性；药物载体主要利用的是其负载能力、尺寸特性以及生物相容性；活性药物主要利用的是石墨烯量子点的抗菌性能。

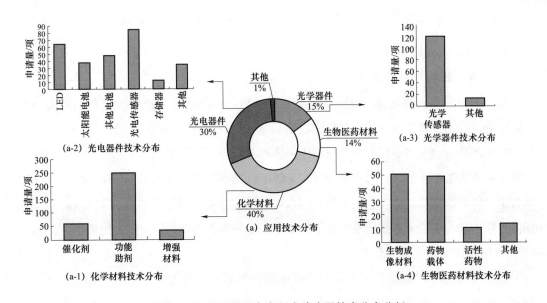

(a-2) 光电器件技术分布

(a-3) 光学器件技术分布

(a) 应用技术分布

(a-1) 化学材料技术分布

(a-4) 生物医药材料技术分布

图2-8　石墨烯量子点专利申请应用技术分布分析

三、石墨烯量子点应用于光电器件领域重点技术专利分析

（一）技术发展趋势分析

1. 申请态势分析

图 3-1 显示了石墨烯量子点应用于光电器件领域专利申请量趋势。在华与国外相关领域的首项专利申请均出现在 2010 年，国外专利申请在 2011 年开始进入缓慢增长期，2015 年申请量达到峰值，且在 2016~2017 年保持了较高的申请数量。在华申请在 2011~2014 年也进入缓慢增长期，随后在 2015 年进入高速发展期，申请量急速上升并在 2016~2018 年保持了较高的申请量。由此可知，我国与国外均进入了相关领域的技术发展期，在华申请量增长速度更快，在该领域显示了较高的研发活力。

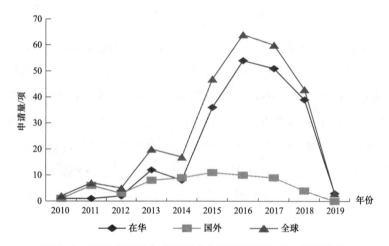

图 3-1　石墨烯量子点应用于光电器件领域专利申请量趋势

2. 专利申请地域分布

（1）保护地域、来源地域

图 3-2 显示了石墨烯量子点应用于光电器件领域专利申请保护地域与来源地域分布。由图中可以看出，源于我国的专利申请数量明显低于在我国申请的专利数量。另外，在检索中发现国外专利申请中仅存在 3 项源于中国的专利申请，由此可知，我国向外技术输出的能力还有待进一步加强。与我国相反，来源于韩国的专利申请数量高于在韩国的专利申请数量，即韩国创新主体在注重本国专利布局的同时也在全球积极进行专利布局。美国与印度专利申请与专利输出数量基本持平。日本在专利申请与专利输出中占比均很少。

（2）中国申请人地域分布

图 3-3 显示了石墨烯量子点应用于光电器件领域的中国专利申请人申请量主要地域分布。申请量较多的地区依次为江苏、广东、山东、广西，申请量超过 5 件的还有上

明我国在该领域的专利申请质量高于我国石墨烯量子点整体专利申请质量。

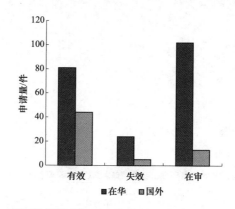

图 3-4　石墨烯量子点应用于光电器件领域专利申请法律状态

（二）主要申请人分析

1. 申请人排名

分析石墨烯量子点应用于光电器件领域在华专利申请人与国外专利申请人的排名分布（图 3-5）可知，排名靠前的专利申请人大部分是大学和研究机构。其中国外申请人中企业申请人仅有 2 位，分别为三星电子与索兰公司，国内申请人中仅有一位企业申请人，为深圳市华星光电技术有限公司（简称"深圳华星光电"）。国外申请人中 5 位为韩国申请人，凸显了韩国在该领域领先的现状。整体来说，该领域主要申请人申请量不大，这与该领域虽然处于快速发展期但发展时间较短，现阶段还未出现具有垄断地位的申请人，专利市场较为开放有关。

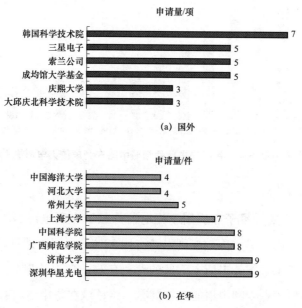

图 3-5　石墨烯量子点应用于光电器件领域在华、国外专利申请人排名分布

2. 主要申请人专利布局分析

本节对申请量 5 项以上的申请人的专利布局进行进一步分析。

表 3-1 显示了石墨烯量子点应用于光电器件领域主要申请人专利申请年代分布。可以看出，国内多数申请人的申请年代较为集中，且均集中在 2014 ~ 2017 年，即我国在该技术的快速发展期。上海大学在该技术出现初期就开始申请相关专利，在我国进入快速发展期时继续进行专利布局。国外申请人中，韩国科学技术院与三星电子持续在该领域申请专利，空白年代较少，说明上述两位申请人一直对该领域保持关注。索兰公司与成均馆大学基金的专利申请出现在国外该领域的技术发展期，后续专利布局情况有待观察。

表 3-1　石墨烯量子点应用于光电器件领域主要申请人专利申请年代分布　单位：项

申请人	2010 年	2011 年	2012 年	2013 年	2014 年	2015 年	2016 年	2017 年	2018 年	2019 年
深圳华星光电	0	0	0	0	0	4	1	4	0	0
济南大学	0	0	0	0	0	2	6	0	0	1
广西师范学院	0	0	0	0	0	0	6	2	0	0
中国科学院	0	0	0	0	2	1	3	2	0	0
上海大学	1	0	0	0	1	1	3	0	0	0
常州大学	0	0	0	0	0	3	2	0	0	0
韩国科学技术院	0	2	1	0	1	0	2	1	0	0
三星电子	1	2	1	0	0	0	1	0	0	0
索兰公司	0	0	0	2	2	1	0	0	0	0
成均馆大学基金	0	0	0	1	2	2	0	0	0	0

图 3-6 显示了石墨烯量子点应用于光电器件领域主要申请人专利申请技术分布情况。可以看出，大部分主要申请人均申请了涉及光电探测器的专利申请，多数申请人还申请了涉及 LED、其他电池与其他光电器件的专利申请。仅有 3 位主要申请人关注了太阳能电池，没有主要申请人提交涉及存储器的专利申请。大部分主要申请人仅主要关注一个到两个方面的具体应用。深圳华星光电、三星电子和成均馆大学基金主要关注 LED，济南大学、常州大学和广西师范大学主要关注光电探测器。还有部分主要申请人研究了多个具体应用方向，中国科学院由于其研究所众多，因此关注了其他电池、光电探测器与其他光电器件；上海大学关注了 LED、其他电池、光电探测器与其他光电器件；韩国科学技术院关注了 LED、太阳能电池、其他电池、光电探测器与其他光电器件。索兰公司较为特殊，其研发方向着重于研发可同时适用于太阳能电池、LED 和光电探测器的材料。

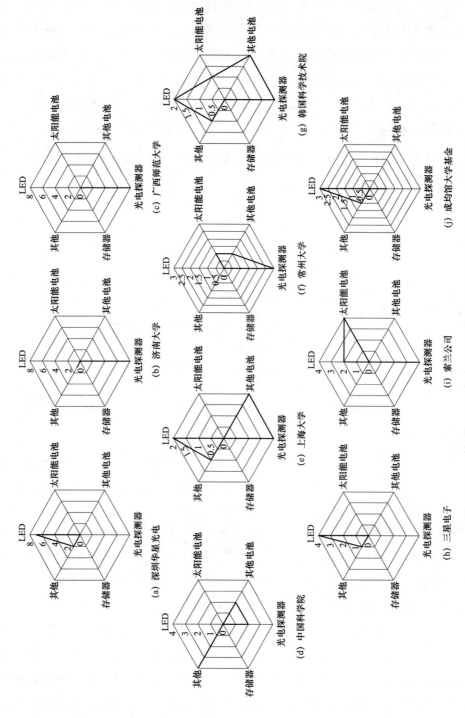

图 3-6 石墨烯量子点应用于光电器件领域主要申请人专利申请技术分布

注：图中数字表示申请量，单位为项。

图 3-7 显示了石墨烯量子点应用于光电器件领域主要申请人专利申请的法律状态。由图中可以看出，大部分主要申请人均存在一定占比的有效专利，济南大学、韩国科学技术院、广西师范大学与深圳华星光电有效专利数量较多。上海大学、中国科学院存在较多的在审专利。同时，根据后续的重点专利技术分析，三星电子、常州大学、上海大学存在多件重点专利申请，显示出上述申请人研发质量较高。综合考虑有效专利数量、在审专利申请数量与重点专利申请数量，该领域申请量 5 项以上的申请人在该领域中的研发水平确实处于较高位置，均值得其他创新主体持续关注。

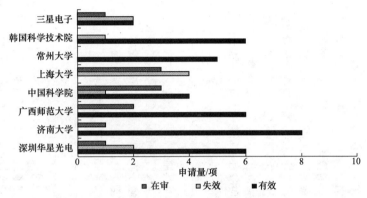

图 3-7 石墨烯量子点应用于光电器件领域主要申请人专利申请法律状态

（三）重点专利技术

被引用次数是考察专利申请质量的一个重要因素，被引用次数高代表该专利申请涉及的技术内容被广泛认可以及成为多个后续研究的研究起点。因此本文选取了石墨烯量子点应用于光电器件领域中被引用次数较高的专利申请作为重点专利技术进行分析。了解重点专利技术的技术内容、申请人以及法律状态可以帮助创新主体了解该领域的发展路线、研究热点、有竞争实力的创新主体以及需要关注的专利申请。

表 3-2 至表 3-7 列出了石墨烯量子点应用于光电器件领域各具体技术分支的重点专利申请。电化学传感器相关技术重点专利申请数量较多，这与其专利申请数量总量较多、研究方向较丰富有关。涉及的重点专利申请多数维持有效。技术内容主要包括光电传感器的结构与制备方法，还有石墨烯量子点的改性方法。LED 相关技术重点专利申请有效与失效比例相同，其技术内容同样主要涉及器件结构，同时也有部分专利涉及石墨烯量子点及其复合材料的制备方法。太阳能电池相关技术的重点专利申请均保持有效，主要涉及太阳能电池的结构以及制备方法。其他电池相关技术的专利申请数量较少，引用频次比较低，且失效比例大于有效比例，主要技术点涉及石墨烯量子点复合材料的制备方法。存储器相关技术仅有一项引用频次较高的专利申请，该申请维持有效状态，涉及存储器的具体结构与制备方法。涉及其他光电器件相关技术的重点专利申请具体涉及的是显示装置与阴极保护材料。

表 3-2 石墨烯量子点电化学传感器相关技术重点专利申请

公开号	发明名称	发明概述	申请人	法律状态	被引证次数/次
US20140054442A1	纳米复合物光探测器	涉及一种光电探测器，包括：阳极；阴极；设置在阳极和阴极之间的有源层，其中有源层包括石墨烯量子点；第一缓冲层设置在有源层和阴极之间；第二缓冲层设置在有源层和阴极之间，其中第一缓冲层阻挡电子的传导，第二缓冲层阻挡空穴的传导，以在光检测器未被光照射时减少通过光检测器的暗电流。其中阴极线之一和阴极线之一的每个交叉点形成可单独选择的光电探测器；通过将光透过阳极传输到阳极线之一的有源层，吸收有源层中的光，并使有源层中的电流来检测光。光电探测器在没有被光照射时具有高电阻，并且当被波长在第三预定范围内的光照射时具有低暗电流，并且在被光照射时具有低电阻率。光检测器在没有被光照射时具有高导电性，其中光通过阳极并被有源层吸收。	内布拉斯加大学	有效	45
CN101846648A	石墨烯量子点修饰的电化学生物传感器及其制备方法	涉及一种石墨烯量子点修饰的电化学生物传感器及其制备方法。该电化学生物传感器为三电极体系传感器，所述的三电极中的对电极是饱和甘汞电极，工作电极为表面包覆有1~4层石墨烯量子点的玻璃碳电极。该电化学生物传感器能成功识别最低识别浓度为50nM的目标单链DNA，能起到自组装团修饰，能够检测目标单链DNA的作用。而且该段单链DNA不需硫基团荧光基团修饰，应用方便。	上海大学	失效	27
CN104819976A	一种电化学发光纸芯片的制备及其在硫化氢检测中的应用	涉及一种电化学发光纸芯片的制备方法及所述的电化学发光纸芯片测定MCF-7中信号分子硫化氢含量的方法。利用蜡打印技术在纸上制备疏水区域、半疏水区、亲水区域以及中空通道，通过激光切割机切割中空通道，配置合适的油墨，在纸上印制相应的参比电极和工作电极，再对工作区域进行功能化以及前处理区储备液的滴加；将制备好的纸芯片进行折叠，构成三电极工作站，连接电化学工作站，在反应区域滴加电解质溶液，实现了癌细胞中低含量的信号分子的高灵敏检测。	济南大学	有效	19

续表

公开号	发明名称	发明概述	申请人	法律状态	被引证次数/次
CN102879442A	石墨烯量子点修饰的电化学传感器及其制备方法和应用	涉及一种石墨烯量子点修饰的电化学传感器及其制备方法和应用。该传感器采用三电极体系，采用化学键将石墨烯量子点与改性后的羧基与工作结合，构筑电极及其修饰后的氨基结合，以石墨烯量子点电化学传感器。以石墨烯量子点修饰后的金电极为复基电极。该传感器能够实时地检测活细胞释放的 H_2O_2 含量，且响应状、线性范围宽，检测极限低，对于因 ROS 引起的疾病的诊断检测具有重要意义，应用前景广泛。	上海交通大学	失效	15
CN105675597A	一种三维比色和光电化学纸基设备的制备及其在过氧化氢检测中的应用	涉及一种三维比色和光电化学纸基设备的制备方法及其在过氧化氢检测中的应用。利用蜡打印技术在纸上制备疏水区域、亲水区域，通过激光切割机切割通道，采用丝网印刷的方法，在纸上印制相应的参比、对电极和工作电极，再对工作区域进行功能化以及前处理备备液的滴加，进而进行癌细胞的固定，将制备好的纸芯片进行折叠，依次完成比色反应和光电化学反应。通过合理地设计纸芯片通道，首次实现了癌细胞的过氧化氢中低含量的高灵敏、可视化检测。	济南大学	有效	13
CN103512878A	基于 GO 和 GQDs 之间 ECL－RET 作用的传感器制备方法及激酶检测应用	涉及一种基于 GO 和 GQDs 之间 ECL-RET 作用的传感器制备方法及激酶检测应用。先将壳聚糖滴涂于电极表面，通过其共价将石墨烯量子点组装到电极表面；在蛋白激酶和三磷酸腺苷的作用下，多肽发生磷酸化，与磷酸化抗石墨烯和石墨烯量子点共轭位点上，拉近了氧化石墨烯和石墨烯量子点之间的距离，使得石墨烯量子点的磷酸化氨酸位点上，拉近了氧化石墨烯发光被淬灭。蛋白激酶的浓度越大，多肽修饰电极表面的磷酸化的电致化学发光被淬灭，组装于传感器界面的氧化石墨烯就越多，石墨烯量子点的电致化学发光淬灭效应越强，实现了对蛋白质激酶的高灵敏检测。通过抗体-抗原-抗体之间的特异性识别作用，多肽发生磷酸化，产生的磷酸化石墨烯丝的氨基位点上，使得石墨烯量子点的磷酸化	南昌大学	有效	13

续表

公开号	发明名称	发明概述	申请人	法律状态	被引证次数/次
US20140135680A1	调节细胞极化和增强细胞功能的方法	涉及一种增强患者细胞的功能恢复方法，包括：在生物相容性流体中或与生物相容性流体一起施用包含石墨烯量子点、石墨烯-氧化锌量子点的组合物；通过光可控制地激活位点处的纳米颗粒，从而可控制地改变至少一种细胞电特性，所需的内部装置包括导线和包含光源的尖端，可连接到光纤线的自由端，用于接收的控制器。检测由现场改变的细胞电特性引起的信号；并且可选地将感测信号提供给处理器。	凡利亚药品国际公司	有效	10
CN103897183A	二元碳材料-导电聚合物复合纳米气敏薄膜及其制备方法	涉及一种二元碳材料-导电聚合物复合纳米气敏薄膜及其制备方法，由二元碳材料和导电聚合物材料通过化学聚合自组装形成的复合薄膜，所述二元碳材料可为石墨烯量子点。利用碳纳米材料良好的导电性、高比表面积及导电聚合物的特异响应特性，同时发挥不同材料间产生的协同效应和互补作用，再结合有序可控的自组装成膜方法，可制备出具有优异气敏特性的复合纳米薄膜，为高性能、低成本、可室温工作的气体传感器用敏感薄膜开辟了新途径。	电子科技大学	有效	9
CN105044173A	一种石墨烯量子点/子点环糊精复合膜修饰电极的制备及其应用于电化学法识别色氨酸对映体的方法	涉及一种石墨烯量子点/子点环糊精复合膜修饰电极的制备及其应用于电化学法识别色氨酸对映体的方法，该方法包括电极修饰电极，通过电化学法对色氨酸对映体进行识别。制备石墨烯量子点，制备石墨烯量子点/子点环糊精复合膜修饰电极，该复合膜材料修饰电极对色氨酸对映体有较高的识别效率。	常州大学	有效	8

续表

公开号	发明名称	发明概述	申请人	法律状态	被引证次数/次
CN104764782A	一种用于检测miRNA-20a的硼掺杂石墨烯量子点电化学发光传感器的制备及其应用	涉及一种用于检测 miRNA-20a 的硼掺杂石墨烯量子点电化学发光传感器的制备及其应用。向铂电极滴加纳米金和 BGQDs-DNA，使其在电极表面的体积为 $2\sim8\mu L/mm^2$ 和 $2\sim6\mu L/mm^2$。用多通道化学发光检测系统检测电极电化学发光信号，该电化学发光检测方法比传统分析方法成本低、操作简单、实用性强。	大连理工大学	有效	8
KR2014021745A	石墨烯氧化物修饰金属氧化物纳米棒，其制造方法及包含该金属氧化物的传感器	涉及一种传感器，其通过在金属氧化物纳米棒的表面上组合微小石墨烯或石墨烯氧化物纳米棒，其细聚集体来防止金属氧化物纳米棒在气体上的电阻变化特性的调制。通过将金属氧化物纳米棒与石墨烯量子点结合制得，提高了装置灵敏度，响应速度、回收率，选择性和低驱动特性。	韩国科学技术院	有效	8

表 3-3 石墨烯量子点 LED 相关技术重点专利申请

公开号	发明名称	发明概述	申请人	法律状态	被引证次数/次
US20120068154A1/CN102403430A	石墨烯发光装置及其制造方法	涉及一种石墨烯发光装置及其制造方法。石墨烯发光装置包括：掺杂有 p 型掺杂剂的 p 型石墨烯；掺杂有 n 型掺杂剂的 n 型石墨烯；以及布置于 p 型石墨烯和 n 型石墨烯之间并发光的石墨烯量子点活性材料，其中，p 型石墨烯、n 型石墨烯和活性石墨烯水平放置。	三星电子	再审/有效	46/20
US20140145145A1	石墨烯量子点发光装置	涉及一种发光器件，包括石墨烯量子点以及与石墨烯量子点以及与石墨烯量子点化学或物理杂化的有机发光材料。有机发光器件包括：形成在基板上的阴极、发光层、电子传输层和阳极。该装置具有高量子效率和优异的发光特性；可以应用于包括柔性基板的各种基板。并且该发明提供了一种即使在低温下也能制造的有机发光器件，解决了有机材料在高温下蒸发的问题，且对热稳定。	成均馆大学基金	有效	20
CN104124348A	颜色可调的石墨烯基薄膜电致发光器件及其制备方法	涉及一种颜色可调的石墨烯基薄膜电致发光器件及其制备方法，该器件包括一发光元件、一衬底结构，一第一电极、一第二电极、一第三电极以及信号输入装置；发光元件包括至少一石墨烯薄膜及石墨烯氧化石墨烯薄膜及石墨烯氧化石墨烯薄膜构成的复合结构，还包括在石墨烯薄膜及石墨烯氧化石墨烯薄膜之间的石墨烯量子点层。该装置能够实现发光波长从300nm 至 1000nm 区间连续可调，可广泛应用在各种电子显示领域。	清华大学	有效	15
CN103965867A	一种 QD-LED 用石墨烯量子点包覆氧化锌的核壳结构的制备方法	涉及一种 QD-LED 用石墨烯量子点包覆氧化锌的核壳结构的制备方法，包括：（1）采用改性 Hummers 法制备氧化石墨和采用水热法制备石墨烯量子点。该制备方法与现有技术相比材料来源广泛，价格低廉，生产工艺简单，可控，能实现大规模生产；得到的核壳结构量子点分散均匀，尺寸粒径小，壳层较薄，使该量子点有望应用于 QD-LED 显示器件。（2）采用一步法制备含石墨烯量子点包覆氧化锌的核壳结构石墨烯量子点。该核壳结构量子点位于 369nm 蓝紫外处，发光峰窄，强度较高，PL 发射峰位于 369nm 蓝紫外处。	上海大学	失效	12

续表

公开号	发明名称	发明概述	申请人	法律状态	被引证次数/次
KR2012067158A	量子点光发射装置	涉及一种发光器件，具有布置在基板上方的电子传输层。发光层由石墨烯量子点层和量子点层层构成。石墨烯量子点层固定在电子传输层上。空穴传输层布置在发光层上方。由于石墨烯量子点层上层由氮化铟镓、砷化铟、砷化铝和砷化铝制成，石墨烯量子点固定在电子传输层上并且空穴传输层布置在发光层上方，因此可以提高量子点发光器件的发光效率，降低量子点发光器件的功耗。	三星电子	失效	10
CN105609651A	自组装聚合物空穴传输层结构的高效量子点发光二极管	涉及一种自组装聚合物空穴传输层结构的高效量子点发光二极管器件，除阴、阳极外，包括三层结构：空穴传输层，量子点发光层，电子传输层，其中量子点发光层一端与连接着空穴传输层相接，另一端与电子传输层相连。	东南大学	失效	10
CN105449067A	一种石墨烯LED芯片及其制备方法	涉及一种石墨烯LED芯片的制备方法，步骤包括：将经过硫酸水溶液浸泡并涂布于基板上的石墨烯薄膜干燥后形成石墨烯透明下电极；通过氧化还原并透析的方式制备由石墨烯量子点的形成具有超晶格结构的石墨烯，将石墨烯层设置在石墨烯透明下电极上；在石墨烯层上依次设置P型半导体层和N型半导体层，将石墨烯层设置在P型半导体层上，使得N型半导体层设置在P型半导体层和由石墨烯形成的石墨烯透明上电极之间。具有超晶格结构的石墨烯作为发光层，光线不易被吸收，具有更高的发射率。	白德旭	有效	8

表3-4 石墨烯量子点太阳能电池相关技术重点专利申请

公开号	发明名称	发明概述	申请人	法律状态	被引证次数/次
CN105047825A	一种有机无机钙钛矿电池及其制备方法	涉及一种钙钛矿结构太阳能电池及其制备方法。所述太阳能电池从下至上依次为FTO导电玻璃层、n型致密层、杂化钙钛矿结构的$CH_3NH_3PbI_3$层、p型层和金属电极，所述杂化钙钛矿结构的$CH_3NH_3PbI_3$层掺杂有石墨烯量子点，利用石墨烯量子点的荧光下转光效应，形成一种类似体异质结结构的钙钛矿层，发光量子效应可以增加钙钛矿对光线的吸收；同时加钙钛矿层具有优异的电导特性，一定程度上可增加钙钛矿扩散长度，改善了光伏特性。	常州大学	有效	24
CN103022357A	基于石墨烯量子点的三体系有机光伏器件及其制备方法	涉及一种基于石墨烯量子点的三体系活性层有机光伏器件及其制备方法，其突破原有二元有机光伏器件的设计局限，在透明导电玻璃上采用热蒸发镀膜技术制备有机光伏器件，达到提高器件能量转换效率的目的。采用有机给体和受体与石墨烯量子点三体共存体系作为有机活性层，将给体、受体以一定比例溶解于含有石墨烯量子点的氯苯即中，只需旋涂即可制备三体系共存结构活性层，成本低、操作简单，并有效地提高有机光伏器件的转换效率。	福州大学	有效	13
CN104733183A	钙钛矿型太阳能电池及其制备方法	涉及一种钙钛矿型太阳能电池及其制备方法。该钙钛矿型太阳能电池，包括光阳极、敏化层、空穴传输层和对电极；所述修饰层位于所述敏化剂层和空穴传输层之间。构成修饰层的材料可以选择石墨烯量子点，改性后石墨烯量子点。该类界面修饰材料可以防止电荷反向复合和漏电流，增加电子注入效率，且材料价格低廉，操作方法简便，容易控制，为全固态染料敏化太阳能电池的界面行为的研究提供了新的思路。	清华大学、深圳金信诺高新技术股份有限公司	有效	8
WO2011085185A1	可溶性石墨烯量子点及其组件	涉及一种可溶性石墨烯量子点的制备和应用方法。将一个或多个阻碍基团连接到石墨烯上，通过减少石墨烯间吸引力的影响来防止面对面的石墨堆叠。该石墨烯量子点可以吸收从紫外到近红外的广谱光，并且可用于石墨烯太阳能电池中的光伏器件。	吉利德科学公司	有效	6

表 3-5 石墨烯量子点其他电池相关技术重点专利申请

公开号	发明名称	发明概述	申请人	法律状态	被引证次数/次
CN104201357A	一种石墨烯量子点－石墨烯复合材料及其制备方法与用途	涉及一种石墨烯量子点－石墨烯复合材料及其制备方法和用途，所述制备方法包括如下步骤：(1) 使全卤代苯、碱金属单质和取代炔代劳炔化合物在反应器中，搅拌、密闭并在高于大气压的反应压力下进行反应；(2) 反应结束后，泄压至常压，并自然冷却至室温，离心分离，得到固体，将该固体洗涤，并真空干燥，得到干燥样品；(3) 将干燥样品在惰性气体保护下，高温处理，得到所述石墨烯量子点－石墨烯复合材料。由该石墨烯量子点、石墨烯复合材料制成的氧还原电极具有优异的电化学性能，从而可应用于电池领域。	温州大学	有效	7
CN104851615A	电泳法可控制备石墨烯量子点高电容三维电极	涉及一种高电容石墨烯量子点三维电极的可控制备方法。将制备的具有高比表面积、高稳定性和导电性的胺基功能化的石墨烯量子点，与高导电性的超长二氧化钛纳米管阵列复合，构筑具有高电容性能的胺基石墨烯量子点/二氧化钛纳米管阵列有序三维电极。在三电极体系下石墨烯量子点/二氧化钛纳米管阵列三维电极具有超高的电容量和良好的循环稳定性能。	上海大学	失效	4
CN105742586A	一种石墨烯量子点/纳米硅锂离子电池负极材料的制备方法	涉及一种负极材料的制备方法。以柠檬酸和氨基酸的混合物为碳源，经高温热解制备氨基酸功能化石墨烯量子点，然后将石墨烯量子点涂覆纳米硅粒子表面得到石墨烯量子点/纳米硅复合物。石墨烯量子点的引入提高负极的电子/离子传导性，该复合物作为锂离子电池负极材料具有显著改善的比容量、高倍率性能和循环稳定性，可广泛用于各种锂离子电池。	江南大学	失效	4

表3-6 石墨烯量子点存储器相关技术重点专利申请

公开号	发明名称	发明概述	申请人	法律状态	被引证次数/次
CN103035842A	一种基于石墨烯量子点掺杂有机阻变存储器及制备方法	涉及一种基于石墨烯量子点掺杂的有机阻变存储器及其制备方法，该阻变存储器是在绝缘衬底上形成包括底电极、有机功能层以及顶电极的三层结构器件。其中有机功能层采用掺杂有石墨烯量子点的聚合物溶液在底电极上旋涂成膜，并采用热蒸发法蒸镀阴极金属材料成顶电极，制成基于石墨烯量子点掺杂的有机阻变存储器。该器件的制备工艺简单、过程易控制，重复性高，器件的结构简单、性能稳定，响应速度快，且可通过柔性衬底制成柔性器件，可用于高度集成的大容量阻变存储器领域，具有很高的应用价值。	福州大学	有效	7

表3-7 石墨烯量子点其他光电器件相关技术重点专利申请

公开号	发明名称	发明概述	申请人	法律状态	被引证次数/次
KR2012112924A	用于下一代显示器的石墨烯量子点的制备方法	涉及一种石墨烯的制备方法及其应用。通过使用自组装结构作为掩模来蚀刻材料层，以获得石墨烯量子点。该方法能够制造具有宽光致发光波长特性的所需尺寸的石墨烯量子点。由于可以控制量子点的尺寸，因此可以减轻光的波长范围和红绿蓝色的实现。所获得的量子点具有优异的亮度和色域，可用于制备高效的下一代显示器。	韩国科学技术院	失效	6
CN104164693A	一种石墨烯敏化CdSe/TiO₂纳米管复合膜的制备方法	涉及一种石墨烯敏化CdSe/TiO₂纳米管复合膜的制备方法。以氢氟酸溶液为电解质溶液，铂作为对电极，以钛箔作为基体，以氢氟酸溶液为电解质溶液，铂作为对电极，进行阳极氧化后煅烧，即可在钛表面制得TiO₂纳米管阵列膜；采用循环伏安沉积法，首先在TiO₂纳米管表面沉积石墨烯量子点，以配制的氧化石墨烯溶液为电解质溶液，以铂为对电极，以饱和甘汞电极为参比电极，将石墨烯沉积在TiO₂纳米管阵列膜表面，即制得石墨烯/TiO₂复合膜；然后在制得的石墨烯/TiO₂纳米管复合膜表面沉积CdSe量子点，最终制得石墨烯敏化的CdSe/TiO₂纳米管复合膜。该膜可用作阴极保护材料。	中国科学院海洋研究所	有效	6

续表

公开号	发明名称	发明概述	申请人	法律状态	被引证次数/次
CN104264158A	一种石墨烯/CdTe－TiO₂复合膜光阳极的制备方法	涉及一种用于阴极保护的石墨烯/CdTe－TiO₂复合膜光阳极的制备方法，以钛箔作为基体，以氢氟酸溶液为电解质溶液，铂作为对电极，进行阳极氧化后煅烧，即可在钛表面制得TiO₂纳米管阵列膜；采用循环伏安沉积法，首先在TiO₂纳米管阵列膜表面沉积石墨烯量子点，以配制的氧化石墨烯溶液为电解质溶液，将石墨烯沉积在TiO₂纳米管阵列膜表面，即制得石墨烯/TiO₂复合膜；以饱和甘汞电极为参比电极，制得石墨烯/TiO₂复合膜；然后在制得的石墨烯/TiO₂复合膜表面沉积CdTe量子点，最终制得石墨烯/CdTe－TiO₂复合膜。	中国科学院海洋研究所	有效	5
CN105353556A	显示装置	涉及一种显示装置，包括彩色滤光膜、注入量子点的光子晶体膜及背光模组，所述注入量子点的光子晶体膜由光子晶体膜注入石墨烯量子点后得到，由于光子晶体膜具有红、绿、蓝光透过区，光子晶体膜提高量子点的发光效率，所述光子晶体膜注入的量子点分别为红、绿、蓝光透过区内注入相应的量子点分别为红、绿、蓝色量子点，当背光源发出的白色混合光到达注入量子点的光子晶体膜时，所述光子晶体膜的各光透过区分别只允许透过相应颜色的光，其内的量子点发出相应颜色的光，进一步地这些颜色的光分别从相应颜色的滤光膜通过，而其他颜色的光被滤光晶体膜反射回去，通过光学膜材的散射和再反射之后，就可以从光子晶体膜的另外两个光透过区通过。	深圳华星光电	有效	4

（四）技术发展路线分析

本节对石墨烯量子点应用于光电器件领域的技术发展路线进行梳理。对技术发展路线的梳理有利于了解该领域的技术发展脉络，为创新主体进行技术研发以及专利布局提供有力帮助。表3-8列出了石墨烯量子点应用于光电器件领域技术各具体技术分支的发展路线。

1. 光电传感器

最早的石墨烯量子点应用于光电器件领域的专利申请涉及的具体应用方向为光电传感器。2010年的申请CN101846648A公开了一种三电极体系传感器，其中对电极是铂电极，参比电极是饱和甘汞电极，工作电极为表面包覆有1~4层石墨烯量子点的玻碳电极。该装置能成功识别最低浓度为50nM的目标单链DNA。随后创新主体开始尝试扩展光电传感器的应用范围以及提高器件性能，采用的技术手段包括对石墨烯量子点进行改性、形成石墨烯复合材料、改进器件结构等。

2012年申请的CN102879442A公开了采用化学键将石墨烯量子点的羧基与改性后的金电极表面的氨基结合，构筑石墨烯量子点电化学探测器。该装置能够实时检测活细胞释放的H_2O_2含量，响应快，线性范围宽，检测极限低。

随后，2013年的申请CN103512878A公开了一种基于GO和GQDs之间ECL-RET作用的传感器，其制备过程中通过共价作用先后将石墨烯量子点和多肽组装到电极表面，实现了对蛋白质激酶的高灵敏检测。同年的申请US20140054442A1公开了一种光电探测器包括：阳极、阴极和设置在阳极和阴极之间的有源层，其中有源层包括石墨烯量子点，第一缓冲层设置在有源层和阳极之间，第二缓冲层设置在有源层和阴极之间，其中第一缓冲层阻挡电子的传导，第二缓冲层阻挡空穴的传导以在光电探测器未被照射时减少通过光电探测器的暗电流。光检测器在没有被光照射时具有高电阻率、低暗电流并且当被波长在第三预定范围内的光照射时具有低电阻率。

2014年的申请CN103897183A公开了由石墨烯量子点和导电聚合物材料通过化学聚合自组装形成的复合薄膜，制备出具有优异气敏特性的复合纳米薄膜，可作为室温工作的气体传感器用敏感薄膜。同年的申请US20140135680A1公开了一种增强患者细胞的功能恢复方法，包括在生物相容性流体中或与生物相容性流体一起施用包含石墨烯量子点、石墨烯-氧化物量子点、石墨烯-氧化锌量子点的组合物，通过光可控制地激活位点处的纳米颗粒，从而可控制地改变至少一种细胞电特性，所需的内部装置包括导线和包含光源的尖端、可连接到光纤线的传感器以及用于接收的控制器。检测由现场改变的细胞电特性引起的信号并且可选地将感测信号提供给处理器。

2015年的申请CN104819976A公开了一种电化学发光纸芯片，利用蜡打印技术在纸上制备疏水区域、半疏水区、亲水区域以及中空通道，通过激光切割机切割中空通道，

表3-8 石墨烯量子点应用于光电器件领域技术发展路线

	2010年	2011年	2012年	2013年	2014年	2015年	2016年	2017年	2018年
光电传感器	CN101846648A		CN102879442A	CN103512878A US20140054442A1	CN103897183A US20140135680A1	CN104819976A CN105004773A CN105244415A	CN105699452A CN106197687A CN106226283A CN106384756A	CN107121454A CN107271488A	CN108375617A CN109449240A
LED	KR20120067158A	CN102403430A KR20121114464A	KR1281686B1	CN103441221A	CN103965867A CN104124348A	CN104650862A CN104810455A CN105449067A	CN105609651A CN106497561A	CN106782352A	CN109722092A
太阳能电池		WO2011085185A1	CN103022357A	CN103500661A		CN105047825A	KR2018031360A	CN107134504A	CN109346605A CN109545868A
其他电池					CN104201357A	CN106159203A CN104993158A	CN106207118A US20180138537A1		CN108336339A
存储器			KR2014048470A	CN103035842A				CN107634067A	
其他		KR2012112924A			CN104164693A	CN104843637A CN105242440A	CN106054533A CN106099632A	CN107608156A	

配置合适的油墨，在纸上印制相应的参比电极和工作电极，在工作电极上生长三维石墨烯和 AuPd 合金纳米粒子，将石墨烯量子点、适配体链及癌细胞固定在亲水区域。形成的电化学发光纸芯片实现了癌细胞中低含量的信号分子的高灵敏检测。同年的申请 CN105004773A 公开了制备壳聚糖-石墨烯量子点纳米复合材料、形成壳聚糖-石墨烯量子点纳米复合材料修饰电极、结合铋膜用电化学法同时检测 Zn^{2+}、Cd^{2+} 和 Pb^{2+} 的方法。同年申请的 CN105244415A 将氧化石墨烯纳米片分散液旋涂在 SiO_2 衬底上，再用量子点杂化氧化石墨烯纳米薄膜获得量子点杂化还原氧化石墨烯纳米薄膜光敏传感器，其光电性能非常优异。

2016 年的申请 CN105699452A 将碳纤维与铜导线用银导电胶粘连，插入到一端拉制成尖端的毛细管中，电化学聚合聚吡咯-石墨烯量子点共聚涂层于碳纤维表面，得到一种集固相微萃取纤维和电化学检测工作电极于一体的双功能探针，实现萃取后无需溶剂解析而直接在线检测，改善了传统固相微萃取后溶剂解析时使样品稀释、样品状态改变等一系列问题。同年的申请 CN106197687A 公开了一种基于石墨烯量子点的微测辐射热计，其衬底中部开设凹槽，所述凹槽上方悬空设置有石墨烯量子点，石墨烯量子点通过石墨烯条带连接，石墨烯条带两端延伸出石墨烯薄膜覆盖于凹槽两侧的衬底上形成石墨烯电极，通过微纳加工技术形成悬空岛状石墨烯量子点阵列，利用凹槽悬空带来的隔热效应增大相同入射光功率下的器件温度变化，利用量子化石墨烯带来的器件电阻温度系数提升和微测辐射热计原理实现光电探测。由于石墨烯材料在红外波段的吸收特性，该微测辐射热计可用于中远红外及太赫兹波段的光电探测。同年的申请 CN106226283A 将无机衬底放入等离子体化学气相沉积系统中生成石墨烯量子点，通过调控生长温度和生长时间，制备不同尺寸的石墨烯量子点拉曼增强衬底。在所制备的拉曼增强衬底表面滴需要检测分子的溶液，通过激光拉曼仪器，测得高灵敏的拉曼增强信号。同年的申请 CN106384756A 公开了一种基于石墨烯量子点的 THz 单光子探测器，采用石墨烯单量子点或者串联石墨烯双量子点与纳米条带石墨烯静电计相耦合的基本结构，以硅基片、源极、漏极、侧栅极、背栅极、库仑岛、静电计和保护层为基本组成单元，其中，石墨烯单量子点或者串联石墨烯双量子点作为 THz 单光子探测器的库仑岛，库仑岛位于源极、漏极和侧栅极之间，库仑岛附近集成一个石墨烯纳米条带作为石墨烯静电计；库仑岛与源极和漏极以隧道结的形式耦合，库仑岛与侧栅极、背栅极和石墨烯静电计以电容的形式耦合，可提高灵敏度。

2017 年的申请 CN107121454A 将不同元素掺杂石墨烯量子点 B-GQDs、N-GQDs、S-GQDs、Cl-GQDs 分别与分子印迹复合物形成混合溶液，随后结合微波反应、超声震荡、干燥、研磨和烧结等步骤形成复合物，作为气敏材料在甲醛、丙酮、苯和甲醇气敏传感器或气敏测试仪中应用，可以在较低温度下工作。同年的申请 CN107271488A 公开了一种纳米复合结构气敏材料的制备方法，首先在基片上形成二氧化钛纳米管和氧化石墨烯量子点复合纳米结构薄膜，然后通过激光照射还原氧化石墨烯量子点得到图案化薄膜，在避免石墨烯量子点与二氧化钛纳米管难以混合的缺陷的同时，基于物理膨胀效应使得 RGO 与二氧化钛纳米管进行有效复合形成具有多维度特征的材料，从而显著增加复合纳米结构的表面积和开放性，有利于气体分子的吸附和脱附，显著提高气敏材料的灵敏度。

2018 年的申请 CN108375617A 公开了一种负载在碳纤维载体上的金属（及合金）纳米颗粒−石墨烯量子点组装体的双纳米酶复合材料，利用双纳米酶较大的比表面积、表面丰富的活性位点结构优点和协同催化作用，基于碳纤维电极材料特殊的机械性能和微小尺寸，将负载了双纳米酶复合材料的碳纤维作为柔性纳米复合微电极，用于检测生物组织中活性氧自由基类物质，灵敏度高、稳定性好。同年的申请 CN109449240A 公开了一种深紫外探测器件，在蓝宝石上设置 GaN 缓冲层，然后设置 GaN/石墨烯量子点掺杂氧化镓/n 型 AlGaN 超晶格吸收层，结晶质量极高，非常适合做各种极端环境下的深紫外探测器。

2. LED

将石墨烯量子点用于 LED 器件出现的时间与光电探测器相同。2010 年的申请 KR2012067158A 公开了一种发光器件，具有布置在基板上方的电子传输层。发光层由石墨烯量子点层和量子点层构成。石墨烯量子点固定在电子传输层上。空穴传输层布置在发光层上方。由于石墨烯量子点固定在电子传输层上并且空穴传输层布置在发光层上方，因此可以提高量子点发光器件的发光效率，降低量子点发光器件的功耗。与光电传感器相同，人们随后也开始进行提高器件性能的研发。

2011 年的申请 CN102403430A 公开了将掺杂有 p 型掺杂剂的 p 型石墨烯、掺杂有 n 型掺杂剂的 n 型石墨烯以及布置于 p 型石墨烯和 n 型石墨烯之间并发光的活性石墨烯量子点构成高效的 LED 发光装置。同年的申请 KR2012114464A 公开了制备氧化钛/硫化锌壳−石墨烯量子点核的核壳结构复合物的方法，石墨烯核边缘部分连接羧基或羟基，可用于高效 LED 发光器件。

2012 年的申请 KR1281686B1 公开了一种利用表面等离子共振增强发光的发光器件，通过在第一透明电极层和第二透明电极层之间的界面处引发等离子体共振现象来提高发光效率。该透明电极层设置有形成在负型半导体层上的有源层。正型半导体层布置在有源层的上部。透明电极层形成在正型半导体层的顶部上。另一透明电极层形成在正型半导体层的顶部上。正型半导体层的表面形成凹凸形状的图案。石墨烯量子点布置在前一透明电极层的上部。发光表面等离子共振发光器件。该装置减少了透明电极层之间界面的产生，从而提高了发光效率、强度和光学提取效率。透明电极层的最外侧涂有石墨烯，以防止损坏发光器件。

2013 年的申请 CN103441221A 公开了一种柔性石墨烯量子点发光二极管器件，量子点作为发光层，采用双功能分子连接石墨烯与石墨烯量子点，可以加速空穴传输速率，减小层与层之间的内在电阻，降低开启电压，提高器件的工作寿命。

2014 年的申请 CN103965867A 公开了制备一种石墨烯量子点包覆氧化锌的核壳结构量子点的方法，得到的核壳结构量子点分散均匀、尺寸粒径小、壳层较薄，可应用于QD-LED 显示器件。同年的申请 CN104124348A 公开了一种涉及颜色可调的石墨烯量子点基薄膜电致发光器件，该器件包括一发光元件、一衬底结构，一第一电极、一第二电极、一第三电极以及信号输入装置；信号输入装置包括分别与第二电极和第三电极相连的栅极控制信号，用以调制发光元件的颜色；还包括分别与第一电极和第二电极相连的源漏输入信号，用以控制发光的亮度。

2015 年的申请 CN104650862A 调节石墨烯量子点的 pH 并通过微波加热、透析，得到具有白色荧光发射性能的石墨烯量子点，用于 LED。同年的申请 CN104810455A 公开了一种紫外半导体发光器件，主要由 n 型层、量子阱层和 p 型层组成的外延结构层以及 p 型、n 型电极，所述 p 型层上还依次设有石墨烯量子点负载 Ag 纳米粒子复合体层和导电反射层，器件具有外部量子效率高、出光效率高、开启电压低、散热性好、稳定性高等优点。专利申请 CN105449067A 通过氧化还原并透析的方式制备由石墨烯量子点形成的具有超晶格结构的石墨烯层，将石墨烯层设置在石墨烯透明下电极上；在石墨烯层上依次设置 p 型半导体层和 n 型半导体层。将具有超晶格结构的石墨烯作为发光层，光线不易被吸收，具有更高的发射率。

2016 年的申请 CN105609651A 公开了一种自组装聚合空穴传输层结构的高效量子点发光二极管器件，除阴、阳极外，包括三层结构：空穴传输层、量子点发光层、电子传输层，其中量子点发光层为石墨烯量子点。同年的申请 CN106497561A 采用自下而上的制备方法从有机小分子久洛利定合成石墨烯量子点，量子产率高，适合应用于蓝光 LED 激发的白光照明，制造的白光 LED 显色指数高。

2017 年的申请 CN106782352A 公开了一种基于石墨烯的背光源，其包括下基板、上基板和自下而上依次设置于所述下基板和所述上基板之间的第一绝缘层、多个栅极、第二绝缘层、多个石墨烯量子点层、多组源极和漏极，多个所述石墨烯量子点层间隔设置在所述第二绝缘层上，且每个所述石墨烯量子点层上分别设有一个所述源极和一个所述漏极。通过控制通过石墨烯背光源的栅极电压，可实现彩色场时序显示，使得背光源具有精准区域控光的能力，避免色彩串扰导致的色域降低现象。

2018 年的申请 CN109722092A 公开了一种蓝光激发 LED 用红色荧光粉。所述荧光粉用通式 $K_2M_IF_6 : xMn^{4+}@GQDy$ 或者 $K_3M_{II}F_6 : xMn^{4+}@GQDy$ 表示材料的组成，其中，

M_I 为 Ti 或者 Si；M_{II} 为 Al。该蓝光激发白光 LED 用石墨烯碳量子点超级增敏改性氟化物红色荧光粉可在常温常压条件下进行制备，适合规模化工业化生产，其发光强度是未掺 GQD 对照样品的 20~30 倍。

3. 太阳能电池

石墨烯量子点太阳能电池专利申请的出现时间略晚于光电传感器，2011 年的申请 WO2011085185A1 将一个或多个阻碍基团连接到石墨烯量子点上，这可以通过减少石墨烯间吸引力的影响来防止面对面的石墨烯堆叠。石墨烯可以吸收从紫外到近红外的广谱光，用于纳米晶太阳能电池中。

2012 年的申请 CN103022357A 采用石墨烯量子点与聚合物给体、受体混合形成三体共存体系作为有机活性层，在透明导电玻璃上采用旋涂技术和热蒸发镀膜技术制备有机光伏器件，达到提高器件能量转换效率的目的。

2013 年的申请 CN103500661A 将掺氮石墨烯量子点添加到碳纳米管与氧化石墨烯分散溶液中制备成膜，将其作为染料敏化太阳能电池的对电极材料，具有较高的光电转化效率。

2015 年的申请 CN105047825A 公开了一种钙钛矿结构太阳能电池，从下至上依次为 FTO 导电玻璃层、n 型致密层、杂化钙钛矿结构的 $CH_3NH_3PbI_3$ 层、p 型层和金属电极，其中 $CH_3NH_3PbI_3$ 层掺杂有石墨烯量子点，利用石墨烯量子点的荧光量子效应增加钙钛矿层对光线的吸收，同时增加钙钛矿层中产生的载流子的扩散速率和扩散长度，改善了光伏特性。

2016 年的申请 KR2018031360A 公开了一种太阳能电池组件，包括背板，层压在背板上的下密封膜，堆叠在下密封膜上并通过导电带串联或并联布置的多个太阳能电池密封膜，其设置成面对下密封膜，前玻璃与上密封膜分开设置，以及防潮膜，用于阻挡透过上密封膜的湿气通过接触前玻璃。其中防潮膜的一个表面与上包封膜接触，具有超防水表面结构，其中细小的凹陷部分和细微凸起部分重复排列。防潮膜由石墨烯量子点制成。

2017 年的申请 CN107134504A 公开了一种纳米硅基石墨烯太阳能电池，其采用石墨烯量子点修饰的纳米硅为基底，大大增强太阳光利用范围，同时在硅纳米线之间填充高导电的掺杂石墨烯碎片或碳纳米管，有利于提高光生电子-空穴对的有效分离，实现新型高效纳米硅基石墨烯太阳能电池的制备。

2018 年的申请 CN109346605A 公开了一种卤代石墨烯量子点多元共混体系有机太阳能电池。其中电池活性层由共轭聚合物给体材料、富勒烯衍生物受体材料、卤代石墨烯量子点受体材料和贵金属纳米颗粒多元体系混合构成。通过卤代石墨烯量子点有效控制贵金属纳米颗粒的生长尺寸，利用石墨烯量子点优异的载流子迁移率以及可溶性加工制造的优点，并结合贵金属纳米颗粒的局域等离激元共振效应，不仅增强了活性层有效吸收截面，而且提高有机太阳能电池活性层激子分离效率和载流子迁移率，使得相应的有机太阳能电池的光电转化效率大大增强。同年的申请 CN109545868A 公开了一种石墨烯量子点/黑硅异质结太阳能电池，包括黑硅，所述黑硅包括一晶硅及形成在晶硅上的减反射层；石墨烯量子点膜，所述石墨烯量子点膜形成在所述减反射层上，石墨烯量子点膜与减反射层构筑成石墨烯量子点/黑硅异质结，该太阳能电池制备方法成本低且光的利用率高。

4. 其他电池

将石墨烯量子点用于构成其他电池材料专利申请的出现时间落后于太阳能电池，2014 年的申请 CN104201357A 使全卤代苯、碱金属单质和取代芳烃化合物在反应器中在高于大气压的反应压力下进行反应得到石墨烯量子点-石墨烯复合材料，可应用于燃料电池领域。

2015 年的申请 CN106159203A 将硅酸盐 Li_2MSiO_4 材料与高导电的石墨烯量子点通过化学键合连接，形成具有高活性的复合电极材料，其中 M 为 Fe、Co、Mn 或 Ni。利用化学键合作用增强硅酸盐电极材料的锂离子和电子的传输性能，使得硅酸盐电极材料作为锂离子电池正极或者负极时具有优异的电化学活性；同时，碳材料的使用，也进一步增强了硅酸盐电极材料的导电率。同年的申请 CN104993158A 采用水热法制备 GQDs-MnO_2 复合催材料，通过调控 GQDs 和 MnO_2 的含量、MnO_2 的晶型、纳米尺寸等，调控其结构进而改变其电催化性能，其对氧还原反应的催化活性高，稳定性好，适用于燃料电池阴极。

2016 年的申请 CN106207118A 以石墨烯量子点作为形貌添加剂，引诱二氧化钛纳米晶生长成一维的纳米针结构，进一步自组装成三维的纳米花朵状结构，得到的石墨烯包覆的纳米花朵结构的二氧化钛，所得材料在增加二氧化钛比容量的同时也大大地改善了其导电性，在储钠方面表现出高的能量密度、好的循环稳定性，可用于钠电池。同年的申请 US20180138537A1 公开了一种微生物燃料电池，电池具有壳体，壳体包括多个电池隔室，阳极隔室在侧面包括阳极。阴极室包括在另一侧上由离子交换膜隔开的阴极，其中阳极是用石墨烯电极改性的碳布。石墨烯电极包括附着于生物催化剂的高表面积石墨烯量子点，生物催化剂包含一组大肠杆菌细菌。通过微生物即细菌的作用将化学能转化为电能，由于石墨烯的大比表面积，电池提高了性能，从而实现了更好的生物相容性，从而增加了细菌生物膜形成率和电荷转移效率。

2018 年的申请 CN108336339A 公开了一种钒簇多酸-石墨烯量子点复合材料，其实现了钒簇多酸的分子组装，具有良好的结构和形貌。该复合材料可与导电剂和黏结剂制成锂离子电池负极，在锂离子电池充放电过程中，所述钒簇多酸-石墨烯量子点复合材料体积变化较小，电化学循环稳定性较高，而且比容量高。

5. 存储器

将石墨烯量子点用于形成存储器的专利申请出现在 2012 年。专利申请 KR2014048470A 混合丁二炔溶液和石墨烯量子点，在基底上涂覆石墨烯量子点溶液以形成具有高分辨率的图案，可用于存储器。

2013 年的申请 CN103035842A 采用石墨烯量子点掺杂的聚合物作为有机功能层，在衬底上形成包括底电极、有机功能层以及顶电极的三层结构器件。器件的结构简单，性能稳定，响应速度快，且可通过柔性衬底制成柔性器件，用于高度集成的大容量多值存储器领域。存储器相关专利数量较少，技术改进方法较少。

2017 年的申请 CN107634067A 公开了一种基于氧化石墨烯量子点的三态电荷俘获存储器及其制备方法，存储器是在 Si 衬底上依次形成氧化物介质层和 Pd 电极膜层；所述氧化物介质层依次由形成于 Si 衬底上的二氧化硅隧穿氧化层、ZnO/GOQDs/ZnO 电荷俘获层及二氧化硅阻挡氧化层构成。该存储器呈现出稳定的三电容值状态，电荷损失量小，与当前存储器领域的低操作电压、高存储密度、高稳定性的发展要求相符合。

6. 其他光电器件

除上述光电器件外，创新主体一直都在积极拓宽石墨烯量子点在光电器件领域的具体应用。

2011 年的申请 KR2012112924A 通过应用嵌段共聚物自组装工艺制造恒定尺寸的石墨烯量子点，通过热处理和相分离在材料层上形成数十纳米尺寸的自组装结构，然后通过使用自组装结构作为掩模来蚀刻材料层，以获得石墨烯量子点。该方法能够制造具有宽光致发光光谱特性的所需尺寸的石墨烯量子点，减轻光的波长控制和实现红绿蓝色。所获得的量子点具有优异的亮度和色域，可应用于下一代显示装置。

2014 年的申请 CN104164693A 公开了一种阴极保护材料，首先在 TiO_2 纳米管阵列膜表面沉积石墨烯量子点制得石墨烯/TiO_2 复合膜；然后在制得的石墨烯/TiO_2 复合膜表面沉积 CdSe 量子点最终制得石墨烯敏化的 CdSe/TiO_2 纳米管复合膜。

2015 年的申请 CN104843637A 以二氧化钛纳米管、石墨烯量子点前驱物、氨水、水合肼作为反应源，采用原位水热法制备胺基功能化石墨烯量子点/二氧化钛纳米管阵列三维电极。获得高电容性能的三维电极可用于电容器。同年的申请 CN105242440A 公开了一种 PDLC 薄膜的制备方法，通过将液晶与石墨烯纳米粒子混合形成第一溶液，制备聚合物分散液晶与石墨烯纳米粒子的混合体预聚物，将该混合体预聚物聚合数天后，制得 PDLC 薄膜。该方法增强了聚合物分散液晶的反应速度，降低了聚合物分散液晶的驱动电压。

2016 年的申请 CN106054533A 公开了一种硬掩模组合物和使用所述硬掩模组合物形

成图案的方法。其中硬掩模组合物可包括石墨烯量子点和溶剂。同年的申请 CN106099632A 公开了一种用于可饱和吸收体的石墨烯量子点基薄膜，该量子点薄膜的光吸收率比常规二维材料的光吸收率大一个数量级，具备与常规二维材料一样的可饱和吸收特性，可应用于超快被动锁模激光器。

2017 年的申请 CN107608156A 公开了一种柔性可调谐可见-近红外波段分支光波导器件及其制备方法，在柔性透明衬底的上表面平铺有正常光波导层、电致变色光波导层，正常光波导层为石墨烯量子点掺杂（In_2O_3）$_x$（ZnO）$_y$（Ga_2O_3）$_z$薄膜材料。其利用电光调制效应，结合全光反射和透射性实现光调制。

四、总结与展望

本文对石墨烯量子点相关专利技术进行了宏观态势以及技术构成的分析。全球石墨烯量子点相关专利申请开始于 2008 年。我国石墨烯量子点相关专利技术的出现较国外略晚，但后来居上，从 2014 年起进入快速增长期，申请量大幅超过国外相关申请量。虽然我国在石墨烯量子点的专利申请数量储备上已在全球范围内占据优势，但我国专利申请输出少，有效专利比例也大幅低于国外专利申请，说明我国在世界范围内缺少有效的专利布局，相关专利申请的质量还有待进一步提高。韩国石墨烯量子点专利申请与专利输出量均较高，且拥有多个主要申请人，显示了较强的研发与专利布局实力。通过对相关专利申请进行技术分析，发现国内对制备方法和应用的重视程度相当，而国外更注重应用方面的研发。合成方法方面，现有申请中，自上而下法的申请数量多于自下而上法，但自上而下法所采用的具体方法种类少于自下而上法。自上而下法中，大多数采用的是以浓酸作为氧化剂进行氧化的方法，该方法对环境不太友好且安全性低，因此亟需丰富其他氧化剂的种类与研究相应的氧化方法。自下而上法与自上而下法均可以采用水热、溶剂热、微波等辅助手段提高合成效率与质量，但相对于合成方法申请总量，采用上述辅助方法的专利申请数量较少，且辅助手段有限，开发新的辅助手段以及丰富上述辅助手段的应用范围有助于实现合成途径更加简洁环保、产物性能更加多元的技术需求。

石墨烯量子点应用技术主要分布在化学材料和光电器件领域，其次是生物医药材料与光学器件领域，主要应用了石墨烯量子点的发光性能、物理性质、生物相容性以及光催化性能。总体来说，石墨烯量子点的应用领域还比较窄，进一步扩宽其应用领域或成为下一阶段研究的重要方面。石墨烯量子点应用于光电器件领域的宏观态势与石墨烯量子点总体情况基本一致。我国显示了在该领域雄厚的专利数量储备，且在该领域的专利申请质量高于我国石墨烯量子点整体专利申请的质量。但我国依然缺少向国外的专利输出，专利申请质量相对于国外申请仍有一定差距。韩国在该领域的技术领先地位进一步突出。通过对主要申请人的专利申请年代分布、研究方向以及专利申请法律状态分析可知，该领域的主要申请人在近期内均保持了较高的研发水平，值得持续关注。通过对该领域技术重点专利和技术发展路线进行梳理，印证了该领域技术现阶段处于技术活跃期。专利申请的技术内容主要包括光电器件的具体结构及制备方法，石墨烯量子点的制备、改性方法以及丰富光电器件的应用方向。可以预见，在接下来的一段时间内，上述研究方向仍将是创新主体的研究重点。

参考文献

［1］黄艳春. 石墨烯量子点的制备、表征及应用研究［D］. 重庆：重庆大学，2018.

［2］王维，陈紫微，张月华. 石墨烯量子点制备方法研究进展［J］. 纺织科学与工程学报，2019，36（1）：134-145.

［3］关磊，郝达锦，王莹. 石墨烯量子点的制备及应用研究进展［J］. 化工新型材料，2018，46（4）：1-4.

［4］刘玉星，朱明娟. 石墨烯量子点的制备及应用［J］. 当代化工，2017，46（2）：319-322.

［5］YAN Y, GONG J, CHEN J, et al. Recent Advances on Graphene Quantum Dots：From Chemistry and Physics to Applications［J］. Advanced Materials. ，2019，31（21）：1808283.

［6］梁勇，朱效华，南俊民. 荧光石墨烯量子点的制备及应用［J］. 华南师范大学学报（自然科学版），2017，49（5）：1-8.

石墨烯纤维在柔性储能器件领域专利技术综述[*]

蔡　蕾　张　颖[**]　张晓丹[**]

摘　要　石墨烯纤维作为一种新型的高性能纤维，集合了石墨烯材料比表面积大、力学性能好、导电性佳的特点以及纤维材料柔韧性良好、可弯曲、可编织的优势，在柔性储能器件领域的研究成为热点并受到广泛关注。本文主要针对石墨烯纤维以及应用石墨烯纤维为主要原料制作柔性锂离子电池和柔性超级电容器的相关专利文献进行筛选和整理，从申请量趋势、地域分布、重要申请人、重要技术主题等方面进行整体态势的分析，厘清了其技术发展脉络，并总结了目前专利申请的特点、存在的技术瓶颈和未来的发展目标。

关键词　石墨烯纤维　柔性锂离子电池　柔性超级电容器　专利分析

一、概述

（一）研究背景

柔性电子学是一种制备轻薄、可折叠电子器件及其形成的电路技术[1]，基于这种新兴的电子技术，很多看似非同寻常的憧憬都可变为触手可及的现实，比如：电子显示屏可以像手帕一样被折叠后塞进口袋；可以像卷海报那样将大屏幕的电视轻松带回家；利用全新的人造皮肤替代无法恢复的皮肤、感受极其微小的压力并和原来一样的健康美观；贴在皮肤上的小小薄片不仅可以 24 小时监测身体的健康状况，而且日常生活的每个微小动作都可以转换成电能，例如走路、开车、打字……而上述内容只是柔性电子应用于柔性显示、电子皮肤、传感器、可再生能源等领域的一个小小缩影，所以柔性电子学近年来受到了全球范围越来越广泛的关注。

要实现电子器件系统的全柔性化，其储能单元的柔性化是必不可少的一步，目前很多国内外研究机构也对柔性储能元件进行了深度的研发和改善，柔性储能元件一般分为

---

　　[*] 作者单位：国家知识产权局专利局专利审查协作北京中心。

　　[**] 等同于第一作者。

柔性电池和超级电容器两大类。[2]随着移动设备的兴起，可多次充放电的蓄电池越来越受欢迎，作为最常用的蓄电池，锂离子电池的柔性开发意义重大。相比于电池，超级电容器具有更高的功率密度和更快的充放电速度，且石墨烯纤维制备的超级电容器具有柔性好、可弯曲的优势，尤其适于制备可穿戴的器件，比如编织成织物。

石墨烯是一种由碳原子构成的单层片状结构的新材料，也可视作"单层石墨片"，是目前已知的世上最薄、最坚硬、室温下导电性最好而且拥有强大灵活性的纳米材料[3]，在储能设备领域具有广泛的应用。石墨烯纤维是近年来被新开发出来的一类宏观石墨烯材料，具有密度低、比表面积大、强度高、柔性好、电/热传导性能优异等特性，且结构设计性强，性能上升空间大，因而成为制备柔性储能器件的优选材料。

（二）研究对象及方法

将石墨烯制备成宏观材料被认为是利用石墨烯性能的一种有效手段。宏观的石墨烯材料主要包括一维的纤维、二维的薄膜和三维的凝胶。其中，石墨烯纤维是2011年才被首次制备出来的全新碳质纤维，由石墨烯片或者功能化的石墨烯片沿轴向一维紧密有序排列而成，具有比碳纳米管更大的比表面积，且柔性良好、加工性灵活，且石墨烯纤维作为一种高强度、高导电率的纤维材料非常适用于制备柔性储能元件。[4]现阶段研究最多的柔性储能器件是柔性锂离子电池和柔性超级电容器，本文选择外文数据库（VEN）为主要数据源，对2019年6月之前公开的涉及石墨烯纤维以及应用石墨烯纤维为主要原料制作柔性锂离子电池、柔性超级电容器的专利文献进行分析和梳理。

二、研究内容

（一）石墨烯纤维

石墨烯纤维因其组成单元具有最高的力学强度、优异的导电导热等特性，有望发展成为新一代结构功能一体化纤维。为满足不同的应用需要，石墨烯复合纤维也应运而生，但仍存在很多问题，包括：①纤维的性能大幅度裂化；②柔性较差；③较难实现连续化生产。因此，目前的很多研究仍聚焦于如何制备性能更优的石墨烯纤维及其复合纤维，这也是落实并拓展其应用的基础。

1. 申请趋势

在VEN中共检索到1118件涉及石墨烯纤维的专利申请（见图1），由于专利从申请到公开一般需要18个月的时间，在检索结果中未发现2019年公开的申请，且受18个月公开时间的限制，2018年的数据也不完整。如图1所示，2011~2018年间，国内外专利申请量的变化趋势类似，2011年至2014年，申请量的增长比较缓慢，2014年以后出现较大幅度的增长，至2016年底左右，申请量的增速又呈现小幅下降的趋势。

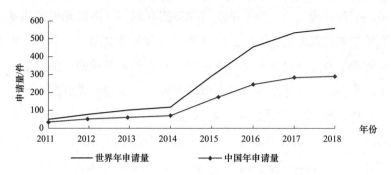

图1　石墨烯纤维专利申请的年申请量趋势

2. 地域分布

根据申请号国别/地区代码对专利申请的地域分布进行统计。从目标市场国/地区的申请量来看，石墨烯纤维领域中国的申请量居首位（见图2），来自中国的专利申请量达到66%，明显高于其他国家/地区。

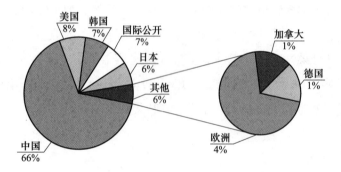

图2　石墨烯纤维专利申请目标市场国/地区申请量分布

从技术来源国/地区的申请量来看，石墨烯纤维领域中国的申请量仍居首位（见图3），且排名前几位的国家仍然是中、美、韩、日，说明我国对石墨烯纤维的研发处于领先地位，且无论是石墨烯纤维的技术原创还是技术输出，中、美、韩、日四国在全球范围内都处于非常领先的地位。

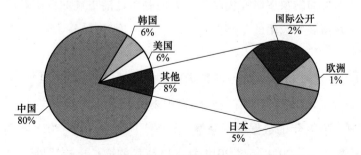

图3　石墨烯纤维技术来源国/地区申请量分布

3. 重要申请人

对不同申请人的专利申请量进行统计，如图 4 所示，研究石墨烯纤维的主要申请人包括：东华大学、山东圣泉新材料股份有限公司、浙江大学、杭州高烯科技有限公司、纳米技术仪器公司（美）、韩国科学技术院（韩）、南通强生石墨烯科技有限公司、汉阳大学校产学协力团（韩）、中原工学院、青岛大学、帝人株式会社（日）。

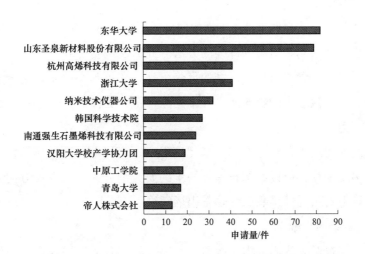

图 4　石墨烯纤维领域重要申请人申请量

此外，申请量较大的申请人还包括：天津工业大学、东南大学、可隆工业株式会社（韩）、浙江理工大学、哈尔滨工业大学、韩国电子电信研究院（韩）、北京化工大学、莱塞拉尔理工学院（美）等。

4. 重要技术主题

目前，国内外学者在石墨烯纤维的制备方法、纤维的性能、纤维的结构等方面已有不少研究，这些研究有力地推动了石墨烯纤维相关技术的发展。下面根据检索获得的相关专利文献，对上述三个受到普遍关注的技术主题进行梳理和介绍。

（1）纤维的制备方法

石墨烯极其稳定、在水溶液中分散性很差及易堆垛等缺点，使得制备出的石墨烯纤维普遍存在电导率和强度不高等缺陷，且工艺相对复杂。因此开发新型而简易的制备方法以得到高性能的石墨烯纤维，仍然是众多科研工作者不懈追求的目标。

1）湿法纺丝法

2011 年 12 月 26 日，来自浙江大学的高超课题组率先提出了发明专利申请 CN201110441254.3，其中公开了利用氧化石墨烯液晶通过湿法纺丝制备石墨烯纤维的技术。该方法借鉴传统的液晶纺丝原理，最终可得到直径 5～500μm、拉伸强度 50～600MPa、断裂伸长率 0.1%～15%、导电率大于 10000S/m 的连续石墨烯纤维。

2）干法纺丝法

湿法纺丝技术中使用的水相体系对纤维的生产效率及其结构、性能的稳定性都带来了一系列不良的影响。为此，高超课题组于 2012 年 1 月 5 日率先提出专利申请 CN201210001538.5，其中公开了采用干法纺丝的方法制备石墨烯纤维。由于纺丝过程不采用凝固液，该方法不仅简化了工艺，还具有绿色环保的优点。

3）一步水热法

2012 年 1 月 19 日，来自北京理工大学的曲良体课题组提出专利申请 CN201210017773.1，公开了采用一步水热法制备石墨烯纤维的方法。此方法的优势在于省略了化学还原的步骤，不需要除杂操作，含水石墨烯纤维的形貌可塑，还可与小分子、高分子或纳米颗粒的分散液混合，使分散液中的物质渗入纤维孔隙，得到复合石墨烯纤维。

（2）纤维的性能

作为新型的碳质纤维，结合石墨烯基元高强度、高导电、高导热的特性，围绕纤维的高性能化和多功能化，可以将纯石墨烯纤维的研究细分为三个发展方向，即高强度石墨烯纤维、高导电石墨烯纤维和高导热石墨烯纤维。

1）高强度石墨烯纤维

由于单片石墨烯基元优异的力学性质，石墨烯纤维有望发展成为新一代的高强度碳质纤维。但最初获得的石墨烯纤维，拉伸强度仅 140 MPa，杨氏模量仅 7.7 GPa，比传统碳纤维降低了至少一个数量级。2018 年 7 月 20 日，来自中国人民解放军国防科技大学的荀燕子等提出专利申请 CN201810803618.X，其中公开了一种能获得纯度 99% 以上的石墨烯纤维的制备方法，得到拉伸强度大于 200MPa、模量大于 20GPa、密度大于 1.2g/cm^3 的石墨烯纤维。

2）高导电石墨烯纤维

发展轻量化电子装备、航空航天飞行器减重等技术，需要寻找新型轻质导电纤维材料来替代金属导线，作为新型的碳质纤维材料，石墨烯纤维有望发展成为新一代导体材料。2018 年 1 月 23 日，来自浙江大学的高超课题组提出专利申请 CN201810061944.8，其中公开了环境稳定高导电石墨复合烯纤维及其制备方法，由于纤维表面的分子防护层可以防止氧气和水进入纤维内部，从而确保了其导电率可在空气中长时间维持在 15000000S/m 以上。

3）高导热石墨烯纤维

碳材料的导热特性来源于石墨基元面内晶格的振动，所以石墨晶格尺寸越大、取向度越高、结构越完善，碳质材料的导热率就越高。石墨烯基元的尺寸可达数十甚至数百微米，所以将石墨烯基元以合理形式排列，能够获得高导热石墨烯材料。2017 年 5 月 19日，杭州高烯科技有限公司提出专利申请 CN201710360799.9，其中公开了柔性石墨烯纤维的连续化制备方法。经测试，这种纤维的力学强度可达 30～150MPa，断裂伸长率为 10%～100%，导电率为 2×10^4～5×10^5 S/m，导热率为 200～1000W/（MK），在服装（如电热服等）、轻质导线等多个领域具有重要的应用。

（3）纤维的结构

石墨烯纤维中的石墨烯基元被有序组装，从而形成特定的结构特点，经过多年研究，逐渐形成了多孔石墨烯纤维、超细石墨烯纤维、螺旋型石墨烯纤维等系列，展现出丰富的结构设计性和巨大的发展潜力。

1）多孔石墨烯纤维

石墨烯具有比表面积大、孔径丰富、化学稳定性好的特点，适于作电化学储能的电极材料或催化剂的载体以及吸附材料。2013 年 11 月 5 日，来自清华大学的骞伟中等提出专利申请 CN201310541262.4，其中公开了多级孔结构的石墨烯纤维，这种纤维用作电容储能材料时，同样能量密度下的体积能量密度提高了 50%～200%；用作气体吸附材料时，同等吸附效率下，压降低 5%～10%；用作液体吸附材料时，容量增加 20%～50%；通过挤压挤出所吸附物质后，进行循环使用的次数提高 4～6 倍。

2）超细石墨烯纤维

通过纤维细旦化可以得到高强度的纤维。目前，碳纤维的极限直径仅能达到 5～7μm 左右。2016 年 3 月 31 日，来自浙江大学的高超课题组提出了专利申请 CN201610201928.5，其中公开了超细石墨烯纤维的制备方法，通过该方法制备的超细石墨烯纤维的直径为 1～4μm，拉伸强度可达 1600～2200MPa，断裂伸长率为 0.5%～2%。

3）螺旋型石墨烯纤维

现有技术中的石墨烯纤维多是直线状，断裂应变一般不超过 5%，来自郑州大学的上媛媛等于 2016 年 1 月 13 日提出专利申请 CN201610029897.X，其中公开了一种具有螺旋结构的石墨烯纤维。这种纤维的拉伸应变可达 60%，不仅电学性能、力学性能良好，还具有热敏性能；同时在循环拉伸过程中，纤维的电阻可随着应变的变化有规律的变化，在可拉伸柔性器件、穿戴设备、力学传感器和温度传感器等领域具有广泛应用。2018 年 9 月 21 日，来自华中科技大学的刘笔锋等人提出专利申请 CN201811104937.8，其中公开了改进的制备螺旋型石墨烯纤维的方法，可以连续、高产、低成本地制备螺旋型的石墨烯纤维，还可以改变纤维的线直径和螺距。

4）三维石墨烯纤维

现有技术中的石墨烯纤维多数被归为一维石墨烯材料，三维石墨烯纤维是近年来提出的一种新型石墨烯纤维，相比于现有的一维石墨烯材料，三维石墨烯纤维的优势在于：由于石墨烯片被固定在纤维表面，解决了团聚问题，且石墨烯片之间的间隙大为缩小，石墨烯片边缘的裸露大大改善，这种优异的结构导致三维石墨烯纤维具有突出的性质。2017 年 11 月 14 日，来自哈尔滨工业大学深圳研究生院的于杰等人提出专利申请 CN201711120919.4，其中公开了采用热化学气相沉积制备三维石墨烯纤维的方法，通过该方法制备的三维石墨烯纤维电导率高达 $1.2×105S/m$；具有超疏水的功能，接触角达到 165°；同时对有机物有很好的吸附作用，接触角接近 0；$3\mu m$ 厚的自支撑三维石墨烯纤维材料的比电磁屏蔽效能高达 $60932dB\ cm^2/g$；在功能复合材料、水处理、电磁屏蔽、传感器和能源领域都具有广泛的应用。

（二）石墨烯纤维在柔性锂离子电池中的应用

锂离子电池是一种新型化学电源，具有高电压、高比能、自放电小、循环寿命长和无记忆效应等优点，被认为是最具有应用前景的储能器件。近年来，消费电子产品向着小型化及可穿戴、可折叠柔性方向发展。在未来巨大市场需求的引导下，各大公司都推出了多种概念超前的新型产品。比如三星、索尼、LG 推出的智能、柔性概念手机，NIKE 公司推出的智能手环，谷歌推出的谷歌眼镜等。在此背景下，亟待开发能为之提供能量的轻薄型柔性锂离子电池。然而目前的锂离子电池制作技术只能制备平面状的电极，其柔性和可编织性能差，不能满足快速发展的电子产品的需要。

构建柔性锂离子电池一般要从集流体、电极材料和电解质三个方面着手。[5] 对于电极材料来说，柔性在很大程度上依赖于碳材料，目前，用于柔性锂离子电池研究的碳材料主要有石墨烯、碳纳米管（CNTs）、纤维素膜或织物。石墨烯相对于其他碳材料，具有较高的比容量和倍率性能，纤维作为材料的一大应用形式，具有非常好的加工灵活性，可通过编织、打结、缝纫等手段加工成二维甚至三维的柔性轻质材料，因此制备性能优异的石墨烯纤维用于锂离子电池，能够实现储能性能和力学柔性的兼顾，有望应用于柔性和可穿戴电子设备。但石墨烯也存在以下缺点：不可逆容量大，首次效率低；没有明显的充放电平台；体积能量密度低等；这些问题阻碍了石墨烯单独作为锂离子电池材料的商业化应用。因此，在科研实践中，既有学者以纯石墨烯纤维为电极材料制备柔性锂离子电池，也有学者尝试将石墨烯与其他材料复合制成纤维以得到柔性锂离子电池。

1. 申请趋势

在 VEN 中共检索到 167 篇涉及石墨烯纤维应用于柔性锂离子电池的专利申请。如图 5 所示，2011~2018 年间，国内外申请量的变化趋势非常相似：2011~2013 年，申请量的增长一直比较缓慢，从 2014~2015 年，申请量的增速变快，随后至 2016 年底左右又出现了幅度更大的增长，随后申请量呈现小幅下降的趋势。

2. 地域分布

根据申请号国别/地区对专利申请的地域分布进行统计。从目标市场国/地区的申请量来看（见图 6），石墨烯纤维应用于柔性锂离子电池领域中国的申请量占比为 45.19%，居首位，明显高于其他国家/地区。

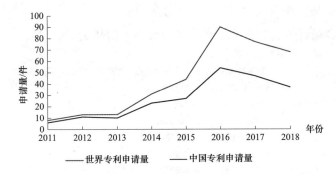

图 5　石墨烯纤维应用于柔性锂离子电池的专利申请量趋势

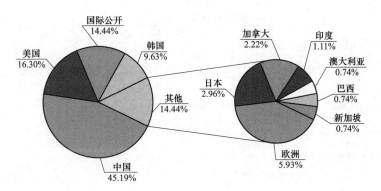

图 6　石墨烯纤维应用于柔性锂离子电池的专利申请目标市场国/地区申请量分布

从技术来源国/地区的申请量来看（见图 7），石墨烯纤维应用于柔性锂离子电池领域中国的申请量仍居首位，美国、韩国紧随其后。这说明无论是技术创新还是技术输出，我国对石墨烯纤维在柔性锂离子电池的应用方面均处于世界领先地位，且全球范围内，中、美、韩三国的技术优势较为突出。

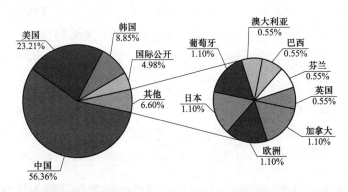

图 7　石墨烯纤维应用于柔性锂离子电池的技术来源国/地区申请量分布

3. 重要申请人

对不同申请人的专利申请量进行统计，如图 8 所示，研究石墨烯纤维的主要申请人包括：纳米技术仪器公司（美）、中国科学院金属研究所、宁国市龙晟柔性储能材料科技有限公司、威廉马什莱斯大学（美）、上海空间电源研究所、韩国电气研究院（韩）、浙江大学、杭州高烯科技有限公司、浙江工业大学、清华大学。

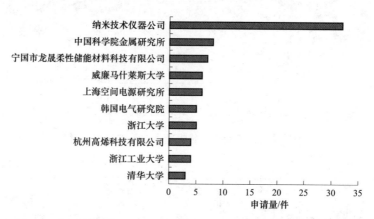

图8　石墨烯纤维应用于柔性锂离子电池领域的重要申请人申请量

此外，申请量较大的申请人还包括：基础科学研究院（韩）、柔电（武汉）科技有限公司、中国电子科技集团公司第十八研究所、复旦大学、三星电子株式会社（韩）、半导体能源研究所（日）、电子科技大学。

4. 重要技术主题

（1）以纯石墨烯纤维为电极材料制备柔性锂离子电池

石墨材料具有优异的循环稳定性和导电性，已经被广泛应用于锂离子电池领域中，但是石墨类负极材料的理论容量仅为 372mAh/g，逐渐不能满足高能量密度锂离子电池应用领域的需求。随着社会的发展和锂离子电池应用领域的拓展。开发高比容量的柔性负极材料极为重要。

纯石墨烯纤维根据其微观结构可分为致密型和多孔型，分别通过纺丝和薄膜收缩得到。虽然湿法纺丝是较为经典的制备石墨烯纤维的方法，能够制得具有较高强度和电导率的石墨烯纤维；然而该方法制备的纤维结构致密、孔隙很少，不利于发挥石墨烯比表面积高的优势。而要提高柔性负极材料的比容量，正需要比表面积高的石墨烯纤维。因此，在制造柔性锂离子电池的实践中，如何获得多孔的石墨烯纤维原料成为研发热点。

2012 年 1 月 5 日，来自浙江大学的高超课题组提出专利申请 CN201210001524.3，其中公开了一种高强度石墨烯有序多孔纤维的制备方法。该方法包括以下步骤：①将石墨原料、硫酸、过硫酸钾和五氧化二磷混合、搅拌反应后冷却到室温，通过稀释、抽滤、洗涤、干燥得到插层石墨；②将插层石墨、硫酸和高锰酸钾混合，搅拌反应后加入去离子水和双氧水搅拌，过滤、洗涤、干燥得到氧化石墨；③将氧化石墨烯产物溶于水中得到氧化石墨烯纺丝液溶胶；④通过纺丝毛细管、将氧化石墨烯纺丝液溶胶挤入液氮中凝结，再进一步冷冻干燥或者临界冷冻干燥，得到有序多孔氧化石墨烯纤维；⑤经还原剂还原后，得到高强度石墨烯有序多孔纤维。该方法采用石墨作为原料，简单易行地制备了高溶解性的氧化石墨烯前驱体和稳定的氧化石墨烯液晶溶胶，制得的石墨烯有序多孔纤维有着很低的密度、高拉伸强度及高压缩强度、很好的韧性、优异的导电性；缺点是这种方法的生产效率不高、难以连续化和规模化生产。

2014年1月2日，来自东华大学的朱美芳提出专利申请CN201410001951.0，其中公开了可连续规模化的制备高强度、多孔石墨烯长纤维的方法。通过这种方法获得的多孔石墨烯纤维截面具有异形结构，表面结构发达，沟槽丰富，有利于提高对外界化学物质的吸附力，还具有很高的力学强度和导电性能，适合作为锂离子电池的电极材料。并且，通过调节纺丝液浓度和pH、挤出速率和拉伸倍率可以调节纤维中孔的大小和在横截面内的取向。该制备方法的具体步骤如下：①将石墨添加到含有氧化剂和助氧化剂的浓硫酸溶液中，经洗涤、分离和干燥获得氧化石墨；②将氧化石墨加到中性或碱性水中，经混合分散处理制成氧化石墨烯水溶液，经过滤、脱泡后作为纺丝液；③通过毛细管或喷丝板，将纺丝液挤出到凝固浴中固化成纤维，经干燥、卷绕得到氧化石墨烯纤维；④经过化学或物理方法还原，获得高强度、紧凑有序的多孔石墨烯纤维。这种方法避免了液氮的使用，可以实现简单、连续、低成本的制备，易于实现规模化生产。

（2）以石墨烯与其他碳基材料的复合纤维为电极材料制备柔性锂离子电池

电池中的活性材料一般是粉末状，需要涂覆在导电基体上。在柔性电子器件的发展中，如何获得高导电、柔性、轻薄、高担载量、可穿戴的电池活性材料载体成为关键技术。目前，限制柔性电池及柔性电子器件发展的重要因素，就是对柔性电极基体，特别是一维柔性电极基体方面的研究很少。碳质纤维由于特有的柔性、轻质、高强、高导电特性，被认为是理想的一维柔性电极基体材料，但主要问题是其担载量明显不足。为提高碳质纤维的担载量，将其与高比表面积的碳纳米管或石墨烯复合是一种有效方法。

早在2011年5月1日，美国的佐治亚州立大学研究基金会公司就提出申请US2012/0288762A1，其中公开了制备包含石墨烯涂覆层的碳质纤维。这种纤维可用作锂电池、柔性电子器件等设备的电极，其制备方法是：将棉纤维或棉织物置于石墨烯/芘衍生物的悬浮液中以涂覆纤维或织物，而后将被涂覆的纤维或织物退火，从而在纤维或织物周围形成石墨烯涂覆的热解碳层。该方法以石墨烯为原料，比使用碳纳米管有效降低了成本，且所得复合纤维表现出优异的充放电性能。4年后，国内的科研机构提出了类似的专利技术：2015年6月24日，来自中国科学院金属研究所的侯鹏翔等提出专利申请CN201510353504.6，其公开了一种柔性高导电复合碳质纤维的制备方法。该方法以纯棉线为前驱体，通过浸渍法将石墨烯担载在纯棉线的细小纤维表面；在惰性气氛保护下进行热处理，使构成纯棉线的主体纤维素碳化，同时与石墨烯紧密结合，最终得到复合碳质纤维。当电池的充放电速率为0.2C时，这种石墨烯复合碳质纤维所构成的电池的首次充放电比容量为 166.7mAh/g 和 150.7mAh/g，在 0.5C 时充放电容量为 135.4mAh/g，1C 时充放电容量为 120mAh/g，当充放电速率改为 0.5C 时容量又恢复到 133.4mAh/g，循环 45 次后，容量为 131.3mAh/g。其首次容量接近磷酸铁锂的理论容量 170mAh/g，且表现出了良好的循环充放电稳定性，表明该复合碳质纤维结构具有柔性及优异的电化学性能，可作为柔性电池中一体化的活性物质担载体及集流体而获得应用。

目前，如何实现碳纳米管、石墨烯与碳质纤维的均质和可控量复合仍是亟待解决的关键问题。且在获得高导电性和柔性的前提下，如何提高石墨烯、碳纳米管与碳质纤维之间的界面结合力，有效提高其稳定性仍有待探索。

（3）以石墨烯与高分子聚合物的复合纤维为电极材料制备柔性锂离子电池

锂离子电池具有较高的容量和稳定的循环寿命，被认为是满足便携式电子器件、电动及混合动力汽车日益增加的能源需求的新型电源。作为负极材料，硅和碳都是备受关注的选择。一方面，硅的理论比容量（最高可达 4200mAh/g）是传统碳负极理论比容量（约 372mAh/g）的 10 倍，且硅较低的脱嵌锂电位（<0.5V vs. Li/Li$^+$）使得锂离子电池能获得更高的功率。但硅负极材料的导电性较低，且体积膨胀严重，硅颗粒容易发生开裂和粉碎，且活性材料的损耗和不良的电接触又导致缓慢的动力学性能和短暂的循环寿命，故硅负极材料在锂电池中的应用并不可观。为此，纳米管、纳米线、纳米棒、纳米片、多孔、中空或带防护涂层的封装硅颗粒等硅纳米结构，通常应用于硅负极材料的改善结构和电学性能结构，但制备这些纳米结构的方法都有技术复杂和步骤多等缺点。另外，石墨和多孔碳因在锂化过程中体积变化相对较小，且具有良好的循环稳定性和电导率而成为极具潜力的负极材料。此外，导电聚合物具有与碳材料相似的电子导电性质，且属于高分子材料，具有良好的机械性能，可以对硅材料的体积变化发挥一定的限制作用。因此，将导电聚合物和/或碳材料与硅材料复合的电极成为解决硅负极问题的一个有效途径。

2015 年 3 月 12 日，来自美国的匹兹堡大学高等教育联邦体系提出申请 WO2016/145429A1，请求保护用于形成锂电池中硫电极的可电纺丝溶液组合物配方。该纺丝液包含硫组分和聚合物组分，在室温下通过静电纺丝可获得硫聚合物纤维，其中，聚合物组分包括导电聚合物和石墨烯。优选地，该纤维还包括沉积在纤维表面的锂离子导电涂层。这种纤维可用作锂基电池的硫电极。2018 年 7 月 23 日，来自中国科学院金属研究所的肖伟等提出了类似构思的发明专利申请 CN201510590434.6，即提供一种高性能硅负极活性材料。该硅负极活性材料具有核壳结构，包括纳米硅核层及纳米硅表面包覆的导电功能壳层，纳米硅核层为硅单质颗粒，导电功能壳层的导电功能包括电子导电和离子导电。这种高性能硅负极活性材料的制备方法包括如下步骤：①以导电聚合物、碳材料和成膜树脂为主要材料，配制成导电涂层溶液；②将纳米硅颗粒分散在挥发性溶剂中；

③按照导电涂层溶液走壳层、纳米硅分散液走核层，基于静电纺丝造粒工艺，采用同轴静电纺丝法制备核壳结构复合硅活性材料；④将复合硅活性材料在溶剂中浸渍，脱除成膜树脂，经干燥获得高性能硅负极活性材料。这种材料制备成电极后，除具有较高的容量外，也具有较好的大电流充放电能力及较长的循环充放电寿命，在高能量密度锂离子电池负极中具有良好的应用前景。

（4）以石墨烯与其他单质和氧化物的复合纤维为电极材料制备柔性锂离子电池

石墨烯优异的导电性和巨大比表面积，可以有效分散纳米材料并提高复合材料的电导率，从而克服纳米级负极材料循环稳定性、倍率性能差、容量发挥不足的缺陷。因此，石墨烯基复合材料在锂离子电池领域展现出极为出色的电化学性能。例如，2017年2月22日，来自中国科学院化学研究所的郭玉国等提出专利申请 CN201611105101.0，其中公开了一种含硅的石墨烯复合纤维。这种纤维将石墨烯和硅基材料结合起来，能够充分发挥石墨烯优异的导电性和硅基材料高的比容量，以此为原料，可以得到容量高、倍率性好的柔性锂离子电池负极材料。硅基负极材料主要包含硅和 SiOx，两者都具有极高的理论容量和低的脱嵌锂电位，是目前公认最有前景的负极材料之一，但是硅基负极材料应用过程中面临严重的缺陷：电导率极差严重影响电池的倍率性能；脱嵌锂过程中严重的体积膨胀问题，导致电极材料脱落和粉化，电池容量急剧衰退。目前通常将硅基材料进行纳米化后分散在碳载体中，解决硅基负极材料面临的问题，但是纳米材料的团聚问题导致其难以均匀分散在碳载体上，而通过上述方法得到的复合纤维形貌可控、柔韧性好、可连续大规模制备，且成本较低。其具体的制备步骤包括：①制备一定浓度氧化石墨烯溶液；②将硅基复合材料研磨破碎，均匀混合，并在惰性气氛下烧结；③将前述步骤得到的材料搅拌混合均匀，进行真空脱泡处理；④利用湿法纺丝工艺将脱泡后的悬浮液制成含硅的氧化石墨烯复合纤维；⑤在氢碘酸或水合肼溶液中进行还原处理，得到含硅的石墨烯复合纤维。可根据不同柔性锂离子电池的需求，通过调控湿法纺丝工艺，得到任意形状和尺寸的电极材料。

（5）以镶嵌石墨烯的多孔纤维为电极材料制备柔性锂离子电池

本技术主题下的代表性专利均来自美国的 B.Z 扎昂团队和/或纳米技术仪器公司，由此可以看出，B.Z 扎昂团队在石墨烯锂离子电池领域举足轻重的地位。该团队的核心人物 B.Z 扎昂是美国莱特州立大学的材料工程学教授，同时也是纳米仪器技术公司的CEO 和共同创始人之一，源于这种特殊的身份，B.Z 扎昂与纳米仪器技术公司的合作申请较多。

2014年1月30日，来自 B.Z 扎昂团队的发明人 Wang Mingchao 等提出专利申请US2014/0030590A1。其中公开了可用于电池或超级电容器等电化学储能装置的电极材料，该技术在不使用水、溶剂或其他液体化学品的情况下制备包括石墨烯片、间隔粒子和/或黏合剂粒子混合物的自支撑层，该自支撑层包括多孔导电框架以及容纳在其中的混合物，这种多孔导电框架可以是金属纤维垫、碳包覆金属纤维垫、石墨烯包覆金属纤维垫、金属纳米线垫等多孔纤维。在电化学储能装置中，这种自支撑层被黏结到集电器的一侧，所述的集电器包括铜箔、铝箔、镍箔、不锈钢箔、钛箔或柔性石墨片。2016 年底，纳米技术仪器公司又提出了多项将镶嵌有石墨烯的多孔纤维作为电极材料制备柔性锂离子电池的专利技术，代表性的专利申请是 US2018/0175433A1，其中公开了可用于电缆形锂离子电池的电极材料。其中，电极材料包括导电多孔棒或层以及位于孔中的活性材料和电解质的混合物；包含该电极材料的电池具有电缆形状，其长度与直径或长度与厚度的纵横比至少为 10。这种电缆型柔性锂离子电池为电池结构柔性最大化和发展可弯曲/可缠绕的电池提供了一个新概念，为柔性锂离子电池的设计创新开辟了一条道路。而且这种电池不受来自电池形状、大小、长度等因素的限制，可以被编织成任何形状和放置于任何地方，而非一定要安装到电子设备内部。

（三）石墨烯纤维在柔性超级电容器中的应用

超级电容器由两块电极板、隔膜、集流体和电解液组成，不同于传统的电容器通过静电吸附电子储能，超级电容器通过吸附电解液中的离子实现电能的储存，其比容量高于传统电容器至少 3 个数量级，且比电池的功率密度更高、充放电速度更快，但主要缺点是能量密度低。由于石墨烯材料具有优异的导电性能、高比表面积、高理论比容量、高面积比容和良好的机械性能，将其应用于超级电容器时，可以显著提升能量密度达数十倍以上，并极大地提高功率密度，已经被证明是一种非常理想的超级电容器电极材料。

近年来，随着电子设备向着轻薄化、柔性化和可穿戴化的方向发展，迫切需要开发具有高储能密度的柔性化储能器件。柔性超级电容器以其超高的功率密度、极快的充放电速度、超长的循环寿命以及柔韧性等优势，成为一种非常有前景的柔性储能器件。制备柔性超级电容器的关键是找到具有较高电导率和电化学性能的柔性电极材料，石墨烯纤维因其高导电性、高比表面积、柔性可编织的优点，被研究人员们所看好，成为柔性超级电容器中最有潜力的电极材料。目前，石墨烯纤维用于柔性超级电容器尚处于实验室研究阶段，由于石墨烯片层间较强的 π-π 作用使石墨烯片层间堆叠团聚，电解液离子无法充分浸润石墨烯片层内表面，使得比表面积的有效利用率大大降低，从而导致超级电容器的比电容量降低。为此，研究人员们致力于提高石墨烯纤维的比表面积值和电导率，以求最大程度地发挥其用作超级电容器电极材料所带来的优势。

笔者在 VEN 中检索到 400 篇专利申请文献，以这些文献为基础，对石墨烯纤维用于柔性超级电容器的专利申请的申请趋势、重要申请人、地域分布进行简要分析，着重分析其重要技术主题。

1. 申请趋势

如图9所示，2011～2018年间，国内申请量和世界范围内申请量的变化趋势基本相同，2011～2013年稳步增长，2013～2014年的申请量基本保持稳定，2014年以后申请量大幅增长，2016年之后，申请量小幅下降。

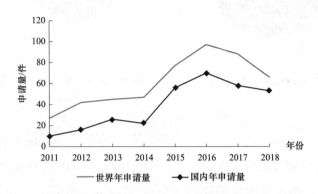

图9 石墨烯纤维应用于柔性超级电容器的专利申请量趋势

2. 地域分布

根据专利申请号国别/地区对专利申请的地域分布进行了统计，从目标市场国/地区的申请量来看（见图10），石墨烯纤维应用于柔性超级电容器领域中国申请量占比为47.81%，居首位，明显高于其他国家/地区。

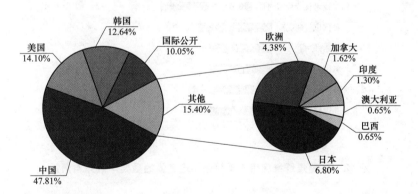

图10 石墨烯纤维应用于柔性超级电容器的专利申请目标市场国/地区申请量分布

从技术来源国/地区的申请量来看（见图11），石墨烯纤维应用于柔性超级电容器领域中国的申请量仍居首位，说明我国对用于柔性超级电容器的石墨烯纤维的研发处于领先地位。且无论是作为目标市场国/地区还是技术来源国/地区，中、韩、美、日均最为活跃，说明这四个国家对用于柔性超级电容器的石墨烯纤维的研发处于世界领先地位。

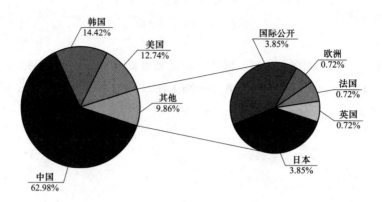

图 11　石墨烯纤维应用于柔性超级电容器的技术来源国/地区申请量分布

3. 重要申请人

对不同申请人的专利申请量进行统计，如图 12 所示，研究用于柔性超级电容器的石墨烯纤维的重要申请人包括：浙江大学、东华大学、中国科学院金属研究所、三星电机株式会社（韩）、纳米技术仪器公司（美）、韩国电气研究院（韩）、哈尔滨工业大学、韩国科学技术院（韩）、宁波中车新能源科技有限公司、深圳先进技术研究院。

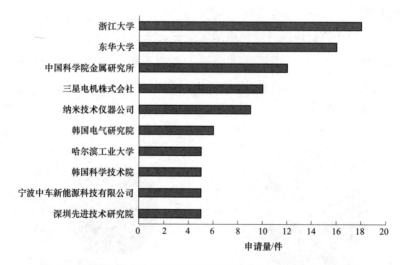

图 12　石墨烯纤维应用于柔性超级电容器的重要申请人申请量

4. 重要技术主题

石墨烯纤维制备的超级电容器，具有柔软性好、可弯曲的优势，可以编织成织物制备可穿戴的器件，但也存在比电容低、能量密度低、循环保持率低、强度低等问题，通过阅读分析专利文献，梳理出了目前国内外的研究人员在改进石墨烯纤维柔性超级电容器的电容性能、循环寿命等方面的主要技术路线。

（1）多孔石墨烯纤维制备超级电容器

2018 年 3 月 13 日，东华大学的张坤等提出发明专利申请 CN201810204242.0，其中公开了一种皮芯型多孔石墨烯纤维，并以其为电极材料制备的柔性超级电容器。该专利申请中披露了使用多孔氧化石墨烯分散液作为内径纺丝液，氧化石墨烯分散液中加入聚合物和小分子化合物交联作为外径纺丝液，通过同轴纺丝制备得到皮芯型氧化石墨烯纤维，将皮芯型氧化石墨烯纤维还原，其芯层形成中空结构，皮层形成微孔和介孔，得到皮芯型多孔石墨烯纤维；将皮芯型多孔石墨烯纤维作为电极材料，浸渍聚合物胶体电解液干燥后将两根纤维加捻再次浸渍电解液干燥后，得到柔性超级电容器。由于所制得的电极材料具有极高的比表面积和丰富的离子传输孔道，测得电容器的比电容在最小扫描速度和最小电流密度下分别达到了 41.58 mF/cm^2 和 47.82 mF/cm^2，其循环保持率达到 95.41%。同日，该研究团队还提出了发明专利申请 CN201810206786.0，该专利中披露了将氧化石墨烯分散液通过湿法纺丝凝固后还原得到石墨烯纤维，再在等离子气体中刻蚀得到多孔石墨烯纤维，以其作为电极材料浸渍聚合物胶体电解液干燥后得到柔性全固态超级电容器，测得电容器的比电容在最小扫描速度和最小电流密度下分别达到了 57.18 mF/cm^2 和 60.95 mF/cm^2，其循环保持率达到 94.96%。

（2）中空石墨烯纤维制备超级电容器

现有的用作线型电容器电极的电极纤维几乎全部都是实心的，仅仅依靠纤维外表面储存电荷，所以电容器的能量密度较低。2015 年 7 月 10 日，中国工程物理研究院化工材料研究所的程建丽等提交了专利申请 CN201510402015.5，其中披露了将氧化石墨烯水分散液还原后得到的前驱液注入管状模具中并封口，在 50~100℃ 的温度下反应 2~6 小时得到成型纤维，打开管状模具得到石墨烯空心纤维，由于空心结构的纤维具有内外两个可以储存电荷的表面，因此用该石墨烯空心纤维制备得到的线型电容器的单电极比电容为 153~321 mF/cm^2。2016 年 12 月 23 日，宁国市龙晟柔性储能材料科技有限公司在专利申请 CN201611205136.1 中提出了另一种中空石墨烯纤维电极制备电容器的方法，使用金属丝作为工作电极，饱和氯化钾电极作为参比电极，铂丝电极作为对电极，构建电化学沉积还原系统，将其放入氧化石墨烯水溶液中，施加电压，在电场作用下，氧化石墨烯片层吸附在金属丝电极表面并被电化学还原得到石墨烯沉积层，将得到的沉积有石墨烯的金属丝放入酸性溶液中进行刻蚀，将金属丝电极溶解后得到中空石墨烯纤维，将其作为纤维电极，表面涂覆一层聚合物凝胶电解质，将两根纤维电极平行排列或缠绕后得到纤维状的超级电容器，电容器的容量大约 100 F/g，经过 10000 万次充放电测试后容量保持 90%。

（3）芯鞘结构石墨烯复合纤维制备超级电容器

由两根纤维缠绕或平行排列形成的超级电容器，在弯曲使用过程中容易造成短路或者分离，极大程度影响期间的性能。浙江大学高超团队于 2015 年 4 月 17 日提交了专利申请 CN201510185285.5，其中披露了一种同轴石墨烯纤维超级电容器的制备方法，包括通过液相纺丝制备石墨烯纤维，将得到的石墨烯纤维浸涂一层聚合物溶液，得到聚合物凝胶包覆的石墨烯纤维，再在其上涂覆一层氧化石墨烯分散液，干燥后还原，再将上述纤维浸涂一层聚合物电解质，并在电解质溶液中充分溶胀，得到的同轴石墨烯纤维超级电容器为四层结构，包括位于中心的石墨烯轴纤维、包覆于石墨烯轴纤维外的聚合物层、位于聚合物层外侧的石墨烯管状纤维以及位于石墨烯管状纤维外侧的聚合物层，石墨烯轴纤维的质量线密度与石墨烯管状纤维的质量线密度一致，使得电容器实现最高的电容值，且轴纤维与壳纤维形成同轴结构，构成超级电容器的两个电极，相较于平行排列或缠绕式纤维电容器，具有最短的两极间离子迁移路径，更易操作，还表现出了更优秀的循环稳定性，在 10000 次循环之后电容保持率可达 100%。

中国科学院苏州纳米技术与纳米仿生研究所于 2017 年 12 月 11 日提出了专利申请 CN201711307570.5，其中披露了更简单易行的芯鞘型柔性石墨烯纤维超级电容器制备方法，以氧化石墨烯和还原剂分散液为纺丝液，包含高分子聚合物的水溶液为凝胶电解质水溶液，由纺丝液形成第一液流，凝胶电解质水溶液形成第二液流，纺丝液形成第三液流，通过包括第一液流通道、第二液流通道和第三液流通道的同轴纺丝针头同时注入凝固浴中，一步湿法纺出具有芯鞘结构的石墨烯纤维超级电容器，该电容器包括石墨烯纤维芯层，环绕芯层设置的聚合物电解质中间层和环绕所述中间层设置的石墨烯纤维鞘层。该方法工艺简单易行，生产速度快，效率高。

（4）元素掺杂石墨烯纤维制备超级电容器

浙江大学和杭州高烯科技有限公司在 2018 年 7 月 9 日提出专利申请 CN201810746197.1，其中公开了一种氮掺杂石墨烯纤维柔性超级电容器的制备方法，包括将湿法纺丝得到的氧化石墨烯纤维在凝固浴中凝固后，在装有碳酸氢铵水溶液的水热釜中进行水热处理，使用去离子水洗后得到还原态氮掺杂石墨烯纤维，该石墨烯纤维高度氮掺杂，具有褶皱结构，可有效传输电解质离子，使用该石墨烯纤维组装的柔性超级电容器容量可达 230F/g。

（5）金属改性石墨烯纤维制备超级电容器

过渡金属氧化物具有高的能量密度，将其加入到石墨烯纤维中能够提高纤维的电化学性能。浙江大学的吕建国等于 2017 年 4 月 25 日提出专利申请 CN201710271126.6，其中公开了一种 Co_3O_4@石墨烯纤维超级电容器的制备方法，将湿法纺丝并还原制备得到的石墨烯纤维置于反应釜中，加入包括六水合醋酸钴、氟化铵、尿素和水的前驱体溶液中，水热反应，温度为 120~150℃，时间为 5~8h，收集纤维洗涤干燥，并在 300℃ 退火，得到 Co_3O_4@石墨烯纤维电极材料，生长在石墨烯纤维表面的 Co_3O_4 纳米线和纳米片，互相交错形成大量连通的空间空洞结构，利于离子的扩散和迁移，巨大的比表面积利于离子的吸附，有效提高了比电容，将其制成超级电容器，在 0.2A/g 的电流密度下具有 236.8F/g 的高比电容量。

类似地，浙江大学的吕建国等分别在专利申请 CN201710272018.0 以及专利申请 CN201810995564.1 中公开了在石墨烯纤维表面生长 NiO 纳米片或 MnO_2 纳米片，从而相应地得到 NiO@石墨烯纤维或 MnO_2@石墨烯纤维，以此类纤维制备得到的超级电容器具有高比电容量，电化学性能良好。

韩国科学研究院于 2018 年 12 月 10 日获得了一项专利授权 KR101927643B，其中也公开了在石墨烯纤维的表面沉积金属氧化物层，该复合纤维具有优异的电化学性能和电容量。

（6）碳材料复合石墨烯纤维制备超级电容器

碳纳米管具有优越的导电性和较大的比表面积，是优良的电极材料。浙江大学高超团队 2014 年 5 月 29 日提出专利申请 CN201410233432.7，其中公开了一种石墨烯/碳纳米管复合纤维超级电容器的制备方法，具体是使用氧化石墨烯/碳纳米管复合纺丝浆液进行纺丝，在凝固浴中凝固，置于还原剂或高温热处理得到石墨烯/碳纳米管复合纤维，将两根石墨烯/碳纳米管纤维的表面用凝胶电解质包覆并干燥得到石墨烯/碳纳米管复合纤维基超级电容器，碳纳米管均匀分布在石墨烯片层之间，增大了石墨烯层间距离，有利于离子通过，使得该纤维具有良好的导电率和适于离子通过的微孔，石墨烯/碳纳米管复合纤维基超级电容器在 10mV/s 扫描速率下的面积比电容为 29 mF/cm^2，在 0.1mA/cm^2 电流密度下面积比电容为 32.6 mF/cm^2。

2018 年 7 月 26 日，南京工业大学的武观等提出专利申请 CN201810833889.X，其中公开了点片结构碳量子点-石墨烯纤维制备超级电容器的方法。该方法是将碳量子点加入氧化石墨烯分散液中得到混合分散液，将其用针头注射到圆柱形微通道中并将两端密封，加热预还原后冷却，打开密封的两端烘干得到干燥的碳量子点掺杂氧化石墨烯纤维，再在惰性气体中加热还原得到点片结构碳量子点-石墨烯纤维，将两根上述纤维固定，中间涂覆包裹凝胶电解质溶液，风干得到点片结构碳量子点-石墨烯纤维固态凝胶电解质超级电容器。碳量子点作为纳米填料分散在石墨烯片层之间，大大增加了石墨烯纤维的孔隙率，使其具有更多的电子传输通道，制备的超级电容器具有更强的电荷储存能力，且碳量子点丰富的氧基团能够与氧化石墨烯发生物理化学反应，使石墨烯片层结合更紧密，提高了石墨烯纤维的机械强度。该超级电容器的比电容达到了 391~607 mF/cm^2，能量密度为 37.5~67.37$\mu Wh/cm^2$，具有很好的柔性，能够弯曲 180 度，且在弯曲状态下进行充放电循环 2000 次后电容基本保持不变。

（7）碳纤维复合石墨烯纤维制备超级电容器

碳纳米管和石墨烯由于均具有超大的比表面积，在用于超级电容器时都显示了一定的优势，但碳纳米管在使用过程中容易发生团聚，石墨烯在使用过程中也存在团聚再结晶的问题，这使得两者的有效比表面积大打折扣。哈尔滨工业大学深圳研究生院的于杰等在 2013 年 3 月 22 日提出专利申请 CN201310096577.2，其中公开了一种石墨烯纳米纤维制备超级电容器的方法。该方法披露将含碳聚合物静电纺丝，利用石墨纸作为收集基底，得到石墨烯纳米纤维的前驱体纤维，将制备的前驱体纤维稳定化处理后进行碳化热处理，得到石墨烯纳米纤维。石墨烯晶体边缘定向生长于纤维表面，获得了很好的固定，不会发生团聚，大大提高了材料的反应活性，将其制备成超级电容器，电压达到 1.8~2.2V，比电容达到 300F/g，能量密度达到 41.3Wh/kg。

（8）高分子聚合物复合石墨烯纤维制备超级电容器

导电高分子由于容易合成且其电化学性能优异，因此，也被用来与石墨烯纤维复合，制备高性能的柔性超级电容器。浙江大学高超团队于 2013 年 11 月 17 日提出专利申请 CN201310570359.8，其中公开了负载聚苯胺纳米粒子的石墨烯纤维超级电容器，其制备方法是将湿法纺丝得到的氧化石墨烯纤维还原得到石墨烯纤维，将石墨烯纤维浸泡于含有苯胺的高氯酸/乙醇溶液中，加入过硫酸铵，静置得到负载有聚苯胺纳米粒子的石墨烯纤维，将两根石墨烯纤维固定并涂覆包裹凝胶电解质风干，得到负载有聚苯胺纳米粒子的石墨烯纤维超级电容器。该电容器是一种具有良好弹性的柔性全固态超级电容器，具有很好的携带运输便捷性，负载的聚苯胺纳米粒子大大提高了纤维的性能，其比容量是纯石墨烯纤维的 20 倍，能够满足超级电容器高能量储存的需求。东华大学朱美芳团队也于 2015 年 4 月 17 日提交了专利申请 CN201510188964.8，其中披露了纳米导电高分子/石墨烯复合纤维的制备方法。具体是将聚苯胺纳米棒添加到氧化石墨烯分散液中，经湿法纺丝、凝固浴凝固后，将纤维浸渍在氢碘酸中加热还原，洗涤干燥后得到聚苯胺纳米棒/石墨烯复合纤维，导电高分子分散于整个纤维截面，有效克服了石墨烯的堆积问题，提高了纤维的电化学性能，因而在电容器领域具有广泛的应用前景。

三、结论

通过上述分析可以看出，以石墨烯纤维为主要原料制备的柔性储能器件，目前还处于初期的研究阶段，研究主体以高校和研究所为主，仅限于实验阶段，远远不能够进行实际应用与普及。作为柔性储能器件中的关键材料，现阶段专利申请中披露的石墨烯纤维的力学强度及导电性能尚难以完全满足需求，成为制约石墨烯纤维发展及应用的最关键技术瓶颈。发展高性能石墨烯纤维、提高石墨烯纤维的力学强度和导电性能，是推进石墨烯纤维从实验室走向工程化应用的必然要求。对于柔性电池来说，虽然在很大程度上依赖于碳材料的柔性，但其他制约柔性电池发展的主要因素也不可忽视，比如液态电解质在弯曲、拉伸过程中更易发生泄露，造成安全隐患，所以如何得到兼具性能稳定和机械柔性的电池无疑是柔性电子产品能否取得进一步突破的研发重点与瓶颈。对于柔性超级电容器的发展而言，关键之处不仅包括规模化、连续化制备纤维从而保证其性能稳定，还有如何对材料和结构进行改性以提高其能量密度，同时不损害功率密度和循环稳定性，且柔性超级电容器的封装技术也比较缺乏，如果不能进行有效的封装，同样会造成安全隐患并阻碍其应用。

综上，对于石墨烯纤维及其在柔性储能器件领域中的应用，未来仍建议在以下几方面取得重要进展：①实现石墨烯纤维生产的高质量、规模化、低成本化；②突破目前锂离子电池面临的容量、寿命、安全性方面的瓶颈；③提高石墨烯纤维制备电容器的比电容值、能量密度和循环稳定性。

此外，现在已有很多柔性电子器件面世，柔性储能器件如何与这些器件集成为综合表现优秀的产品也将得到进一步研究。

参考文献

[1] 顾志强．黑科技［M］．北京：中国友谊出版公司，2017：3．

[2] 冯姣媚，刘咏梅．新型柔性储能元件在服装上的应用分析［J］．国际纺织导报，2016（2）：60-65．

[3] 刘玉荣．碳材料在超级电容器中的应用［M］．北京：国防工业出版社，2013：1．

[4] 张克勤，杜德壮．石墨烯功能纤维［J］．纺织学报，2016，37（10）：153-157．

[5] 史菁菁，郭星，陈人杰，等．柔性电池的最新研究进展［J］．化学进展，2016，28（4）：577-588．

新型二维材料专利技术综述*

张美菊　曹丽冉**　亢心洁**　王宝林**　王　欣**

摘　要　二维（Two-Dimensional，2D）材料是一类新兴的层状材料。由于维度降低引入了量子限域效应，二维材料在电子、材料、化学以及生物医药等多个领域具有广泛的应用前景。本文对新型二维材料从全球及中国角度进行专利技术分析，从申请趋势、区域分布、主要申请人、重点支撑技术和应用领域、重点专利等多个角度进行深入挖掘，梳理出新型二维材料的制备方法和应用技术的发展现状，为我国新型二维材料的研发和产业化发展提出建议。

关键词　新型二维材料　专利分析　制备方法　应用技术

一、概述

二维材料是一类新兴的层状材料，由单层或少数层的原子或者分子层组成，层内由较强的共价键或离子键连接，层间由作用力较弱的范德瓦耳斯力结合。由于维度降低引入的量子限域效应，二维材料展现出了前所未有的物理学、电子学以及化学性质，能够应用在电子器件、光电器件、热电器件以及生物医药等多个领域。

2004 年，Novoselov 和 Geim 等人成功地利用胶带剥离出石墨烯二维材料[1]，并因此荣获 2010 年诺贝尔物理学奖。石墨烯，即单原子厚度的结晶碳膜，有很多区别于传统块体石墨材料的新奇物理特性，比如超高的室温载流子迁移率、超高的比表面积、常温量子霍尔效应以及优异的导热性和光学透明度等。凭借突出的特性，石墨烯成为一时风头无两的热门材料，相关研究一直备受关注。

然而因为本征石墨烯是一种零带隙的半金属，所以石墨烯基场效应晶体管中电流开关比很小，这也是阻碍石墨烯在逻辑电路中应用的最大障碍。除了对石墨烯采取各种方式的调控，如应变、掺杂、缺陷调控和制备纳米带等，人们同时开始寻找石墨烯的替

---

* 作者单位：国家知识产权局专利局专利审查协作天津中心。
** 等同于第一作者。

代品。

（一） 新型二维材料的研究及发展现状

随着研究的不断深入，新型二维材料不断被发现和研究，数量多达上百种，目前的研究热点主要集中在绝缘性的二维氮化硼、半导体性质的二维过渡金属硫化物、小带隙的二维黑磷等。下面对典型的四种二维材料的研究和发展现状进行简单的介绍。

1. 二维过渡金属硫族化合物

二维过渡金属硫族化合物（transition metal dichalcogenides，TMDs）材料是一种 MX_2 型的单分子层半导体材料，M 为过渡金属原子（Mo、W、Pt、Ni 等），X 为硫族元素（S、Se 或 Te），比较典型的有 MoS_2、WS_2、$MoSe_2$ 等。这种材料普遍具有类似三明治的结构，那就是一层金属原子 M 夹在两层硫族元素 X 之间，其块体材料类似石墨，是一层层的"三明治"堆叠起来的，层与层之间以范德瓦尔斯力连接，层间距一般在 6~7nm 之间。[2]

目前，二维过渡金属硫族化合物的制备方法包括两类："自上而下"法和"自下而上"法。[3-4] 以上两类方法都可以被称为化学气相沉积（CVD）。其他沉积二维过渡金属硫族化合物薄膜的方法还有分子束外延（MBE）、原子层沉积（ALD）及物理气相沉积（PVD）方法如磁控溅射、脉冲激光沉积（PLD）。

超薄二维过渡金属硫族化合物材料具有多种多样的组成和性能，为特定的应用提供了大量的选择，已被证明在电子/光电子、催化、能量存储和转换、水修复、传感器、生物医学等领域具有广泛的应用前景。[5]

2. 六方氮化硼

六方氮化硼（hexagonal boron nitride，h-BN）是氮化硼（BN）的一种变体，具有层状的晶体结构，素有"白色石墨之称"，具有良好的润滑性、电绝缘性、导热性和耐化学腐蚀性，且具有中子吸收能力。2004 年，在石墨烯出现不久后，人们采用机械剥离的方法从六方氮化硼晶体上获得了二维的六方氮化硼。

目前，制备二维六方氮化硼的方法主要有剥离法、CVD 和水热法等[6-7]，而 CVD 法作为最常用的薄膜制备方法被国内外广泛使用。[8-9]

六方氮化硼是宽带隙材料，具有较好的介电性能，可作为晶体管的栅极介电材料，应用于场效应晶体管中；利用二维六方氮化硼较好的光电特性，可形成理想的异质结应用于光电器件中，如紫外探测器、太阳能电池、光催化剂等。[10]

3. 黑磷

黑磷（black phosphorus，BP），是磷的一种主要同素异形体，与石墨烯类似，是一种层状材料，由范德瓦尔斯力相互作用的单子原子层叠加而成，同层内的原子不处于相同平面上，在材料性质上表现出明显的各向异性。目前，黑磷的制备方法有很多，均是以白磷或红磷为前驱体，在一定条件转化而成。[11]黑磷具有良好的热、电及光学性能，在场效应晶体管[12]、光电器件、热电、生物医药等领域都有很大的应用潜力，但其稳定性差，制备出稳定的黑磷是应用的首要前提。

4. 硅烯、锗烯等

硅烯（silicene）和锗烯（germanene）分别是由硅原子和锗原子组成的具有类似石墨烯结构的二维材料。与组成石墨烯的 SP^2 杂化的碳原子不同，硅原子和锗原子在能量上更倾向于 SP^3 杂化，这是一种三维的共价键构型，所以在自然界中不存在类似石墨那样的层状结构的块体硅和锗，因此也不可能像剥离石墨烯那样从块体中得到硅烯和锗烯单层。这两种材料的生长需要使用单层可控的沉积技术，并选择合适的基底，从而使硅和锗倾向于二维平面生长而非形成三维岛状结构。硅烯和锗烯的可控制备近年来一直是研究热点。[13-19]

（二）研究方法

本文旨在通过对新型二维材料相关专利文献进行统计和分析，了解该领域的研究现状和专利布局情况。我们对以上述四种材料为主的新型二维材料专利申请进行了检索和筛选，检索截止日期为 2019 年 6 月 30 日。利用合享专利（incoPat）数据库对中文及外文专利申请进行检索和数据的筛选合并，得到新型二维材料全球专利1287项，人工粗筛去噪后，最终确定的分析样本包括全球专利 1100 余项。

表 1 为所构建的新型二维材料的检索信息表。主要通过关键词进行检索，因为新型二维材料目前发展时间比较短，还处于研究阶段，在检索中没有发现能够有效去噪的分类号，采用分类号检索反而引入了大量噪声，几次调整后舍弃了分类号，用关键词检索后人工粗筛去噪以保证查准率。

表 1　新型二维材料检索信息表

关键词	二维，硫化，硒化，碲化，硫族化，硫属，硫系，硅烯，锗烯，磷烯，黑磷，氮化硼
	twodimension, two - dimension, 2D, TMDS, TMDC, sulfide, selenide, telluride, chalcogenide, dichalcogenide, MoS_2, WS_2, $MoSe_2$, WSe_2, silicene, germanene, phosphene, black phosphorus, BN, h-BN, boron

为了对检索的结果进行评估，本文采用了查全率和查准率两项指标来验证检索的全面性和准确性。

本文查全率的评估办法是：选择重要申请人，以该申请人为入口检索全部申请，通过人工确认其在该技术领域的申请文献量，形成母样本；在检索结果数据库中以申请人为入口检索其申请文献量，形成子样本；子样本/母样本×100% = 查全率。

查准率的评估方法是：在结果数据库中随机选取一定数量的专利文献作为母样本；对母样本中的每篇专利文献进行阅读，确定其与技术主题的相关性，与技术主题高度相关的专利文献形成子样本；子样本/母样本×100%＝查准率。

经验证，本文检索结果的查全率约为 91%，人工去噪后查准率约为 100%。

二、专利申请总体情况

根据专利文献和非专利文献的检索结果，在新型二维材料领域，目前研究和应用最为广泛的材料是过渡金属硫族化合物，其次是六方氮化硼和黑磷，对硅烯、锗烯的研究还比较少。但由于各类新型二维材料之间的某些物理或化学性质具有共性，目前的研究往往是利用这些共性特征，而对单一材料的研究尚未深入，因此在专利文献中还不能将各类材料明显地区分开。基于上述情况，本文不针对具体的下位材料体系，仅对新型二维材料整体专利情况进行分析。

下面将从申请趋势、申请区域分布、申请人分布、法律状态以及申请流向等方面对新型二维材料相关专利申请的概况进行介绍和分析。

（一）新型二维材料全球专利状况

1. 申请趋势

最早的涉及过渡金属硫族化合物二维材料的专利申请出现在 1988 年。该专利由日本东京大学提出，公开了一种利用蒸发法在三维材料上外延超薄二维材料的技术方案。图 1 显示了 1988 年至 2017 年的申请量按最早申请日/优先权日的年度分布情况。虽然二维材料相关的专利申请于 1988 年就已经出现，但是在 1988 年到 2007 年 20 年的时间里，几乎再没有新型二维材料的专利申请。2004 年，曼切斯特大学 Geim 小组成功分离出单原子层的石墨材料，二维材料的概念因此被广而告之，研究人员对二维材料的兴趣逐渐提高。2008 年至 2011 年，新型二维材料的专利申请陆续被提出，真正意义上出现了新型二维材料发展的萌芽期，但这一阶段的研究机构还比较少，年申请量还处于个位数。随着科学技术的不断进步，2012 年开始，新型二维材料的专利申请量进入快速增长期，申请量逐年上升，到 2017 年达到 300 余项。考虑到 2018 年和 2019 年的部分专利申请尚未公开，对 2018 年及以后的申请量变化趋势不进行分析。

2. 申请区域分布

图 2 是新型二维材料领域全球专利申请区域分布。中国、美国、韩国和英国是新型二维材料专利申请量排名前四的国家，其中，中国的专利申请量最大，占申请总量的 64.01%，其次是美国，占申请总量的 16.98%，排名第三的是韩国，申请量占比为 11.10%，之后是英国。

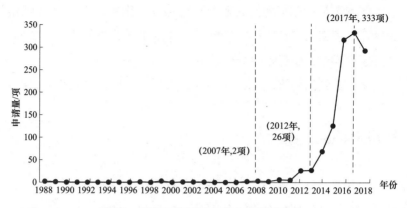

图1 新型二维材料全球专利申请趋势

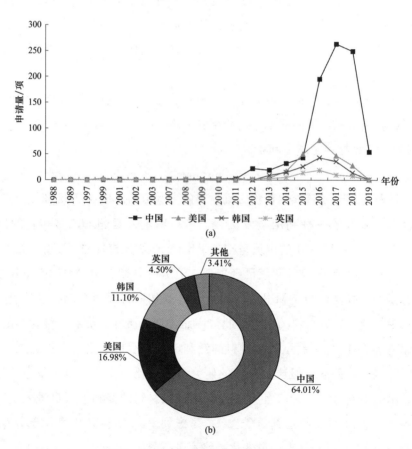

图2 新型二维材料专利申请区域分布

　　图2中还反映了从2008年到2017年中国、美国、韩国和英国四个国家在该领域的专利申请趋势。自2011年，中国在该领域的专利申请数量逐年上升，在2016年出现了申请量激增，年申请量接近200项。可见，中国在该领域的申请量变化趋势与全球申请量变化趋势基本一致，并且一直保持着专利申请量的绝对优势。值得注意的是，中国台

湾地区进入该领域的时间略晚，但自 2014 年以来，申请量逐年增加，在 2017 年达到峰值，逐渐成为该领域的重要申请区域之一。美国在该领域的专利申请量在 2016 年出现峰值，但 2017 年开始下降。韩国作为申请量排名第三的国家/地区，在申请量变化趋势上与中国相似，在 2016 年出现申请量的大幅增长。

3. 申请目标区域分布

新型二维材料领域全球专利申请目标区域分布，能够反映出该领域专利申请的目标市场情况。从图 3 中可知，在新型二维材料领域，中国是最主要的专利申请目标国，占比高达 69%，说明中国是该领域的重要目标市场。结合图 2，这一结果也与中国是该领域专利申请量最大的国家有关。与专利申请来源区域分布情况相同，美国、韩国分别是该领域专利目标区域排名第二、第三位的国家，占比分别为 18% 和 5%。综合可知，中国是新型二维材料领域的重要技术贡献者和目标市场。

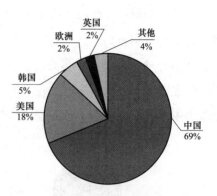

图 3　新型二维材料专利
申请目标区域分布

4. 重要申请人分布

图 4 是新型二维材料领域全球专利申请量排名前十位的申请人，主要包括企业和高校，其中申请量最大的是洛克希德·马丁，该公司是美国一家航空航天制造商。排名第二的是韩国的三星电子。值得注意的是，中国多所大学的申请量均排名靠前，包括济南大学、深圳大学、北京大学、杭州电子科技大学和清华大学，高校成为国内在该领域的重要申请人，也是全球范围内的重要贡献力量。

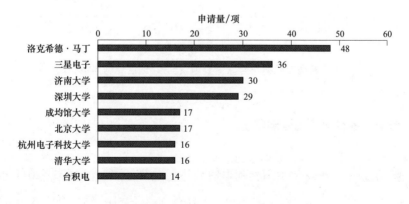

图 4　新型二维材料重要申请人排名

5. 专利布局

图 5 显示了新型二维材料领域主要申请国家/地区专利申请布局情况。从全球专利

申请数据看，新型二维材料的专利申请主要集中在中国、美国、韩国、英国和日本等几个国家/地区。中国作为新型二维材料专利申请量最大的国家，仍然聚焦于在本土申请专利保护，虽然中国已经在美国和欧洲等其他国家/地区开展专利布局，但是可以看出其仍然处于海外专利布局的起步状态。其中，我国台湾地区重点在美国进行专利布局。尽管美国申请人申请总量要远低于中国申请人，但是从专利布局来看，美国申请人更重视全球的均衡布局。除了本土的专利申请，其在中国、韩国、欧洲等国家/地区均有一定数量的专利申请。韩国的专利申请量虽然低于中国和美国，但是目标十分清晰，在美国重点进行专利布局。此外，英国和日本的专利申请量较低，专利布局较少，但是同样在美国进行重点布局。总体来看，各个国家/地区都非常重视在美国的专利布局，体现了美国在新型二维材料领域的技术处于领先水平，市场前景也十分广阔；反观中国，可以看出中国并没有成为各个国家/地区的重点布局对象。

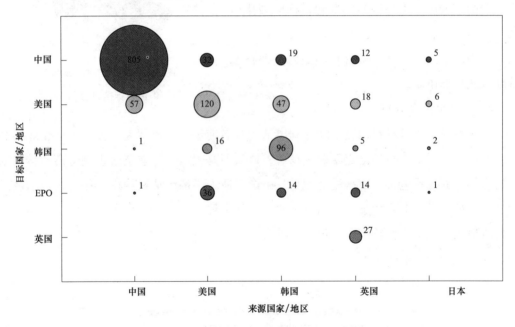

图5　新型二维材料全球主要申请国家/地区专利申请布局

注：图中数字表示申请量，单位为项。

（二）新型二维材料中国专利状况

1. 申请趋势

图6显示了新型二维材料中国专利申请趋势。由图可知，在2003~2011年间，新型二维材料领域的中国专利申请并不多，一共只有5件专利申请，申请人分别为硅谷集团、中国科学院上海硅酸盐研究所、上海交通大学、齐伦投资专利Ⅱ两合公司和北京航空航天大学。这一时期可以称为中国新型二维材料的萌芽期。2012~2014年间，新型二

维材料的中国专利申请的数量逐渐开始增多，新型二维材料进入缓慢发展期，这主要是由于二维材料石墨烯的发现在 2010 年被授予了诺贝尔物理学奖，研发人员受此启发开始探索新型二维材料。2015~2017 年，新型二维材料的专利申请数量快速增加，由 2015 年的 55 件增长到 2017 年的 242 件，这段时间成为新型二维材料的快速增长期。由于 2018 年和 2019 年的部分专利申请还并没有公开，因此本文未使用相关数据。

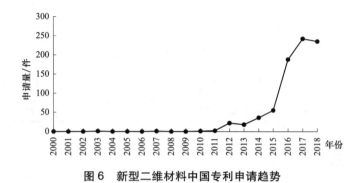

图 6　新型二维材料中国专利申请趋势

2. 法律状态分布

图 7 为新型二维材料领域中国专利申请法律状态分布。由于新型二维材料目前处于快速发展阶段，绝大多数专利申请目前依然处于实质审查阶段，占比为 63.8%。目前授权的专利占总申请量的 25.3%，而驳回或者撤回的占比较少，这也符合新型二维材料领域专利申请法律状态的分布。

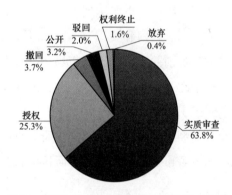

图 7　新型二维材料中国专利法律状态分布

表 2 为新型二维材料领域中国专利申请不同类型的法律状态分布，其中中国申请人所申请的专利数量为 798 项，占比为 93.4%，国外来华申请的专利数量为 56 件，占比为 6.6%。国内申请人申请的新型二维材料领域的专利远多于国外申请人申请的数量，这与国内申请人更倾向于在本国进行专利布局有关。从专利申请类型的角度来讲，发明专利申请一共为 826 件，占比达到了 96.7%，而实用新型专利占比 3.3%，这主要是由于新型二维材料目前仍然处于研发阶段，短期内很难进行商业化，进行实用新型专利布局意义不是很大，而且发明专利的权利保护更加的稳定以及期限更长，因此申请人倾向于申请发明专利。从发明专利的法律状态来看，无论是国内申请人还是国外申请人的申请，目前绝大多数的专利申请仍然处于实质审查状态，处于授权状态的申请占比并不多，国内申请人目前的专利申请授权占比为 23.4%，而国外申请人的处于授权状态的专利占比为 10.7%。这主要由于二维材料属于新兴领域，目前仍然属于申请阶段，而且发明专利的审查周期更长，因此大多数的专利

申请还没有完成审查。

表2　新型二维材料中国专利申请不同类型的法律状态分布

当前法律状态	国内		国外	
	发明/件	实用新型/件	发明/件	实用新型/件
实质审查	510	0	35	0
授权	187	22	6	0
撤回	26	0	7	0
公开	20	0	7	0
驳回	17	0	0	0
权利终止	10	3	1	0
放弃	0	3	0	0

3. 申请人地域分布

图8为新型二维材料领域中国专利申请的国家/地区分布以及区域分布。国内申请人申请了798件，占比达到了93.4%，具有绝对的领先优势。而国外来华的申请量主要集中在美国、韩国和英国，占比分别为2.2%、2.1%和0.8%。可见国外申请人来华申请的数量目前并不多，国内市场还没有引起国外申请人的足够重视。国内申请人的申请主要集中在北京、江苏、广东和上海这四个经济、科技比较发达的区域，申请量占比依次达到了15.5%、14.7%、12.8%和9.1%，其他区域的申请量较为分散，申请量也相对较少。新型二维材料目前仍处于研究阶段，因此高校及科研机构是主要的研究力量，而以上四个省市是我国高校及科研机构较为集中的区域，体现出了明显的技术优势。

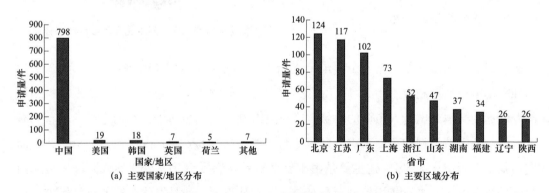

(a) 主要国家/地区分布　　　　　(b) 主要区域分布

图8　新型二维材料中国专利申请国家/地区分布和区域分布

4. 中国重要申请人分析

图9为新型二维材料国内外前十位申请人排名。其专利申请量呈现的主要特点为申请数量较为分散，国内外重要申请人的专利申请量均不高，申请量排名第一的济南大学也仅有30件，说明国内外新型二维材料的技术发展仍然不成熟。从申请人国别构成来

看，中国申请人与国外申请人在专利申请量方面相比体现出明显优势，国外申请人中排名第一的三星电子的专利申请量也仅比中国申请人中排名第十的电子科技大学高出 2 件，这说明中国申请人已经意识到了新型二维材料的潜在市场价值，对新型二维材料的研发投入较多。但是排名前十位的中国申请人全部来自高校，说明虽然我国很重视新型二维材料的研发，但还未真正应用到生产实践中。国外申请人中，来自韩国的三星电子和来自美国的洛克希德·马丁在中国进行了较多的专利布局。

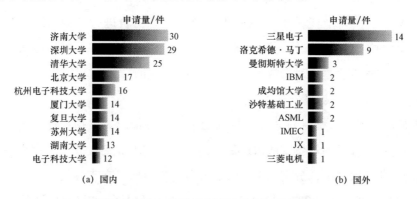

图 9　新型二维材料国内外重要申请人排名

5. 申请人的类型分布

图 10 显示了新型二维材料国内外申请人类型分布情况。国内申请人以高校及科研机构为主，占据国内申请人专利申请量的 72%；国外以企业申请人为主，占据国外申请人专利申请量的 77%。这说明我国尚处于基础研发阶段，与国外相比产业化程度存在明显的差距。新型二维材料的个人申请量非常之少，这主要是因为新型二维材料的技术发展尚不成熟，且对研发能力的要求较高，个人也是依托于一些企业和科研机构进行研发。合作申请人也占据了相当的比例，国内和国外均在 10% 左右，而且很多情况是科研机构与企业之间的合作，这也和新型二维材料的发展现状有关，需要科研机构与企业之间加强交流，推动产业化进步。

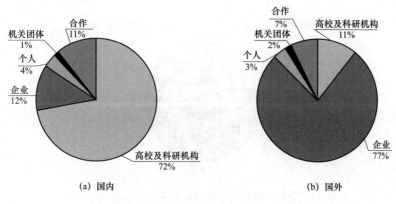

图 10　新型二维材料国内外申请人的类型分布

三、专利技术分析

（一）新型二维材料支撑技术

本文将新型二维材料的支撑技术归纳为四个分支，包括制备方法、后处理、专用设备和测试及观察方法。其中，制备方法主要指获得新型二维材料的各种制备方法，如CVD法、PVD法等；后处理是指对已获得的新型二维材料进行处理以改善其某方面性能，处理手段例如刻蚀、分散、掺杂、转移等；设备是指新型二维材料制备过程的专用装置；测试及观察方法是指对新材料进行各种材料性能测试或材料结构观察的方法。

1. 各分支专利申请趋势分布及占比

图 11 显示了新型二维材料各支撑技术的申请趋势情况。根据统计结果，在支撑技术的专利申请中，涉及的制备方法占比最高达到了 72.0%，后处理、专用设备和测试及观察方法的占比依次减少，分别为 19.9%、4.5% 和 3.6%。在支撑技术中的制备方法方面，早期专利申请较少，2007～2012 年间，随着二维材料的兴起有少许的专利申请出现，2013～2015 年处于缓慢增长阶段，而 2016～2017 年实现快速增长。在后处理方面，

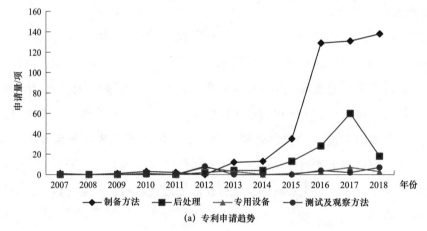

(a) 专利申请趋势

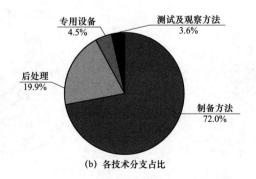

(b) 各技术分支占比

图 11　新型二维材料各技术分支专利申请趋势及占比

早期到 2009 年没有相关的专利申请，而 2010 年之后专利申请数量出现缓慢的增长。对于新型二维材料专用设备和测试及观察方法的专利申请始于 2012 年，之后个别年份有少量申请。

2. 制备方法分支技术来源分布

在新型二维材料领域，CVD 法、溶液法、气相/液相剥离法、机械剥离法、PVD 法以及外延生长法是专利申请量位于前六位的制备方法。中国、美国和韩国在制备方法分支的技术产出量位于前三位，为全球三大技术来源国家/地区，而其他国家/地区的技术产出量相对较少。虽然英国和日本在新型二维材料领域的研发和专利申请也位居全球前列，但是并没有进行大规模的新型二维材料的制备相关技术研发和专利布局。因此，针对新型二维材料的六种主要制备方法，对中国、美国和韩国三大技术来源国家/地区的技术产出进行分析。图 12 表明中国在 CVD 法、溶液法、气相/液相剥离法、机械剥离法、PVD 法以及外延生长法等主要制备方法的技术产出量都占有领先位置；同时，可以发现各个国家/地区的 CVD 法的技术产出量均是最多，说明各个国家/地区对 CVD 法投入更多的研发精力。另外，美国、韩国等国家/地区对外延生长法的研究相对较多。

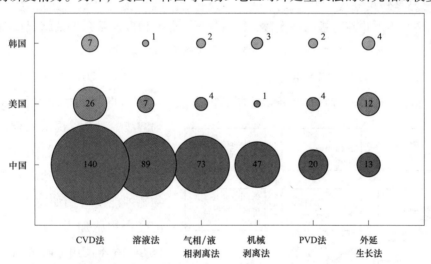

图 12　新型二维材料四大技术来源国家/地区的主要制备方法的技术分布

注：图中数字表示申请量，单位为项。

图 13 显示了新型二维材料制备方法全球重要申请人排名。从专利申请量来看，排名第一位的济南大学的专利申请量也仅有 27 项，说明在全球范围内对于新型二维材料制备方法的研究热度并不很高，或者各国的研究者并不十分重视该领域的专利技术布局。从重要申请人的地域分布来看，排名前十的申请人均来自中国。除了中国台湾的 1 位申请人上榜之外，其余的 9 位重要申请人均来自中国大陆，这表明中国大陆在新型二维材料制备方法的领域存在一定的技术优势；从申请人类型来看，排名前十位的申请人

中仅有台积电 1 位企业申请人，而其余的 9 位全部是高校及科研机构，说明针对新型二维材料制备方法的技术研发仍然主要局限在科研阶段，产业化进展缓慢。综合来看，国内的高校及科研机构如何在保证已有专利申请优势的同时，推动产业化发展，并拓展海外专利布局，是国内政府、高校及研究机构和企业需要思考的问题。

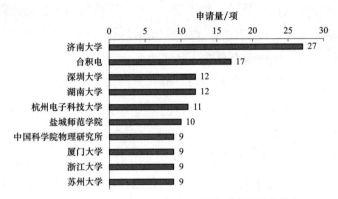

图 13　新型二维材料制备方法全球重要申请人排名

3. 重点专利介绍

综合考虑专利申请的被引证次数、同族情况、分案情况、系列申请情况以及技术交织情况等因素，确定新型二维材料支撑技术角度的重点专利。

专利申请 GB201014654A 由爱尔兰都柏林大学圣三一学院于 2010 年提出，公开了一种利用液相剥离法由三维材料制备二维材料的方法，具体为将层状材料在水-表面活性剂溶液中混合以提供混合物，其中混合物中的层状材料的材料和原子结构性质不改变，然后向所述混合物施加能量（例如超声），并同时向混合物施加力（例如离心力）。该方法在不使用危险溶剂的情况下将三维层状材料分离成单独的二维层或薄片，成功制备了例如氮化硼及 MoS_2 等二维材料，能够应用于

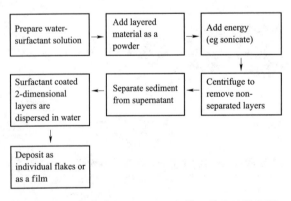

图 14　专利申请 GB201014654A 的工艺方法流程图

太阳能电池、透明电极、发光二极管、电容器等多种器件结构中。图 14 展示了该专利申请的方法流程图。

该专利申请在 2012~2016 年间的被引证次数达到 24 次。图 15 展示了该专利族的被引证情况。从引证专利申请的年份上来看，自 2012 年开始出现引证情况，但 2012 年仅 1 次，随后逐渐增加，2015 年达到 10 次，2016 年开始引证次数开始下降。引证申请人多达 14 位，分布于韩国、英国、美国、爱尔兰、澳大利亚和西班牙 6 个国家，引证量排

名前四的申请人分别是三星电子（6次）、曼彻斯特大学（4次）、都柏林大学（4次）和帝国技术发展有限责任公司（2次）。多次被引证说明了该专利申请技术的重要性，但在引证申请人中并未出现中国申请人，说明中国申请人仍未重视该项专利技术，没有围绕该项专利开展技术研究和专利布局。

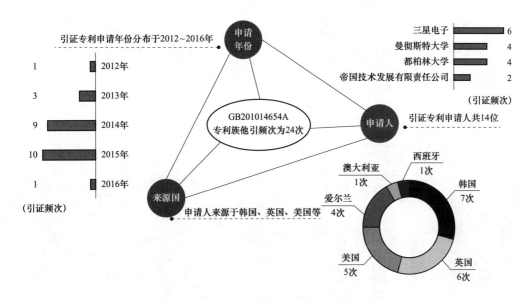

图15　专利申请GB201014654A的被引证情况

该专利自身拥有4件同族，布局于英国、欧洲以及美国，并且以PCT方式申请，同族情况具体参见表3。由表3可知，该专利并未在中国进行专利布局，并且各国家/地区专利申请均处于撤回或放弃的状态，这种情况留给中国申请人更多的布局空间，可以对该项专利技术进行挖掘，围绕该项专利开展有针对性的研究，并进行专利布局。

表3　专利申请GB201014654A同族情况

申请号	布局国家/地区	申请日	法律状态
GB201014654A	英国	2010/09/03	撤回
US20130820293	美国	2011/09/02	放弃
EP11776125A	欧洲	2011/09/02	撤回
PCT/EP2011/065223	PCT国际公开	2011/09/02	

（二）新型二维材料应用领域

新型二维材料的应用领域主要涉及电子器件、光电器件、能源、材料、生物医用、化学和热电器件等领域。由于对新型二维材料的电学性质的研究相对较早也比较深入，因此，涉及其电学性质相关领域的申请相对较多，如电子器件、光电器件、能源领域。

随着新型二维材料制备方法的成熟以及对新型二维材料认识的不断深入，发现其在热学、力学等方面具有独特的性质，随后应用范围逐渐拓展到材料、化学、生物医药等领域。

1. 各分支专利申请趋势分布

图 16 显示了全球范围内涉及新型二维材料的应用领域各技术分支的分布。可以看出，电子器件和光电器件领域的申请量所占比例最高，占比分别为 33.7% 和 19.3%，其次是材料和能源领域，占比分别为 16.7% 和 14.5%，生物医药、化学和热电器件领域的申请量则相对较少。

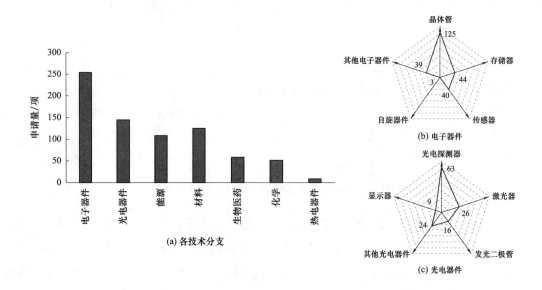

图 16　新型二维材料的应用领域专利申请各技术分支的分布

注：图中数字表示申请量，单位为项。

新型二维材料所应用的电子器件包括晶体管、存储器、传感器、透明电极等，其中用于晶体管的相关专利申请量占比高达 49.8%，其次是用于存储器和传感器的申请量，占比分别为 17.5% 和 15.9%。传统硅基晶体管的发展遵循摩尔定律，即每隔 18~24 个月，单位面积集成电路上容纳的晶体管数目会增加 1 倍，晶体管的性能提升 1 倍。但近几年来发现硅基晶体管元器件的工艺发展不再符合摩尔定律，随着栅极尺寸的缩小，短沟道效应变得显著起来。以 MoS_2 为代表的新型二维材料因其自身原子级厚度和界面平整性的结构优势，可有效缓解硅基 MOS 管工艺中的短沟道效应，促使器件尺寸进一步缩小，因此在替代硅解决短沟道效应时有非常大的优势。

在光电器件领域，新型二维材料主要应用于光电探测器。传统的硅探测器能够很好地和 CMOS 电路集成在一起，具有广泛的应用。但是硅材料的室温带隙大约是 1.1eV，而且是间接带隙，这就限制了硅光电探测器的探测范围是可见光到近红外光，而且光吸收效率也受到限制。新型二维材料在光电探测领域具有巨大的应用潜力。这些原子级别厚度的二维材料具有较高的吸收效率、较长的响应波长以及较快的响应速度，并且能够轻易地与硅基电路进行集成应用等一系列优点。此外，新型二维材料在激光器、发光二极管、显示器等其他光电器件中也具有较高的应用价值。

2. 晶体管分支的申请人分布

晶体管是新型二维材料在电子器件中最主要的应用。如图 17 所示，对新型二维材料在晶体管中应用相关专利申请的全球主要申请人进行分析，数据表明：全球范围内，该领域的专利申请排名前十位的申请人均来自中国和韩国。其中，中国的申请人最多，占据 7 席（其中台湾地区申请人占 3 席），韩国的申请人占据 3 席。排在前三位的依次是台积电、三星电子、鸿海精密工业和清华大学（并列），而我国台湾地区的申请人占据其中的 2 席，且排名第一位的台积电的专利申请数量远远多于其他申请人，凸显出我国台湾地区在该领域的领军优势。清华大学和华为在该领域的专利申请量分别位居全球第三、第四位，表明我国在该领域也在进行积极的研究和专利布局。

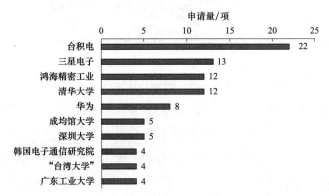

图 17　新型二维材料在晶体管中应用相关专利申请的全球主要申请人排名

图 18 给出了新型二维材料在晶体管中应用的全球主要申请人进入、退出趋势。根据不同年份的申请人排名可以看出，在 2011～2016 年，三星电子一直是该领域的领军企业，成均馆大学由于和三星电子有着密切的合作关系，在这期间的申请数量和排名也均保持了和三星电子一致的趋势，一直位列前三；台积电在这期间的申请量一直低于三星电子，然而从 2017 年开始，台积电的申请量突增，连续两年的申请量均超过三星电子位居榜首；同样来自中国台湾地区的鸿海精密工业也在 2017 年开始对新型二维材料在晶体管中应用进行专利布局，并且一出现即占据了第三位。整体来看，中国台湾地区在该领域的专利申请量已经超过了韩国，成为新型二维材料在晶体管中应用相关研究最为活跃的地区。

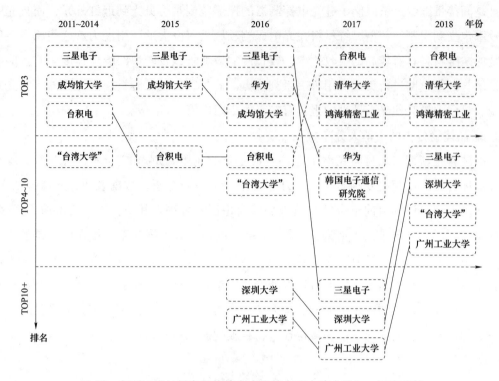

图18　新型二维材料在晶体管中应用的主要申请人进入、退出趋势

中国大陆的申请人介入该领域的专利布局相对较晚。2016年，华为、深圳大学、广东工业大学开始进行该领域的专利申请。虽然华为在2016年的申请量排在第二位，但是其在2017年的排名就出现下降，并且在2018年并没有继续进行专利申请，表明华为并没有对新型二维材料在晶体管中的应用保持持续的关注度。清华大学则在2017年才开始进行该领域的专利申请，并保持在申请量排名的第二位，属于新进入该领域的重要申请人。

3. 晶体管分支的技术功效

图19中显示了新型二维材料在晶体管中应用的专利技术功效。新型二维材料在晶体管中主要应用在有源层和隧穿层中，这是晶体管领域的研究技术热点，而用作栅介质层、封装层和电极中的专利申请并不多，目前还处于技术研发的薄弱区。这样的结果主要是由材料本身性质决定的。当前新型二维材料作为有源层时可以起到不同的作用，最主要的作用为可以提高载流子的迁移率和降低电阻，例如可以降低接触电阻，同时使用二维材料可以减小短沟道效应、降低晶体管的功耗等，而且由于二维材料本身比较薄，当用作沟道材料时可以减少缺陷。另外，二维材料用作有源层时，根据材料的不同可以降低操作电压，增大开关比等。当二维材料用作隧穿层时，可以降低器件的功耗、降低操作电压、降低电阻、增加频率特性和开关比等。

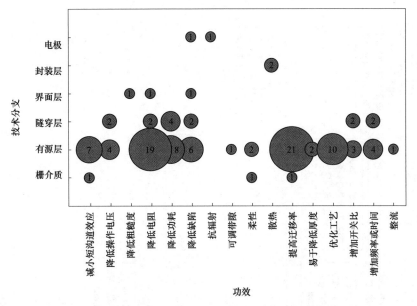

图19　新型二维材料领域在晶体管中应用的专利技术功效

注：图中数字表示申请量，单位为项。

　　图20为硅、石墨烯和新型二维材料在晶体管中应用性能比较。目前的 CMOS 器件制造技术基本是以硅为基础的，因此硅基晶体管的工艺兼容度和复杂性最优异，但是硅基晶体管在速度频率、开关比、迁移率、功耗散热等方面还有待提高。石墨烯材料是目前已知的在电子迁移率、速度频率和功耗散热方面最优异的材料，但石墨烯本身没有带隙，用作晶体管有源层时开关比为零，并且石墨烯的生长与硅基集成电路制造工艺存在兼容性差的问题。新型的二维材料尽管在制造工

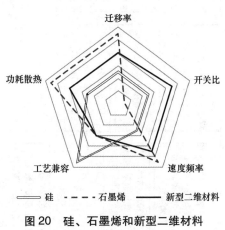

**图20　硅、石墨烯和新型二维材料
在晶体管中应用性能比较**

艺方面和石墨烯类似存在一定的不足，但是在电子迁移率、开关比、速度频率和功耗散热等方面具有比较大的优势。新型二维材料有潜力替代目前的硅材料应用在未来的集成电路中。

　　4. 重点专利介绍

　　借助于专利申请被引证次数、同族数量、申请日以及申请人等情况确定新型二维材料应用技术角度的重点专利。图21展示了筛选后的重点专利共21项。从时间上来看，重点专利分布在2012~2017年间，这一时期也是新型二维材料快速发展的时期。目前来看，2013年和2015年是重点专利产出量最大的年份，在该区间，竞争者竞相抢占该技

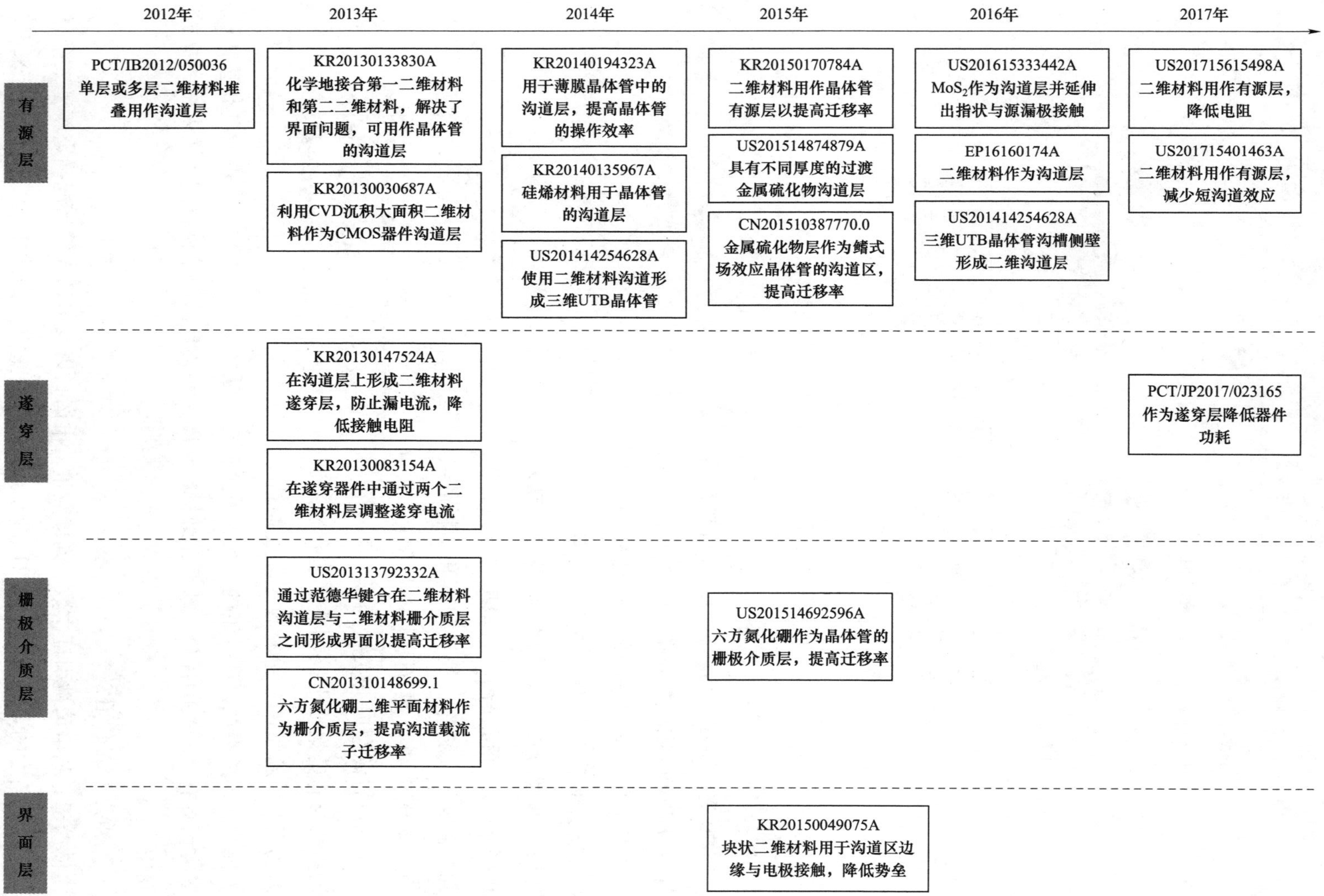

有源层

- 2012年：PCT/IB2012/050036 单层或多层二维材料堆叠用作沟道层
- 2013年：KR20130133830A 化学地接合第一二维材料和第二二维材料，解决了界面问题，可用作晶体管的沟道层
- 2013年：KR20130030687A 利用CVD沉积大面积二维材料作为CMOS器件沟道层
- 2014年：KR20140194323A 用于薄膜晶体管中的沟道层，提高晶体管的操作效率
- 2014年：KR20140135967A 硅烯材料用于晶体管的沟道层
- 2014年：US201414254628A 使用二维材料沟道形成三维UTB晶体管
- 2015年：KR20150170784A 二维材料用作晶体管有源二维沟道层以提高迁移率
- 2015年：US201514874879A 具有不同厚度的过渡金属硫化物沟道层
- 2015年：CN201510387770.0 金属硫化物层作为鳍式场效应晶体管的沟道区，提高迁移率
- 2016年：US201615333442A MoS$_2$作为沟道层并延伸出指状与源漏极接触
- 2016年：EP16160174A 二维材料作为沟道层
- 2016年：US201414254628A 三维UTB晶体管沟道槽侧壁形成二维沟道层
- 2017年：US201715615498A 二维材料用作有源层，降低电阻
- 2017年：US201715401463A 二维材料用作有源层，减少短沟道效应

遂穿层

- 2013年：KR20130147524A 在沟道层上形成二维材料遂穿层，防止漏电流，降低接触电阻
- 2013年：KR20130083154A 在遂穿器件中通过两个二维材料层调整遂穿电流
- 2017年：PCT/JP2017/023165 作为遂穿层降低器件功耗

栅极介质层

- 2013年：US201313792332A 通过范德华键合在二维材料沟道层与二维材料栅介质层之间形成界面以提高迁移率
- 2013年：CN201310148699.1 六方氮化硼二维平面材料作为栅介质层，提高沟道载流子迁移率
- 2015年：US201514692596A 六方氮化硼用作晶体管的栅极介质层，提高迁移率

界面层

- 2015年：KR20150049075A 块状二维材料用于沟道区边缘与电极接触，降低势垒

图 21 新型二维材料在晶体管中应用的重点专利路线

术领域的空白点，并加大核心专利体系的布局，不断扩张其核心领域的外围，从而带动了技术整体的发展。从技术来源上来看，重点专利申请人来自韩国（8项）、中国（8项）、美国（2项）、比利时、瑞士和日本，其中韩国是申请量最大的技术来源国，涉及的申请人主要是三星电子。中国台湾的台积电和"台湾大学"也是该领域的重要申请人，中国大陆的2项重点专利申请人分别是中芯国际和西安电子科技大学。

从技术分支上来看，21项重点专利中的14项均涉及新型二维材料在晶体管有源层中的应用，是最早出现的分支，并且在2012~2017年中每年都有这一技术分支的重点专利出现。最初是将二维材料进行堆叠或拼接以抑制短沟道效应，后续陆续出现特定二维材料如硅烯或MoS_2在沟道层中的应用，随着技术的进步二维材料逐渐被应用于三维晶体管和鳍式场效应晶体管的沟道中。伴随着晶体管技术的发展，二维材料在沟道材料中的应用也表现出很强的持续性，用作沟道层以抑制短沟道效应、提高迁移率以及改善晶体管性能是新型二维材料在晶体管中最重要的应用。在2013年，将新型二维材料应用于晶体管隧穿层和栅极介质层的重点专利申请出现，但随后几年这两个分支的重点专利并不多，没有表现出明显的技术发展趋势。2015年，出现了将新型二维材料应用于界面以降低接触电阻的重点专利申请，这一分支出现的较晚，重点专利也比较少。

结合图21，对新型二维材料在晶体管中应用的重点专利技术进行介绍。

专利申请PCT/IB2012/050036公开了一种半导体晶体管结构（参见图22）。其沟道层为单层或双层二维材料，其中二维材料从MoS_2、$MoSe_2$、WS_2、WSe_2、$MoTe_2$或WTe_2中选择，通过多层二维材料的堆叠，能够制备更短的沟道，并且使用上述二维材料能够增强静电控制，降低功耗和带隙，具有良好的可调控性。该专利由瑞士洛桑联邦理工学院于2012年提出，具有欧洲、美国和PCT 3件同族专利申请，2017年在美国获得授权。该专利族在2013~2018年间先后被引证69项，引证申请人来自美国、韩国、中国、比利时、德国等9个国家/地区，引证申请量排名前五位的申请人分别为三星电子（12项）、IBM（8项）、罗斯威尔生物技术公司（5项）、IMEC（4项）、Inston公司（4项）。该项专利技术在二维材料沟道层领域具有重要的意义。

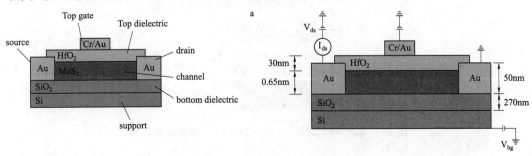

图22 专利申请PCT/IB2012/050036中的晶体管结构

随后，三星电子开始着重在新型二维材料领域进行专利布局，专利申请KR20130133830A 提出了化学地接合第一二维材料和第二二维材料的方法，解决了两种二维材料界面的问题，可将拼接的二维材料层用作晶体管的沟道层；专利申请KR20130030687A 则利用 CVD 法沉积大面积二维材料作为 CMOS 器件沟道层，为新型二维材料与半导器件工艺的兼容提出了解决方案。2013 年，专利申请 KR20130083154A 还提出了在隧穿晶体管中利用两个新型二维材料层调整隧穿电流的技术方案。2015 年，三星电子进一步提出了新型二维材料用于沟道区边缘的接触区的技术方案（专利申请KR20150049075A）。图 23 是专利申请 KR20150049075A 的晶体管结构示意图，其中 12b是二维材料沟道区，12a 和 12c 是沟道边缘区，由块状新型二维材料形成，用于与电极接触，能够降低接触势垒，改善迁移率。在这一方案中提出了新型二维材料作为界面层的应用。

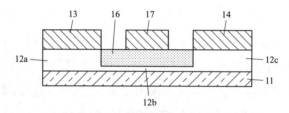

图 23　专利申请 KR20150049075A 中的晶体管结构

在新型二维材料用于栅极介质层的方面，西安电子科技大学提出的专利申请CN201310148699.1 公开了一种双栅场效应晶体管。图 24 是晶体管结构示意图，其将六方氮化硼作为顶栅和底栅介质，由于六方氮化硼是一种二维平面材料，其表面悬挂键和陷阱电荷非常少，能够提高沟道载流子迁移率，使得晶体管具有更大的漏电流承受能力和更高的截止频率，该晶体管在高频大功率器件领域具有应用潜力。

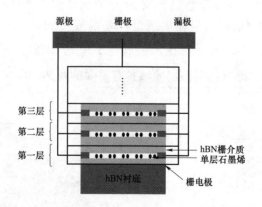

图 24　专利申请 CN201310148699.1 中的晶体管结构

四、结论

（一）技术发展现状

通过对新型二维材料及其全球专利和中国专利的分析，对于当前新型二维材料的发展态势有了宏观认识，并对其发展脉络进行梳理，得出以下结论。

1. 新型二维材料专利申请起步晚，现仍处于快速发展期，专利申请量较为分散，重要申请人以企业和高校为主，国内高校更是重要的技术贡献力量。

新型二维材料专利自 2008 年开始进入萌芽期，2012 年后世界以及中国专利申请开始较为快速的增长，申请国家/地区主要包括中国、美国、韩国和英国等，中国占比达到 64.01%，同时中国也是最大的专利申请目标国，向中国提交的专利申请数量占比达到 69%。新型二维材料的全球重要申请人包括洛克希德·马丁、三星电子、成均馆大学。而中国前十位申请人全部来自高校，包括济南大学、深圳大学、北京大学、杭州电子科技大学和清华大学，说明我国的新型二维材料的发展仍处于研究阶段，且申请量分散，尚未出现在该领域具有明显优势的机构。

2. 美国在各个国家/地区的专利布局比较均衡，中国的海外布局数量相对落后。

从全球专利布局来看，美国、韩国、英国和日本都很重视新型二维材料的海外布局；其中美国在各个国家/地区的专利布局比较均衡，而韩国则特别重视在美国的专利布局；中国的海外布局数量相对落后，仅有 3.6% 的专利进入其他国家/地区。新型二维材料的主要技术目标国家/地区为美国，各个国家/地区在中国的专利布局较少。

3. 新型二维材料的支撑技术中，制备方法是研究及专利申请最多的分支，其中 CVD 法是研究热点。

新型二维材料的支撑技术包括制备方法、后处理、专用设备和测试及观察方法，其中制备方法相关专利申请占比达到 72%，中国、美国和韩国是制备方法的技术产出量的前三位；CVD 法、溶液法、气相/液相剥离法、机械剥离法、PVD 法以及外延生长法是最为主要的制备方法，其中各个国家/地区对于 CVD 法的研究成果最多。制备方法专利申请量排名前十的申请人均来自中国，其中 9 个是高校及科研院所，说明我国高校申请人在新型二维材料领域的制备方面具有 ·定优势。

4. 晶体管是新型二维材料在电子器件领域最主要的应用。

新型二维材料应用广泛，涉及电子器件、光电器件、能源、材料、生物医药等领域，其中电子器件和光电器件领域的申请量所占比例最高，而用于晶体管的有源层是新型二维材料最主要的应用。对新型二维材料在晶体管中的应用全球申请量排在前三位的申请人依次是台积电、三星电子、鸿海精密工业和清华大学（并列）；韩国是介入该领域研究较早的国家，代表申请人有三星电子、成均馆大学和韩国电子通信研究院；而从2016年开始，以台积电、鸿海精密工业为代表的中国台湾地区申请人的专利申请量突增，使得中国台湾地区成为该领域技术最为活跃的地区。

（二）发展建议

目前我国涉及新型二维材料研究的单位主要有济南大学、深圳大学、清华大学等，研究方向覆盖新型二维材料的各项支撑技术和应用领域。根据中国的发展现状，对新型二维材料的发展提出以下建议：

1. 加强高校、科研机构与企业与之间的合作，形成产、学、研联动，优势互补，促进新型二维材料的产业化。

我国新型二维材料的研发力量主要集中在高校和科研机构，在理论研究和技术前沿跟踪方面具有明显优势，应促进高校、科研机构与企业合作，提高共同研发能力，助力高校科研成果转化，整合形成产、学、研相互支持的合力，提高我国新型二维材料领域的核心竞争力，加强交流，充分发挥各自优势，推动新型二维材料由实验室走向产业化。

2. 提高专利保护意识，对重点专利及时进行海外布局。

目前，我国新型二维材料技术的专利布局主要在国内，对国外的市场重视程度不够。因此，我国申请人应该提高专利保护意识，学习和借鉴国外优秀企业的专利申请和保护策略，注意自身专利的挖掘和优化组合，形成一定量的专利组合，提前对国外潜在市场进行专利布局。

3. 以制备方法为基础，重点应用技术为导向，加大重点企业扶持力度。

我国新型二维材料的重点专利技术集中在新型二维材料的制备方法，应以应用需求为导向，鼓励重点企业在相关领域开展研究和专利布局，形成优势聚集，进一步推进新型二维材料的发展，带动新型二维材料产业链的完善。

参考文献

[1] NOVOSELOV K S, JIANG D, SCHEDIN F, et al. Two-dimensional Atomic Crystals [J]. Proceedings of the National Academy of Sciences of the United States of America, 2005, 102 (30): 10451-10453.

[2] RADISAVLJEVIC B, RADENOVIC A, BRIVIO J, et al. Single-layer MoS_2 Transistors [J]. Nature Nanotechnology, 2011, 6: 147.

[3] LIU H, ANTWI K A, YING J, et al. Towards Large Area and Continuous MoS_2 Atomic Layers via Vapor-phase Growth: Thermal Vapor Sulfurization [J]. Nanotechnology, 2014, 250 (40): 405702.

[4] LIU H F, WONG S L, CHI D Z. CVD Growth of MoS_2-based Two-dimensional Materials [J]. Chem.

Vap. Deposition. , 2015（10-1）.

［5］ CHOI W, CHOUDHARY N, HAN G H, et al. Recent Development of Two-dimensional Transition Metal Dichalcogenides and Their Applications ［J］. Materials Today, 2017, 20（3）: 116-130.

［6］ PACILé D, MEYER J C, et al. The Two-dimensional Phase of Boron Nitride: Few-atomic-layer Sheets and Suspended Membranes ［J］. Appled Physics Letters, 2008, 92（13）: 133107-1-3.

［7］ COLEMAN J N, LOTYA M, O'NEILL A, et al. Two-dimensional Nanosheets Produced by Liquid Exfoliation of Layered Materials ［J］. Science, 2011, 331: 568-571.

［8］ 杨鹏, 吴天如, 王浩敏, 等. 化学气相沉积法在 Cu-Ni 合金衬底上生长多层六方氮化硼 ［J］. 科学通报, 2017, 62（20）: 2279-2286.

［9］ ZHOU H H, ZHU J X, et al. High Thermal Conductivity of Suspended few Layer Hexagonal Boron Nitride Sheets ［J］. Nano Research, 2014, 7（8）: 1232-1240.

［10］ 丁馨, 马锡英. 六方氮化硼二维材料的制备及光电性的研究进展 ［J］. 化工新型材料, 2018, 46: 11-14.

［11］ 杜凯翔, 余夏辉, 陈小波. 黑磷制备方法的研究进展 ［J］. 云南师范大学学报（自然科学版）, 2019, 39（2）: 12-17.

［12］ LI L, YU Y, YE G, et al. Black Phosphorus Field-effect Transistors ［J］. Nature Nanotechnology, 2014, 9: 372.

［13］ FENG B, DING Z, MENG S, et al. Evidence of Silicene in Honeycomb Structures of Silicon on Ag（111）［J］. Nano Letters, 2012, 12（7）, 3507-3511.

［14］ VOGT P, De PADOVA P, QUARESIMA C, et al. Silicene: Compelling Experimental Evidence for Graphenelike Two-dimensional Silicon ［J］. Physics Review Letters, 2012（108）: 155501.

［15］ FLEURENCE A, FRIEDLEIN R, OZAKI T, et al. Experimental Evidence for Epitaxial Silicene on Diboride Thin Films ［J］. Physics Review Letters, 2012（108）: 245501.

［16］ BIANCO E, BUTLER S, JIANG S, et al. Buckled Silicene Formation on Ir（111）［J］. Nano Letters, 2013, 13（2）, 685.

［17］ DAVILA M E, XIAN L, CAHANGIROV S, et al. Germanene: a Novel Two-dimensional Germanium Allotrope Akin to Graphene and Silicene ［J］. New J. Phys. , 2014, 16: 095002.

［18］ DERIVAZ M, DENTEL D, STEPHAN R, et al. Continuous Germanene Layer on Al（111）［J］. Nano Letters, 2015, 15: 2510.

［19］ FUKAYA Y, MATSUDA I, FENG B, et al. Asymmetric Structure of Germanene on an Al（111）Surface Studied by Total-reflection High-energy Position Diffraction ［J］. 2D Materials, 2016, 3: 035019.

新型钙钛矿太阳能电池用材料专利技术综述*

靳金玲　赵世欣　谈浩琪

摘要　钙钛矿薄膜太阳能电池是一类新兴的极具应用前景的太阳能电池，当前已在世界范围内得到了广泛的关注，光电转换效率也因此在短时间内得到迅速提升，相比已有的薄膜太阳能电池，钙钛矿太阳能电池在经济性、光电转换性能、柔性应用上具有独特的优势。本文以专利分析的视角来研究钙钛矿太阳能电池关键材料的技术脉络，同时阐述全球范围内相关专利申请的发展趋势、申请人及区域分布、技术领域分布，为钙钛矿太阳能电池的研究开发提供相关参考。

关键词　有机无机杂化　钙钛矿　太阳能电池

一、概述

（一）钙钛矿太阳能电池的发展背景

为应对环境问题、能源问题带来的压力，发展太阳能电池是世界各国共同的选择，继晶体硅太阳能电池、非晶硅及碲化镉/硫化镉薄膜太阳能电池之后，钙钛矿薄膜太阳能电池成为第三代太阳能电池的研究热点。钙钛矿薄膜吸光层是由金属卤化物材料 BX_2、有机卤化物 MAI 杂化而成的 $MABI_3$ 型化合物。自 2009 年被首次披露以来[1]，钙钛矿太阳能电池受到了广泛关注，多个国家成立了钙钛矿太阳能电池的研究项目，自 2013 年 Gratzel 等人[2]首次采用两步沉积方法制备钙钛矿薄膜吸光层后，其光电转换效率得到了飞速提高。至 2018 年底，钙钛矿太阳能电池的效率认证记录可以达到 20.9%，与目前市面上成熟的薄膜太阳能电池性能相当。图 1 显示了非晶硅薄膜太阳能电池、染料敏化太阳能电池、有机光伏电池、钙钛矿太阳能电池的光电转化效率的进化历程。从几类薄

---

* 作者单位：国家知识产权局专利局专利审查协作北京中心。

[1] KOJIMA A, TESHIMA K, SHIRAI Y, et al. Optical Analysis in $CH_3NH_3PbI_3$ and $CH_3NH_3PbI_2Cl$ Based Thin Film Perovskite Solar Cell [J]. Journal of the American chemical Society, 2009, 131: 6050-6051.

[2] BURSCHKA J, PELLET N, MOON S J, et al. Effects of Ion Doping on the Optical Properties of Dye-Sensitized Solar Cells [J]. Nature, 2013, 499: 316-319.

膜电池的数据来看，钙钛矿太阳能电池的发展最为迅速。

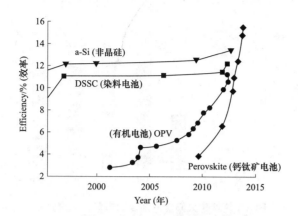

图1 几类薄膜太阳能电池的光电转换效率❶

相比较现有的薄膜太阳能电池，钙钛矿太阳能电池具有如下优点：首先，原料成本低；其次，只需要对其成分稍加改变就可以调节其光谱吸收范围，材料设计变得更为简单，研究预测其效率可再提高约1倍；此外，更重要的是，钙钛矿太阳能电池能够低温溶液制备且能够兼容柔性应用，使得其在制备成本、应用场景上都优于现有的太阳能电池。鉴于其独特的优点，钙钛矿太阳能电池于2013年被《科学》杂志评为年度十大突破之一❷，又于2016年被"世界经济论坛"评为当年十大新兴技术之一❸。

（二）本文研究对象及方法

本文在以下内容中将重点关注钙钛矿太阳能电池专利申请的整体发展趋势与关键材料的专利技术分析。在中国专利文摘数据库（CNABS）、德温特世界专利索引数据库（DWPI）、世界专利文摘数据库（SIPOABS）中进行检索，数据截止时间为2019年7月1日。在中、英文数据库中分别以"钙钛矿、太阳"和"perovskite?、solar"为关键词来限定钙钛矿太阳能电池领域，并使用IPC/CPC分类号H01L 51来消除噪声，最终得到2416件相关专利申请。

二、钙钛矿太阳能电池专利发展趋势及分布

使用SIPOABS中的检索结果进行分析，得到了关于钙钛矿太阳能电池专利申请量的年度分布状况（见图2）。由图中可以看出，申请量自2014年起快速增长，这也和钙钛

❶ HODES G. Perovskite-based Solar Cells［J］. Science, 2013, 342：317.

❷ Newcomer Juices up the Race to Harness Sunlight［J］. Science, 2013, 342（6165）：1438-1439.

❸ World Economic Forum. Top 10 Emerging Tech-nologies of 2016［R］. Geneva：WEF, 2016.

矿薄膜制备技术节点相契合；考虑到2018年的部分专利申请尚未公开，可以看出最近几年的申请量基本达到一个稳定值，整体处于快速发展的阶段。

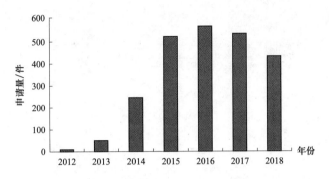

图2　钙钛矿太阳能电池专利申请量年度分布

从钙钛矿太阳能电池专利申请的地域分布上来看（见图3），中国申请占了绝对多数，而钙钛矿太阳能电池技术较先进的日本、美国申请量则较少。

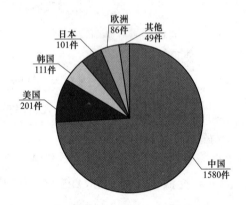

图3　钙钛矿太阳能电池专利申请地域分布

究其原因，国外参与这一技术领域的研究主体比较集中，专利申请的目的性也比较强。我国在钙钛矿太阳能电池的研究上前期基础比较薄弱，但目前在主流技术上也已经追赶上来，大量的科研单位参与到这一领域的研究中，具有代表性的成果是，中国科学院半导体研究所创造了研究单元的最高效率记录23.7%。

近年来，国内在钙钛矿太阳能电池这一领域的研究百花齐放。钙钛矿太阳能电池专利申请主要申请人分布（见图4）就可以看到，日本、中国、美国、韩国在这一领域的专利申请比较活跃，其中有3所中国高校入围。但从申请的地域分布上来看，日本、韩国、美国公司国外申请专利的占比较高，而我国几所高校的专利申请大部分还局限在国内，很少有国际申请，专利布局的意识还比较薄弱，这也和研究单位的性质相关。我国相关公司在这一领域的专利布局尚有待加强。

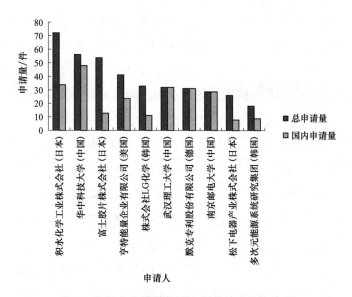

图4　钙钛矿太阳能电池主要专利申请人分布

同样以 SIPOABS 的检索结果为分析对象，图5 显示出钙钛矿太阳能电池专利申请技术领域分布。以分类号作为技术领域的标识，从图中可以看出，作为一个独立的新型太阳能电池领域，钙钛矿太阳能电池和其他领域的交叉较少，目前的技术研发主要集中在功能层材料、制备工艺、器件结构等基础研究方面。

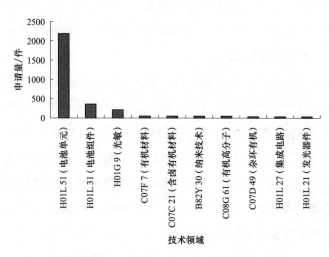

图5　钙钛矿太阳能电池专利申请技术领域分布

三、钙钛矿太阳能电池用材料专利技术分析

（一）钙钛矿太阳能电池的原理

钙钛矿太阳能电池是从钙钛矿染料敏化电池发展而来的，钙钛矿染料敏化电池由多

孔二氧化钛及其附着的钙钛矿光吸收染料、电解质、对电极组成，但这种电池的电解质易于溶解或分解钙钛矿光吸收材料，因此，这类电池在稳定性方面存在致命缺陷。之后，固态2,2',7,7'-四[N,N二(4-甲氧基苯基)氨基]-9,9'-螺二芴（Spiro-OMeTAD）被用作空穴传输层来替代液态电解质，形成全固态染料敏化钙钛矿太阳能电池，也就是现在通常所说的钙钛矿太阳能电池，其稳定性和光电转换效率都得到了极大提高。

典型的钙钛矿太阳能电池结构如图6所示，从下到上依次为透明衬底、光阳极、电

| 光阴极 |
| 空穴传输层 |
| 钙钛矿光吸收层 |
| 电子传输层 |
| 光阳极 |
| 透明衬底 |

图6　钙钛矿太阳能
电池的基本结构

子传输层、钙钛矿光吸收层、空穴传输层、光阴极，钙钛矿材料$MABX_3$是一种双极性材料，能够存储电荷并同时允许空穴和电子型载流子的传输，具有高的光吸收系数和载流子迁移率、长的载流子扩散长度、低激子结合能等诸多优点。

其基本工作原理为：在光照下，钙钛矿吸光层价带内的电子吸收光子激发到导带，从而分别在导带和价带内形成电子和空穴型载流子，这两类载流子在异质结扩散场的作用下分别向电子传输层和空穴传输层传输，由阴阳电极收集，从而产生光电压。

（二）钙钛矿太阳能电池的基本结构

1. 介孔结构钙钛矿太阳能电池

该类钙钛矿太阳能电池从下到上一般包括基底、底电极、电子阻挡层、介孔骨架层及吸附于其上的固态钙钛矿电解质、空穴传输层、对电极，而根据介孔骨架层的材料不同，可分为敏化型和超级结构两类。

对于敏化型介孔结构钙钛矿太阳能电池，其典型结构是采用二氧化钛作为介孔骨架层，专利申请WO2014180780A1公开了这一结构，具体参见图7（其中，1、2代表太阳能电池单元，2、6为电极层，3为二氧化钛介孔骨架层，4为钙钛矿吸光层，7、8分别为电池的两面，12为衬底，13为透明导电衬底），这里的二氧化钛作为介孔骨架层兼电子传输层，由于其多孔结构的存在，增大了和钙钛矿光吸收层的接触面积，从而有利于界面处载流子的分离，正是由于载流子的分离和传输是在体相中进行，解决了载流子扩散长度小的问题，从而提高了光电转换效率。

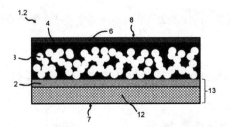

图7　敏化型介孔结构的钙钛矿太阳能电池

专利申请WO2013171520A1中使用介电材料来代替上述二氧化钛作为介孔骨架层，可用的介电材料如氧化铝、氧化锆等，这类电池被称为介孔超级结构钙钛矿太阳能电池，使用介电材料形成介孔骨架结构使得钙钛矿光吸收层的带隙进一步提高，极大提高了开路电压。

2. 平面结构型钙钛矿太阳能电池

对于上述介孔结构的钙钛矿太阳能电池，钙钛矿材料、空穴传输材料分别通过渗透进入介孔结构中而形成钙钛矿光吸收层和空穴传输层，并于其中形成载流子分离的界面层，由于介孔孔隙较小，可能存在空穴传输材料在孔道中渗透不均匀的状况，从而影响光电转换效率，平面结构的太阳能电池则避免了这一问题，平面结构的太阳能电池具有p-i-n的构型，专利申请WO2014003294A1、WO2014026750A1、JP2014056962A 均采用了这一结构，具体如图8所示（专利申请JP2014056962A说明书附图2），其中，1 为钙钛矿太阳能电池单元，2 为电极层，21、22 分别为透明衬底和透明导电层，3 为光电转换层，4、5 均为半导体层，6 为缓冲层。

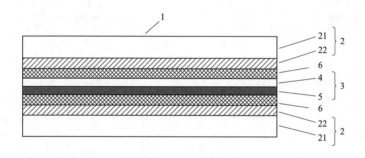

图8 平面结构钙钛矿太阳能电池

3. 正置和倒置结构

根据钙钛矿太阳能的层叠顺序，其可分为正置和倒置两种结构。具体来讲，正置电池具有透明电极/电子传输层/钙钛矿光活性层/空穴传输层/对电极结构，太阳光从电子传输层一侧进入电池，倒置结构则正好相反，其具有透明电极/空穴传输层/钙钛矿光活性层/电子传输层/对电极结构，太阳光从空穴传输层一侧进入电池。

对于正置结构的钙钛矿太阳能电池，其空穴传输层一般采用Spiro-OMeTAD，为了得到可控的空穴传输性能，一般需要对其氧化和掺杂锂盐，制备复杂、价格昂贵。此外，偏压状态下锂离子的移动也会造成迟滞效应，这些均不利于提升钙钛矿太阳能电池的应用。而倒置结构一般采用聚3，4-乙烯二氧噻吩/聚苯乙烯磺酸盐（PEDOT：PSS）作为空穴传输层，具有更小的迟滞效应和更高的填充因子，且入射光集中在空穴传输层一侧发生分离，空穴型载流子扩散长度短，正好弥补了钙钛矿中空穴性载流子扩散系数低的缺陷❶，更有利于载流子的抽取，从而抑制迟滞效应。正因如此，目前技术人员倾向采用这一结构，而为了提高光电转换效率，开发稳定、低成本、高迁移率、能级合适的空穴传输材料仍是目前亟待解决的问题。

（三）钙钛矿太阳能电池的技术路线分析

钙钛矿太阳能电池的结构比较成熟，工作原理也比较清晰，其产业化的难点在于材料的选择，相关专利申请基本围绕这一主线。图9为钙钛矿太阳能电池材料的技术路线，图中列出了钙钛矿太阳能电池中各材料的主要技术领域分布，并给出了代表性的专利申请。

	光电效率	环保	稳定性	成本
光吸收材料	KR20160069461A WO2016081789A1 CN109461821A	WO2015160838A1 CN107146849A	US2015357591A JP2016132638A	
电子传输材料	CN104037324A CN107565027B			CN104576932A WO2017002742A2
空穴传输材料	CN104377304B US2018005762A		JP2017126731A	CN108117568A WO2016187265A2
界面改善材料	CN104953030B CN105870360B		US2017330693A1 CN105489765B	
电极材料				US2016276607Al WO2015141541A

图9　钙钛矿太阳能电池材料技术路线

以下将对钙钛矿太阳能电池各层所用材料进行分析，阐述专利技术的发展状况，为了便于理清专利技术的时间演变过程，在部分节点专利公开号后面的括号内注明了专利申请年份。

（四）关键材料专利技术分析

1. 钙钛矿光吸收层材料

有机金属卤化物钙钛矿作为光吸收活性材料具有宽带隙、光吸收强、载流子传输效率高等优点，目前常用的钙钛矿材料为 $CH_3NH_3PbX_3$，鉴于甲胺具有一定的吸潮性，制备过程在一定的湿度环境下有利于钙钛矿的结晶，然而制备好的钙钛矿在湿气环境下则容易在水、氧的作用下发生分解，且钙钛矿中的卤离子易于迁移的特性也会导致晶体的

❶ STRANKS S D, EPERON G E, GRANCINI G, et al. Arsenic and Chlorine Co-Doping to $CH_3NH_3PbI_3$ Perovskite Solar Cells [J]. Science, 2013, 342: 341-344.

不稳定，钙钛矿材料相结构的热稳定性差，同样会导致电池性能的恶化；此外，目前制备钙钛矿的方法有旋涂法、蒸发法、溶液-气相沉积法几种，其中旋涂法是最有利于规模制备的，但是该方法制备的钙钛矿薄膜存在晶界、晶粒不均匀、针孔等缺陷等，容易造成载流子复合并使钙钛矿易于受到水分的侵蚀，无法达到理想的光电转换效率；再者，目前使用的钙钛矿材料大都含 Pb 离子，Pb 离子的滤出会对屋顶和土壤造成污染。可见，目前钙钛矿太阳能电池在效率、稳定性、环保等方面均存在提升的空间，上述问题对钙钛矿材料的研发提出了挑战，以下将从上述几个方面来梳理涉及钙钛矿材料的专利申请。

（1）提高光电转换性能

1）掺杂

有机金属卤化物钙钛矿的化学通式为 ABX_3，其中金属阳离子 B 为二价阳离子，典型的应用是 Pb^{2+}，然而通过掺杂或改变该离子，可能造成离子配位数的变化，从而带来光电性能的改变。近年来，选用非容忍的异价金属离子掺杂是一个研究方向，其中 KR20160069461A（2015 年）、WO2018207857A1 公开了使用一价 Na 或 K 金属离子部分取代 Pb^{2+} 离子，提高了钙钛矿材料的载流子迁移率，并能钝化钙钛矿薄膜的缺陷，从而减小回滞效应，提高光电效率。进一步地，CN109786553A（2018 年）在钙钛矿薄膜使掺杂离子呈梯度分布，形成能带的梯度变化，从而更有利于载流子传输。除了一价离子掺杂，CN106449986A（2016 年）、CN108389967A 公开了二价离子 Ba、Cs 掺杂，提高了钙钛矿的带隙，从而有效提高了电池的开路电压。

而对于有机阳离子 A，可以使用脂肪族或芳香族胺类离子来替代，其尺寸的变化会造成 B-X 键长的变化，是决定带宽的重要因素。目前常用的有机阳离子为甲胺离子，CN108400245A、WO2016198889A1（2016 年）、CN105006522A 公开有机阳离子为甲脒，增强了光吸收，获得了比甲基胺更大的光谱吸收范围、更高的相转变温度及稳定性，CN106206951B（2016 年）公开了有机阳离子为聚乙烯氨基阳离子和甲胺基阳离子，这一替代使得钙钛矿材料具有更好的光吸收和抗潮性能。此外，CN105374940A、EP3196188A1 分别在甲基碘化胺中掺杂了甲基氯化铵 5-氨基戊酸碘盐、有机无机混成化合物 $R_1CH_2N^+H_3X_2$，WO2018026326A1 公开的钙钛矿有机阳离子包含一个或多个碳氮键，能够提高结晶性能、表面形貌以及载流子扩散长度。

除了离子掺杂外，直接使用化合物掺杂是更为便捷的手段，也带来更多的选择，其中一种选择是使用无机盐掺杂，如专利申请 CN109216563A（2018 年）、CN109244240A、CN109360893A 分别将 Cs_2SnI_6、$CeGeI_3$、$CsPbX_3$ 引入钙钛矿光吸收层中，能够辅助改善微观结构，降低晶体缺陷，改善界面，从而提高了电荷分离和传输效率。此外，使用双重材料活性层也能够拓宽了光谱吸收范围，有效提高光吸收效率。有机物掺杂也是近年来的研究热点，专利申请 WO2017121984A1（2016 年）、TW201613116A、CN103956431B、CN106531889B 在钙钛矿中添加聚二乙炔等聚合物，借鉴了聚合物的易成膜性能，有效提高了钙钛矿薄膜覆盖性能，粗糙度得到改善，减小了针孔、晶界等缺陷，有效提高了钙钛矿光吸收层的稳定性和光电转化性能，CN109065723A（2018 年）、CN109638167A 以盐酸胍或碘酸胍、8-羟基喹啉金属配合物作为添加剂添加到钙钛矿，有效提高了开路电压、短路电流及填充因子，CN108565342A 钙钛矿中引入胺盐添加剂来改善薄膜形貌和结晶性能，CN108565339A 公开了钙钛矿层包括含有聚乙二醇侧链的富勒烯衍生物，使得形貌可调控，易于制备。

低维掺杂也为钙钛矿太阳能电池带来了奇特的效应，典型的研究方向为量子点掺杂，专利申请 US2017260218A1（2016 年）、WO2017031021A1、WO2018163327A1、WO2018163325A1、CN104183704B、CN104576929A 分别在钙钛矿光吸收层中掺入胺盐、PbS、石墨烯或有机量子点等，有效调节了能带带隙，拓宽了光谱吸收范围，且量子点易于制备，有利于规模化生产，其中石墨烯量子点还具有荧光量子效应，能够增强光吸收，提高载流子扩散效率和长度，改善光伏性能。除此之外，WO2017212397A1、JP2014056940A（2012 年）在钙钛矿中添加碳纳米管，利用卤素敏化碳纳米管网络，同样提高了载流子迁移率，减小了串联电阻，并增大了光谱吸收范围，CN106067515B（2016 年）公开了钙钛矿层中掺杂铁酸铋纳米线，利用铁酸铋的铁电性能，提高了开路电压和短路光电流。

2）改善微观结构

以上专利申请均为通过调节成分来调控钙钛矿太阳能电池的性能，薄膜的微观结构也是影响光电性能的重要因素，近年来也涌现出大量寻求这方面的改进的专利申请，晶体形貌、结晶质量直接影响载流子扩散长度，若载流子扩散长度变大，意味着可以增加钙钛矿层的厚度，有利于光吸收，最大限度地发挥活性层的功效。专利申请 WO2016024159A1（2015 年）、WO2017033092A1、WO2018071890A1、CN105552230A 均利用了单晶钙钛矿形成太阳能电池，JP2018148070A（2017 年）、CN106816532A、CN107093669B 则借助第二胺源、有机羧酸等来控制成核和晶体生长取向，提高了垂直于基底方向的载流子传输能力。形成低维钙钛矿结构也是专利申请的热点，KR20160055090A（2015 年）公开了 FCC 和 BCC 合并的结晶结构的钙钛矿纳米结晶，其形成一种无机平面和有机平面交替层叠而成的层状结构。CN107267140A（2017 年）基于共轭配体的钙钛矿量子点，有机共轭配体分子为局域全共轭结构的有机胺分子，电子在共轭配体中的移动性比只存在共价单键的长链分子中的移动性明显增强，提高了载流子迁移率效率；WO2015177770A2（2015 年）、WO2017153994A1、CN109037452A 采用钙钛矿纳米线或纳米棒，提高了光电响应性能及钙钛矿化合物的稳定性。此外，

US10347848B（2014 年）还公开了无定形钙钛矿材料，其具有有机离子处取代基，提高了光电转换效率，而专利申请 CN109920917A（2019 年）在活性层制备过程中引入有机配体，将三维钙钛矿结构降为二维，使得吸收层的带隙可调，并能对结晶过程和晶粒大小进行调控，钙钛矿的稳定性同时也得到改善。

3）晶界修复

由于钙钛矿在制备过程中容易产生覆盖性、结晶均匀性差，存在针孔、晶界缺陷，造成了光电转换效率不理想，在制备过程中或者制备完成后使用修复手段钝化上述缺陷是解决该问题的一个有效手段。专利申请 CN109065720A（2018 年）在钙钛矿晶界掺杂 Ti 离子，抑制晶界处载流子的复合，增大并联寄生电阻和填充因子；CN107887511A（2018 年）公开的石墨烯相氮化碳掺杂的钙钛矿，改善了导电性能，减小界面接触电阻和界面复合，增大了结晶的均匀度与致密度，提高了填充因子；CN106953016B（2017 年）使用牛磺酰胺盐 ASCl 形成离子掺杂钙钛矿，将晶粒连接起来起到钝化晶界的效果，减小了晶体缺陷，有效抑制了载流子复合；CN109461821A（2018 年）在钙钛矿前驱体中引入有机胺，抑制碘负离子的氧化，减少碘离子造成的缺陷，进而提高结晶质量，CN107240645B（2017 年）公开了纳米锗颗粒嵌入钙钛矿网络，该锗颗粒被钙钛矿网络钝化，为载流子的运输提供了并联传输通道，提高了载流子传输效率。

4）溶剂工程

通过溶液制备过程中溶剂或添加剂的使用，得到结晶、成膜和形貌可控的钙钛矿光吸收层，是提高光电性能有效、灵活的手段。在制备过程中引入反溶剂来调整钙钛矿的结晶是一种常用的手段，WO2016081789A1（2015 年）即公开了使用互溶溶剂处理的具有高结晶性能的钙钛矿光吸收层。此外，通过添加剂的方式来调节活性层的光电性能则提供了更多的选择，CN107394045A（2017 年）将双端基取代烷烃类高沸点溶剂及将极性低沸点溶剂作为复合添加剂，与金属无机物、有机胺等钙钛矿前驱体材料在强极性溶剂中形成涂布液，添加剂与极性有机溶剂的沸点阶梯分布，改善了钙钛矿材料的界面能，通过复合添加剂调节成核速率，形成均匀致密、低粗糙度的钙钛矿薄膜，降低载流子复合；CN109378386A（2018 年）在前驱体中添加柠檬酸调控钙钛矿的形貌，得到针孔、缺陷密度少的钙钛矿光吸收层；CN109888097A 在溶液制备过程中将适量 1，8-二碘辛烷加入溶剂，得到晶粒均匀致密、表面粗糙度好的钙钛矿光吸收层；CN108987583A 则在钙钛矿中掺杂噻唑，与 Pb 离子配位，从而调控钙钛矿成核结晶，延缓晶体生长，晶粒均匀且大，能抑制缺陷，延长载流子寿命，避免漏电流。

5）改善空间分布

通过合理调整活性层材料的空间分布来提高吸光性能、载流子传输效率，也是提高钙钛矿太阳能电池的一个有效手段。CN103700769B（2013 年）、CN105591032A、

CN107565024A、CN106960911A 均使用多层钙钛矿来提高活性层的光吸收性能，或按吸收带隙宽度逐层增大的顺序形成一个光吸收复合层，形成更宽的光谱吸收范围。CN104409636A（2014 年）使用水溶性胶体晶微球为模板制备三维有序介孔结构，得到晶粒尺寸均匀的钙钛矿薄膜，进一步地，CN108281552A（2018 年）形成水平方向的不同能带宽度的钙钛矿多晶膜，克服了叠层结构功能层之间的界面缺陷问题。

（2）提高稳定性

钙钛矿活性材料的稳定性是制约钙钛矿太阳能电池能否产业化的一个关键因素，为了解决这一问题，近年来提出了各种构思的专利申请，以下根据不同的改善机理来分类梳理。

研究发现，维度的降低或晶型改变是形成稳定钙钛矿的有效途径，US2015357591A（2015 年）、CN106219600B、CN105742504A、EP3263575B1 均形成了二维或二维三维混合钙钛矿材料，钙钛矿材料具有更好的稳定性，且二维结构能够遏制俄歇复合，提高光电转换效率。除二维材料外，CN108336249A（2018 年）还公开了基于直链有机二胺低维钙钛矿，CN104993058B、CN106549106A 公开的了层状钙钛矿结构，均有效提高了钙钛矿的稳定性。

使用多种有机离子、金属离子或卤素离子的组合是提高钙钛矿稳定性另一途径，JP2016132638A（2015 年）、EP3486960A1、CN106328813B、CN108389976A、CN105390614B 即使用了 Sn、胍盐离子、Cs、稀土离子掺杂金属阳离子，这些离子的引入使得钙钛矿具有更好的抗潮效果，并能够有效提高结晶和成膜质量；WO2014109604A1（2014 年）公开了使用多种卤离子 Br、Cl 组合而成的钙钛矿光吸收层，能够提高抗潮湿能力及光电转换效率；WO2016091442A1（2015 年）公开了通过一、二、三价元素及其混合物促进 ABX_3 或 $AB2X_4$ 型钙钛矿晶格的形成。

鉴于水分子容易通过晶界缺陷侵入钙钛矿薄膜内，造成钙钛矿的分解，提高钙钛矿光吸收层的疏水性能是解决这个问题的有效手段，其中一个方式是在钙钛矿光吸收层中添加疏水性化合物来调控。CN107141221A（2017 年）、CN107919439A、US9966195B1、WO2018211848A1 即通过在钙钛矿中添加氟硅烷、聚硅烷、脂肪族碳氢化合物等疏水性分子来提高该层的疏水性能，避免水分的侵蚀。除此之外，钝化晶界缺陷以阻断水分子的侵蚀路径，也是通常采用的手段，CN109728169A（2018 年）、CN109244251A、CN107369764A、CN108767117A 分别公开了掺杂剂五氟化铌、硫氰酸钾、三水合醋酸铅、碳量子点反溶剂，以上化合物能改善钙钛矿的结晶性和缺陷态，提高薄膜质量，提高疏水性能及稳定性。还有一些专利申请添加通过特殊溶剂来改善晶界缺陷，具体地，CN107275487B（2017 年）在传统的钙钛矿的前驱液中加入一定量的对苯二甲酸添加剂，改变生长动力学，钙钛矿晶界被填补而产生联结的大尺寸钙钛矿单晶，水汽难以从晶界处进入薄膜内部；CN109411608A（2018年）利用甲巯咪唑有机溶液处理钙钛矿薄膜，将残留的碘化铅转化成 NMI-PbI$_2$配合物，连接临近的晶粒来钝化晶界；CN109888105A（2019年）则采用反溶剂三（五氟苯）硼烷，钝化界面缺陷，提高疏水性能；CN104966781B（2015年）在制备过程中加入高分子络合剂来提高结晶质量，提高钙钛矿的稳定性。

除了被水侵蚀，碘离子的迁移是造成钙钛矿性能恶化的另一因素，为了避免这一现象，CN108389974A（2018年）在钙钛矿膜中加入红荧烯，限制了阳离子的迁移；CN108321300A（2018年）在钙钛矿光吸收层中使用的添加剂金属离子与卤素离子形成稳定剂，从而抑制碘离子的移动。

除了上述通常采用的方式外，专利申请还涌现出别的技术构思，如 WO2019036093A2（2018年）公开了将钙钛矿包含于二氧化硅壳中来提高器件的耐久性。此外，还有通过溶剂工程来提高相稳定性，如 CN108336233A（2018年）采用反溶剂工程形成蓝黑色钙钛矿，delta 相含量少，而 CN108336230A 钙钛矿前驱液中加入聚乙烯吡咯烷酮，形成稳定立方相，这些技术都为制备稳定钙钛矿光活性层提供了有益的参考。

（3）提高环保性能

鉴于甲胺铅碘中含有有毒的铅离子，其使用会造成环境污染，使用无毒的金属或有机离子来替代铅有利于钙钛矿太阳能电池的产业化，目前大量的专利申请涉及这方面的工作，如 WO2015160838A1（2015年）、US2016149145A1、US2016155974A1、JP2016178290A、CN105514278A 分别使用 Sn、Cu、Bi、Sb、Y、Ce、Mg、Ca、Ba 等离子来取代有毒的 Pb 离子，避免环境污染。此外，实现钙钛矿太阳能的循环使用，也是减少有毒离子使用的重要方面，CN107146849A 采用有机卤化物、有机胺中的至少一种处理性能退化的钙钛矿，从而实现循环利用。

2. 空穴传输材料

2012年，Snith、Murakami、Miyasaka 以及 Park 课题组和 Grtzel 课题组合作开发空穴传输材料 spiro-OMeTAD，之后借助掺杂技术进一步提高其电导率，提升了光电转换性能[1]，2014年 Seok 课题组获得了最高纪录 20.1%[2]。遗憾的是，spiro-OMeTAD 具有如下缺点：结构不稳定；呈半结晶状态，在制备过程中容易受热形成晶态，造成性能恶化；溶解性能差，介孔填充能力差；需要高纯度才能具有好的空穴传输性能，导致合成过程复杂、成本高，价格超过金铂等贵金属；迁移率低，加大了器件的串联电阻。上述缺陷

---

[1] BURSCHKA J, DUALEH A. Tris（2-（1H-pyrazol-1-yl）pyridine）cobalt（Ⅲ）as p-Type Dopant for Organic Semiconductors and Its Application in Highly Efficient Solid-State Dye-Sensitized Solar Cells [J]. Journal of Amercian Chemical Society, 2011, 133（45）：18042-18045.

[2] JEON N J, NOH J H, YANG W S, et al. Compositional Engineering of Perovskite Materials for High-performance Solar Cells [J]. Nature, 2015, 517（7535）：476-480.

严重制约了其在钙钛矿太阳能电池中的应用。因此，寻找合适的空穴传输材料是促进钙钛矿太阳能电池发展的关键，总的来讲，空穴传输层需要满足以下条件：合适的能级匹配、高载流子迁移率、低成本、成膜性好、稳定性好。接下来从如下几个方面来梳理涉及空穴传输材料的专利申请。

（1）无机空穴传输材料

鉴于有机空穴传输材料制备复杂，且有机分子中大都含有不饱和碳键，在光照条件下易发生断裂，从而导致钙钛矿太阳能电池的不稳定，近年来，大量的专利申请提出使用无机空穴材料，并取得了一定进展。目前通常使用的无机空穴材料有铜氧化物、碘化铜、钙钛矿结构的 Cs_2SnI_6、硅、NiO、MnS、铜锌硫、镍酸镧、二硫化亚铁等，专利申请 WO2016080854A2（2015 年）、US2018337004A1、CN104362253B、CN105895806A、CN109524547A、CN105226187A、CN107634144A 、CN108400249A、CN108675357A 就使用了上述材料作为空穴传输材料，其具有易于制备、化学性能稳定、提高开路电压等优点，此外，还可通过掺杂等手段来提高空穴传输性能，调节能级，但无机材料的选择相对比较有限，且载流子迁移率一般较低，制约了其在钙钛矿太阳能电池中的应用。

（2）有机空穴传输材料

虽然无机空穴传输材料具有价格低的优势，但有机空穴传输材料也有其独特的优点，其在设计上具有很大的灵活性，通过取代等手段可以调整其能级、载流子传输性能及成膜性能，使其在钙钛矿太阳能电池中的应用更为广泛，正因如此，有机空穴传输材料也是近年来专利申请的热点，涌现出大量新型有机空穴传输材料，以下分类进行阐述。

1）有机小分子

小分子空穴传输层具有较好的流动性，能够更好地填充介孔骨架，根据空穴传输基团的不同，分以下几类来阐述。

其中典型的一类是含芳胺基的有机小分子，如 CN108117568A（2017 年）公开了硅基三苯胺衍生物，其以硅原子或四苯基硅连接三苯胺分子，提升了空穴传输层的结晶性；CN108314625A（2018 年）公开了以蒽结构为核心的空穴传输材料，同时引入烯键连接三苯胺，其较大的二维共轭平面结构可有效提升空穴迁移率，且具有较好的平面堆积作用，缩短了分子相互作用距离，强化了空穴传输能力；US2017194103A1（2016 年）还公开了基于三苯胺的衍生物。此外，JP2018181882A（2017 年）、KR20190032070A、CN105837495B 公开了基于芳胺类衍生物的空穴传输层，通过合理的取代可以具有良好的电子阻挡性能，且不需掺杂就可获得较好的空穴传输性能，大大简化了制备过程。

噻吩基团也具有较强的空穴传输能力，CN107698605A（2017 年）公开了 4,4'-二（甲氧基苯基）氨基的噻吩螺环类化合物及其衍生物，其化学结构中含有共轭体系的环戊二噻吩，与芴形成螺状结构，并以噻吩螺环为中心核，外围为以 4,4'-二（甲氧基苯基）氨基取代的修饰结构，成膜性能较好，且具有良好的疏水性，作为空穴传输材料使用时，有助于电池稳定性的提升；CN108484569A（2018 年）公开的噻吩桥联四胺苊空穴传输材料，提高了光透过性、载流子迁移率。

除了使用单一种类的基团，还有一系列申请通过使用噻吩基团将芳胺基团桥接起来，从而调节有机分子的光电性能，形成更有利的能级匹配，具体地，CN104485424A（2014 年）公开的包括噻吩或联噻吩核并连接三苯胺分子，EP3065189A1（2015 年）则使用甲硅烷基噻吩桥接三苯胺形成空穴传输材料，CN105753883A、CN105968125B（2016 年）以苯并噻吩为核连接三苯胺基团，进一步地，侧链可引入芳香官能团，具有较高的载流子迁移率、电导率，且溶解性好，CN109705137A 则公开了二噻吩并［3，2-b：2'，3'-d］吡咯，使用该材料可以免去掺杂工艺，简化了制备步骤，并有利于提高钙钛矿太阳能电池的稳定性。

主体含有咔唑基团的有机化合物一般也具有较好的空穴传输能力，由此也产生了一系列的专利申请，如 CN106229413B（2016 年）公开了基于三并咔唑衍生物，形成了较好的能级匹配，且具有较高的载流子迁移率；CN108101834A 公开了咔唑基四胺苊空穴传输材料；CN108948026A 使用了三并咔唑-苯基空穴传输材料，通过溶液法可制备高质量非晶薄膜；CN108774238A 公开了二呋哚并三并咔唑基空穴传输材料，具有良好的非晶态特性，产率纯度均很高；CN105198792B（2015 年）、JP2018510149A 公开了二芳胺取代的咔唑，可形成树枝状化合物作为空穴传输材料，取得了较好的热稳定性和形态稳定性；WO2019004781A1（2018 年）则以螺二芴为核心侨联咔唑基胺苯，得到了优化的空穴传输材料。

酞菁类化合物也是空穴传输材料的研究热点，JP2016139805A（2016 年）、CN105514282B、KR20170135798A 公开了使用酞菁或其衍生物作为空穴传输层，得到的空穴传输层具有很好的稳定性；CN105742508B 使用了四氨基锌酞菁；为了改善性能，KR20170114799B 使用了基于酞菁的有机配体与金属配合键的空穴传输材料，提高了材料的耐热和稳定性能。

除以上几大类外，还涌现出大量的新型有机空穴传输材料，如芴基空穴传输材料。WO2016201513A1（2016 年）、US2018190911A1、CN104230773A、WO2018088797A1、CN107721906A 均公开了基于芴或二芴基团及其衍生物的有机空穴传输材料，CN105622442A（2016 年）则使用叔丁基取代螺二芴化合物，得到了较好的热稳定性和疏水性能。为了简化制备工艺，寻求非掺杂的有机空穴传输材料也是一个研究趋势，CN107311975A（2017 年）、CN109503457A、CN109053676A 分别使用二苯并酚的衍生物、二萘并杂环小分子、HPB-Ome 作为空穴传输材料，无需掺杂便可获得较佳性能的空穴传输材料。此外，还有基于吡咯结构的有机化合物，如 JP2016164915A（2015 年）、KR101811243B 公开了吡咯并吡咯-3，6-二酮衍生物、吡咯衍生物，KR101762147B1（2016 年）则使用了卟啉衍生物大分子杂化化合物，四个吡咯亚基通过次亚基桥连接，形成大分子杂环化合物。还有一些空穴传输层使用了芳香族或杂芳族化合物，如 WO2018081296A1（2017 年）、JP2017028028A 空穴传输层包括杂环结构的化合物，而 WO2017002645A1（2016 年）、JP2017132900A 则使用了稠和芳香族类化合物。之外，WO2015107454A1 使用喹嗪并吖啶作为空穴传输材料，将可吸收光谱范围从可见光扩展至近红外 400～920nm，KR20190008657A、WO2018165101A1 、CN105153085B、CN107068867A、CN107369765B 还分别公开了新型的有机空穴传输材料苯并（c）（1，2，5）噻二唑基化合物、二氧杂庚环、二苯并呋喃衍生物、红荧烯、有机小分子 TAPC，均取得了独特的效果。

2）有机聚合物

相比于有机小分子，有机聚合物具有更好的成膜性能和更高的空穴迁移率，其中最为典型的是 PTAA 材料，其空穴迁移率比其他空穴传输材料高出一到两个数量级，目前使用该材料作为空穴传输材料获得了超过 20% 的光电转换效率，聚合物的成分和有机小分子空穴材料相对应，含有芳胺、噻吩、咔唑、芴等结构单元，并通过基团或材料的添加来改善其成膜、疏水、成本、载流子迁移等性能。JP2017057266A、CN106252516B、WO2016187265A2（2016 年）使用含噻吩、三苯胺结构单元形成的聚合物作为空穴传输层，并配合使用其他基团形成较好的能级匹配、开路电压、填充因子等性能；JP2017057264A（2015 年）公开的聚合物包含苯并二呋喃、甲硅烷基乙炔、杂环数种结构单元；US2017263385A1（2017 年）公开了亲水性聚合物聚亚芳基乙烯基，提升了电池的稳定性；CN105374942A（2015 年）采用导电聚合物如聚吡咯、聚苯撑乙烯、聚苯乙炔等，得到低成本的空穴传输材料；CN105470399A（2015 年）空开了空穴传输材料 2TPATPE，螺旋桨状分子结构可以抑制活性层和空穴传输层的紧密接触，降低界面复合，从而提高开路电压、电流密度、填充因子，且具有较好的成膜性；WO2019045272A1、CN104910372A 、JP2017017165A（2015 年）还公开了基于硼-二吡咯亚甲基、芳基多酚与 1，3，5-均三嗪交联、芳香结构的聚合物作为空穴传输材料；CN108659019A 公开了基于三蝶烯母核的钙钛矿空穴传输材料，得到匹配性能好的能级，载流子迁移率也较高。

（3）有机空穴传输层的改性

鉴于有机空穴传输材料具有稳定性差、钙钛矿层界面接触不理想等缺陷，近年来也提出了一些手段来解决上述问题，具体有如下几种改善手段。

其中一种是使用添加剂来改善空穴传输层的性能，该方法实施起来较为简单。使用碳材料的良好导电性能够提高空穴传输层的载流子迁移率，CN104377304B（2014 年）、CN108767123A、CN109216554A 分别将石墨烯、碳量子点掺入空穴传输材料，且较小尺寸的碳量子点渗入钙钛矿间隙，能够钝化界面缺陷，减小界面复合；US2018005762A1、CN105514285B（2015 年）分别使用有机酸和杂多酸掺杂空穴传输材料，得到更好的空穴迁移率并提高了稳定性；降低了成本；JP2017126731A（2016 年）使用钴配合物掺杂，也得到耐久性更好的空穴传输材料；CN105826476B（2016 年）、CN106025085B 则使用了复合空穴传输层，加入无机材料，提高迁移率和疏水性能，减小界面复合；JP2018170382A（2017 年）空穴传输层包括有机半导体层和绝缘高分子化合物，有利于提高空穴传输层的耐久性，且能够提高和电极的接触性能。为了避免有机材料中掺杂离子的移动，CN109390471A（2018 年）将二维花状材料二硫化钼作为添加剂加入空穴传输层，避免氧化过程中添加剂的离子迁移，提高空穴传输层稳定性。鉴于空穴传输层中产生的空洞为水分子提供了侵入通道，从而影响钙钛矿层的稳定性，CN109888103A（2019 年）采用添加剂聚（4-乙烯吡啶）来抑制空洞，其还能与 Pb 形成配位，钝化 I 空位，提高电池的稳定性。CN108574046A 还通过在空穴传输层中添加转换颗粒，提高光谱的吸收强度和范围，从而有利于电池光电转换效率的提高。

此外，还有一系列别的改进手段来提高空穴传输层的性能，CN108281553A、US2016293872A1（2016 年）使用有机无机材料复合，形成核壳结构，提高抗潮性能，避免有机材料对接触材料层的腐蚀，提高稳定性能。WO2018079323A1（2017 年）通过对氨基树脂材料进行交联化来减少缺陷、提高开路电压；CN105859678B（2016 年）使用的空穴传输材料含苯并二氧六环基团，从而避免有机材料结晶，提高材料稳定性，并通过改善侧链提高溶解性来提高成膜性能，减少针孔缺陷。除使用辅助材料改性外，CN109841740A（2019 年）还通过紫外线臭氧表面处理工艺处理氧化镍空穴传输层，减少空洞的产生，得到了界面性能改善的空穴传输层；CN109326720A（2018 年）以石墨烯量子点为空穴传输层，并在其上修饰贵金属纳米颗粒，利用贵金属产生的等离子激元增强光吸收，提高光电转换效率。

3. 电子传输材料

电子传输层除需要有高的电子迁移率外，还需要具有和钙钛矿光吸收层层匹配的能级，从而能够抽取从钙钛矿光吸收层分离出来的电子，目前，钙钛矿太阳能电池中一般采用介孔 TiO_2 作为电子传输层，但其制备需要经过高温烧结过程，对柔性基底的选择产生很大的影响，且高温处理造成了能源的消耗，大量的专利申请涉及新型电子传输材料或材料的改进，具体分以下几类来进行阐述。

（1）新型电子传输材料

鉴于二氧化钛电子传输层需要高温制备过程，技术人员致力于寻找不需高温制备的无机电子传输材料，CN104576932A（2015 年）、CN106505150A、CN106784329A 均公开了二氧化锡电子传输层；CN106025072B（2016 年）、CN106449989B、CN109065737A、CN108493341A 公开的氧化铌、$Zn_{1-x}Cd_xS$、ZnSe、五氧化二钽，均可低温制备，降低制备成本，稳定性也较高；CN105428540A（2015 年）公开的 n 型铋基电子传输材料如 Bi_2S_3 或 Bi/Bi_2S_3，无毒，疏水性好，便于电子传输层的制备。除了便于制备外，使用新型的电子传输材料还可以达到特定的功能，例如 CN106299126A（2015 年）、CN109192859A 使用非晶硅作为电子传输层，其带隙可通过掺杂浓度调节，从而达到更好的能级匹配；CN105957966A 利用稀土氧化物下转换纳米材料多孔支架结构，拓宽光吸收范围，提高光谱响应强度；CN107093670A 使用拓扑绝缘体作为电子传输层，鉴于其表面的金属态，载流子可在表面快速传导，电子传输具有方向性，从而减小界面载流子复合。此外，CN109650445A 使用钙钛矿型电子传输层 $NaTaO_3$，和上层的钙钛矿光吸收层形成良好的晶格匹配，由此降低缺陷态；CN105070836A 使用了锡酸钡为介孔层，相对于二氧化钛电子传输层，能够提高短路电流、填充因子，减小空穴和电子传输层接触产生的漏电流、防止电子逆向复合。

对于有机材料的研究，让电子传输有了更大的选择范围，鉴于碳材料优异的电子传输性能及低成本特性，被广泛用作电子传输材料。其中，WO2017002742A2（2016 年）、JP2017126677A、WO2017222053A1、JP2017518262A 公开了富勒烯及其衍生物作为电子传输层；CN105304820A、CN106784326A 则使用石墨烯、氧化石墨烯或氮掺杂的碳点，用碳材料形成的电子传输层能够耐腐蚀，具有很高的稳定性。有机小分子也是电子传输材料的一个研发方向，US2017288159A1、DE102017207327A（2017 年）公开了基于金属配合物的有机材料；CN109369686 公开了基于噻吩并吡咯二酮型小分子的电子传输材料，上述材料合成简单、成模性好且载流子迁移率较高。采用有机材料，也可通过采用合适的基团来调节能级，从而达到更好的能级匹配，例如 CN104022224A（2014 年）采用乙酰丙酮螯合物作为电子传输层和空穴阻挡层，提高活性层和电极之间的欧姆接触；CN104788649B（2015 年）电子传输材料含有强极性基团的共轭聚合物，可起到阴极界面修饰的作用，提高界面载流子迁移率；CN104974334B（2015 年）公开的电子传输材料，采用两种或两种以上的共轭电子基团和直接通过共价键链接或通过键接基团键接组成，拥有较低 Lumo 能级，形成和钙钛矿光吸收层更好的能级匹配。此外，JP2019024068A（2017 年）电子传输层采用芳香基化合物，具有更好的光学耐久性，CN107417893A 电子传输材料以萘四羧酸二酰亚胺为强吸电子基团，与两种以上的芳香基团通过多元聚合链接起来，通过组分的不同比例调节光吸收，且具有自组装、结晶性好的优点；CN105870336A 介孔层为金属有机框架物烧结转化成的多级结构二氧化钛纳米材料，能够和钙钛矿形成良好的界面接触，比表面积大，解决了二氧化钛纳米颗粒作为介孔层时钙钛矿不能完全渗透的问题。

（2）改善微观结构

晶体结构决定能级结构，通过微观结构的改变来调节能带结构，从而影响载流子的传输性能，是改善电子传输材料性能的常用手段。CN108493346A、CN104037324A（2014年）通过形成氧化锡纳米棒、硫化镉纳米阵列调节了带隙，拓宽了光谱吸收范围，得到了更优异的电子传输性能；JP2016207967A、CN204927356B、CN106876591A、CN106449988B（2016年）以细小颗粒的二氧化钛、纳米氧化锌片形成电子传输层，能够低温制备，且改善了电子传输性能。此外，CN105206751A使用二氧化钛纳米管作为介孔层，增大和钙钛矿活性材料的接触面积，有利于载流子的分离；CN105514283A使用树枝状复合阳极结构TiO₂纳米棒接枝硫化物半导体纳米棒，增加了太阳光路径，提高光吸收，且硫化物降低载流子的收集势垒，提高载流子分离效率。

（3）复合电子传输材料

掺杂是形成复合电子传输材料的一个途径，其中一种情形是在电子传输材料中进行元素掺杂，比如CN103474574A（2013年）公开了Al掺杂的ZnO；CN105932162A、CN107799654A分别公开了Zn、Ga掺杂的二氧化钛，降低了导带能级，和钙钛矿导带之间带隙变大，有利于电子注入；CN107369766A公开了电子传输层为导电氧化物，经过氟基等离子体处理实现氟掺杂，制备简单，材料均匀性好，并提高了电池的光电转换效率。另一种情形是直接在电子传输材料中进行化合物掺杂，制备手段简单，其中使用碳材料掺杂改性是一个常用的手段，如CN109860221A、CN107994121A、CN106856223A、CN107732015A、CN107565027B（2017年）分别在二氧化钛和富勒烯衍物等电子传输层中掺入石墨炔、聚合物中掺入富勒烯等，能够提高界面性能，避免界面复合，改善成膜性能，且鉴于碳的高导电性能，能够降低电池的串联电阻；CN106384784A（2016年）、CN108461633A、CN109904331A、CN107845729A、CN106981571A分别使用两种无机电子传输材料或无机和有机电子传输材料复合，能够综合多种材料的优势，具有调节能级、表面修饰、改善成膜的优点。此外，CN107163229A（2015年）使用的电子传输材料中两个吸电子基团通过Sonogashira反应由共价三键连接起来，在两个吸电子基团上引入不同基团，调控分子能级，增强电子离域，增强分子内电荷转移，提高迁移率；CN108281555A（2018年）使用二氧化钛和钛酸钡复合材料为电子传输层，后者与钙钛矿晶体结构相似，两层结合更紧密，有利于形成更大的钙钛矿晶粒，提高载流子传输性能。

采用多层复合是另一个提高电子传输材料性能的可行手段，比如TW201836183A（2017年）使用的电子传输层包含偶极增强层，位于电子传输层和活性层之间，能够提供载流子分离的驱动力，从而减少载流子的界面复合；CN105047820A（2015年）、

CN108039412A、CN108807677A、CN106449982A 采用有机和无机复合电子传输层，有机无机结合，发挥各自优点，能低温制备，提高性能和稳定性；CN105336864A（2015 年）公开了 TiO_2 电子传输层上包覆的 Au/Ag 纳米颗粒，利用金属纳米颗粒的等离激元效应来增强光吸收；CN109216557A（2018 年）使用柠檬酸/SnO_2 复合电子传输层，柠檬酸的羧基分子与锡离子络合形成聚酯化络合物，表面平整，有利于钙钛矿结晶，减小晶界缺陷，减小水汽从晶界浸入，提高了电池稳定性。

4. 界面层材料

除了钙钛矿光吸收层、电子和空穴传输层这些功能层外，为了减少上述功能层缺陷、提高层间的载流子传输性能等，在各层之间设置合适的界面层可以改善钙钛矿太阳能电池的性能，以下按界面层的功能分类阐述专利申请。

（1）缺陷修复

钙钛矿太阳能电池薄膜制备中产生的缺陷往往会形成载流子复合中心，大大降低载流子的传输效率，为了降低缺陷态的影响，目前的专利申请提供了以下几种思路。

其中一种方式是形成界面钝化层，具体地，CN104576930B（2015 年）钙钛矿层表面经过长链基硅烷偶联剂修饰而形成界层；US2017330693A1（2017 年）在钙钛矿层和 PEDOT：PSS 之间形成盐如 NaI，这样卤离子可以进入钙钛矿的空隙中从而钝化晶界；CN108365100A（2018 年）则在活性层和空穴传输层之间添加 N 型共轭材料；此外，CN108807675A（2018 年）对钙钛矿表面进行溶剂气氛处理来形成钝化表面；US2019164699A1（2019 年）在钙钛矿层上形成有氨基酸钝化层，以上方法均可钝化界面的缺陷，抑制界面复合，提高电池的耐久性和光电转换效率。除减小钙钛矿的表面缺陷外，还有一系列申请致力于降低电子和空穴层的表面缺陷，如 CN105609641A 在电子或空穴传输层表面设置液晶层，钝化表面缺陷，CN107316942A 在二氧化钛电子传输层表面形成富勒烯衍生物修饰层，钝化二氧化钛内部缺陷；CN108461636A 采用极性溶剂修饰电子传输层，提高短路电流和开路电压；CN109244243A 使用 L-半胱胺酸修饰 TiO_2 电子传输层，其羧基、氨基、巯基的配位作用使得钙钛矿和电子传输层连接更加紧密，减少界面复合。

鉴于活性层中卤素离子的迁移会造成晶体的不稳定，导致器件性能恶化，采用修饰层抑制离子迁移是减少缺陷的另一手段，例如 CN106588867A（2016 年）使用钙钛矿修饰层中的氰基与钙钛矿中 I^- 离子作用，分散表面电荷，减小 I^- 离子迁移；CN108461635A 使用联硼化合物修饰钙钛矿表面，钝化钙钛矿未配位的碘离子，降低缺陷态。

（2）提高成膜和结晶质量

避免薄膜中产生针孔能够减少载流子复合中心并阻挡水分的侵蚀，而且结晶质量是影响载流子扩散长度的重要因素，通过改善成膜和结晶质量，能够有效提高钙钛矿太阳能电池的光电转换效率。具体地，CN104465992A（2014 年）通过电子传输层和活性层之间设置自组装单分子层，有利于钙钛矿均匀结晶；CN104795499B 在电子传输层或空穴传输层表面进行微结构修饰，形成超薄定向层，控制钙钛矿晶体的定向生长，提高结晶规整度、降低内部缺陷；CN106953019B（2017 年）则在电子传输层和吸光层之间设置晶种层，起到修饰作用，减小钙钛矿针孔，提高薄膜均匀性；JP2016178274A（2015年）、CN109244249A、CN108767122A、WO2016002213A1 通过在电子传输层上形成绝缘层、溶液表面修饰、石墨烯量子点修饰、或硅烷修饰层等来形成平整界面，从而有利于钙钛矿的成膜和结晶。

（3）减小光催化

若二氧化钛电子传输层和钙钛矿光活性层直接接触，则在光照的作用下 Ti 会对钙钛矿层产生催化作用，造性活性层性能的恶化，为了避免这一效应，常常通过在二者之间形成界面层达到隔离的效果，例如，CN106373784B（2015 年）、CN105374939B 在二氧化钛多孔层形成 CsX、MgO_3、CsO_3 等界面层将二氧化钛电子传输层和钙钛矿光活性层隔离开，从而避免光催化效应的影响。

（4）防潮

鉴于钙钛矿材料在湿气中的不稳定性，有必要形成对钙钛矿层的保护，其中一种方法是直接形成保护层，阻挡避免水分子侵入，CN105489765B（2015 年）、CN105552229A、WO2018079943A1、US2019198256A1 采用了氧化物阻挡层如二氧化锡、氧化铝层、二氧化钼、金属氮化物等，还有大量的申请在钙钛矿两侧形成有机绝缘层，如 CN106910825A、CN107163078A、CN107706309A、JP2016127093A（2014年）、JP2017152476A 采用了 PVA、机膦酸化合物、聚甲基丙烯酸甲酯、树脂等材料。

另外一种有效的方式是通过分子修饰在钙钛矿层上形成疏水性界面，例如，CN109390473A（2018 年）空穴传输层和钙钛矿吸光层之间设置由具有氨基和磺酸基的有机分子修饰成的双官能团单分子修饰层，CN108447994A（2018 年）使用吡啶类化合物溶液修饰形成包覆于钙钛矿吸光层外表面的疏水界面层，从而提高钙钛矿吸光层的疏水性，提高抗电池的潮湿性能。

（5）改善界面电接触

钙钛矿太阳能电池中的各层能级匹配、界面电接触良好，才能实现载流子的顺利传输，为了达到这一目的，除选择具有合适能级的材料外，使用界面修饰的方式来改善能级匹配也是常用的手段，具体地，CN103682153A（2013 年）在钙钛矿层上设置绝缘层来改善背接触，避免了传统使用高掺杂的方法实现良好的背接触，CN104953030B（2014 年）的透明底电极经过铯盐修饰，改善底电极的表面能级，提高能级匹配；

CN105384917B（2015年）将侧链含有磺酸或者磺酸盐的共轭聚合物设置在活性层和空穴传输层之间，形成更好的能级匹配；CN104638110B（2015年）包括电子传输层及修饰层，修饰层原子或离子可扩散至电子传输层，增强导电性；CN105870360B（2016年）、CN105968126B、CN106410038A、CN107123740A分别在电极上形成氨基硅烷偶联剂修饰层、联吡啶/菲啰啉鎓盐共轭小分、萘四甲酸二酐衍生物、苝酰亚胺修饰层等，提高了电极的功函数，降低与电子传输层之间的势垒，有利于电荷的提取。

（6）增强层

通过调节光吸收、内建场来带动光电转换效率的提高，是界面层的又一用途，具体地，CN107591483A（2017年）在电极和电子传输层之间设有微纳颗粒陷光层，能够增加光散射，延长光程，增大光吸收；此外，CN108864414A（2017年）、CN109560197A、US2019051464A1则通过界面层PFN、铁电性聚合物等来增强界面间的内建场，加速载流子的分离，有效降低界面复合，提高光电转换效率。

5. 电极材料

目前的钙钛矿太阳能电池的透明电极一般为ITO、FTO等氧化物材料，背电极一般使用功函数较高的贵金属如Au、Ag、Pt等，成本较高，开发新型的高性能、低成本电极是电极的研究趋势。

（1）新型电极材料

碳材料具有导电性好、成本低的优点，是钙钛矿太阳能电池领域的明星材料，US2016276607A1（2016年）、JP2017135379A、CN103490011A、CN104617220A、CN106935709B（2017年）均采用碳电极作为背电极，具体为碳、石墨烯、多孔碳、纤维布等。此外，WO2016163985A1（2015年）、WO2019023052A1采用Ni、Ti代替贵金属，以降低成本；CN104319348B（2014年）以聚合物作为背电极，无需气化沉积过程，制备简单；CN107068866A则摈弃稀缺原材料ITO，利用先进的制备技术得到超薄金属Ag、银纳米线或石墨烯透明电极；CN108899422A则使用H_xMoO_{3-y}纳米材料电极，和钙钛矿光吸收层能级匹配良好，导电性能优于碳电极，与Au/Ag电极相比具有更低的成本，可用于无空穴传输层的电池中。

（2）复合电极

综合多种材料的优点，制备性能优异的复合电极，也是提高电极性能的有效手段。基于碳材料的复合电极是目前研究的热点，CN107039588A、CN107819074A、CN105489767A、WO2015141541A1（2015年）使用石墨烯和PEDOT：PSS、聚合物、CuO形成复合电极，改善了电极的功函数，并提高了电极的浸润性能；CN107910445A公开了双层碳电极，第一层碳电极具有选择吸收和纵向传输功能，增大与钙钛矿或空穴传输层之间的接触面积，第二碳电极具有良好横向电荷传输功能，便于汇流，解决了界面接触和导电性的问题；CN108365108A 在碳电极中嵌入 p 型纳米材料，可以制备成无空穴传输层的电池，极大降低了成本低。此外，基于金属材料的复合电极也取得了一定的进展；WO2019023052A 上电极采用金属/介质层/金属的形式；CN106098141B 的电极材料为镍/氧化镍核壳结构，氧化镍壳改善了与钙钛矿的能级匹配，而 CN108963082A、WO2014026750A1 在透明电极上设置金属栅线或电流收集器，有效降低了透明电极的方块电阻，提高了电荷的提取能力。

四、小结

虽然钙钛矿太阳能的发展历史仅有短短几年，其性能已然取得了突飞猛进的进展。目前，其结构发展已经比较成熟，而各功能材料仍是制约钙钛矿太阳能电池发展的关键，近年的专利申请也是围绕这一主线，具体总结如下：

首先，空穴传输材料是制约钙钛矿太阳能电池产业化的关键因素，自该类电池出现以来，涌现了大量保护新型空穴传输材料的专利申请，意味着商业化的空穴传输材料尚不成熟。从专利申请的总体来看，高性能、低成本的有机空穴传输材料仍是研究的重点，日本、韩国在有机空穴材料的开发上有独特的优势，我国在新型空穴材料的研发上尚比较滞后，大部分专利申请集中于对现有材料的改进上。

其次，钙钛矿材料的稳定性及器件性能也是活跃的研究领域，目前钙钛矿太阳能电池与传统硅基太阳能电池 25 年的寿命还有很大差距，这是制约钙钛矿太阳能电池发展的另一关键因素。另外，虽然理论预测表明钙钛矿太阳能电池能够达到较高的光电转换效率，而受制于材料缺陷等因素的影响，其光电转换性能仍有很大的提升空间。我国在上述两方面的专利申请和世界先进水平同步，在溶剂工程、界面修复、材料改性等技术分支均涌现出许多创新性的专利申请。

此外，电极、电子传输材料等也是影响产业化的重要因素，关于其改进也涌现了一定量的专利申请，但在数量上远远小于上述两类材料。

从世界各国专利申请的整体来看，我国的专利申请量占据绝对优势，但申请主体却集中在科研院所，且大量的申请集中在对材料的细微改进上，创新性的专利申请占比尚比较少，尤其体现在新型空穴材料的研发上。此外，公司作为申请主体创新度还有待整体提高，日后，这将在一定程度上制约钙钛矿太阳能电池的产业化。

综上，本文采用有限的篇幅来阐述钙钛矿太阳能电池用材料的专利申请状况，希望能够为相关领域的技术人员提供参考，加快钙钛矿太阳能电池的研发进程。

用于半导体芯片加工的胶粘材料专利技术综述*

庄晓莎　孟凡娜** 　毕晓博** 　徐玉祥** 　孙　燕*** 　薛发珍

摘　要　本文通过对半导体芯片加工中的关键辅助性材料——用在半导体晶片切割工艺中的胶粘材料（简称"半导体晶片切割胶带"）领域的全球专利申请进行检索、统计、分析，总结了专利申请量趋势、行业竞争力、专利申请区域分布情况、重要申请人、技术主题研究比例及技术主体的时间分布、中国专利申请法律状态等信息。进一步梳理了半导体晶片切割胶带的整体结构演进，重要技术主题切割膜和芯片结合膜的技术演进路线，重要技术问题和技术手段，重要申请人日东电工和古河电气的申请趋势、专利布局、技术演进路线等信息，揭示了半导体芯片切割胶带的当前状况和未来发展趋势，对该领域科学研究、专利申请、产业发展以及审查工作等具有一定的裨益。

关键词　半导体芯片　切割胶带　专利　综述

一、概述

在中美大国博弈中，中兴通讯遭到美国制裁。2019 年 5 月中旬，美国商务部工业和安全局将华为及其 70 家附属公司列入"实体名单"，国内很多关键核心技术领域依赖进口的现状引发广泛关注。根据有关数据披露，仅 2018 年中国进口芯片总价值超过 3100 亿美元。2019 年 7 月 1 日，日本经济产业省宣布将对出口韩国的三种韩国无法替代的半导体材料加强出口管制。上述事实表明中国半导体芯片制造工业已经进入了迫切需要自主研发核心技术的阶段。半导体芯片封装工艺是适配现代半导体芯片生产的后端工艺，半导体晶片经过切割生产半导体芯片是封装的重要环节。

已经形成电路层的晶片在被切割成单个芯片的过程中，需要使用胶粘材料进行保护、固定和托载，这些胶粘材料称为半导体晶片切割胶带，其在一定程度上决定了芯片

---

* 作者单位：国家知识产权局专利局专利审查协作广东中心。

** 等同于第一作者。

生产良率和效率，是半导体制造的关键辅助材料。

半导体晶片切割胶带首先需要满足切割时能够牢固粘接晶片和芯片，切割完成后又便于芯片的剥离和拾取的要求，这一看似矛盾的粘接性能要求使得半导体晶片切割胶带的切割膜具有特殊的组成。不同的切割工艺，如全切割、半切割、激光烧蚀切割和隐形切割等，对半导体晶片切割胶带提出了不同的工艺要求。

为了使半导体晶片切割胶带实现良好的粘接性、剥离性以及其他性能，近40年来，日东电工株式会社（简称"日东电工"）、日立化成株式会社（简称"日立"）、古河电气工业株式会社（简称"古河电气"）、琳得科株式会社（简称"琳得科"）等申请人针对半导体晶片切割胶带进行了很多研究和改进。半导体晶片切割胶带由普通切割胶带发展为减黏切割胶带，减黏方式又分为活性能量射线减黏、加热减黏、降温减黏、溶解减黏等多种方式。为了便于芯片拾取后的接合，发展出了切割/接合膜或背面保护膜的复合切割胶带和切割膜兼为接合膜的多功能半导体晶片切割胶带。

中国半导体制造工业已进入蓬勃发展阶段，半导体晶片切割胶带的需求激增。目前半导体晶片切割胶带主要依靠进口，核心技术集中在日本的日东电工、日立、古河电气、琳得科等，国内几乎没有企业涉足该领域。为了促进半导体芯片制造产业的发展，本文对半导体晶片切割胶带进行专利技术综述，以充分了解该领域的技术发展路径、技术研究现状、核心技术专利、关键申请人专利布局等重要信息，为我国半导体芯片制造产业关键材料和技术自主化提供技术参考。

本文主要分析半导体晶片切割胶带专利技术，在专利检索与服务系统的外文数据库（VEN）、德温特世界专利索引数据库（DWPI）、世界专利文摘数据库（SIPOABS）和日本专利文摘数据库（JPABS）中采用分类号结合关键词的方式进行检索，检索截止日期为2019年6月11日，获得2534条记录。经过同族专利申请去重和去噪等数据处理后，得到切割胶带、切割/接合膜、带背面保护膜的复合切割胶带和切割膜兼为接合膜的多功能切割胶带等半导体晶片切割胶带有效专利申请1442件。在筛选有效专利申请的过程中我们发现，中国申请人寥寥无几。

为了查全以及研究半导体晶片切割胶在中国的发展情况，我们又于2019年7月12日在中国专利文摘数据库（CNABS）中采用分类号结合关键词的方式进行检索，经过去噪、去重外文库检索到的相关文献等数据处理后，获得在中国申请的有效专利申请仅32件。

接下来，我们将从专利申请趋势、技术分支发展、重要申请人技术布局等方面进行论述。

二、专利申请技术分析

（一）半导体晶片切割胶带专利申请数据分析

1. 半导体晶片切割胶带全球专利申请量年度分布分析

图 1 为半导体晶片切割胶带领域全球专利申请量年度分布，需要说明的是，由于发明专利申请通常自申请日起 18 个月内公开，因此 2018~2019 年的部分专利申请并未公开，该时间区段的申请量仅供参考。

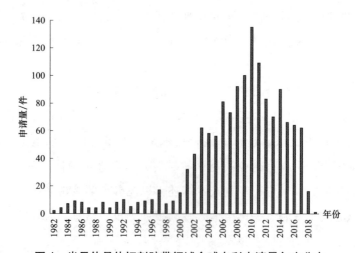

图 1　半导体晶片切割胶带领域全球专利申请量年度分布

对半导体芯片用半导体晶片切割胶带领域全球专利申请量变化趋势进行分析发现，半导体晶片切割胶带的全球专利申请趋势可大致分为 3 个阶段：缓慢发展期（1982~1999 年）、快速发展期（2000~2011 年）、平稳发展期（2012~2019 年）。

（1）缓慢发展期：半导体产业最早从美国起源，在 20 世纪七八十年代完成了向日本的产业转移。而在这一重要的产业转移期间，日本的政府、企业和研究机构等，开始探索和研究攻关半导体技术。在 20 世纪 80 年代，半导体晶片切割胶带的研究也随着半导体产业的迅猛发展开始萌芽。在这一阶段，全球专利申请量非常少，主要集中在日本，且日本每年的专利申请量在 10 件以下，增长较缓慢。

（2）快速发展期：21 世纪开始，随着半导体芯片行业的快速发展，对相应的辅助加工材料半导体晶片切割胶带的研究越来越受到重视。市场提出了对于薄型化、小型化电子电气设备的需求，使得半导体晶片切割胶带需要适应薄型化、小型化芯片加工的要求。日本在该领域的领军企业日东电工、琳得科、日立等抓住了先机，不断改进树脂材料，推动了半导体晶片切割多功能化的研究，由此促进了半导体晶片切割胶带在全球申请量的快速增长，且在 2010 年达到了顶峰，当年申请量达到 130 多件。

（3）平稳发展期：日本的几家寡头企业经过了前期的积累，在市场上占据一定的份额，技术上有了一定的发展，迎来了平稳发展期，申请量有所下降。

2. 行业竞争力分析

图 2 是半导体晶片切割胶带领域的行业竞争力。需要指明的是，该分析是以相应年的专利申请总量除以相应年的申请人的个数，即人均年申请量为指标对半导体芯片加工用切割胶带的行业竞争力进行表征，人均年申请量越大，则表明行业竞争力越大。从图中可知，半导体芯片加工用切割胶带的行业竞争力整体呈上升趋势，至 2010 年左右行业竞争力达到最高点，这可能是由于半导体芯片行业的快速发展以及半导体加工技术的多元化，促进了半导体晶片切割胶带的研发热潮。而 2010 年之后，随着半导体芯片加工用切割胶带的技术体系日趋成熟，行业竞争力也趋于平稳。

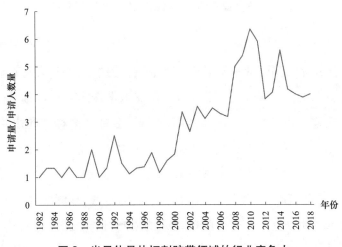

图 2　半导体晶片切割胶带领域的行业竞争力

3. 地域分析

对半导体晶片切割胶带主要申请国家/地区进行分析，从图 3 中可知，绝大多数的申请人来自日本，其他国家/地区仅占约 10%。其他国家/地区的专利申请情况概述如下：在 20 世纪 80 年代，仅有一家美国企业国民淀粉化学公司（NATT）提出了专利申请（申请号为 US19830562899，要求保护半导体芯片的拾取方法）。在 20 世纪 90 年代，德国企业贝耶尔德夫公司（BEIE）提出了专利申请 CN93117373，要求保护用辐照部分脱粘的自粘带，该申请于 1998 年 11 月 18 日被视为撤回。同一时期，美国企业明尼苏达矿业和制造公司（简称"3M"）提出了专利申请 CN96195436，要求保护半导体晶片加工用黏合剂和胶带，但是该申请于 2000 年 9 月 6 日被视为撤回。进入 21 世纪以来，仅有少数几家美国或其他国家/地区的企业提出了半导体晶片切割胶带相关专利申请。其中，个人申请人刘萍在 2004 年提交了专利申请 CN200410022029，涉及 UV 固化可剥离压敏胶膜。相对来说，中国的企业入门晚，发展滞后，存在竞争实力不足的情况。

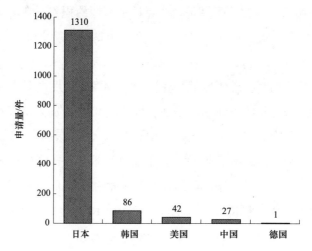

图3 半导体晶片切割胶带领域的申请人地域分布

4. 申请人分析

图4是半导体晶片切割胶带领域申请人申请量，图中主要申请人的申请量由高到低分别是日东电工、日立、古河电气、琳得科、住友电木株式会社（简称"住友电木"）、电化株式会社（简称"电化"）、积水化学工业株式会社（简称"积水化学"）、信越化学株式会社（简称"信越化学"）、株式会社LG化学（简称"LG化学"）、第一毛织株式会社（简称"第一毛织"）、郡是株式会社（简称"郡是"）、三井化学株式会社（简称"三井化学"）。可以看出，日东电工、日立、古河电气和琳得科是该领域的主要申请人，申请量均为150件以上。前八名的申请人均来自日本，第九名和第十名来自韩国。可见，日本在该领域的研究投入、专利布局均遥遥领先。

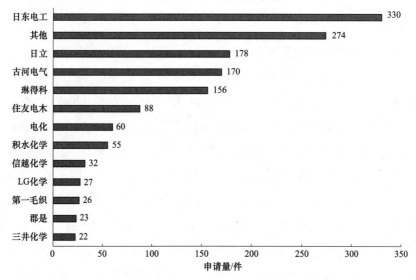

图4 半导体晶片切割胶带领域申请人申请量

5. 技术主题分析

图 5 是半导体晶片切割胶带领域技术主题分布，可以看出，切割膜是控制半导体晶片切割胶带的粘接性和剥离性的核心膜层，涉及切割膜改进的专利申请最多，占比 39.76%；其次是对切割胶带整体结构的改进，占比 22.51%。再者，基于高性能、多功能化、减少工艺步骤的需求，涉及切割步骤后续的粘接工艺的接合膜也是研究重点之一，占比 20.97%。对于基材的研究占比 12.27%。背面保护膜用于倒装芯片的背面保护，目前仅有日东电工有对其一定的专利布局，其他创新主体鲜有涉足，占比 4.49%。

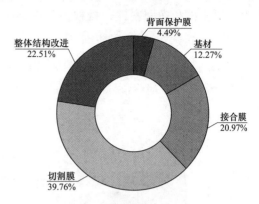

图 5　半导体晶片切割胶带领域技术主题分布

图 6 是半导体晶片切割胶带领域技术主题的申请趋势。可以看出，各技术主题的申请量整体均呈现上升趋势，自 2000 年左右进入快速增长期，于 2010 年附近达到顶点。而在 2000 年之前半导体芯片加工用切割胶带领域的研发热点主要聚焦在切割膜、整体结构改进上，对接合膜、背面保护膜的研究则相对较少，这可能是受限于当时的晶片加工工艺的单一化，对与其复合的用于后续接合的接合膜、背面保护膜的需求并不大。而 2000 年之后，应半导体芯片领域的快速发展的需要，半导体晶片切割胶带各技术主题的申请均呈现出快速增长态势。

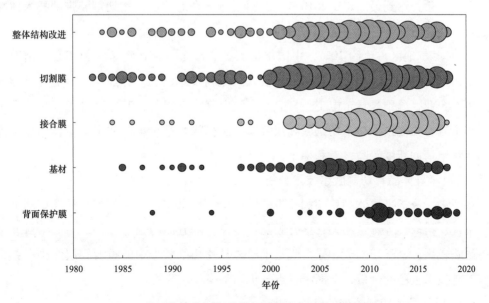

图 6　半导体晶片切割胶带领域技术主题的申请趋势

注：图中气泡大小表示申请量多少。

6. 中国专利申请法律状态分析

图 7 是半导体晶片切割胶带领域中国专利申请法律状态，该领域各法律状态案件占比为：授权 50.8%，驳回 3.4%，撤回 16.5%，在审 29.3%。其中，授权案件比例大于驳回案件和撤回案件，授权占已审结案件（授权、驳回和撤回的总和）的比例高达 71.8%，这远远高于胶粘剂领域的平均授权率；并且，在授权案件（50.8%）中，42.0% 的案件仍有效，8.8% 的案件失效；也进一步佐证了半导体晶片切割胶带的专利申请创新度较高，专利稳定性较高。

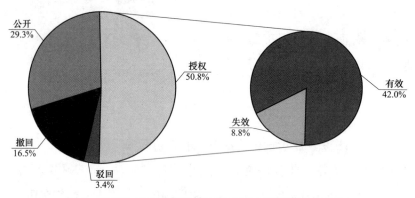

图 7　半导体晶片切割胶带领域中国专利申请法律状态

7. 分析与结论

半导体晶片切割胶带的全球专利申请经历了缓慢发展期（1982～1999 年）、快速发展期（2000～2011 年）、平稳发展期（2012 年至今），从行业竞争力能够验证至 2010 年左右行业竞争力达到最高点，2010 年之后随着半导体芯片加工用切割胶带的技术体系日趋成熟，行业竞争力达到平稳。从地域分布可以看出，绝大多数的申请来自于日本企业，其他国家/地区占比约 10%，中国申请人鲜有涉足，存在竞争实力不足的情况。从主要申请人来看，日本在该领域的研究投入、专利布局位于世界前列，目前已经形成了四大领军企业，分别是日东电工、日立、古河电气、琳得科，其次为韩国。从技术主题的分布来看，关键技术在于切割膜和接合膜。法律状态进一步佐证了半导体晶片切割胶带的专利申请创新度较高，专利稳定性较高。

（二）半导体晶片切割胶带技术分析

接下来，分析半导体晶片切割胶带整体结构的技术演进。切割膜与晶片切割工艺中的切割性、拾取性等息息相关，接合膜除了涉及切割方面的性能以外，对后续封装可靠性等影响较大，鉴于切割膜和接合膜是半导体晶片切割胶带中的重要膜层结构，并结合图 6 对于技术主题的分析，下面将重点分析切割膜和接合膜。

1. 半导体晶片切割胶带的结构演进

日东电工于 1983 年首先在专利申请 JPS58168262A 公开了一种用于在切割晶片和

分离芯片时将晶片固定的压敏切割胶带，由此，日东电工开启了半导体晶片切割胶带的研发历程。次年，新日本电气株式会社（简称"新日本电气"）在专利申请JPS5921038A中公开了采用紫外线固化丙烯酰基黏合剂用于形成晶片切割胶带，新日本电气这一专利申请的公开为半导体晶片切割胶带使用减黏膜替代普通压敏胶膜带来了深远的启迪。继而，国民淀粉化学于 1988 年在专利申请 US4793883A 中公开了将黏合剂转移到晶片上并进行 B 阶化步骤以形成不发黏的晶片/黏合剂复合物，随后将其安装在切割带（本文"切割带"专指基材、切割膜的叠层体）上切割成芯片。至此，半导体晶片切割胶带的结构演变由最早的普通压敏切割胶带，发展至减黏切割胶带，再至切割带复合芯片接合膜的复合结构，由此建立了当下主流使用的半导体晶片切割胶带的整体结构的雏形。

伴随着这一结构的提出，大量的基于基材、切割膜、接合膜的结构的进一步优化、改进，进一步设置其他功能层以赋予半导体晶片切割胶带功能性的研究也纷纷涌现。

针对半导体晶片切割胶带的基础结构改进主要包括对切割带、接合膜的改进以及二者之间的中间层的设置。首先，对切割带的结构改进，主要集中在基材的多层化、切割薄膜的多层化以及基材、切割薄膜之间增设中间层，此外，还涉及在切割带上设置通孔、凹槽等，来调控剥离性、切割性。其次，对于接合膜的结构改进，主要聚焦在设置两层或多层接合膜以实现粘接性、剥离性的平衡。再者，切割膜、接合膜之间的良好剥离性一直为半导体晶片切割胶带追求的主要性能之一，专利申请 JP2005183855A 公开了在切割膜、结合膜之间设置内涂层以实现剥离。

并且，随着半导体芯片行业的快速发展以及半导体晶片切割工艺的多样化，半导体晶片切割胶带作为半导体晶片加工的辅助加工材料，对其实际的应用性能也有了更严苛、更精细的要求，由此基于增设功能层以赋予半导体晶片切割胶带额外的功能性的研究也应运而生。目前关于切割胶带增设功能层的相关专利申请的附加功能性主要涉及：消除氧等离子体的破坏、赋予抗静电性、消除电磁辐射、防加工污染、赋予识别性、紫外吸收性、减振缓冲性、导热性、阻水阻酸功能等。

2. 切割膜

（1）切割膜地域和申请人分析

由图 8 可以看出，全球关于切割膜的专利申请有 89.65% 来自日本，仅有 10.35% 来自其他国家，按照申请量依次为韩国、美国、中国和德国（仅 1 件）。其中日本的主要申请人按申请量依次有日东电工、琳得科、古河电气、日立。切割膜的地域、申请人的申请量分布基本与半导体芯片用切割胶带的地域、申请人分布相同。

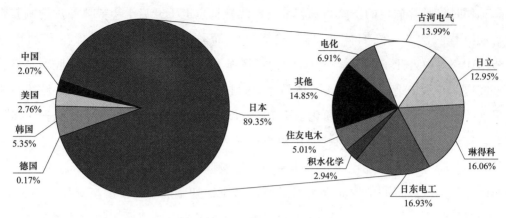

图8 切割膜地域和申请人分布

（2）切割膜的地域和申请时间分析

从图9可以看出，日本企业在1982年开始在切割膜领域进行专利布局，20世纪80年代到90年代呈平稳发展的趋势，从2000年开始快速发展，直到2010年达到最高峰。韩国企业在2001年开始布局，形成一定规模的企业如LG化学的数量少，申请量呈平稳发展的趋势。美国虽然进入时间早，但是由于产业的转移，关于切割膜的专利申请呈零散分布。中国在2005年开始布局，在2010年之后也仅有零星几件专利申请，并未形成规模。

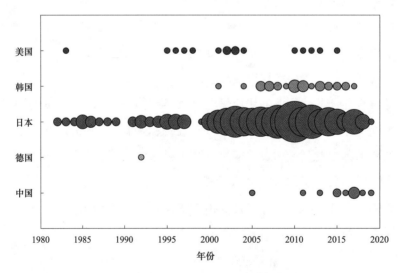

图9 切割膜专利申请地域和申请时间分布

注：图中气泡大小表示申请量多少。

（3）切割膜的技术发展路线

如图10所示，总体上，从20世纪80年代切割膜的研究进入起步阶段，所涉及的切割膜功能单一，主要研究拾取性和粘接力方面，主体树脂使用丙烯酸树脂，技术改进在于助剂的选择。另外，传统的拾取工艺为切割完成后，采用顶针直接将切割后的芯片从切割胶带顶起拾取，这种拾取方式在芯片较薄或尺寸较大时，容易导致拾取时芯片破碎。为了适应芯片薄型化和尺寸增大的需要，随后开始探索减黏切割膜，如 UV 减黏、电子束减黏、加热减黏切割膜等。

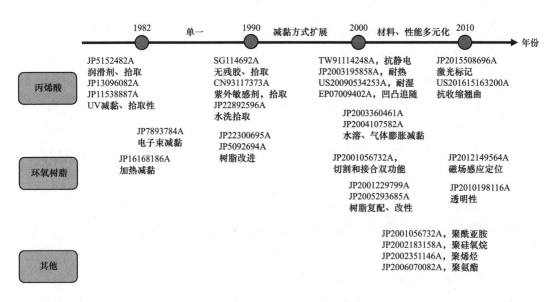

图 10　切割膜的技术发展路线

1983 年日东电工在专利申请 JP5152482A 公开了一种半导体切割膜，针对现有技术中由于在切割晶片之后，拉伸薄膜以加宽元件间隔，随后在用水等洗涤和干燥步骤，将元件送到安装过程中，传统的切割膜由于拉伸保持能力不足，在洗涤过程中元件经常脱落，相反，如果切割膜的黏合力保持力很高，在洗涤过程中元件没有脱离，但在安装过程中用抽吸装置拾取则不容易剥离。针对现有技术的缺点，专利申请 JP5152482A 旨在提供一种含有可交联的丙烯酸黏合剂和润滑剂的半导体芯片切割膜，同时满足黏合力和拾取性的要求。1984 年，新日本电气在专利申请 JP13096082A 公开了一种元件的拾取方法，研究了通过 UV 减黏的方式，同时满足粘接力和拾取性的要求。

1988 年 FSK 株式会社（FSK）在专利申请 JP16168186A 公开了在切割膜中添加可热膨胀的化合物，从而实现加热减黏，提高了拾取性，探索了新的减黏方式。

随着半导体芯片行业的发展，对于半导体芯片加工中所涉及的切割膜的要求越来越高，从开始的单一功能的探索式发展渐渐迈入多功能化的研究。从 20 世纪 90 年代开始拓宽研究的思路，从助剂的改性扩展到对主体树脂的结构改进，同时开始研究多功能化的要求，如无残胶（专利申请 SG114692A）、包埋性（专利申请 CN93117373A）等。改性手段逐渐多样化，开始探索树脂的复配，例如：专利申请 JP22300695A 公开了一种压敏黏合片，通过形成自粘层，所述自粘层包含自粘树脂（例如丙烯酸丁酯-丙烯酸-甲基丙烯酸甲酯共聚物树脂）和可辐射聚合的组合物，即可阳离子聚合的组合物（例如1,6-己二醇二缩水甘油醚），能够同时实现粘接力和拾取性的平衡。

21世纪开始，随着半导体芯片行业的快速发展以及半导体制造技术在新兴的现代化加工技术中广泛的应用，相应的辅助加工材料半导体芯片切割膜的研究越来越受到重视。日本该领域的领军企业日东电工、琳得科、日立等几家企业抓住了先机，不断扩展材料种类以及对特殊功能性的研究。

2001年日立提出了切割和接合双功能的黏合片，并就该主题进行了专利布局。该系列专利中涉及环氧树脂作为主体树脂，替换传统的丙烯酸树脂，能够满足切割和接合的功能，同时满足了耐热、耐湿性。同时期，日立还扩展了其他的主体树脂，如，专利申请JP2001056732A公开了聚酰亚胺与环氧树脂、酚醛树脂复配作为黏合剂材料。

面对高性能、多元化的要求，半导体芯片切割膜性能要求也逐渐多元化，如专利申请JP2012149564A公开了一种黏合剂，通过添加磁体填料，通过磁场感应定位。专利申请JP2010198116A公开了高透明性和高黏合可靠性的要求。

（4）切割膜的重要技术问题和技术手段

从图11可以看出，对切割膜方面的研究热点按申请量依次在于拾取性、粘接性、切割性、抗收缩翘曲、无残胶、耐热、耐湿/潮、抗静电等方面。

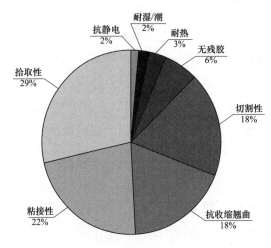

图11　切割膜重要技术问题申请量分布

从图12可以看出，前期的专利申请比较关注切割膜的基本的特性，如拾取性、粘接性。随着半导体加工行业的快速发展，单一性能的切割膜已经不能满足要求，因此在2000年以后开始多功能性的研究，在满足基本的拾取性、粘接性的要求下，开始扩展进一步的抗静电性、耐热、耐湿/潮。同时，在小型化、薄型化的技术需求下，小而薄的半导体芯片更容易出现收缩翘曲问题，针对该技术问题有一定的申请量。下面对各技术问题所采用的重要技术手段进行分析。

1）拾取性和粘接力的平衡

减黏方式的革新：前期主要通过UV减黏的方式来提高芯片的拾取性，如专利申请JP11538887A，为了防止芯片的位移和损坏，采用紫外线固化丙烯酸树脂作为黏合剂，

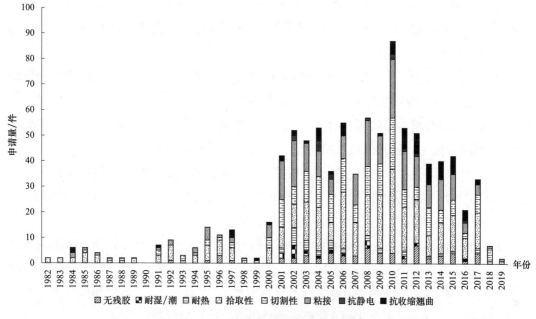

图12　切割膜的重要技术问题时间分布

将晶片粘贴到黏合片上，在切割工作后使紫外线照射粘贴结构以降低黏合力并通过物理方法释放芯片。另外，专利申请JP7893784A涉及通过加热的方式降低粘接力，专利申请JP7893784A涉及通过电子束减黏，从而提高拾取性。上述研究开启了拾取性研究的新篇章。另外，专利申请JP22892596A涉及一种新型的拾取方式，采用了可溶性聚合物，经过洗涤之后能够提高拾取性。

　　树脂的改性：专利申请JP5092694A涉及的压敏黏合剂可以具有梳形聚合物结构，并且聚合物的侧链碳数可以为8或更多。构成具有梳型聚合物结构的压敏黏合剂的单体可以由具有至少50wt%的具有12个或更多个碳原子的酯的丙烯酸酯或甲基丙烯酸酯或其混合物制成，使得黏合剂在高于熔点的温度下具有高黏合性（通过DSC测量的吸热峰温度）和低于熔点的低黏合性。

　　助剂的改性：专利申请JP5152482A涉及添加润滑剂以提高拾取性，专利申请JP15578285A涉及添加特定粒径的填料以降低黏合力。虽然上述两种助剂能够提高拾取性，同时，也会降低粘接力，为了平衡粘接力和拾取性，专利申请JP16168186A提出了加入可膨胀性的化合物。另一种途径是通过添加助剂促进在特定条件下减低黏性，如专利申请JP2002349297A通过添加通过交联树脂刺激交联的交联组分，促进交联，减低黏性。在专利申请JP2000013070A中通过在黏合剂中添加具有叠氮基的化合物，其极大地改善了切割后拾取期间的剥离性。专利申请JP2010052490A中添加侧链具有硅氧烷键的氟类接枝共聚物提高拾取性。

切割膜结构的改进：专利申请 JP35888691A 涉及预先部分紫外线固化压敏黏合剂层（切割膜，部分区域预先固化，如形成条形图案部分固化），以适度调节其黏性。

2）切割性

通过调整粘接力：专利申请 JP19654185A 提出了由在其一侧具有如上所述的压敏黏合剂层的光可透底膜构成的压敏黏合剂膜能够在其上固定半导体晶片具有足够的黏合力以使得晶片可以被精确地切割。阐述了提高切割膜对半导体晶片的黏合力，能够有效地定位半导体晶片，从而提高切割的精确性，切割性和粘接力是相辅相成的。

性能参数的调整：日东电工提出，通过控制切割膜的储能模量，能够在切割半导体晶片时减少切割表面的碎裂（专利申请 JP5979697A、JP14331197A、JP2001034813A）。

3）抗收缩翘曲

提高柔韧性是提高防止收缩翘曲的一个有效有段，如专利申请 KR20000032331A 通过选择聚合物具有一个碳-碳双键和分子内侧链，所述分子内侧链的原子数和链长均为 6 或更大，可以提高聚合物的柔韧性，从而降低收缩性。其次，通过调整弹性模量，如专利申请 KR20030080904A 改进配方获得低弹性模量，也可以抗收缩翘曲。

4）抗静电性

添加抗静电剂（专利申请 TW91114248A）是提高抗静电性的常见手段。具体为，电荷转移聚合物专利申请 JP2002355677A、电荷转移络合物专利申请 JP2004075418A、离子液体专利申请 JP2004346481A、碱金属盐专利申请 CN200980132661A、碳纳米材料专利申请 JP2011079951A 等。对树脂的抗静电改性也是有效手段之一，如专利申请 JP2010076214A、JP2010077022A。

5）耐热性

在切割过程中切割产生的热量容易使材料变形，因此要求切割膜具有一定的耐热性。如专利申请 KR20030080904A 探索使用耐热性更高的聚酰亚胺作为主体树脂、其涉及的黏合剂层由包含酚羟基自由基聚酰亚胺树脂、环氧树脂和环氧树脂固化剂的黏合剂组合物制成所述环氧树脂和所述环氧树脂固化剂的总重量与所述聚酰亚胺树脂的重量的比例为 0.1：1 至 3：1。再者，对现有的树脂进行耐热改性也是常见手段，如专利申请 JP2003195858A 在使用特定丙烯酸树脂的情况下，可以提供低温黏合性和耐热性均优异的半导体黏合剂膜。专利申请 KR20170123939A 将具有特定结构的芳族化合物引入到所述黏合剂层中提高耐热性。

6）耐湿/潮性

值得注意的是通过控制材料的吸湿率来得到良好的耐湿/潮性是有效手段，如专利申请 JP2003081823A、JP2017552469A。另外有其他的改进方式，如专利申请 CN200910166960A 通过添加芳族多胺化合物作为催化剂和固化剂，表现出出众的包埋性能，在吸湿条件下表现出更高的封装可靠性。

7）无残胶

值得注意的一些改性手段如下。

通过助剂改性：专利申请 JP8177097A 提出当包含具有高分子量的特定光引发剂代替该已知的引发剂时，消除了照射后的强烈气味，并避免留下了黏合剂残留物。

通过调整树脂组成：专利申请 JP2002241453A 提出黏合剂基础聚合物的羟基当量和具有羟基和不饱和的化合物的总和双键是异氰酸酯固化剂的异氰酸酯基当量的 1.0~2.0 倍，提高拾取性和无残胶。

（5）分析与结论

经分析，前期的专利申请关注切割膜的基本特性，如拾取性、粘接性，主体树脂使用丙烯酸树脂，技术改进在于助剂的选择。同时，鉴于传统的拾取工艺比较单一，20 世纪 80 年代开始探索新的拾取工艺，如 UV 减黏、电子束减黏、加热减黏等。90 年代开始拓宽研究的思路，从助剂的改性扩展到对主体树脂的结构改进、树脂的复配，同时开始研究多功能性。在 2000 年以后开始研究在满足基本的拾取性、粘接性的要求下，扩展其他性能如抗静电性、耐热、耐湿/潮。同时，在小型化、薄型化的技术需求下，重点研究小而薄的半导体芯片更容易出现收缩翘曲的问题。所涉及的重要技术问题如下：拾取性和粘接力的平衡，所采用的重要技术手段包括减黏方式的革新、树脂和助剂的改性、切割膜结构的改进。提高切割性的重要技术手段是提高切割膜对半导体晶片的黏合力，能够有效地定位半导体晶片，从而提高切割的精确性，其原因在于切割性和粘接力是相辅相成的。另外，也提出了控制切割膜的储能模量以降低切割表面碎裂的可能性。提高柔韧性是提高防止收缩翘曲的有效手段。添加抗静电剂和对树脂的抗静电改性都是重要技术手段。耐热性，主要通过选择耐热树脂如聚酰亚胺和添加耐热性助剂提高。值得注意的是通过控制材料的吸湿率来得到良好的耐湿/潮性。无残胶的研究主要是通过助剂以及调整反应物质的用量比例来调整交联度，避免因分子量小而发生残留。

3. 芯片接合膜

（1）全球专利申请分析

针对半导体晶片切割胶带用芯片接合膜的全球专利申请进行统计分析，其全球专利申请共 316 件，申请趋势与半导体晶片切割胶带的趋势基本一致，地域主要集中在日本，日本申请量为 286 件，占比 90.5%，其次为韩国，韩国申请量为 22 件，仅占比 7.0%。日本申请人排位为日东电工、日立、古河电气、住友电木、信越化学，申请量分别为 108 件、90 件、26 件、19 件、19 件。可见，日本，尤其是日东电工、日立的研发水平处于芯片接合膜领域的领先地位。

对芯片接合膜的全球专利申请的发明构思进行统计分析，得到芯片接合膜针对的重要技术问题为：①如何保证对晶片可靠的粘接力；②如何实现芯片的安装可靠性；③如何赋予芯片接合膜耐热、导热性能；④如何实现芯片接合膜与切割膜之间的良好剥离以保证拾取成功率；⑤如何实现防潮耐湿性能以适用于晶片加工；⑥如何实现芯片接合膜对电路的凹凸填充性；⑦如何确保芯片接合膜的切割性以避免污染芯片；⑧如何保障耐回流焊性能；⑨如何避免收缩翘曲带来的晶片损坏；⑩如何实现芯片接合膜可再加工性。

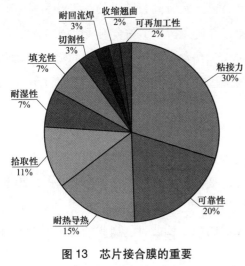

图13　芯片接合膜的重要技术问题申请量分布

由图13可知，芯片接合膜发展过程中10个重要技术问题的专利申请量分别为：①占比30%；②占比20%；③占比15%；④占比11%；⑤占比7%；⑥占比7%；⑦占比3%；⑧占比3%；⑨占比2%；⑩占比2%。可见，涉及粘接力、安装可靠性、耐热导热、拾取性能的技术问题的专利申请占比最多。

图14为对芯片接合膜全球专利申请的技术方案进行的统计分析，得到解决上述技术问题的主要技术手段可分为：①对作为芯片接合膜主体的树脂材料进行选择、改进；②对辅助功能助剂进行选择以实现预期的功能性；二者分别占比69%、31%。其中，用作芯片接合膜主体的树脂材料可分为四类：①环氧树脂基体，②丙烯酸系基体，③酰亚胺基体，④其他种类，分别占比31%、19%、14%、5%。由此可知，环氧树脂用作芯片接合膜主体树脂的种类最多。

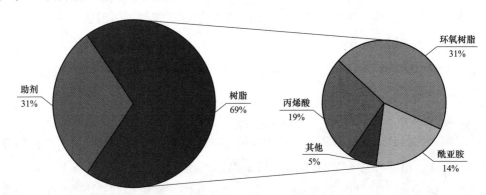

图14　芯片接合膜的重要技术手段申请量分布

（2）技术路线及重要专利分析

图15为芯片接合膜的技术路线，涉及芯片接合膜全球专利申请始于1986年，申请量整体呈上升趋势，可分为三个阶段，分别为萌芽期（2000年之前）、快速发展期（2001~2007年）、爆发期（2008年至今）。

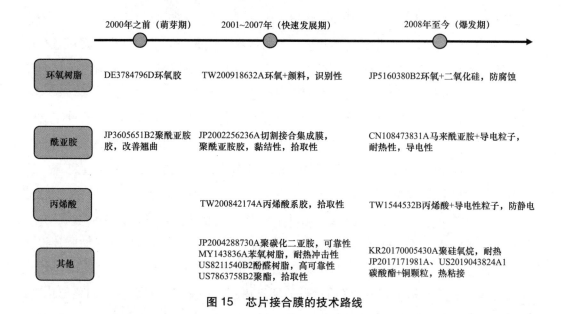

图15 芯片接合膜的技术路线

1986~2000 年间，涉及芯片接合膜材料组成的专利申请量仅 3 件，这意味着这一时期针对芯片接合膜材料组成的研发尚处于萌芽阶段，这可能是由于在 2000 年之前，受限于当时的晶片切割工艺的单一化，半导体晶片切割胶带领域的研究焦点主要集中在切割膜以及整体结构改进上，对匹配性的芯片接合膜的需求并不大。

国民淀粉化学的专利申请 DE3784796D 首次公开了将基于环氧树脂的黏合剂转移到晶片上并进行 B 阶化步骤以形成不发黏的晶片/黏合剂复合物，随后将其安装在切割薄膜上，用于将晶片切割成芯片，然后可以将划线的晶片分裂成可以使用黏附黏合剂层安装的单个芯片，并执行最终的固化步骤。由此，国民淀粉化学首次提出了一种适合用作晶片接合膜的树脂材料，其对适合用作晶片接合膜的树脂材料的选择具有很好的指导意义。

继国民淀粉化学之后，日立进一步扩充了适合用作晶片接合膜的树脂材料的种类，日立的专利申请 JP3605651B2 公开了一种用于芯片键合的黏合剂，其包含玻璃化转变温度为 90℃ 或更低的热塑性聚酰亚胺树脂和热固性树脂，当所述黏合剂热压黏合到晶由此片的背面时，即使在 300μm 或更小的晶片中也不会出现裂缝，翘曲小，并且获得宽的温度范围。

日本钢铁化学株式会社（YAWH）的专利申请 US2003049883A 同样是采用环氧基黏合剂作为芯片接合膜的主体材料，但其提出了新的技术问题，如何使接合膜表现出优异的连续切割特性和优异的管芯附着特性，并优化其耐温循环特性和防湿回流特性，其解决所述技术问题的主要技术手段为，具体选用球形二氧化硅为填料，并控制其用量在 50wt%～80wt% 范围内时，同时对黏合层的厚度进行设定。日本钢铁化学株式会社对半导体晶片切割胶带用芯片接合膜的主要应用要求、研发方向给出了清晰的教导。

2001~2007 年，涉及芯片接合膜材料组成的全球专利申请量呈快速上升期，年均申请量达到 10.86 件，这一时期针对芯片接合膜的材料组成的研究，主要集中在对适合用作芯片接合膜的树脂材料的新种类的探索、扩充，以及适应晶片加工工艺对芯片接合膜实际应用要求技术问题的进一步发掘和相应解决技术方案的提出。

对于构成芯片接合膜树脂材料的探索，日立的专利申请 JP2004288730A 公开了芯片接合膜由限定结构式的聚碳化二亚胺组成，由此，半导体芯片和电极构件之间的结合时提供稳定的结合强度，并且在结合后提供优异的可靠性和优异的可加工性和生产率。第一毛织的专利申请 TW200842174A 公开了通过加入黏度高或者接近于固体的 UV 固化的丙烯酸酯，与丙烯酸系黏结树脂配合，在 UV 固化之后粘接力下降，提高拾取成功率。信越化学的专利申请 MY143836A 提供了一种粘接性优异且耐热冲击性优异的芯片接合膜，形成其的粘接剂组合物包括：100 质量份的限定结构的一分子中至少具有一个烷氧基硅烷残基的苯氧基树脂，5~200 质量份的环氧树脂，催化量的环氧树脂固化催化剂，以及相对于上述组分的总量每 100 质量份 33~300 质量份的无机填充剂。第一毛织的专利申请 US7863758B2 公开了采用聚酯类热塑性树脂作为芯片接合膜的树脂材料，其显示出在 UV 固化前后均降低了的胶粘剂层与 PSA 层之间的 180°剥离强度，能够获得增加的拾取成功率，并且，膜在高温下会显示出高的流动性，在贴晶片时变得更加均匀，并使高温下贴晶片时的空隙的产生降至最低，显示出高可靠性和可加工性。第一毛织在专利申请 US8211540B2 公开了使用与硅烷偶联剂预反应的酚醛固化树脂用于制备半导体装配的胶粘剂膜，其在黏附晶粒、引线接合和烘箱固化过程中在胶粘剂膜中没有观察到空隙和气泡，从而提高剪切强度，以赋予胶粘剂膜高可靠性。

上述专利申请在对构成芯片接合膜的树脂的新种类进行探索的同时，也对芯片接合膜使用中面对的技术问题、相应的技术要求，以及相应的解决方案进行了研究。除此之外，日立的专利申请 JP2005019516A 公开了一种芯片接合膜，其针对如何保证芯片的跟随性优异，并实现具有优异的耐吸湿性和耐焊料回流性的技术问题，采用如下的技术手段，芯片接合膜固化前在 40℃下的拉伸储能模量为 0.1~100MPa，固化后在 250℃下的拉伸储能模量为 0.5~200MPa。日立的专利申请 JP2008108828A 还公开了芯片接合层优选含有能够屏蔽紫外线的紫外线遮蔽剂，从而减少紫外光对半导体芯片的影响。日立的专利申请 TW200918632A 公开了接合膜中含有吸收或反射波长处于 290~450nm 的范围内的光的颜料，从而使薄层化的接合膜容易地被识别有无，缩短停机时间、提高成品率。

经过 2001~2007 年的快速上升期，研发人员对芯片接合膜所需要解决的技术问题以及相关的解决方案有了较为系统、全面的认识和积累，进而，随着半导体芯片行业的快速发展以及晶片加工工艺的多样化和日趋成熟，对芯片接合膜的需求变大，从而促使了芯片接合膜领域的专利申请的数量激增。2008 年至今，涉及芯片接合膜材料组成的全球专利申请量处于爆发期，这一时期全球年均申请量相对于 2001 ~ 2007 年翻番，2008 ~ 2017 年间达到年均申请量 23.4 件，主要的研发热点聚焦在赋予芯片接合膜新的功能性以匹配芯片安装的需要，同时也涉及对适合用作芯片接合膜的树脂材料的种类的进一步探索和扩充。

对于适合用作芯片接合膜的树脂材料的新种类的探索，古河电气于 2016 年公开了采用具有聚二甲基硅氧烷骨架的高分子为芯片接合膜的树脂材料，其在专利申请 WO2016031551A1 公开了一种导电性粘接膜，所述导电性粘接膜包含至少含 Cu 的两种以上的金属颗粒和具有聚二甲基硅氧烷骨架的高分子，所述粘接膜耐热性优异且应力缓和性优异，并且无需大量使用银等昂贵的贵金属即可获得能够适用于功率半导体背面电极的高导电性，不会从元件中溢出，可获得充分的接合强度。随后，日立在专利申请 JP2017171981A 公开了一种芯片接合膜，其具有含有铜颗粒和聚碳酸酯的烧结前层，能够获得降低的成本，且提高所制造的接合体的屈服比和热粘接。

对于赋予接合膜新的功能性以匹配芯片安装的需要，主要涉及耐腐蚀性、防静电、导电性、可视检查性等。

1）耐腐蚀

新日铁住金化学株式会社（YAWA）于专利申请 JP5160380B2 中公开了使用含有特定比例的二氧化硅填料获得的芯片接合膜，可以在充分防止黏附到彼此的半导体元件上的同时，并能够充分防止半导体元件腐蚀。古河电气于专利申请 KR20110055386A 中公开了在芯片接合膜中使用螯合物改性环氧树脂能捕获粘接剂层内部的离子性杂质，从而防止由此导致的金属腐蚀，另外导通性、耐湿性及高温放置特性优异，导通用电线容易埋入。第一毛织于专利申请 CN102108276A 中公开了在芯片接合膜中使用含过渡金属清除官能团的硅烷偶联剂，用于除去过渡金属而不损坏黏性膜性质。

2）防静电

日东电工于专利申请 JP2012060068A 中公开了通过使热固型芯片接合薄膜含有导电性粒子，将所述热固型芯片接合薄膜的体积电阻率调节为 $1 \times 10^{-6} \Omega \cdot cm$ 以上且 $1 \times 10^{-3} \Omega \cdot cm$ 以下，并且，将所述热固型芯片接合薄膜热固化前在 $-20 \, ^\circ\mathrm{C}$ 下的拉伸储能弹性模量调节为 0.1 ~ 10GPa，因此，可以防止半导体芯片被拾取时的剥离带电破坏，并且可以防止将带有芯片接合薄膜的半导体芯片层叠到被粘物上时的带电，结果可以提高作为器件的可靠性。同时，日东电工的 JP2012142368A、JP2012142370A 同样涉及如何解决在低湿度的洁净室中也不易发生剥离电荷。

3）抑制电性能下降

日东电工在专利申请 JP2013026566A、TW201305306A、JP2013023685A、JP2013023684A、JP2013030500A、JP2013028679A、JP2013028717A、JP2013038098A 中公开了在晶片接

合膜中配合使用络合物或离子捕捉剂以抑制从外部混合的离子和由键合线产生的离子，使其变得难以在晶片上的电路形成表面，从而抑制电性能下降，以提高产品可靠性。

4）导电性

日东电工于专利申请 WO2015104986A1 中公开了一种用于芯片接合膜的膜状胶粘剂，其含有导电性粒子，导电性粒子含有纵横比为 5 以上的片状粒子，导电性粒子 100wt% 中的片状粒子的含量为 5wt%～100wt%，可以提供导电性优异的膜状胶粘剂。日东电工的 JP2015130418A 同样是于芯片接合膜添加片状导电粒子获得导电性。

5）可视检查性

日东电工于专利申请 JP2015195265A 中公开了设置芯片接合膜热固化前在波长 400nm 下的透光率设为 T1（%）并将在 120℃下加热 1 小时后在波长 400nm 下的透光率设为 T2（%）时，所述 T1 为 80% 以上，所述 T1 与所述 T2 之差（T1-T2）为 20% 以下。由此，在热固化前及热固化后这两个状态下，都能够容易地发现半导体芯片的背面、侧面是否存在碎片。

（3）分析与总结

经分析，芯片接合膜的全球专利申请始于 1986 年，2000 年之前受限于当时晶片切割工艺的单一化，针对芯片接合膜的研究仅有 3 件专利申请。2001 年之后，随着半导体芯片行业的快速发展以及晶片加工工艺的多样化和日趋成熟，对接合膜的需求变大，从而促使接合膜领域的研究快速发展，对芯片接合膜的研究从满足基础应用的要求向赋予其多功能化的发展。2001～2007 年间针对芯片接合膜的研究热点主要集中在对适合用作芯片接合膜的树脂材料的新种类的探索、扩充，以及适应晶片加工工艺对芯片接合膜实际应用要求的技术问题的进一步发掘和相应的解决技术方案的提出。这一期间，探索得出芯片接合膜需要解决的重要技术问题包括：晶片粘接力，芯片安装可靠性，耐热、导热性能，优良剥离性，防潮耐湿性，凹凸填充性，切割性，耐回流焊，避免晶片收缩翘曲，实现可再加工性等；并提出了以环氧树脂、丙烯酸、酰亚胺、聚碳化二亚胺、苯氧树脂、酚醛树脂、聚酯作为主体树脂的胶粘剂用于芯片接合膜。经过这一时期的快速发展，研发人员对芯片接合膜实际应用中所需要解决的技术问题以及相关的解决方案有了较为系统、全面的认识和积累。2008 年至今，芯片接合膜主要的研发热点聚焦在赋予接合膜新的功能性以匹配芯片安装的需要，同时也涉及对适合用作接合膜的树脂材料的新种类的探索、扩充以及接合膜性能的进一步优化。这一时期，对于适合用作晶片接合膜的树脂材料的新种类的探索，提出了采用具有聚二甲基硅氧烷骨架的高分子、聚碳酸酯为晶片接合膜的树脂材料。对于赋予接合膜新的功能性以匹配芯片安装的需要，则主要涉及耐腐蚀性、防静电、导电性、可视检查性等。

三、重要申请人

一个晶片上，通常有几百个至数千个芯片，半导体晶片特别是普遍使用的硅晶片属于硬脆材料，在切割过程中切割胶带的去除容易产生微裂纹、弹性畸变和层错等损伤。随着电子设备向着小型化、高功能化、多功能化不断发展，这些电子设备对半导体晶片的超精密加工提出了更高的要求，而半导体晶片切割胶带是半导体晶片加工的重要构件，半导体晶片切割胶带的改进很大程度上提高了半导体芯片制造的良率。通过图4的分析可知，在半导体晶片切割胶带领域，日本企业申请人独占鳌头，韩国企业申请人有所涉猎，国内几乎没有企业涉足该领域。全球申请量占前四位的是申请人为日东电工、日立、古河电气和琳得科，四者的专利申请量分别为：330件、178件、170件和156件，属于该领域的领军申请人。

（一）重要申请人申请趋势、区域分析

图16显示了4家重要申请人在半导体晶片切割胶带领域全球专利申请量的变化趋势。

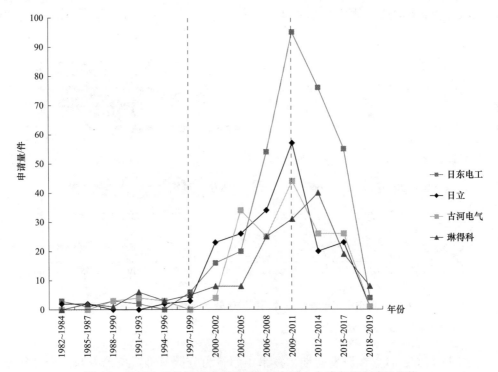

图16 半导体晶片切割胶带领域重要申请人全球专利申请量趋势

由图16可以看出四大申请人全球专利申请趋势与图1该领域全球专利申请趋势一致，同样分为三个阶段：缓慢发展期（1982~1999年）、快速发展期（2000~2011年）、平稳发展期（2012~2019 年）。需要指出的是 2018~2019 年申请的案件部分处于尚未公开状态，因此，申请量较少。日东电工在该领域一直保持高强的申请态势。

从第二部分基础结构的演进可以看出，半导体晶片切割胶带主要涉及晶片切割胶带中的切割膜、基材的组成基体材料和助剂的改进，涵盖诸如设置通孔、凹槽、非黏合区域等结构改进，基材、切割膜之间增设功能化的其他层，旨在满足解决切割性和拾取性的基础上进一步追求诸如抗静电性、着眼于扩展步骤的操作性等。下文将对四家重要申请人涉及的技术主题进行分析。

由图 17 可以看出，日东电工的研究方向主要聚焦于切割膜、接合膜和切割胶带的整体。较少涉及切割带的结构改进。在 1982~1999 年的缓慢发展期，日东电工主要关注切割膜和其他层的改进，对切割膜的研发峰期集中在 2005~2015 年，在 2000 年左右陆续开始对其他层进行有体系的研发。对于背面保护膜则在 2000 年才开始有涉及，2003 年起开始关注晶片切割胶带整体的改进，旨在获得切割、拾取综合性能优异的胶带。在 2010 年研究重心转移至接合膜，并开始研究切割/芯片接合薄膜以及切割背面保护一体型薄膜以实现切割带的切割和接合/背面保护的复合功能。近年来，日东电工大量研究为了实现更好的技术效果，切割带需满足的性能指标，而非切割带组成/结构的改进，由此形成了大量性能参数限定的专利申请。

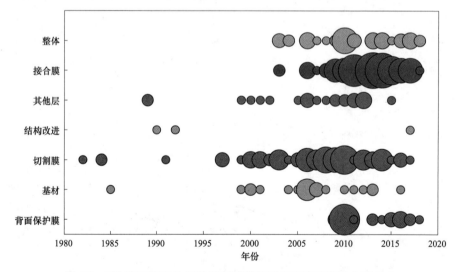

图 17　日东电工半导体晶片切割胶带领域专利申请技术主题分布

注：图中气泡大小表示申请量多少。

由图 18 可知，日立在研发初期，技术主题较为分散，研发技术主题的全面涉猎在 2000 年以后，主要涉及切割膜，切割膜是日立一直研究的主题，其次是接合膜，在 2006 年以前呈现零星分散的状态，在 2006 年进入研发高峰，较日东电工略微抢占先机，其对于背面保护膜和基材的涉猎较少。

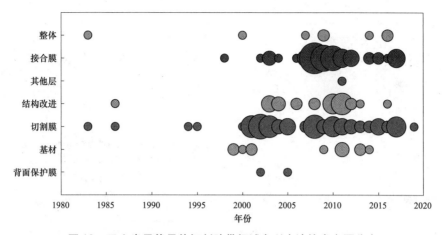

图 18　日立半导体晶片切割胶带领域专利申请技术主题分布

注：图中气泡大小表示申请量多少。

如图 19 所示，古河电气在研发初期，技术主题主要涉及切割膜，技术主题的全面铺开是在 2002 年以后，且各方面体现出较为均衡的发展，尤其是接合膜在 2004 年左右呈现明显增长，这也体现了古河电气紧跟行业研发热潮，抢占市场先机的意识。

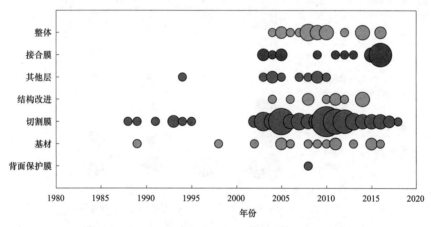

图 19　古河电气半导体晶片切割胶带领域专利申请技术主题分布

注：图中气泡大小表示申请量多少。

如图 20 所示，琳得科在研发初期，对各个技术主题均有所涉及，但主要的技术主题一直集中在切割膜，从 2004 年开始研发热度一直不减，然而琳得科在接合膜方面的研究几乎为空白。

分析 4 位重要申请人全球专利申请地域分布，如图 21 所示，4 位重要申请人均在主要申请地域日本、中国、欧洲、韩国有所布局。日东电工在日本、中国、韩国的专利申请量均较大，体现了多区域的强势布局。日立的专利申请主要集中在日本，在日本以外的国家/地区布局较弱。古河电气和琳得科虽然全球申请量较日立略低，但是专利申请布局较日立更为均衡。

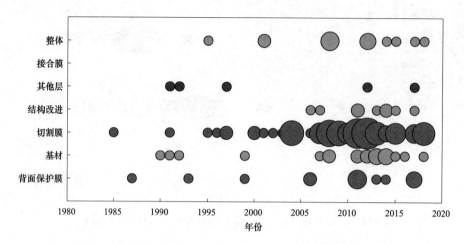

图20 琳得科半导体晶片切割胶带领域专利申请技术主题分布

注：图中气泡大小表示申请量多少。

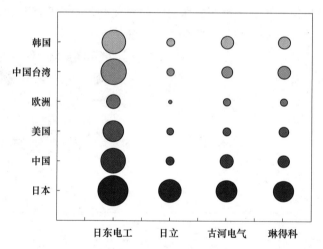

图21 半导体晶片切割胶带领域重要申请人全球专利申请地域分布

注：图中气泡大小表示申请量多少。

通过上述分析，综合专利申请量、整体专利布局、技术主题布局，最终选择具有代表性的重要申请人——日东电工和古河电气进行重点分析。

（二）日东电工

1. 申请趋势

日东电工是该领域申请量最大的申请人，其申请量占总申请量的大约23%。自1982年起至今，该公司投入了近300名研发人员对该领域进行了持续的研究。该公司重要的发明人为高本尚英、大西谦司、宍户雄一郎、木村雄大和松村健（作为发明人的专利文献为50篇以上）。如图22所示，从1982年，日东电工申请首件切割带专利起，到1999

年间，日东电工的三年申请量均在 10 件以下，并且均未进入中国，此阶段属于缓慢发展期。自 2000 年到 2011 年的快速发展期，日东电工在该领域的申请量大幅度增加，并且大部分均进入中国。2009~2011 年三年间申请了 95 件专利，其中 75% 进入中国，这与该期间半导体芯片制造产业在中国的勃兴密切相关。自 2012 年起，该领域进入稳定发展期，日东电工的申请量有明显下降，然而该公司依然高度重视中国市场，超过 2/3 的专利申请会进入中国。近两年申请的案件尚有一些处于未公开状态，因此 2018~2019 年的申请量较少。

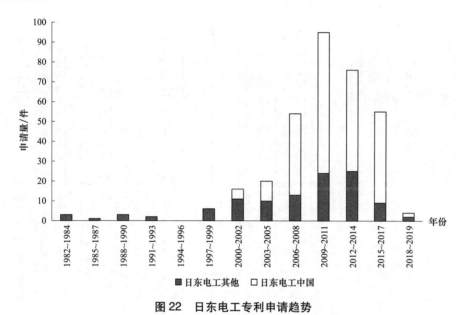

图 22　日东电工专利申请趋势

2. 技术演进路线

考虑切割带的结构和组成，按照申请时间顺序确定了日东电工各技术主题的技术演进路线，如图 23 所示。从图中可以看出，日东电工在切割膜、接合膜、基材、其他层、切割带整体和背面保护膜等方面进行了持续改进。发明人针对切割带使用的过程中遇到的技术问题，结合实际切割工艺条件，提出了许多结构和/或组成改进，发现了大量的性能规律。

减黏膜在减黏前可以维持高的粘接力，减黏后可以使粘接力下降到很低的水平，因此可以很好地满足切割带的切割保持性和剥离拾取性的看似矛盾的性能需要。这一性能在芯片较薄或尺寸较大，无法承受较大的剥离力时尤为重要。日东电工于 1985 年公开了基于紫外线减黏的切割带（专利申请 JPS60196956A），其包括透光基材和设置在该基材上的可通过光照射固化的切割膜。该切割膜包含 100 重量份基础聚合物，1 至 100 份重量份分子中含有至少两个可光聚合的碳碳双键的低分子量化合物和 0.1~5 重量份的光聚合引发剂。在晶片切割工艺期间，该切割膜牢固地黏合到晶片和芯片上；紫外线照射

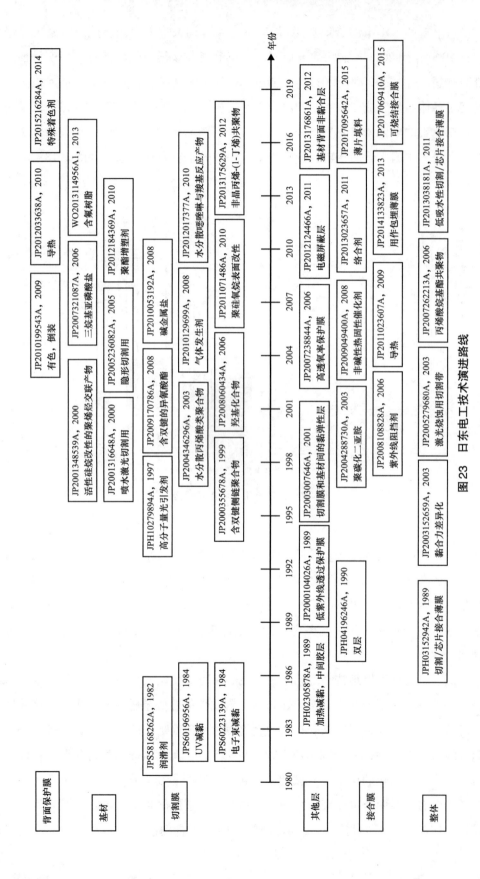

图 23　日东电工技术演进路线

后，切割膜的内聚力显著增大，模量上升，黏合力显著降低，从而使芯片的拾取容易进行。同年，日东电工还公开了基于电子束减黏的切割带（专利申请 JPS60223139A），可以省略引发剂，但需使用较为昂贵的电子束照射装置。

普通的低分子量光引发剂在紫外线照射固化后，会产生强烈的气味，日东电工（专利申请 JPH10279894A）使用高分子量（1000～100000）聚合的引发剂替代普通的低分子量引发剂消除了紫外线照射后产生的强烈的气味和照射后晶片的黏合剂残留污染。

切割膜辐射固化后体积收缩大时，容易导致芯片的翘曲，日东电工（专利申请 JP2000355678A）使用具有多个链长为 6 以上的含碳碳双键的侧链的辐射反应性聚合物作为切割膜的基体树脂，从而使由固化反应产生的收缩力引起的芯片的翘曲可以降低到低水平。

使用水分散的而非溶剂型的丙烯酸类压敏胶组合物制备切割膜，可以减少对环境的污染，然而乳化剂的使用，容易导致对晶片的黏附性不足，日东电工（专利申请 JP2004346296A）使用反应性乳化剂制备的乳液聚合物作为切割膜基体树脂，使得切割膜在辐射固化前保持足够的黏附性。

为了使粘到研磨后的晶片活性面的切割带能够获得切割保持性和长期粘着减黏后仍易于拾取，日东电工（专利申请 JP2008060434A）在切割膜中添加含羟基化合物或其衍生物，优选聚亚烷基二醇或其衍生物，如聚丙二醇或聚乙二醇，以抑制压敏黏合剂的基础聚合物与研磨后晶片活性面的活性原子形成化学键，抑制活性面与切割膜之间的粘接强度变得过高。

为了抑制多官能单体在接合膜中扩散导致的切割膜和接合膜的边界消失，日东电工（专利申请 JP2009170786A）在切割膜中的丙烯酸树脂单体中使用适量的含羟基单体和具有自由基反应性碳碳双键的异氰酸酯化合物，使得切割膜拾取前不需要再执行减黏工艺。

为了开发新的减黏体系，日东电工（专利申请 JP2010129699A）在切割膜中使用气体发生剂，其在外界刺激如光照射情况下产生气体，从而实现切割膜的减黏。

为了防止静电对芯片的不利影响，日东电工（专利申请 JP2010053192A）在切割膜中添加聚醚多元醇和碱金属盐。

为了平衡薄型晶片切割时的保持力和芯片接合薄膜剥离时的剥离性，日东电工（专利申请 JP2011071486A）使用聚硅氧烷树脂对切割膜的粘贴面进行表面改性。

在环保性切割膜的开发上，日东电工（专利申请 JP2012017377A）使用使水分散含羧基聚合物与含噁唑啉基单体反应而得到的聚合物或者为使水分散含噁唑啉基聚合物与含羧基单体反应而得到的聚合物作为切割膜的基体树脂，得到活性能量射线照射前能够显示高黏合性，活性能量射线照射后能够显示高剥离性的切割膜。

为了抑制切屑的产生，日东电工（专利申请 JP2013175629A）在切割膜中使用非晶丙烯-（1-丁烯）共聚物。

近年来，日东电工对于切割膜的研究还聚焦于切割膜的性能参数研究，如专利申请 JP2014072444A 公开了切割膜的弯曲刚度在特定的范围内，拾取性好；专利申请 JP2014201672A、TW201443193A 公开了切割膜表面的利用纳米压痕仪测试的压痕硬度在特定的范围，使其在激光切割后不会导致黏合力上升；JP2015220305A 公开了切割膜和背面保护膜的表面自由能差在特定范围，可以抑制切割膜和背面保护膜之间的剥离力的上升；专利申请 JP2018009049A、JP2018009050A 公开了切割膜的厚度和弹性模量以及切割膜的黏合力满足特定的范围，其固定性和剥离性优异。

在切割胶带基材方面，为了防止金刚石颗粒刀片切割时丝状切屑的产生，日东电工（专利申请 JP2001348539A）在基材中使用活性硅烷改性的聚烯烃聚合物。为了适应喷水激光切割工艺，日东电工（专利申请 JP2001316648A）使用具有特定孔比率的基材，以便于引导水流的通过。为了避免隐形切割（通过激光的光吸收消融在被加工物内部设置改性区域分割）时激光聚焦区域偏离导致的改性区域不均匀，日东电工（专利申请 JP2005236082A）提供一种切割带，在切割带的基材的不接触于黏合剂层的基材表面，不具备宽度为 20mm 以下且高度为 $1\mu m$ 以上的凸部以及宽度为 20mm 以下且深度为 $1\mu m$ 以上的凹部。为了防止基材聚氯乙烯中的添加剂转移到切割膜，日东电工（专利申请 JP2007321087A）在基材聚氯乙烯中添加热稳定剂三烷基亚磷酸盐。出于环保方面的考虑，日东电工（专利申请 JP2012184369A）采用溶解度参数为 9 以上的低分子量聚酯增塑剂替代邻苯二甲酸酯系增塑剂。为了适应高的加工温度和减黏温度，日东电工（专利申请 WO2013114956A1）使用含氟树脂作为切割带的基材。

日东电工对于切割带基材的研究还聚焦于基材的性能参数研究，如专利申请 JP2009114393A 公开了为了便于芯片贴合在黏合片的状态下，进行电导通检查，由导电性纤维薄膜形成的基材的表面电阻率为 $1\Omega/squ$ 以下；专利申请 JP2014152241A 公开了基材外侧具有特定的动态摩擦力和特定的 MD、TD 拉伸模量比，从而能够在纵向和横向上均匀地扩展；专利申请 JP2017195336A 公开了基材具有特定的熔点，从而避免切割屑的产生，具有特定的拉伸模量，从而不易破裂。

在切割带的其他层的改进方面，日东电工（专利申请 JPH02305878A）通过在基材和热膨胀性切割膜之间插入不含发泡剂的压敏黏合剂层，防止膨胀的压敏黏合剂层从基材分离，并且可以高度控制切割膜的热膨胀。为了保护紫外线固化切割膜，避免不期望的反应，日东电工（专利申请 JP2000104026A）使用黏附在切割表面上的紫外线透射率低的隔膜。为了抑制切割时芯片背面破碎，日东电工（专利申请 JP2003007646A）在切割膜和基材之间加入具有特定储能模量的黏弹性层。为了抑制切割膜的不期望的固化，日东电工（专利申请JP2007238844A）使用高氧气渗透率的保护膜以提高切割膜的储存稳定性。为了减少从一个芯片释放的电磁波对同一封装内的另一个芯片等产生的影响，日东电工（专利申请JP2012124466A）使用了特定的电磁波屏蔽层。为了抑制出现因底座的发热等引起的过度密合，日东电工（专利申请JP2013176861A）在基材薄膜上设置非黏合层，可有效地抑制卷状的形态中的粘连，在从卷状的形态进行退卷时不会断裂或破损，该非黏合层与该基材薄膜的适应性良好，对拉伸等变形的追随性良好。

为了适应芯片倒装工艺，日东电工将背面保护膜与传统切割带结合，构造了切割背面保护一体型薄膜。对于背面保护膜，为了提高倒装芯片封装效率，日东电工（专利申请JP2010199543A）制造了包括切割带和背面保护膜的切割背面保护一体型薄膜，背面保护膜形成于切割带的切割膜上，晶片背面保护膜是有色的，并且有色晶片背面保护膜具有特定的弹性模量，以起到标识和抑制芯片通过背面保护膜粘贴到支承体上的作用。为了提高背面保护膜的导热性，日东电工（专利申请JP2012033638A）在背面保护膜中使用特定量的导热性填料。为了抑制着色剂向切割带移动，日东电工（专利申请JP2015216284A）使用特定溶解性的着色剂。

切割带的整体研究方面，为了便于芯片接合，日东电工（专利申请JPH03152942A）公开了切割/芯片接合薄膜。为了防止切割环的污染并且防止芯片的飞溅，日东电工（专利申请JP2003152659A）采用接合膜尺寸大于晶片的尺寸，而小于切割环的内径，切割膜对应接合膜的黏合力低于其他区域的黏合力的差异化设计。为了抑制激光烧蚀加工时分解物对被加工物表面的污染，日东电工（专利申请JP2005279680A）采用特定切割带与晶片吸光系数的比，特定的切割带基材与晶片的折射率差和特定的切割带与晶片的比热容差。为了抑制低分子量组分和未反应的交联剂组分向晶片的转移，日东电工（专利申请JP2007262213A）使用的基材和切割膜均以丙烯酸烷基酯共聚物为主要成分。为了改善密封树脂的耐回流焊性，日东电工（专利申请JP2013038181A）选用具有特定吸水率的切割/芯片接合薄膜。

在接合膜的研究方面，为了使得切割/芯片接合薄膜的保持力和剥离性平衡优异，日东电工（专利申请JPH04196246A）采用双层接合膜，其中靠近切割膜的一层具有更高的玻璃化转变温度。为了提高芯片接合强度和可靠性，日东电工（专利申请JP2004288730A）在接合膜中使用具有特定结构的聚碳化二亚胺。为了减少紫外光对半导体芯片的影响，日东电工（专利申请JP2008108828A）选择在接合膜中使用特定的紫外线阻挡剂。为了抑制裂纹的发生，日东电工（专利申请JP2009049400A）在接合膜中使用非碱性热固性催化剂。为了提高接合膜的导热性，日东电工在接合膜中使用特定量的高导热填料（专利申请JP2011023607A），或薄片填料与特定粒径的银填料组合使用（专利申请JP2017095642A）。为了抑制阳离子引起的芯片电性能下降，日东电工（专利申请 JP2013023657A）在接合膜中使用特定的络合剂。为了提高芯片封装密度，日东电工（专利申请 JP2014133823A）将接合膜同时用作另一半导体元件的包埋薄膜。此外，日东电工（专利申请 JP2017069410A）提出了替换含烧结金属颗粒的糊剂的功率半导体用可烧结接合膜。

（三）古河电气

1. 申请趋势

如图 24 所示，古河电气在中国的专利布局始于 2002 年，至 2008 年仅申请了 8 件，古河电气真正重视中国市场的专利布局始于 2009 年，仅 2009~2011 年就申请了 12 件专利，并于 2015~2017 年达到了峰值，申请量为 23 件。

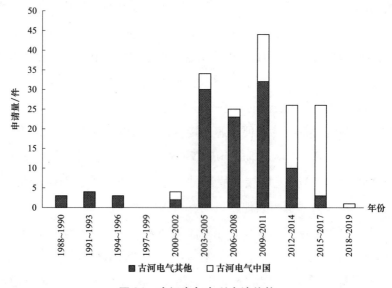

图 24　古河电气专利申请趋势

2. 技术演进路线

基于对技术改进和技术需求的考虑，确定了古河电气各技术主题的技术演进路线，如图 25 所示。

古河电气专注于切割膜的研究时间始于 1988 年，相比于其他三大重要申请人不算早，其于 1989 年（专利申请 JP2661951B2）公开了一种在半导体分割时使用的可辐射固化的胶带，其中丙烯酸类压敏黏合剂为具有碳-碳双键的化合物，实质仅披露了丙烯酸系树脂为基体。随后在 1988~1994 年间，以 ISHIWATARI S. 和 HIRUKAWA H. 作为主要发明人提交了 9 件专利申请，主要旨在解决切割性的技术问题。在 2002 年古河电气开始关注其他性能的改进，如专利申请 CN100404569A 披露了一种抗静电切割带，在基材的单面上具有含（甲基）丙烯酸酯低聚物形成的光交联型抗静电粘接剂层，而上述（甲基）丙烯酸酯低聚物的末端为醇盐化的聚烯化氧链。该胶带抗静电性能良好，UV 照

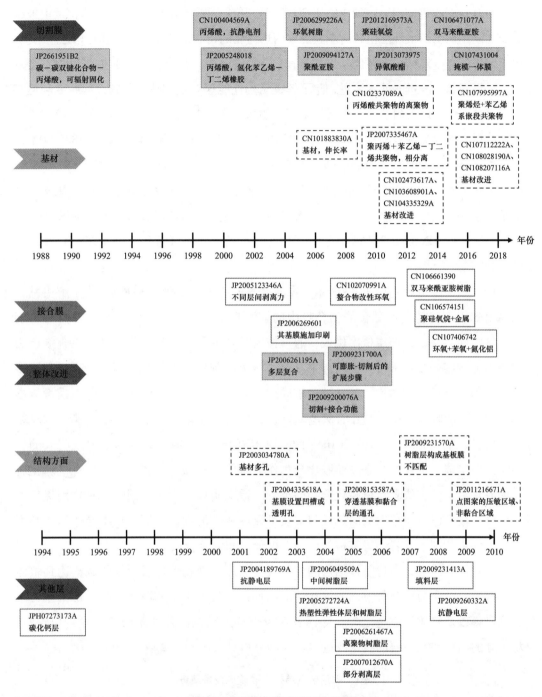

图25 古河电气技术改进演进路线

射前的黏合力高，UV 照射后的黏合力低，而且，被贴体表面不受污染。此后该申请人陆续研发了不同于丙烯酸系基体的化合物，如专利申请 JP2006299226A 以环氧树脂为基体、专利申请 JP2012169573A 以聚硅氧烷为基体、专利申请 CN106471077A 以双马来酰亚胺树脂为基体、专利申请 JP2009094127A 以聚酰亚胺为基体。

在对基材的改进方面，古河电气于 2007 年公开了专利申请 JP2007335467A，其中披露了激光切割用切割带最外层由含有基膜的聚丙烯树脂的树脂组合物，最好具有相分离结构，与聚丙烯形成相分离结构的树脂是苯乙烯-丁二烯共聚物，完成切割后的扩张过程不会发生粘连。纵观基材改进的技术演进，除了解决切割性能这一基础技术问题，这些专利更多地关注了拾取性，以及耐热性、降低加工刀片的磨耗率、兼顾了扩张性与耐热性等技术问题。其基材方面的改进专利从 2008 年在中国布局，首次公开的专利申请 CN101883830A 目前处于失效状态。2012～2014 年间公开的专利申请 CN102473617A、CN102337089A、CN103608901A、CN104335329A 均处于有效状态；上述专利申请均在日本、中国（含台湾地区）布局，2017～2018 年间公开的专利申请 CN107112222A、CN108028190A、CN107995997A、CN108207116A 处于公开状态，可见古河电气近年来注重基材膜改进方面的专利布局。

对接合膜的改进则是始于 2003 年，古河电气申请了 JP2005123346A，为了解决黏合剂层黏附到用于切割模片黏合的黏合带中的切割框架的问题或缺陷，黏合带由黏合剂层、基材膜和另一黏合剂层依次构成，通过控制黏合剂层小于基材膜和其他黏合剂层之间的剥离力。接合膜技术主题的改进主要旨在解决控制黏合力的技术问题，通过采用多层黏合剂和基材复合的结构，通过控制不同层间剥离力、某层膜的应力、弹性模量等参数是普遍采取的限定方式。就接合膜的基体，2015 年以前陆续采用了环氧树脂、双马来酰亚胺树脂、聚硅氧烷，2015～2016 年间，以 JIROU S、KIRIKAE N 为主要发明人的研发团队集中申请了 7 件以马来酰亚胺化合物作为基体，再加入金属粒子或者有机磷化合物，抑或是金属粒子或者有机磷化合物的组合，旨在实现无铅化的同时具有特别优良的导电性且在接合以及烧结后的耐热性与安装可靠性两方面优良的形成于半导体芯片与引线框的元件承载部上或者绝缘基板的回路电极部之间的接合层。

对于整体的改进，通过整体结构的控制或者晶片切割胶带各层参数的调整达到整体切割、拾取、黏合力控制等方面的综合性能的均衡。技术主题的改进，除了切割膜、基材、接合膜以及整体的改进之外，还涉及对胶带特定结构晶片切割胶带中除了切割膜、基材之外的结构和其他层的技术改进，具体的分析见表 1 和表 2。

表 1 古河电气结构方面改进技术演进

序号	申请人	公开号	最早优先权日/申请日	技术要点/附图	技术功效
1	古河电气	JP2003034780A	2002/04/19	在激光通过喷水引导的激光切割中使用的粘接带，基材能透过喷水的喷射水流，该带的基材结构是网格状或多孔质的	切割断裂，伸展维持平直性

续表

序号	申请人	公开号	最早优先权日/申请日	技术要点/附图	技术功效
2	古河电气	JP2004335618A	2003/05/02	在基膜与黏合剂层接触的表面上设置多个凹槽或透明孔	控制黏合力，无残胶
3	古河电气	JP2008153587A	2006/12/20	穿透基膜和黏合层的通孔	黏合剂层和剥离膜之间不会发生空隙变成阶梯状，切割后的拾取性
4	古河电气	JP2009231570A	2008/03/24	成膜方向（MD）层叠的多个树脂层构成基板膜不匹配。因此，可以减轻基板膜上的可伸缩性的各向异性，可以获得各向同性的可伸缩性	扩展步骤中，容易分割
5	古河电气	JP2011216671A	2010/03/31	包括点图案的压敏区域，包括由非黏合材料构成的非黏合区域	扩展步骤中分割半导体晶片时减少芯片裂缝

表2　古河电气切割带的其他层方面改进技术演进

序号	申请人	公开号	最早优先权日/申请日	技术要点/附图	技术功效
1	古河电气	JPH07273173A	1994/03/28	含有特定数量的具有特定粒度的碳化钙的至少一层	防止黏合剂在拾取步骤中黏附到拾取销上
2	古河电气	JP2004189769A	2002/12/06	含有硼原子复合结构的电荷转移型硼聚合物的抗静电层	赋予抗静电功能，而使基板膜不会由污染而导致可靠性劣化

序号	申请人	公开号	最早优先权日/申请日	技术要点/附图	技术功效
3	古河电气	JP2005272724A	2004/03/25	 基材通过依次层压黏合剂涂布层、热塑性弹性体层和树脂层，热塑性弹性体层由树脂层含有氢化苯乙烯-丁二烯共聚物	半导体芯片切割时抑制粉尘，良好的切割性能
4	古河电气	JP2006049509A	2004/08/03	中间树脂层介于可去除黏合剂层和基体膜之间，中间树脂层80℃时的储存弹性模量大于可去除黏合剂层80℃时的储存弹性模量	切割不产生切屑、毛刺
5	古河电气	JP2006261467A	2005/03/18	基底膜包括至少一个含有离聚物树脂的层	在切割期间可以以低成本减少线状芯片的生产，而无需电子束照射过程
6	古河电气	JP2007012670A	2005/06/28	压敏黏合带黏合剂层设置在基膜的至少一个表面上，以在黏合剂层和切割半导体晶片的基膜之间具有部分剥离层	提高拾取性
7	古河电气	JP2009231413A	2008/03/21	含有多个无机化合物填料层	减少整个切削屑的附着力，防止刀片在切割过程中出现碎裂或裂缝，同时抑制刀片切割时切屑引起的拾取失败的发生
8	古河电气	JP2009260332A	2009/03/26	设置在压敏黏合剂和基材之间具有导电性的抗静电层	在切割后也具有足够的抗静电性能

四、国内专利申请现状与分析

半导体芯片切割胶带中国申请人提出的专利申请共 24 件，申请人（共同申请人当作同一申请人）共 20 位，每位申请人的申请专利数量均较少，专利申请较为分散。来自上海市的 7 位申请人提出了 10 件专利申请，来自广东省的 7 位申请人提出了 8 件专利申请，来自江苏省的 3 位申请人提出了 3 件专利申请，还有 3 件专利申请的申请人分别来自福建省、湖北省和四川省。该领域的申请人主要集中在上海市和广东省，这可能与半导体芯片制造和封测业主要集中于长三角地区以及广东省胶粘剂企业较多有关。

（一）中国重点专利分析

中国申请人首次涉猎半导体晶片切割胶带是在 2004 年，是刘萍提交的专利申请 CN200410022029.6，对比全球申请情况，与日东电工 1983 年首次提出专利申请 JPS58168262A 相差 20 多年，可见中国申请人在此领域开始研究很晚。以下综合专利申请的法律状态、被引用数等筛选出重点有效专利 3 件，对比全球专利申请研发态势分析，在发现中国申请人在此领域差距的同时以期寻找技术研发突破的契机。

（1）专利申请 CN200410022029.6

【申请日】2004/03/11

【申请人】刘萍

【专利权人】深圳丹邦科技有限公司

【法律状态】2006/06/21 授权，有效，2008/04/02 进行专利权的质押（保全），被引用次数 21 次

【技术要点】披露了在电子工业领域芯片切割、封装、芯片搭载和 COF 制造中使用的 UV 固化可剥离压敏胶膜，使用的丙烯酸酯共聚物由多种丙烯酸酯组成，特别是加入内聚力大的丙烯酸 2-乙基己酯、丙烯酸丁酯、亲水性的丙烯酸羟乙酯、甲基丙烯酸与丙烯酸等。光固化单体使用容易合成的二季戊四醇五丙烯酸酯与二季戊四醇六丙烯酸酯混合物，再加入部分含氨酯基的二丙烯酸酯，增加未固化胶的粘接强度和韧性。且通过对比试验，验证了二季戊四醇五丙烯酸酯/二季戊四醇六丙烯酸酯混合单体对剥离后无残留物的技术贡献。实验证明，技术方案达到的技术效果：初始粘接力达 350～400g/25mm。UV 照射后，粘接力下降到 10～15g/25mm，容易剥离，抗腐蚀，清洁无残留物和污染物。

（2）专利申请 CN201210590061.9

【申请日】2012/12/29

【申请人】四川东材科技集团股份有限公司

【专利权人】四川东材科技集团股份有限公司

【法律状态】2014/11/19 授权，有效，被引用次数 1 次

【技术要点】披露了一种硅晶圆片切割专用紫外光固化压敏胶带，由聚酯离型膜、紫外光固化压敏胶和薄膜基材组成；紫外光固化压敏胶由丙烯酸酯预聚树脂、聚氨酯丙烯酸酯、紫外光引发剂、固化剂混合组成。试验验证了压敏胶与基材附着性好，胶带在紫外光照射前粘接力强，紫外光照射后剥离强度小，被粘物体表面无残留物。

（3）专利申请 CN201410475972.6

【申请日】2014/09/17

【申请人】晟碟信息科技（上海）有限公司

【专利权人】晟碟信息科技上海有限公司

【法律状态】2019/05/07 授权，有效，被引用次数 0 次

【技术要点】披露了一种切片胶带和一种用于从切片胶带剥离半导体裸芯的方法。切片胶带包括基底膜以及图案化的分层层，分层层包括可紫外线固化的树脂、发泡剂。图案化的分层层具有在加热和光照射的至少一个之下降低的粘接强度，可以避免由于在半导体裸芯的外围部分处的半导体裸芯的相对弱的机械强度导致的诸如裂纹或碎裂的缺陷，提高拾取性。

分析中国申请人的有效专利可以看出，专利申请 CN200410022029.6、CN201210590061.9 的技术主题均是单一集中在切割膜的改进上，专利申请 CN201410475972.6 的技术主题开始涉猎切片胶带的切割膜的结构改进。纵观全球专利申请情况，根据本文半导体晶片切割胶带技术分析部分，全球关于切割膜的专利申请从 2000 年开始快速发展，直到 2010 年达到最高峰，一级技术主题切割膜下的二级材料除了丙烯酸类基体，还涉及环氧树脂、聚酰亚胺、聚硅氧烷等，以丙烯酸类为基体的切割膜开始涉及性能的多元化改进，如抗静电、耐湿、凹凸追随性等技术功效，2010 年开始涉及激光标记、抗收缩翘曲、磁场感应定位等适应新型切割工艺和设备的胶膜。专利申请 CN200410022029.6 在 2004 年申请，二级材料虽然依然是丙烯酸类，但是申请人在胶膜中加入改性 UV 单体并且通过实验验证对剥离后无残留物的技术贡献。该专利申请发明目的明确，专利申请撰写水平较高，且该专利的引用频次高，可谓在该领域的基础专利。专利申请 CN200410022029.6 在 2012 年申请，二级材料依然是丙烯酸类，技术功效上还是涉及紫外光照射后剥离强度减少，无残胶，在当时的全球专利申请水平中中规中矩。专利申请 CN201410475972.6 在 2014 年申请，而全球专利申请涉及切割薄膜的多层化是在 1989 年，由专利申请 JPH02305878A 披露，此后，公开了一系列在切割带上设置通孔、凹槽，黏合剂层由两层或更多层不同性能的黏合剂层，亦或是在基材、切割薄膜之间增设中间层等来改善剥离性、切割性、拾取性的专利。可见，对于切割膜的结构改进方面，中国

申请人的技术改进较为单薄。

（二）中国前沿专利分析

以申请时间为轴进行分析，中国提出的第一件半导体晶片切割胶带的专利申请 CN200410022029.6，重点研究切割膜的拾取性。直到 2015 年实用新型 CN201520242283.0 提出了设置抗静电的其他功能层。随后，中国申请人更加注重对整体的改进，如专利申请 CN201810344064.1，研究基材、切割膜和离型层的配合。同时，2017 年专利申请 CN201721085804.1 提出了基材的改进，但是研究量很少。从整体上看，中国申请人的研究热点在于切割膜的组成，中国的前沿技术倾向于对整体的改进，包括胶带结构改进、功能层改进、切割膜和基材的配合改进。

（1）切割膜

2017 年和 2018 年由上海固柯胶带科技有限公司和陈裕旺，分别提出专利申请 CN201711010013.7 和 CN201811035760.0，涉及一种 UV 胶带，技术关键点在于采用玻化温度为 −30～−20℃ 的丙烯酸树脂可以改善胶层过软或过硬的特点，避免晶圆背面残胶与铁环贴合脱离，利用环氧树脂交联剂，使得胶料网状交联，并产生羟基官能团，可以与 PVC 的范德华力大幅提高，使附着力与内聚力大幅增强，使用吸收波长为 265～410nm 的光起始剂使降黏效果大幅提升。

从专利撰写的角度来看，相比同时期的国外专利申请，这两件专利申请的撰写水平有待提高，首先，说明书的实施例记载了实验数据，但没有针对发明构思设置对比实施例，没有很好地体现声称的关键技术手段能够解决声称的技术问题。其次，并没有体现多层次的技术方案。最后，所提供的实验数据不完备，比如，CN201811035760.0 说明书记载了解决避免晶圆背面残胶的问题，但并未有相关的实验数据记载。

从技术前进性来看，对于丙烯酸树脂的玻化温度的选择，早在 2012 年提出的专利申请 JP2012283914A 已经披露了丙烯酸黏合剂材料的 Tg 在 −50℃～−20℃ 之间，并解决黏合力和拾取性的技术问题。其次，虽然上海固柯胶带科技有限公司的两件专利申请涉及一种缩水甘油胺类的环氧树脂交联剂，但是，专利申请 JP19676993A 已经提出了以环氧树脂作为交联剂，而上海固柯胶带科技有限公司的两件专利申请并没有针对选择特定种类的环氧树脂交联剂进行对比试验。另外，光起始剂的吸收波长是基于现有技术能够选择的，难以体现先进性。

2018 年由广东硕成科技有限公司提出的专利申请 CN201810408723.3，涉及一种半导体晶圆加工胶带及其制备方法。从专利撰写的角度来看，该申请设计了实施例和对比例，能够重点突出关键技术手段所获得的技术效果，同时，实验数据较为完备，测试了崩裂、晶片保持性、拾取性、污染性、晶片松动，从切割性、拾取性、残胶多方面的验证结果。从技术层面来看，鲜有地涉及了三层结构的半导体晶片切割胶带，符合技术发展方向，技术改进在于更有技术含量的树脂的改进。该申请从专利撰写和技术发展的方面都值得国内半导体晶片切割胶带领域借鉴。

2017~2018年国外专利申请中丙烯酸类树脂依然是主流材料，在满足基本性能（如切割性、拾取性等）的前提下，更多地追求特殊功能性，如通过具有特定结构的芳族化合物提高耐化学性和耐热性。另外，琳得科针对隐形切割工艺提出了多件配套的切割膜的专利申请。国内申请人可以借鉴国外成熟的技术，如丙烯酸类树脂的基础配方，尝试以树脂改性为着手点，拓展特殊功能性。另外可以配合先进的隐形切割工艺研究配合的功能性切割胶带。

（2）接合膜

据统计分析，涉及芯片接合膜导热性改善的全球专利申请共15件，日东电工的专利申请JP2009168159A首次提出了一种导热性和散热性优异的芯片接合薄膜，包括一种可固化树脂和至少一种导热率为12W/m·K或更高的导热填料，其中导热填料的含量为有机树脂组分和导热填料总重量的50%~120%，由此，可以防止半导体元件和包括半导体元件的半导体器件的可靠性因热而降低。在此基础上，日东电工、信越化学、古河电气、日立在2011~2017年间又相继提出14件涉及芯片接合膜导热性改善的专利申请，它们解决芯片接合膜导热性所采用的主要技术手段主要为：①导热填料种类的选择；②对导热填料表面改性处理以改善相容性、提高填充性。申请人武汉市三选科技有限公司的专利申请CN201710793486.2公开了一种多层结构之黏晶切割胶膜，其包含人工石墨层及热传导组成物层，可提供良好的导热性、EMI遮蔽性及弯折性，有效提升半导体装置之均热性及散热性，以提升使用之的电子产品的效能。武汉市三选科技有限公司的这一专利申请为改善芯片接合膜导热性提出了一种区别于现有技术的创新性的解决方法，其于芯片接合膜上设置人工石墨层及热传导组成物层以实现良好的导热性，明显不同于现有技术采用填充导热填料的方法。这彰显了武汉市三选科技有限公司对半导体晶片切割胶带现有技术有一个好的消化、吸收，并在此基础上，为国内申请人在半导体晶片切割带功能性的前沿研究中贡献了自己的一份力量。

五、结论和建议

（一）结论

1. 半导体晶片切割胶带的整体概况

随着半导体产业向日本转移，日本企业抓住先机，在日本申请人的布局明显高于其他国家/地区，最终形成了四大领军申请人日东电工、日立、古河电气和琳得科，四大申请人的申请量远高于其他申请人，形成较大的技术壁垒，而中国申请人鲜有涉足，存在竞争实力不足的情况。我们通过分析中国申请的法律状态，进一步看清了半导体晶片切割胶带的专利申请创新度较高，专利稳定性较高。

自1983年首次提出半导体晶片切割胶带直至1988年，半导体晶片切割胶带的结构由最早的普通压敏切割胶带，发展至减黏切割胶带，再至切割片复合芯片接合膜的复合结构，建立了当下主流使用的半导体晶片切割胶带的整体结构的雏形。2000年之前，局限于半导体芯片行业的发展以及半导体晶片切割工艺的单一化，半导体晶片切割胶带领域的研究焦点主要集中结构改进以及切割膜的研究上。2000年之后，随着半导体芯片行业的快速发展，作为半导体晶片切割胶带的核心结构，切割膜、芯片接合膜均进入快速发展期。

切割膜的研究热点从前期关注的基本的性能，如拾取性、粘接性，逐步发展到满足多功能性，即在2000年以后开始研究在满足基本的拾取性、粘接性的要求下，扩展其他性能如抗静电性、耐热、耐湿/潮。同时，在小型化、薄型化的技术需求下，重点研究小而薄的半导体芯片更容易出现的收缩翘曲问题。在改进手段方面，前期较多使用丙烯酸类树脂为主体树脂，技术改进在于助剂的选择，20世纪90年代开始拓宽研究的思路，从助剂的改性扩展到对主体树脂的结构改进、树脂的复配。同时，鉴于传统的拾取工艺比较单一，20世纪80年代开始探索新的拾取工艺，如UV减黏、电子束减黏、加热减黏等。

芯片接合膜的研究自2001年进入快速发展期，这一时期研究热点主要集中在对适合用作接合膜的树脂材料的新种类的探索、扩充，以及适应晶片加工过程对接合膜实际应用要求的更精细技术问题的探索。随着半导体芯片行业的快速发展以及晶片加工工艺的多样化和日趋成熟，芯片接合膜的需求变大，应用要求也更加严苛、精细，从而促使了接合膜领域的专利申请的数量激增，2008年至今，涉及接合膜材料组成的全球专利申请量处于爆发期，主要的研发热点聚焦在赋予接合膜新的功能性以匹配芯片安装的需要，同时也涉及对适合用作接合膜的树脂材料的新种类的进一步扩充。

2. 重要申请人

日东电工是该领域申请量最大的申请人，其申请量占总申请量的大约23%，从全球专利申请地域分析可以看出日东电工多区域的强势布局。古河电气专注于切割膜的研究时间始于1988年，相比于其他三大重要申请人不算早，全球专利申请量位列第三的古河电气虽然申请量较日立略低，但是专利申请布局较日立更为均衡，技术主题的布局在该行业占据举足轻重的地位。

日东电工在切割膜、接合膜、基材和背面保护膜等方面进行了持续改进。在切割膜方面，日东电工最早于1982年提出了该领域的首件专利申请，并于1984年申请了基于紫外线减黏的切割胶带和基于电子束减黏的切割胶带。古河电气于1988年首次披露了丙烯酸系为基体的可辐射固化的胶带。

随后日东电工针对切割膜固化后的气味大、体积收缩导致芯片翘曲、研磨后晶片与切割胶带粘接性增大导致剥离困难、多官能单体迁移导致切割膜和接合膜剥离困难、静电损伤、易产生切割屑等技术问题进行研究。此外，日东电工还积极探索利用环境友好的水分散树脂制备切割膜。近年来，日东电工还聚焦于切割膜的性能参数研究，发现了大量切割膜的性能与性能参数之间的关系。在接合膜方面，日东电工针对紫外光和阳离子对芯片性能的影响、抑制裂纹的发生、提高导热性等对接合膜的结构和组成进行了改进。此外为了提高芯片封装密度，日东电工将接合膜同时用作另一半导体元件的包埋薄膜。针对功率半导体的安装，日东电工还提出了替换含烧结金属颗粒的糊剂的可烧结接合膜。在基材方面，日东电工针对刀片切割时丝状切屑的产生、防止基材中添加剂转移到切割膜、适应高的加工温度，对基材的组成进行了改进。此外，为了适应隐形切割和激光烧蚀切割工艺，日东电工还对基材的结构进行了改进。为了适应芯片倒装工艺，日东电工将背面保护膜与传统切割带结合，构造了切割背面保护一体型薄膜，并对背面保护膜的接合性和标识性等进行了研究。

分析古河电气的专利申请时间分布和区域布局以及纵观古河电气的技术演进路线可以发现，如在1988~1994年间，为了攻关解决切割性的技术问题，一个科研团队就集中提交了9件专利申请，对基材的改进亦出现了短期几年内集中申请的现象，可见古河电气更擅长技术攻关的集中发力。对切割膜的改进除了丙烯酸系基体也陆续进行了环氧树脂、聚硅氧烷、双马来酰亚胺树脂等不同基体兼具良好的切割性和改性其他如耐热性等功能性的尝试，纵观结构和其他功能层的改进，也是紧跟行业发展的步伐，先后申请了适应扩展步骤、适用产业新兴的隐形切割工艺的晶片加工胶带。

（二）建议

1. 建立半导体晶片切割胶带专项研发计划，推动半导体芯片行业发展

全球半导体芯片切割胶带专利申请中，日本专利申请占专利申请总量的90%，其中日东电工、日立、古河电气和琳得科四家日本企业为该领域的领军创新主体，可见其已经形成了强大的专利技术壁垒和技术垄断。而国内半导体芯片切割胶带领域研究刚刚起步，基本依靠购买国外产品，在现今半导体芯片快速发展的背景下，行业发展受到了一定的制约。基于目前的发展现状，需要在国家层面上制定鼓励政策吸引胶粘剂或者涉及半导体芯片行业新材料研发的企业加入半导体芯片切割胶带的研发。

2. 从技术模仿到自主创新，逐步铺展专利布局

引入国外先进技术以及利用失效专利等现有技术可以帮助创新者迅速进入研发行列，快速积累技术基础，同时，应当引进和培养技术人才，逐步形成自主研发队伍，提高自主创新能力。目前，本文检索到的1400余件有效专利申请中仅有200余件进入中国

申请，说明日本四大领军企业在中国的专利布局还没有全面铺开，中国后续自主创新的专利布局存在一定空间。

3. 利用成熟的现有技术，聚焦研究多功能性切割胶带

在半导体晶片切割胶带的全球专利申请中，日本独占鳌头，且经过十多年的快速发展，其相关专利技术已进入了一个系统、成熟的时期，而国内企业、研发机构则鲜有涉足该领域。切割膜、接合膜作为半导体晶片切割胶带的核心结构，成为专利申请量最大的两大技术主题。经过前期的快速发展，日本专利申请已对适合用作切割膜、接合膜的胶粘材料有了比较系统、全面的探索。目前的研究热点之一在于添加功能性助剂或是进一步层合其他功能层，以赋予半导体晶片切割胶带其他功能以适应半导体晶片加工的需要。本次研究统计中申请人武汉市三选科技有限公司提出了一种复合人工石墨层及热传导组成物层的切割膜，以获得良好的导热性、EMI 遮蔽性及弯折性。可见，国内已有申请人开始在赋予半导体晶片切割胶带功能性的技术领域中迈出了探索性步伐。国内企业、研发机构可尝试通过消化和吸收已有技术的基础上，在赋予半导体晶片切割胶带功能性的方向上进行探索、研究，以求在半导体晶片切割胶带的专利技术中争得一席之地。

有机半导体电子器件材料专利技术综述[*]

杨 杰 何奕秋 杜 田 刘 辉

摘 要 本文围绕有机半导体电子器件（OLED）材料专利，按照全球、国内外在华范围申请量趋势、区域分布、技术分布、重点企业、专利价值、材料类别和代表性化合物等进行分析，以得到该领域专利的总体状况。另外，对默克专利有限公司、通用显示公司和三星公司这三家关键申请人的技术发展和核心专利进行研究，以确定其研发布局和技术发展方向。在此基础上，本文还对我国 OLED 材料领域提供技术发展和专利预警方面的建议。

关键词 OLED 材料 半导体 发光 专利

一、前言

有机发光二极管（Organic Light-emitting Diode，OLED）采用有机半导体材料作为功能材料，在电场驱动下，通过载流子注入复合发光。由于其平面发光、超薄、可透明化和柔性化等独特的优点以及高效节能、绿色环保等优势，OLED 在显示和照明两大应用领域都具有极大的发展潜力，获得了国内外广泛的关注。[1]

OLED 材料是 OLED 显示面板配套关键材料，高效率、长寿命和低成本材料是目前的研究热点和重要方向。市场需求带动相关材料产业的发展，全球主要显示与照明厂商都将主要的技术布局向产业化转移。根据美国市场调查公司 Nanomarkets 发布的调查报告，OLED 材料在显示与照明领域的整体应用价值进入快速增长期，从 2012 年的 5 亿美元增长至 2019 年的 70 亿美元，其中电子注入与运输材料、主动发光材料、发光材料以及主体材料领域的价值就达 30 亿美元。2020 年新材料产业规模将达 5 万亿元以上，年均复合增速将维持在 20% 左右。据统计，2026 年全球 OLED 市场规模有望达到 570 亿美元，复合增长率为 14.38%。[2]随着市场需求的进一步扩大，OLED 有机材料具有更大的

---

[*] 作者单位：国家知识产权局专利局专利审查协作北京中心。

发展潜力，作为器件上游的一大关键领域，材料领域的发展关系到整个产业链的完整性与稳定性。

本文从专利分析的角度，分析 OLED 材料的全球专利数据，综览该领域研发概况和趋势、发展脉络、技术热点、分类特点、研发方向、技术来源地、重点企业专利价值和关键申请人的技术发展和核心专利等信息，并在此基础上给出该领域专利技术文献分析的主要结论和专利预警建议。这能够为国内 OLED 企业发展提供技术支持，有助于其利用专利信息以提高研究起点、跟踪技术发展趋势、调整技术研发方向以及提高在自主知识产权创造、运用、保护和管理等方面的能力。

二、全球 OLED 材料的专利态势

本文数据分析使用的是 IncoPat 科技创新情报平台，采用关键词（OLED、PLED、organic light emitting diode、organic LED、organic electroluminesence、荧光、磷光、电致发光、材料、分子、聚合物、化合物）结合分类号（C07D、C07F、C07C、C09K、C08G、H01L、H05B）对 2000 年 1 月 1 日至 2019 年 8 月 1 日之间的专利数据进行检索统计（因为该领域专利数据庞大且技术更新很快，在统计专利数据的时候，考虑到产业发展情况和数据分析的可操作性，将统计数据限定为 2000 年以后的范围）。采用上述检索方式，共得到专利申请 79424 件。其中国外申请 64491 件，中国申请 14933 件。IncoPat 收录了全球 102 个国家/组织/地区 1 亿余件专利的信息。本文数据分析中的主要申请人是指 incoPat 平台中申请量从大到小排序确定的前十个申请主体。主要国家及组织是指平台中申请量从大到小排序确定的前十个申请人所属国家或组织。

（一）全球申请量时间分布

自 1987 年，美国柯达公司的 Tang 等发明 OLED 以来，相关领域的研究蓬勃兴起。但是 2000 年以前，OLED 相关材料的研究刚刚起步，市场需求未被充分激活，市场总价值相对较小，从事该领域研究的申请人数量较少，因此申请量较低。由图 1 可以看出，2000~2005 年，OLED 技术难点不断被攻克，市场需求也迅速升温，应用 OLED 的终端产品也越来越多，对 OLED 材料的需求不断提高，OLED 产业也以惊人的速度成长。2005~2009 年，技术发展速度放缓，但整体还处于平稳上升阶段，创新成果被转化为各种先进的产品，为专利权人提供了丰厚的回报，由此进一步激发专利创新。2009~2013 年，OLED 材料研究迎来第二次快速增长，并在 2013 年达到顶峰。2013~2015 年，OLED 材料专利申请量表现为小幅波动状态，此时的市场正将上一阶段的专利技术转化为市场竞争力。2015 年后出现大幅滑落，可能是技术发展经过了爆发时期，进入了瓶颈期，同时竞争性的研究领域不断出现，综合导致 OLED 新技术的研发速度下降。

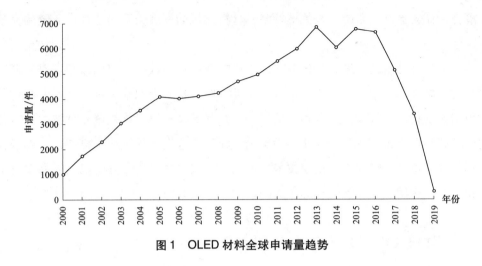

图1　OLED 材料全球申请量趋势

（二）全球主要申请人的申请量趋势

由图 2 中可以看出，默克专利有限公司（MERCK PATENT GMBH，简称"默克"）是 OLED 材料领域申请量最大的企业，从 2000 年至 2019 年累计申请量达到 2782 件。排名第二的是通用显示公司，也称环宇显示技术公司（UNIVERSAL DISPLAY CORPORATION，简称 UDC），申请量达 1357 件，明显高于其余申请人。排名第三至第十的 8 个申请人申请量为 951~718 件内，差异比较小。同时必须注意到，所列出的前十名申请人中，有三家都是三星（SAMSUNG）的子公司，合计申请量达到 2418 件，与排名第一的默克接近。也就是说，在该领域中，三星的研发力度不容小觑。

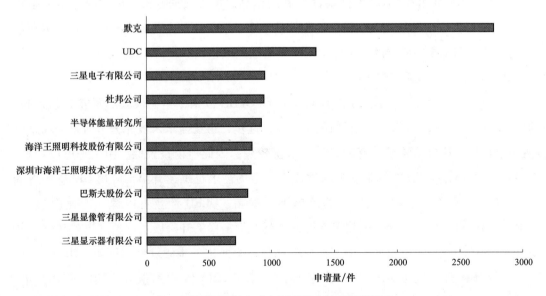

图2　OLED 材料全球主要申请人的申请量排名

由图 3 可看出，各个企业的发展速度不同。排名第一的默克，OLED 材料的专利申请量趋势基本上与全球申请量的趋势保持一致；排名第二的 UDC、三星的总申请量也是呈平稳增长的趋势；中国企业海洋王（海洋王照明科技股份有限公司、深圳市海洋王照明技术有限公司）从 2011 年起申请量爆发式增长，特别是在 2013 年更是占据了排名前十企业的总申请量的一半，但是 2014 年申请量即出现断崖式下跌。上述企业申请量的增长基本都在 2010 年之后，而杜邦公司不同，其在 2003 年研发已具备相当的规模，为当时该领域中申请量最多的企业，之后稳步发展，到 2010 年申请量还较高，但是之后开始缩水，研发进度明显减缓。

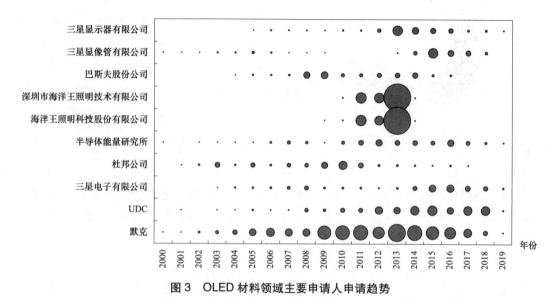

图 3　OLED 材料领域主要申请人申请趋势

注：图中气泡大小表示申请量多少。

（三）全球申请量的主要国家及组织分布

图 4 显示了 OLED 材料领域全球申请量的国家及组织分布情况。从图 4 可以看出，全球申请量排名前三位的国家依次是美国、中国和韩国，它们的申请量占比分别为 27.32%、19.57% 和 16.13%。专利申请量的多少体现了该国家/地区市场被重视的情况。美国在该领域的研发起步较早，是最先研究 OLED 材料的国家之一。虽然从图 4 中看我国申请量较高，但是实际上我国还没有形成完整的 OLED 产业链，上游产品的竞争力并不强。一直以来，韩国显示行业都处于世界领导地位，韩国政府将 OLED 列为下一代重点项目之一，计划减免税收、削减关税，并为

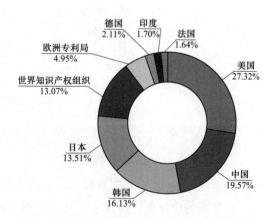

图 4　OLED 材料全球申请量的国家及组织分布

企业提供各种政策支持，进一步稳固提高韩国 OLED 产业在全球市场的领先地位。

（四）全球申请量的材料技术主题分布

如图 5 所示，对所得的检索结果进行 IPC 分类号分析，OLED 涉及的技术领域主要集中于 C 部化学和 H 部电学两大部分。CO9K 主要涉及电致发光材料，C07D 涉及杂环化合物，C07F 涉及的是含除碳、氢、卤素、氧、氮、硫、硒或碲以外的其他元素的无环、碳环或杂环化合物，C07C 涉及无环或碳环化合物，C08G 涉及用碳-碳不饱和键以外的反应得到的高分子化合物，HO1L 涉及的是半导体器件，H05B 涉及电致发光光源，A61K 涉及医用配制品，G01N 涉及借助于测定材料的化学或物理性质来测试或分析材料。可见，OLED 材料领域的专利申请主要集中于对化合物结构、性能以及应用方面的研究。

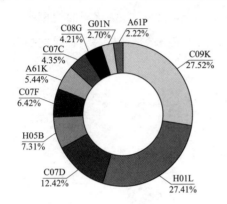

图 5　OLED 材料全球技术主题分布

由图 6 可见，美国更侧重于 OLED 材料应用方面的研究，其在半导体器件方面的专利申请远多于材料方面。韩国、日本、中国更侧重 OLED 材料本身结构方面的研究。

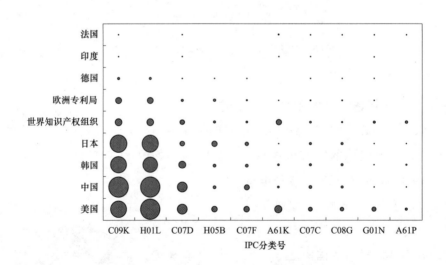

图 6　OLED 材料各国家、组织技术主题分布

注：图中气泡大小表示申请量多少。

（五）重点企业申请的专利价值

专利价值是 IncoPat 利用数据挖掘、迭代优化的方法，利用专利的 20 多个参数，创建的一套客观的价值度评价体系。通过专利价值度排序，可以第一时间聚焦最重要的技术情报，提高专利运用效率。参数包括技术稳定性、技术先进性、保护范围等。

如海洋王照明科技股份有限公司的专利申请 CN104945439A，考察该申请的技术稳定性、技术先进性以及保护范围。其中技术稳定性方面，该申请为失效的发明专利，无诉讼行为发生，也未发生过质押保全，申请人未提出过复审请求，未被申请无效宣告，综合评定技术稳定性 2 分。技术先进性方面，该专利及其同族专利在全球范围内被引用次数为 0，涉及 3 个 IPC 小组，应用领域较广泛，研发人员投入 4 人，未发生许可，未发生转让，综合评定技术先进性 3 分。保护范围方面，该申请共有 10 项权利要求，在 1 个国家申请专利布局，综合评定保护范围 2 分。专利价值度评分为 2 分，综合来说专利价值较低。

图 7 是 OLED 材料重点企业申请专利价值分布。由图可见默克不仅申请量大，且专利价值也较高。杜邦公司、半导体能量研究所以及巴斯夫股份公司的专利申请中专利价值较高的比例也较高。在这方面，中国企业的专利申请明显要弱一些。

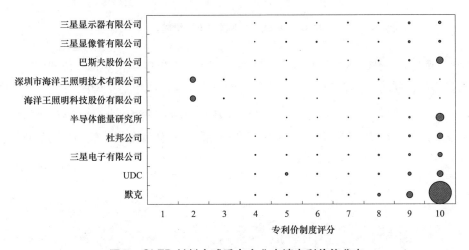

图 7　OLED 材料全球重点企业申请专利价值分布

注：图中气泡大小表示申请量多少。

三、国内 OLED 材料的专利态势

在 IncoPat 数据库中使用与全球专利检索相同的检索要素，以图表结合文字的方式，对该领域 2000~2019 年中国申请的时间、地域、申请人分布、申请和公开趋势、专利技术构成等相关信息进行统计分析。

（一）国内申请、公开量时间分布趋势

对图 8 的申请趋势，可以从宏观层面把握分析 OLED 在各时期的专利申请热度变化。其中申请数量的统计范围是目前已公开的专利。一般发明专利在申请后 3~18 个月公开，实用新型专利和外观设计专利在申请后 6 个月左右公开，检索时间为 2019 年 8 月，因此，下面数据统计中涉及 2018 年、2019 年的申请和公开量会稍有偏差。

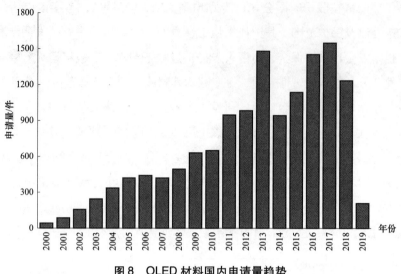

图8　OLED材料国内申请量趋势

国内申请量近20年来的整体走势、成因与全球申请情况基本相符，从2005年开始申请量稳步提高，同时，在2013年、2017年这两年中均有一次申请量的激增。另外，由图9的国内公开量趋势可知，2017～2018年这两年间国内专利申请在OLED领域热度上升，公开数量显著增长，说明我国OLED相关技术和产品的创新研发取得了较明显的发展成果。

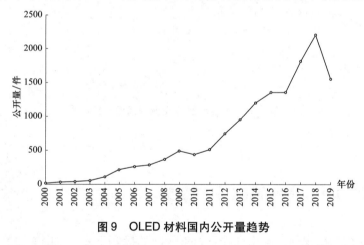

图9　OLED材料国内公开量趋势

（二）国内主要申请人的申请量趋势

由图10可知国内主要专利申请人申请量排名情况。其中海洋王照明科技股份有限公司、深圳市海洋王照明技术有限公司和深圳市海洋王照明工程有限公司，均进入前四名，三家海洋王子公司的总量可达1973件，而位列第三的默克仅有625件。同时，海洋王也是全球主要申请人前十名中的唯一上榜的中国公司，从申请数据上属于国内OLED的龙头企业。

同时，后面7家公司（包括日本的半导体能源研究所和韩国的罗门哈斯）的申请量均低于400件。这几家外国大公司在国内的中国专利申请量远远低于其在全球专利中的

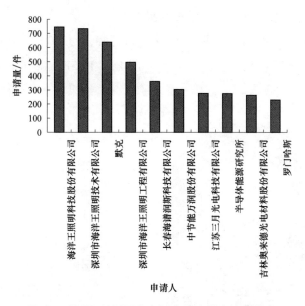

图 10　OLED 材料国内主要申请人的申请量排名

布局数量。

　　由图 11 可看出，在不同时期各家企业发展速度差异非常大。海洋王从 2011 年开始异军突起，在 2013 年申请量达到峰值，三家子公司当年申请总量为 1227 件，而江苏三月光电科技有限公司等自 2016 年开始崭露头角。

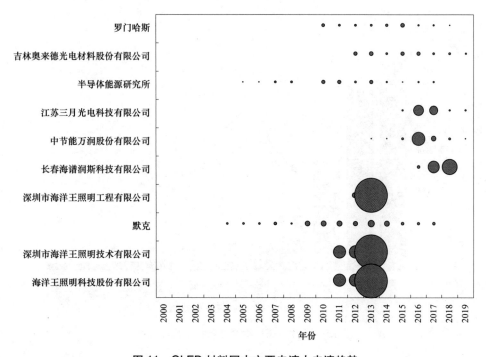

图 11　OLED 材料国内主要申请人申请趋势

注：图中气泡大小表示申请量多少。

（三）国内申请技术主题分布、国民经济构成

由图 12 国内 OLED 材料专利技术主题分布可知，对 C09K、H01L、C07D、C07F、H05B、C07C 等 IPC 分类号的分析结果与全球申请保持一致。进一步分析图 13 能够了解分析对象覆盖的技术类别以及各技术分支的创新热度，即国内 OLED 材料研究热点依然集中在 OLED 材料结构和应用方面。

图 14 展示的是分析对象在各国民经济行业的分布情况。通过国民经济行业构成的分析，可以对接经济维度，掌握各产业的创新活跃情况。OLED 材料专利技术主要分

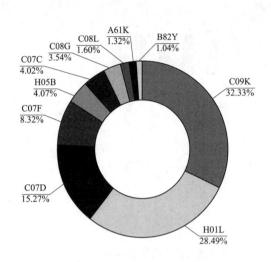

图 12　国内 OLED 材料专利技术主题分布

布在 C26 化学原料和化学制品制造业，C39 计算机、通信和其他电子设备制造业，C27 医药制造业，C38 电气机械和器材制造业这 4 个领域，其中 79.91% 的专利属于化学原料和化学制品制造业领域。

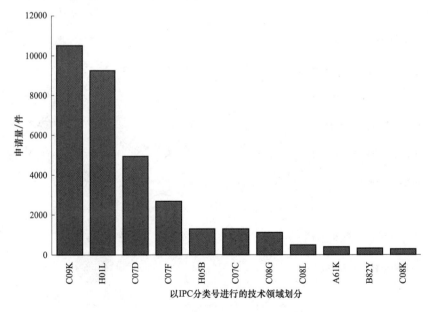

图 13　国内 OLED 材料专利技术构成分布

（四）国内申请的主要区域、重点企业及技术主题分布

图 15 揭示了 OLED 材料主要申请人分布区域（前十位）及技术主题分布，气泡大小表示该区域申请人的专利数量多少，气泡越大专利数量越多。分析图 15 可知，OLED 材料的专利申请集中在深圳、长春、上海；同时各地研发重点都集中在电致发光材料（C09K）、半导体器件（H01L）、杂环化合物（C07D）这三个方面，也就是说，OLED 材料研究工作无论国内外均集中在化合物结构、性能及应用领域。

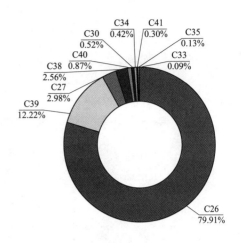

图 14　OLED 材料在国民经济行业的分布

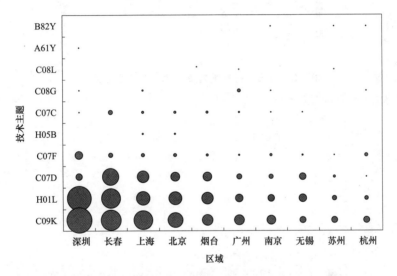

图 15　OLED 材料国内申请人申请量区域及技术主题分布

注：图中气泡大小表示申请量多少。

由图 16 进一步分析可知，国内申请中海洋王、默克更侧重于 OLED 材料性能、应用这两个领域。而长春海谱润斯科技有限公司对 OLED 材料性能、应用、化合物结构方面的研究并重。同时，各家公司在电致发光材料（C09K）、半导体器件（H01L）这两方面的研究，均采取了齐头并进的研发、申请策略，进一步佐证了这两个方面的技术发展相辅相成的研究方式更利于 OLED 材料领域的整体发展。

（五）重点企业申请的专利价值

采用与全球申请相同的模式，通过分析这些重点企业申请的专利价值，可反映排名前列企业的技术差距及实力对比。图 17 显示海洋王这三个子公司虽然专利数量比重较大，

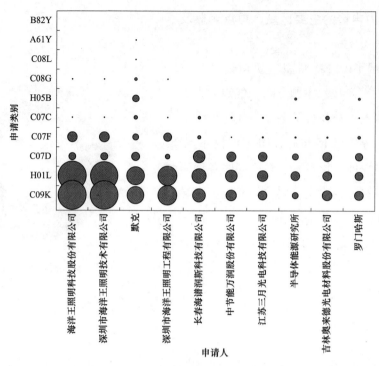

图16　OLED 材料国内重点企业技术主题分布

注：图中气泡大小表示申请量多少。

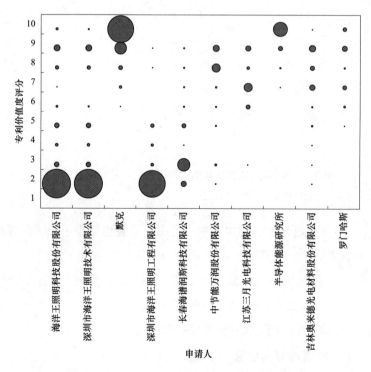

图17　OLED 材料国内重点企业申请专利价值

注：图中气泡大小表示申请量多少。

但半数以上的专利价值度评分仅为 2 分，总的专利价值较低。技术实力最强的两家分别是默克和半导体能源研究所，它们所拥有专利的价值度评分基本上都在 9 分、10 分，说明这两家公司占据了技术上的优势地位。国内企业 OLED 材料专利申请总量多，而总体上看理论还较弱，仍需在较长的一段时期内投入更多精力做好 OLED 材料基础研发工作，从源头上提高我国 OLED 行业的创新能力。

四、OLED 材料技术领域和应用分析

根据前面的统计分析可知，全球范围 OLED 的主要申请人是默克、UDC 和三星；中国范围内 OLED 的主要申请人是海洋王、长春海普润斯科技有限公司和中节能万润股份有限公司。上述 OLED 领域的国际、国内领军企业的专利申请主要集中在 C09K 11、C08G 61、C07F 15、C07D 471、C07D 487、C07D 403、C07D 405、C07D 495、C07D 333、H01L 51、H05B 33、H01L 27 等技术领域。

海洋王的海洋王照明科技股份有限公司、深圳市海洋王照明技术有限公司和深圳市海洋王照明工程有限公司，2011～2014 年间专利申请主要为含氧、硼（C09K 11/78），含铝或镓（C09K 11/80），含硅（含稀土金属）（C09K 11/79），含硅（C09K 11/59），含磷（C09K 11/71、C09K 11/81），含氟、氯、溴、碘或未指明的卤素元素（C09K 11/61），含硼（C09K 11/63）等无机发光材料。海洋王无机发光材料领域的专利申请在 2014 年达到峰值，随后将研发力量转入以周期表第Ⅷ族元素化合物（C07F 15/00）、高分子主链中只含有碳原子的高分子化合物为发光材料（C08G 61/12）中。其涉及的主要代表化合物如表 1 所示。

表 1 海洋王主要代表化合物

材料分类	分类号	技术内容	代表化合物
无机发光材料	C09K 11/59	含硅	$(Sr_{0.85}Ba_{0.1}Mg_{0.05})_{2.999}SiO_5:Eu_{0.001}$，$Ag_{0.00001}$；$Li_2Ca_{1-x}SiO_4:Tb_x@M_y$
	C09K 11/62	含镓、铟或铊	$N_{1-x}R_2O_4:xLn, zM$；$Sr_{1-x}Ga_2S_4:Eu_x^{2+}, M_y$；$Me_{1-x}In_2F_8:xEu^{3+}$ 等
	C09K 11/63	含硼	$Ca_{5-2x}(BO_3)_3X:Tb_x$；$Me_{2-x-y}B_5O_9Cl:xMn^{4+}, yTi^{4+}$；$aCaO \cdot bAl_2O_3 \cdot cSiO_2:xCe, yTb$ 等
	C09K 11/71	含磷	$M_{3-2x}BPO_7:Tbx, Rx$，R 是 Li、Na、K，M 是 Mg、Zn、Ca、Sr、Ba；$(A_yB_{1-y})_2P_2O_7:xMn^{2+}$，A 和 B 为 Mg、Ca、Sr 或 Ba 等

材料分类	分类号	技术内容	代表化合物
无机发光材料	C09K 11/78	含氧、硼	$Ln_{2-x}Eu_xScNbO_7$；$AB_{1-x}Bi_xCO_4$；$(Ln_{1-x}Re_x)_2O_3$：M_z；Y_2O_3：Re，M，$Zn_{1-x}Al_xO$；Y_2O_3：xEu^{+3}，yCe^{+3}；$Re'_{1-x}Re''InO_3$：yM；nM：$yCLn_{2-x}Eu_xO_3$；$M_1TiO_3 \cdot xPr \cdot yM_2$；$Gd_2O_3$：$xTb^{3+}$，$yHo^{3+}$；$Y_{1-x}NbO_4$：$Bi_x$，$M_y$；$Ca_{0.4}(Y_{1-x}Eu_x)_{1.2}Sn_{0.4}O_3M_y$，$Ln_{2-x}Eu_xSn_2O_7$等
无机发光材料	C09K 11/79	含硅（含稀土金属）	$M(Ln_{1-x}Eu_x)_4(SiO_4)_3O$；$M_{3-1.5x}Ce_xSiO_5$：N，M 为 Sr、Ba 或 Ca，N 为 Ag、Au、Pd 及 Pt；$M_a^2M_b^3Si_cO_{[a+3(b+x)/2+2c]}$：$xCe^{3+}$，$M^2$ 是 Sr、Ba、Mg，M^3 是 Sc 或者 Sc 和 Y 的组合，M^0 选自 Ag、Au、Pt、Pd 或 Cu 纳米粒子等
无机发光材料	C09K 11/80	含铝或镓	$CaLa_{1-x}Ga_3O_7$：Dy_x^{3+}，M_y，M 为 Ag、Au、Pt、Pd、Cu
有机发光材料	C09K 11/06		
有机发光材料	C07F 15/00	周期表第Ⅷ族元素化合物	
高分子化合物	C08G 61/12	高分子化合物	

长春海谱润斯科技有限公司的研发领域相对集中，主要涉及有机杂环类发光材料，如仅含氮原子为杂原子的邻位稠合杂环化合物（C07D 487/04、C07D 471/04），仅含氮原子为杂原子的邻位稠合杂环化合物（C07D 487/06），仅含氮原子为杂原子的稠环中含有 4 个或更多杂环的（C07D 487/22），苯并咪唑、氢化苯并咪唑了杂环化合物（C07D 235/18），含周期表第Ⅷ族元素的杂环化合物（C07F15/00），所涉及的有机杂环类发光材料主要应用于有机发光二极管或聚合物发光器件（H01L51/50）。其涉及的主要代表化合物如表 2 所示。

表 2   长春海谱润斯科技有限公司主要代表化合物

分类号	技术内容	代表化合物
C07D 487/04	含氮原子为杂原子的邻位稠合杂环化合物	
C07D 471/04	含氮原子为杂原子的邻位稠合杂环化合物，至少一个为含 1 个氮原子的六元环	
C07D 487/22	仅含氮原子为杂原子的稠环中含有 4 个或更多杂环	
C07D 235/18	苯并咪唑、氢化苯并咪唑了杂环化合物	

续表

分类号	技术内容	代表化合物
C07F 15/00	含周期表第Ⅷ族元素的杂环化合物	
H01L 51/50	机杂环类发光材料主要应用于有机发光二极管或聚合物发光器件	

中节能万润股份有限公司的技术领域主要涉及有机发光材料。有机发光材料涉及的领域宽泛，包括仅含氮原子为杂原子的邻位稠合杂环化合物（C07D 487/04），仅含氮原子为杂原子的迫位稠合杂环化合物（C07D 487/06），仅含氮原子为杂原子的螺稠合杂环化合物（C07D 487/10），仅含氮原子为杂原子的 3 个杂环的邻位稠合杂环化合物（C07D 487/14），以及在稠环系中含有氮原子作为仅有的杂环原子、其中至少 1 个环是含有 1 个氮原子的六元环的杂环化合物（C07D 471/+），在稠环系中含氧环上仅有 1 个氧原子作为杂环原子且含有 1 个或多个有氮原子作为仅有的杂环原子的邻位稠合杂环（C07D 491/044）、含氧环为五元环（C07D 491/048）、含氧环为六元环（C07D 491/052）；其他的有机发光材料还包括，仅含 1 个氮原子的 3 环或多环的 [b，c] 或[b，d] 稠环化合物（C07D 209/80），含氮多元杂环化合物（C07D 401），含 1 个硫原子为杂原子的邻位稠合杂环化合物（C07D 495/04）、桥系杂环化合物（C07D 495/08）、螺稠合杂环化合物（C07D 495/10），含 1 个或多个氧原子的环且含 1 个或多个氮原子的环（C07D 405/00）等多种杂环体系，杂原子主要涉及氮、氧、硫。所涉及的有机杂环类发光材料主要应用于有机发光二极管或聚合物发光器件（H01L 51/50）、器件零部件（H01L 51/52）。其涉及的主要代表化合物如表 3 所示。

表3 中节能万润股份有限公司主要代表化合物

分类号	技术内容	代表化合物
C07D 401/+	含氮多元杂环化合物	
C07D 405/00	含 1 个或多个氧原子的环且含 1 个或多个氮原子的环	
C07D 471/+	稠环系中含有氮原子作为仅有的杂环原子、其中至少 1 个环是含有 1 个氮原子的六元环	
C07D 487/04	仅含氮原子为杂原子的邻位稠合杂环	

分类号	技术内容	代表化合物
C07D 487/06	仅含氮原子为杂原子的迫位稠合杂环	
C07D 487/14	仅含氮原子为杂原子的 3 个杂环的邻位稠合杂环	
C07D 491/048	含氧环为五元环	

默克技术领域主要涉及高分子化合物，包括用作薄膜晶体管的含硫、氮、硒、磷、硅等杂原子的有机杂环高分子聚合物（H01L 29/786、C09K 11/56、C09K 11/59），高分子主链中碳-碳键合的高分子化合物（C08G 61/00）、主链中只含碳的高分子化合物（C08G 61/02）、主链中只含碳的且只有芳香族碳原子的高分子化合物（C08G 61/10）、主链上含有碳原子以外原子的高分子化合物（C08G 61/12），至少含一个硫原子的四元或多元稠环化合物（C07D 495/22），含硅的电致发光材料（C09K 11/00），表面覆有涂层的无机发光材料（C09K 11/02）。此外，研发技术领域还涉及小分子化合物，包括仅含氮杂原子的碳链连接的杂环化合物（C07D 403/10），或是被环原子-环原子的键直接连接的含 1 个或多个氮原子的双杂环化合物（C07D 405/04），仅 1 个硫原子非稠合杂环化合物（C07D 333/06）、含噻吩的非稠合杂环化合物（C07D 333/10）、含卤原子的非稠合杂环化合物（C07D 333/28），苯并［b］噻吩或氢化苯并［b］噻吩（C07D 333/52），含氮杂环与含 1 个氮的六元环由环原子-环原子键直接连接的（C07D 401/04），含有杂原子取代烃基取代的氢化吲哚类（C07D 209/10）。除了对产品本身的技术革新，对于制备 OLED 器件的方法和设备（H01L 51/40）以及将所涉及的发光材料用于制造有二维辐射表面的光源（H05B 33/14）也投入了大量研发力量。其涉及的主要代表化合物如表 4 所示。

表 4　默克主要代表化合物

材料分类	分类号	技术内容	代表化合物
高分子化合物	H01L 29/786	用作薄膜晶体管的含硫、氮、硒、磷、硅等杂原子	
	C09K 11/56		
	C09K 11/59		Ma_{2-y}（Ca，Sr，Ba）$_{1-x-y}Si_{5-z}Me_zN_8$：Eu_xCe_y
	C08G 61/00	主链中碳-碳键合	
	C08G 61/12	主链上含有碳原子以外原子	
	C07D 495/22	至少含一个硫原子的四元或多元稠环	
	C09K 11/02	表面覆有涂层的无机发光材料	$M_6Si_3O_6N_4$:Eu^{2+}，

续表

材料分类	分类号	技术内容	代表化合物
小分子化合物	C07D 403/10	仅含氮杂原子的碳链连接的杂环化合物	
	C07D 405/04	被环原子-环原子的键直接连接的含1个或多个氮原子的双杂环	

UDC 致力于显示设备的技术领域。专利申请主要涉及发光材料制备的有机发光或聚合物发光的器件零部件（H01L 51/52），制备发光器件的材料选择（H01L 51/54），以及用于制造这些发光器件或部件的方法或设备的研发（H01L 51/56），该公司生产的发光器件集中对电致发光光源进行研究，包括由二维辐射表面的电致发光光源（H05B 33/12），进一步包括电致发光材料的化学成分或物理组成或其配置为特征的电致发光光源（H05B 33/14）。对于发光化合物的研发主要涉及表面覆有涂层的无机发光材料（C09K 11/02），含周期表第Ⅷ族元素的杂环化合物（C07F 15/00）。其涉及的主要代表化合物如表 5 所示。

表 5 UDC 主要代表化合物

分类号	技术内容	代表化合物
C09K 11/02	覆有涂层的无机发光材料	$M(L_A)_x(L_B)_y(L_C)_z, Ir(L_A)_n(L_B)_{3-n}$
C07F 15/00	含周期表第Ⅷ族元素的杂环化合物	

三星作为拥有多家下属子公司的大型光电研发生产企业，与 UDC 相似，其主要研发力量集中在有机发光或聚合物发光的器件零部件（H01L 51/52），制备发光器件的材料

选择（H01L 51/54），对电致发光材料的化学成分或物理组成或其配置为特征的电致发光光源（H05B 33/14）。对于发光新化合物结构的研发主要涉及有机电致发光化合物，包括仅含氮杂原子的碳链连接的杂环化合物（C07D 403/10），被环原子-环原子的键直接连接的含 1 个或多个氮原子的双杂环化合物（C07D 405/04），有机发光材料（C09K 11/06）。三星作为传统光电器件公司，终端的使用有机发光二极管的平板显示器（H01L 27/32）也是该企业的研发重点。其涉及的主要代表化合物如表 6 所示。

表 6　三星主要代表化合物

分类号	技术内容	代表化合物
C07D 209/82	氢化咔唑	
C07D 311/78	有 1 个氧原子作为仅有的杂环原子，有 3 个或多个环稠合	
C07D 401/04	氮原子为仅有杂原子，且含至少一个含氮六元环，环原子-环原子碳直接连接的	
C07D 403/10	仅含氮杂原子的碳链连接的杂环	
C07D 405/04	被环原子-环原子的键直接连接的含 1 个或多个氮原子的双杂环	
C07D 493/04	含有氧原子作为仅有的杂环原子的邻位稠环	

315

续表

分类号	技术内容	代表化合物
C07D 495/10	至少有 1 个杂环具有硫原子的螺稠环	
C07D 495/22	至少有 1 个杂环具有硫原子的四元或多元杂环	
C07D 498/06	至少有 1 个杂环具有氮和氧原子的迫位稠环	

五、主要申请人核心技术分析

通过以上统计分析发现，从全球 OLED 材料领域申请量集中度以及专利价值相对强度等方面考虑，默克、UDC 和三星最具代表性。通过对这三家公司在 OLED 材料领域的专利技术进行分析，能够客观反映他们的技术发展和保护策略等情况，为国内相关企业寻找技术路线提供借鉴，有助于缩短研发周期、提高企业竞争力。

（一）默克

默克是德国第三大化工公司，是全球最大的液晶材料提供商，也是研究和供应 OLED 器件所需各类材料的著名企业。其在 OLED 材料开发方面有长达 15 年的经验，供应的 OLED 材料涵盖传统蒸镀型 OLED 材料及溶液加工型 OLED 材料，主要提供空穴传输层、绿色材料层以及功能性辅助材料。

回顾其发展历程，我们发现，默克通过创新、资产重构和技术革新，由最初的制药公司变身为多元化的"科学和技术"公司，重新焕发出旺盛的生命力。[3] 历史上，默克极大受益于"开放性"，比如，液晶材料是默克高性能材料业务中的佼佼者，占据其业务一半以上的销售额，这就是与外部协同创新的产物。120 年前，正是有"液晶之父"

之称的大学教授奥托·雷曼（Otto Lehmann），将这种兼具晶态和液态的材料交由默克进行提纯和成分分析，公司才开始大量从胡萝卜中提取并规模化生产液晶材料。相当长的一段时间里，液晶不存在大规模商用的场景，直到1960年，才应用于显示技术。收购英国JBH后，默克异军突起，逐步成为液晶领域的主导力量。默克牢牢控制住行业内的专利申请，其他公司即使有能力研发出同类别的产品和配方，也很难绕过它巨大的专利布局网。由于电视、电脑、智能手机的发展，液晶材料需求快速增长，具有先发优势的默克，在全球液晶市场的份额超过60%，在中国液晶市场的份额超过70%，为我国京东方等面板生产商提供液晶原材料。

2005年默克收购了Avecia公司的Covion聚合物OLED业务部，进入OLED领域。

2012年，默克和日本精工爱普生公司达成合作协议，精工爱普生公司将向默克提供墨水技术，使默克的OLED材料能配套成溶液，适合于喷印工艺制作OLED面板。目前，默克已解决了小分子OLED材料的溶解问题，可供OLED显示采用的材料包括可交联的空穴传输材料、三重态或单重态的基质材料、三重态或单重态的掺杂材料，以及红、绿、蓝发光体的溶液，这些材料都适用于印刷工艺。

默克还关注中国市场研发，曾于2016年，与TCL联合国内多家企业成立的"广东聚华印刷显示技术有限公司"签订合作协议，共同发展喷墨印刷的OLED材料及喷墨印刷工艺技术。

默克不仅拥有大量的专利，也建立了相应的生产线。材料大厂默克曾投资3300万美元在达姆施塔特建设OLED生产厂，由于市面已有的机器达不到安全标准，他们甚至自己制造了生产设备，生产过程全部自动化，这些举措加强了默克在OLED领域的领先地位，生产高纯度的OLED材料，用于显示和照明系统中，成为OLED材料的重要供应商。

通过在Patentics数据库中进行统计分析，将默克在OLED材料领域核心专利按被引用数量由多到少进行排序，其中排名前十的专利如表7所示。

表7　默克在OLED材料领域的核心专利

公开号	标题	主要内容	IPC分类	被引用数/次
WO2008086851A1	用于有机电致发光器件的咔唑衍生物	涉及咔唑衍生物，具有高的玻璃化转变温度，不会对其他的器件特性产生不利的影响，当用作OLED的三重态基质时效率和寿命都能得到改进，该器件显示与现有器件相同的发光颜色	C09K	730

公开号	标题	主要内容	IPC 分类	被引用数/次
WO2005040302A1	用于电致发光的新型材料和其用途	涉及含有结构单元 L=X 和从三重态发光的其他结构单元的有机半导体。涉及的材料更易溶更便于合成，更适用于有机发光二极管	H01L	580
WO2006005627A1	螺二芴的低聚衍生物、其制备和用途	涉及三聚茚或异三聚茚化合物、其低聚物、聚合物或树枝状聚合物，该类化合物易溶解、具有高对称性，相应器件的稳定性高、寿命长，材料的玻璃化转变温度高	C07C	555
WO2010136109A1	用于有机电致发光器件的材料	涉及式（I）的化合物用于制造有机电致发光器件、聚合物电致发光器件、有机集成电路等。其官能化合物具有高玻璃化转变温度，包含其的电子器件在寿命、效率、工作电压方面有明显改进	C07D	551
WO2007140847A1	用于有机电致发光器件的新材料	涉及有机电致发光器件，特别是发蓝色光器件，其中通式（1）～（4）的化合物用作发光层中的主体材料或掺杂物和/或用作空穴传输材料和/或用作电子传输材	C07D	497
WO2005084082A1 WO2005084081A1	有机电子器件	涉及通过使用通式所示的电子传输材料，有机电子器件，特别是电致荧光器件的改进。解决如下问题：电荷载流子迁移率不够，不能进行蒸气沉积而不留下残余物，AlQ₃的分解产物会进入 OLED，AlQ₃具有高吸湿性，提供一种电子器件，可以制造更好色彩纯度的蓝色 OLEDs	H05B H01L	485
WO2005111172A2	新型电致发光材料混合物	涉及一种混合物，包括至少一种聚合物，另外包含至少一种第Ⅳ主族非碳元素的结构单元，和另外从三线态发光的结构单元。比现有技术相应的材料更适合用于有机磷光发射二极管	C07F	451

公开号	标题	主要内容	IPC 分类	被引用数/次
WO2006048268A1	有机电致发光器件	涉及通过使用具有多个异构体,其中这些异构体之一过量存在的化合物,改进有机电子器件,特别是改进电致发光器件。具有在有机溶剂中溶解度大、氧稳定性高、发光效率高的优点	C09K	439
WO2006058737A1	用于电子器件的化合物	涉及新型环状化合物,可用于有机电子器件和基质材料或电磷光器件中的空穴阻挡材料	H01L	379
WO2011088877A1	用于电子器件的化合物	涉及一种含氮杂环化合物,具有优异的空穴迁移率,能够降低工作电压,具有高度的氧化稳定性和热稳定性,能够在基本上不分解的情况下升华,用于电子器件中时具有更高的器件功率效率、增加的使用寿命;含有该化合物的聚合物、低聚物和树枝状大分子具有长寿命、高效率和良好的彩色坐标	C07D	355

(二) UDC

UDC 是一家从事显示技术开发和许可的美国公司,成立于 1994 年,是目前平板电视、照明和有机电子器件用 OLED 技术的世界领先开发商,业务领域包括技术许可、技术开发和技术转移服务和 PHOLED 料销售等。该公司在全球拥有大量专利,除了公司自身申请专利外,同时与普林斯顿大学、南加州大学、密歇根大学等高校开展合作研究并共同申请专利,而且取得摩托罗拉的唯一许可转让权。涉及的技术领域包括磷光 OLED 技术及材料、透明 OLED 技术、顶部发光 OLED 技术、柔性 OLED 技术、白光 OLED 技术、SOLED 技术、有机气相处理技术、喷墨打印技术以及其他高分辨率成样技术、AMOLED 技术以及其他驱动电路设计技术、高功率效率的光提取技术以及 OLED 封装技术。UDC 号称拥有 OLED 领域最大的专利组合之一。通过技术转移和技术许可实现产业化是其主要盈利模式,因此也比较重视全球专利布局。目前获得 UDC 授权的有 4 家日本公司:先锋、索尼、丰田、昭和电工;3 家美国公司:杜邦公司、摩托罗拉、美国陆军;1 家韩国公司:三星等。

UDC 在 OLED 小分子材料方面有出色表现,与三菱化学公司合作开发了基于溶液的工艺应用于制取 UDC 的磷光材料。这种磷光有机发光二极管(PHOLED)材料可采用喷墨印刷方法生产。该联合体将 UDC 的 PHOLED 技术与三菱化学公司的喷墨印刷配方优势组合在一起。

在 Patentics 数据库统计 UDC 在 OLED 材料领域核心专利被引用情况如表 8 所示。

表 8　UDC 在 OLED 材料领域的核心专利

公开号	标题	主要内容	IPC 分类	被引用数/次
WO2002015645A1	有机金属化合物和发射转移有机电致磷光	涉及磷光有机金属化合物，其产生改进的电致发光，特别是在可见光谱的蓝色区域。还涉及实施这些磷光有机金属化合物的有机发光器件	C07F	2314
US7279704B2 US20050260449A1	具有三齿配体的配合物	在磷光发光区域具有改善的稳定性；发射具有各种光谱的光，包括高能谱	H01L	1193 444
US20030072964A1 US6835469B2	磷光化合物及包括该磷光化合物的元件	涉及包括苯基喹啉基配体的磷光有机金属配合物及包括这些化合物的高效有机发光元件，元件中可以获得高的外部量子和发光效率，元件更亮且寿命更长	H05B C07D	755 711
US6687266B1	有机发光材料和器件	涉及一种有机发光器件，解决现有技术中低效率器件通常将功率浪费在发热而非发光上且热为器件寿命带来负面影响的问题	H01L	752
WO2009086028A2	磷光发光二极管中的含咔唑材料	涉及具有非配位结构的含低聚咔唑的化合物，可作为器件的发光层中的主体，用于有机发光器件	C07D	585
US20070190359A1	环金属化的咪唑并［1,2-f］菲啶和二咪唑并［1,2-a:1',2'-c］喹唑啉配位体和其等电子和苯并环化类似物的金属络合物	涉及包含磷光金属络合物的化合物，该磷光金属络合物包含环金属化的咪唑并［1,2-f］菲啶和二咪唑并［1,2-a:1',2'-c］喹唑啉配位体，或它们的等电子或苯并环化类似物。具有较小的单线态-三线态间隙，具有窄的磷光发射谱线形状、高的三线态能量	H01L	578

续表

公开号	标题	主要内容	IPC 分类	被引用数/次
WO2009021126A2	含苯并［9, 10］菲的苯并稠合的噻吩或苯并稠合的呋喃化合物	涉及含苯并［9, 10］菲的苯并稠合的噻吩或苯并稠合的呋喃的化合物，其具有对于有效的绿色场致磷光来说足够高的三重态能量，且器件的稳定性高、寿命长	C07D	523
US7332232B2	利用多齿配体系统的 OLED	涉及磷光有机金属发光材料，其包含与至少两个二齿配体结合的金属，其中二齿配体通过至少一个连接基团共价连接，具有改善的稳定性和效率	H01L	464
US20080220265A1	可交联铱配合物和使用该配合物的有机发光装置	涉及交叉链接金属复合材料，结合使用交联金属络合物，提供高物理稳健性	B32B	431
US20050258742A1	含碳金属配合物作为 OLED	涉及一种有机发光化合物卡宾金属络合物，具有改善的稳定性并以稳定的方式发射具有各种光谱的光，包括高能谱如蓝色。可用作掺杂蓝色器件的高能主体材料	C07F	430

（三）三星

三星是韩国最大的企业集团，该集团包括 44 个下属公司及若干其他法人机构，在近 70 个国家/地区建立了近 300 个法人及办事处，员工总数 19.6 万人，业务涉及电子、金融、机械、化学等众多领域。三星电子（Samsung Electronics）是世界上最大的电子工业公司，主要经营项目有五项：通信（手机和网络）、数字式用具、数字式媒介、液晶显示器和半导体。SMD（Samsung Mobile Display）是三星全资子公司，该公司于 2008 年源自 Samsung SDI（显像管生产部门）和 Electronics 的 OLED 部门。SMD 量产 OLED 显示器，既包含有源矩阵 OLED（AMOLED），也包含无源矩阵 OLED（PMOLED），主要用于移动电话、显示器市场。SMD 是世界最大的 AMOLED 面板制造商，也致力于大尺寸面板、OLED 照明、柔性和透明 OLED 等领域。

三星进入 OLED 领域较晚，1995 年才开始申请第一件专利，但是近年来增长趋势迅猛，由此可见近几年三星在 OLED 领域的专利布局力度很大，研究十分活跃，相应研发投入也非常大。三星是目前全球 OLED 面板出货量最大的企业，市场份额在 90% 以上。目前，韩国企业继续发力，深度布局 OLED 产业，扩大产能。作为 OLED 屏幕最大的寡头，三星由于有限的产能和三星手机等产品的自用需求，对外供应量有限，现在正逐步放宽供应链政策。

三星在发展历程中除了加强研发创新外，还着眼外部收购，值得注意的是：曾经作为小分子 OLED 阵营的领头厂商的伊斯曼柯达由于经营问题，在逐步退出 OLED 市场，其核心专利已经被三星收购。

三星的核心专利（EP1661888B1）主要涉及 OLED 有机材料成分的研发，为可延伸折叠 OLED 显示屏奠定了基础，引领了该方面技术的发展潮流。

三星的 OLED 销售额早在 10 年前就已经占到全球市场份额的 73%。从 2010 年开始，三星投资 13 亿美元大规模兴建 5 代线，用于生产中大尺寸电视用面板，并于 2011 年第三季度开始投资 8 代线建厂。2012 年下半年试产 32 寸 OLED 电视，逐渐将其 OLED 的市场用途从手机过渡到电视应用上。2013 年 9 月，三星电子、LG 在中国推出了 55 英寸 OLED 电视，在国内市场引发了极大关注。2016 年，在全球显示行业大会美国显示周，三星电子展示的 5.7 英寸柔性 AMOLED 产品厚度只有 0.3mm，其分辨率可达到 2560×1440，可以卷成手指状的卷轴，重量仅为 5g，还展出了用于 VR 和汽车的 AMOLED 产品。

可见，三星注重增强专利实力，扫清发展障碍，同时还加强在全球范围内的专利布局，占据技术上的绝对优势；这也说明了三星是 OLED 材料领域当之无愧的领头羊，专利数量多，市场广阔，市场能力强。可以预期的是，未来几年三星在世界 OLED 材料领域专利申请量将继续保持较高的增长趋势。

在 Patentics 数据库统计三星在 OLED 材料领域核心专利被引用情况如表 9 所示。

表 9　三星在 OLED 材料领域的核心专利

公开号	标题	主要内容	IPC 分类	被引用数/次
EP1661888B1 US2008107919A1 US20060115680A1	基于苯基咔唑的化合物以及使用所述化合物的有机电致发光器件	涉及咔唑衍生物，具有优异的电性能和电荷传输能力，可用作空穴注入材料、空穴传输材料和/或发射材料，适于所有颜色，包括红色、绿色、蓝色和白色的荧光和磷光器件。制造的有机电致发光器件具有高效率、低电压、高亮度和长寿命	H01L H01J H01L	284 135 64

续表

公开号	标题	主要内容	IPC 分类	被引用数/次
US20050221124A1 JP2005290000A	芴基化合物和使用该化合物的有机电致发光显示器件	涉及具有至少一种芴衍生物和至少一种咔唑衍生物的新结构的有机电致发光化合物。具有良好的电特性、光发射特性和电荷迁移能力，从而作为基质材料适用于所有颜色的荧光和磷光掺杂剂，包括红色、绿色、蓝色、白色等，且可作为电荷迁移材料。当使用包含该有机电致发光化合物的有机层时，能在更高电流密度的基础上制造出具有高效、低压、高发光度和长使用寿命的有机 EL 器件	H05B H01L	249 152
JP2006151979A	基于苯基咔唑的化合物以及使用所述化合物的有机电致发光器件	涉及基于苯基咔唑的化合物，具有优异的电性能和电荷传输能力，可用作空穴注入材料、空穴传输材料和/或发射材料，适于所有颜色，包括红色、绿色、蓝色和白色的荧光和磷光器件。制造的有机电致发光器件具有高效率、低电压、高亮度和长寿命的特点	C07D	159
US20140225088A1	用于有机光电子器件，包括相同的有机发光二极管，以及有机发光二极管显示器的化合物	涉及新的咔唑衍生物用作有机薄层的磷光/荧光主体材料，例如有机光电子器件的发光层，提供了优异的耐久性、效率、电化学稳定性和热稳定性以及低驱动电压	H01L	108
JP2007318101A	有机发光器件和包含所述有机发光器件的平板显示器	涉及一种有机发光器件和包括所述有机发光器件的平板显示器，所述有机发光器件包括：基板；第一电极；第二电极；位于所述第一电极和所述第二电极之间并在所述有机发光器件的工作过程中在所述第一电极和第二电极之间产生谐振的有机层；其中所述第一电极和所述第二电极中的一个为反射电极，另一个为半透明或透明电极，所述有机层包括发光层和包含选自式1、2和3表示的化合物中至少一种化合物的层，其中各取代基如说明书定义。所述有机发光器件驱动电压低、电流密度优异、亮度高、色纯度优异、效率高且寿命长	H01L	103

续表

公开号	标题	主要内容	IPC分类	被引用数/次
JP2004137456A	场致发蓝光聚合物及使用该聚合物的有机场致发光器件	涉及发蓝光的场致发光聚合物，该聚合物可得到高亮度和高效率的有机场致发光器件	H01L	91
JP2001313180A	有机电致发光元件	涉及能够通过调节电荷传输缓冲层的厚度而呈现二色发光的有机电致发光器件。包括发光层，空穴传输层，电荷传输层或电子传输层的主体形成材料，包括N，N'-二（萘-1-基）-N，N'-二苯基-联苯胺（NPB）等，具有优异的亮度、驱动电压和响应速度。该设备提供多色显示。通过形成电荷传输缓冲层以直接在单独的发光区域而不是在空穴传输层和发光层之间的界面上产生激子，可以防止由于形成激态复合物而降低发光效率	C09K	75
JP2002121547A	用于有机电致发光元件的蓝色发光化合物和使用该化合物的有机电致发光元件	涉及用于电致发光显示装置的蓝色电致发光化合物，包含螺二芴。具有改善的发光效率和亮度。利用电致发光化合物的有机电致发光显示装置具有优异的亮度、发光效率、快速响应时间、宽视角和薄的多色发光性能	H01L	63
US20060105201A1	有机场致发光装置	涉及一种有机场致发光（EL）装置，其具有：发光层，包含位于第一电极和第二电极之间的至少一种荧光体掺杂剂；蓝色发光层，接触发光层，其中，发光层具有作为主体材料的空穴传输材料和电子传输材料。无需防止空穴扩散到电子传输层的空穴阻挡层，减少了沉积数量；可防止公共蓝色发光层与红色发光层、绿色发光层之间的颜色混合现象，发光效率高，寿命长	H01L	62
JP2005053912A	铱化合物及使用该化合物的有机电致发光器件	涉及一种含二齿配体的金属化合物、铱化合物。该蓝色磷光化合物用于有机电致发光器件时能发出深蓝色光，且能改善色纯度，并降低功耗	H01L	61

六、总结

业界通常把 OLED 的产业链划分为上游、中游和下游。上游包括设备供应商、材料供应商以及零部件供应商，中游包括面板制造商以及模组组装商，下游则是指最终产品供应商。OLED 核心专利持有人往往处于产业链的上游，对整个产业链的形成与发展有重大影响。例如，美国、日韩、欧洲公司分别持有小分子 OLED 和高分子 OLED 的核心专利，同时是材料供应商，主导了整个 OLED 产业链，使 OLED 产业形成两大阵营。小分子材料生产主要以美国和日韩系厂商为主，包括美国的 UDC、柯达公司；日本出光兴产、新日铁化学、东洋油墨、东丽、三菱化学；韩国的三星、LG 等。高分子材料生产主要以欧美厂商为主，德国的默克、西门子；英国的剑桥显示；美国的杜邦公司、陶氏化学等。

OLED 材料研究热点主要集中在发光材料、空穴传输材料、电极材料、电子传输材料等的研发与选择。其中，发光层材料是 OLED 器件中最为关键的材料。它的发展可以分为三代，第一代是以三（8-羟基喹啉）铝（AlQ_3）为代表的荧光材料，专利权由柯达公司掌握；由于其能量利用效率低（<25%），正逐渐被替代。第二代是磷光材料，以铱（Ir）或-铂（Pt）配合物为代表，专利权由 UDC 掌握。磷光材料的主要缺点是成本高、蓝色磷光材料寿命短。第三代材料热活化延迟荧光材料（TADF）刚刚起步，目前正处于研发阶段。

我国 OLED 技术研究水平上升很快，在机理研究、材料开发、器件结构设计等方面做了大量工作，尤其是在材料和工艺技术开发方面取得了突出进展和一些有价值的研究成果。据统计，我国目前已有 30 多家高校和研究所在从事 OLED 的研发工作。从 2000 年起，国内已有北京、上海、长春、深圳、东莞等地的多家公司开始介入 OLED 产业，其中包括维信诺、京东方、海洋王、四川虹视显示技术有限公司、信利半导体有限公司、广东中显科技有限公司、吉林省环宇显示技术有限公司、彩虹（佛山）平板显示有限公司等。但国内 OLED 有机材料产品主要是技术含量低的中间体和单体粗品，高纯度升华品较少。

与液晶材料类似，OLED 材料生产也包括化学原料→中间体→单体粗品→升华品→终端应用几个步骤。国内 OLED 材料总体处于起步阶段，在产业链中主要参与 OLED 中间体和单体粗品的生产，单体成品（升华品）面临专利和技术门槛。目前国内可生产 OLED 升华品的主要企业有奥莱德、阿格蕾雅、宁波卢米蓝、江西冠能、北京鼎材等。但是从规模和营业收入看，国内企业市场份额还很小。此外，国内布局第三代新型

TADF 材料的企业包括中节能万润股份有限公司、濮阳惠成、维信诺、鼎材科技等。

随着 OLED 显示技术的高速发展，目前基本解决了寿命、良品率、稳定性方面的问题，产业链也渐趋成熟，柔性显示时代即将到来，当前面临重大的发展机遇。OLED 作为一个新兴技术，上游材料作为 LCD 替代中的新增环节，具有重要价值。中国企业现在有必要建立自己的材料体系，形成自己的知识产权，改变中国 OLED 产业链上游环节薄弱的情况，提高行业的配套能力。及早切入，加强布局，现在正是中国 OLED 企业追赶欧美日韩的有利时机。鉴于 OLED 在中国市场的发展前景，相信在 OLED 有机材料上具备技术优势以及布局的国内 OLED 材料企业将有望实现破局。

从以上分析可以看出，对比我国与全球的 OLED 材料专利申请情况，全球排名前十的主要申请人主要来自欧美和日韩，中国还没有形成有竞争实力的企业。相关领域的企业专利申请量和专利价值较低，说明国内 OLED 材料专利技术发展尚处于早期研发阶段。虽然中国的申请总量逐年递增，但无论是基础核心材料还是应用技术领域，我国 OLED 企业都与处于领先地位的国外 OLED 企业之间存在较大的差距。同时我们也看到，在需求端的刺激下，目前中国已成长为全球最大的 OLED 应用市场，因此中国 OLED 产业的发展潜力是巨大的。随着 2018 年底、2019 年上半年京东方、华星光电和维信诺等企业点亮柔性 OLED 产品，在高端 OLED 产品上占据了一席之地，中国有望自 2020 年逐步进入快速发展战略阶段。[4]

针对以上中国 OLED 材料产业在发展中面临的挑战和机遇，为了提高中国 OLED 企业的核心竞争力、突破跨国企业设置的技术壁垒、促进中国 OLED 材料产业的可持续性发展，本文就我国 OLED 材料领域的技术发展和专利预警提出如下建议。

（一）鼓励企业加大研发投入，培养国内龙头企业，提升技术创新能力

我国很多 OLED 企业还存于摸索研发、小批试制阶段。与国外 OLED 企业例如韩国三星相比，我国 OLED 企业规模不大，缺少实力雄厚的领军企业，经济实力难以适应平板显示产业高投入、大规模的产业发展特征。因此，要积极营造良好的政策环境，激励 OLED 产业发展，强化龙头企业的示范作用，鼓励企业加大研发投入，培育具备国际先进水平的 OLED 核心技术，推动我国 OLED 产业尽快上规模、提水平。此外，中国 OLED 企业需紧跟技术发展趋势和热点，调整技术研发方向，科学规划 OLED 材料和产品研发，夯实 OLED 上游材料开发和产业链配套工作，加强 OLED 关键材料产业化，提升技术创新能力。

（二）借鉴经验加强产学研结合，推动技术创新，促进 OLED 产业化

借鉴国外 OLED 企业例如 UDC 与普林斯顿大学、南加州大学、密歇根大学等高校开展合作研究的先进经验，加强产学研紧密融合，将高校和研究所的研究能力与企业的市场应用经验结合起来，使得高校和研究所的基础研究成果得到有效的利用，转化为企业实际的生产力。同时市场也将对技术成果进行客观的筛选，促进中国 OLED 产业的实验室创新成果走向市场。此外，围绕中国 OLED 产业链的实际需求，开展面向全球范围内的技术合作、人才培养和项目引进，推动全球价值链下的内外融合，拓宽合作对象的渠道，充分利用产业链上下游合作伙伴的优势和能力，开展 OLED 材料和产品的研制，规模化生产分工。所幸的是，我国政府、相关企业与科研机构，已纷纷在项目攻关、基础研发、技术开发、生产投资等各方面积极参与布局，为我国 OLED 产业的发展营造了良好的氛围。例如，清华大学、维信诺、昆山市政府合作组建成立昆山维信诺公司，促成中国大陆第一条 OLED 大规模生产线在昆山投产。可见，鼓励创立 OLED 产学研创新联盟，开展技术合作，将成为推动 OLED 材料创新、促进我国 OLED 产业化的重要手段。

（三）强化知识产权保护，进行专利布局，参与全球市场竞争

国内 OLED 企业应充分吸取数码家电类产品依赖国外技术，从事代加工赚取微薄利润的发展教训，抓住 OLED 尚处于产业发展初期阶段、技术创新空间仍较大的机遇，着眼长远，加大研发投入，重点培育自己的核心技术，并注重形成自主知识产权。将我国 OLED 材料领域的人才和技术优势转化为知识产权优势，加强技术创新和知识产权保护意识。鼓励企业走出国门，积极申请国外专利，注重在全球范围内进行专利布局，以取得知识产权方面的主动权。OLED 材料领域的国内企业应在自己已有的技术基础上，利用国外先进的专利技术，提高研究起点，通过相互协作对 OLED 材料的研发进行重点攻关与突破，通过技术创新与专利布局，尽快争取形成 OLED 关键材料知识产权，切入产业链高端利润环节，让我国 OLED 企业在上游材料的专利保护以及市场方面占有一席之地，使我国的 OLED 材料产品真正走向国际市场。

（四）探索专利运用管理策略，建立专利联盟，健全 OLED 技术标准体系

目前，OLED 材料主要掌握在国外一些大公司手中，所以 OLED 材料需要全面进口。在遇到专利壁垒的情况下，国内 OLED 企业需要获得一些核心专利和基础专利的公司的授权许可，降低知识产权侵权风险。同时，国内具有较强研发实力的国内企业及科研单位可采用专利回输策略，将国外 OLED 材料核心专利技术引进后，进行研究和创新，将改进创新的技术向国外申请专利，运用专利技术实现战略反攻。我国 OLED 企业也应合作建立 OLED 产业的专利联盟，利用相互的专利技术形成专利数据库并推广专利标准，探索建立中国 OLED 产业标准联盟，形成自有的技术标准体系和知识产权，逐步掌握 OLED 产业发展的主动权，促进中国 OLED 产业的可持续发展；同时组建 OLED 标准工作组并参与国际标准制定，争取中国企业在 OLED 国际标准化组织中的话语权和地位。

参考文献

［1］林豪慧，朱海燕．2007—2017 年全球有机发光二极管专利信息分析——基于 Innography 数据库 ［J］．图书情报导刊，2018，3（5）：60-65.

［2］山西证券．新材料：OLED 或成市场新风向 ［J］．股市动态分析，2016（35）：46.

［3］赵隽杨，小庞．默克的新生 ［J］．21 世纪商业评论，2018（4）：30-37.

［4］王海军，陈劲．全球价值链下中国 OLED 产业创新发展对策 ［J］．技术经济，2018，37（6）：40-47.